최신 환경과학

최신 환경과학

김동욱 · 류재근 · 박찬혁 지음

교문사

저자소개

김동욱

- 제16회 행정고등고시 합격
- 환경부 법무담당관, 환경평가과장, 총무과장
- 주 유엔대표부 환경참사관(국장)
- 환경부 상하수도국장, 수질보전국장, 기획관리실장
- 고려대, 한양대 외래교수 / 강원대 초빙교수
- 한국 환경영향평가전략연구소 소장(현)

류재근

- 국립환경과학원 원장, 한국환경기술진흥원 원장
- 국가과학기술자문위원회 위원(6, 7대)
- 고려대, 한양대, 건국대, 서울시립대, 경희대, 성신여대 외래교수 / 한국교통대학교 초빙교수
- 한국교통대학교 석좌교수
- 한국 환경학술단체총연합회 회장(현)

박찬혁

- 연세대학교 환경공학 박사
- 국립환경연구원 환경자원연구부 연구원
- 서울시립대 대학원, 가천대, 서울여대, 세명대 외래교수
- 한국환경영향평가학회, 한국폐기물자원순환학회, 한국유기성자원학회 이사
- 한국환경산업기술원 선임전문위원(현)

지구상에는 인간을 포함한 많은 생물체들이 상호작용하면서 살아가고 있다. 인간을 제외한 생물체들은 그들의 생존을 서로에게 의존하고 있다. 인간도 지구상에 다른 생물체가 없으면 생존할 수 없다는 것은 다른 생물체와 다를 것이 없다. 그러나 인간의 오만은 자칫 이러한 진실을 잊고 지구상의 모든 생물체를 지배하려 하고 있다.

이 책은 인간이 다른 생물체와 함께 조화롭게 살아가는데 필요한 환경에 대한 기초지식을 담으려고 하였다. 이 책은 환경 분야를 처음 공부하는 학생이나 환경에 관심을 가진 분, 나아가서는 경제나 법률과 같은 사회과학 분야나 물리, 화학, 생물과 같은 자연과학 분야 등 모든 학문 분야를 위한 기초교양서 겸 환경(공)학 입문서로서, 각 학문 분야가 서로 밀접하게 관련되어 있는 환경문제를 이해하는데 필요한 기초지식을 습득하도록 하기 위한 것이다.

이 책에는 환경에 관련된 다양한 지식들이 정확하고 쉽게, 그리고 재미있는 형태로 표현되어 있으며, 선생님이나 학생들이 융통성 있게 사용할 수 있는 소재들이 많이 수록되어 있다.

이 책은 독자들로 하여금 환경과 관련된 기본적인 개념을 철저히 이해하도록 하는데 중점을 두었다. 특히, 기본적인 생태개념을 사용하여 환경적 사실, 환경문제 및 가능한 해결책이 어떻게 서로 연관되어 있는지를 설명하였다. 환경문제를 제대로 이해하기 위해서는 체계적인 학습이 필요하다. 이 책은 환경에 관한 체계적인 학습의 처음 단계를 위한 것이다. 그리고 환경에 대한 공부를 처음 시작하는 학생이나 일반인들을 당황하게 하는 수학이나 화학, 물리학 기타 세세한 기술적인 사항은 제외되어 있다.

일반적으로 환경문제에는 자연 환경뿐만 아니라 인공 환경까지도 포함되므로 환경학의 입문서인 이 책에는 생태계에 관한 항목과 함께 환경에 관련된 경제적, 제도적, 윤리적인 문제에 관한 기본적인 사항들도 포함되어 있다.

이 책의 내용은 크게 세 부분으로 나눌 수 있다.

제1장부터 제6장까지는 환경문제의 중심에 있는 인간, 자원, 오염, 기술, 인간과 지구의 상호관계, 환경문제의 발생 원인을 설명해 주는 물질보존법칙과 에너지법칙, 환경문제 연구의 핵심 대상인 생태계의 구조, 기능 및 변화를 주요 내용으로 한다.

제7장부터 제14장까지는 공기, 물, 폐기물, 토지이용, 광물자원과 에너지자원 등 지구상의 생물체가 생명을 유지하기 위해 없어서는 안 될 귀중한 자연자원을 다루고 있다. 공기나 물과 같이 비배타성과 비가분성을 가진 공공재가 환경문제의 핵심을 이루고 있으며, 토지자원이나 에너지자원과 같이 재생성과 비재생성을 동시에 가지고 있는 자연자원은 인간사회의 여러 이익집단 간에 그 사용을 둘러싸고 발생하는 충돌의 대상이기도 하다. 여기서는 지구상의 생명체가 그 생존을 의존하고 있는 자연환경이 왜, 그리고 어떻게 보호되어야 하는 이유를 간단명료하게 설명하고 있다. 특히, 최근에 전 지구적인 환경문제로 떠오른 기후변화에 대해 새로운 논의의 장을 마련하였다.

제15장은 21세기 지구촌의 최대 난제인 지구온난화에 따른 기후변화의 추이 및 전망, 그리고 기후변화 적용대책에 대한 각국의 정책과 우리나라 온실가스 저감대책을 배우는 학생들에게 이해하기 쉽도록 기술하였다.

이 책은 광범위한 환경과 관련된 기초지식을 모두 담으려고 하지는 않았다. 그렇게 하기 위해서는 이 책의 부피가 너무 작기 때문이다. 다만 지금은 독자의 부담을 줄이면서 환경에 관한 필요한 최소한의 기초지식을 제공하는 데 초점을 두었다. 앞으로 판을 거듭하면서 미흡한 부분을 보완하고, 독자의 소리를 경청하여 보다 충실하고 풍부한 내용을 가진 책이 되도록 노력해 나갈 것이다.

2019년 12월
공저자 일동

|목차|

CONTENTS

CHAPTER 04   생태계의 구조 / 89

CHAPTER 05   생태계의 기능 / 107

CHAPTER 06   생태계의 변화 / 135

CHAPTER 07 · 대기오염 / 169

CHAPTER **10** 고형폐기물 / 267

CHAPTER 11 자연적 토지이용 / 293

CHAPTER 12   도시적 토지이용 / 315

CHAPTER 13 비재생성광물자원 / 345

CHAPTER 14 에너지자원 / 371

환경문제의 발생

지구에 상처를 주지 말라.
바다와 나무들에게도 상처를 주지 말라.

Revelation 7:3

증가하는 인구와 환경오염, 감소하는 자연자원은 서로 밀접하게 관련되어 있다. 식량을 생산·가공·운반하기 위해서는 물과 비옥한 토양, 그리고 화석연료가 필요하다. 전기를 생산하기 위해서는 구리, 알루미늄, 기타 금속자원이 필요하고, 우리가 사용하는 자동차, 건물을 제조, 건설하여 사용하기 위해서는 물, 금속, 플라스틱, 에너지 등을 필요로 한다. 식량이나 전기의 생산, 또는 제품을 생산·사용하는 과정에서 우리는 환경오염을 일으킨다.

더 많은 사람들이 더 많은 자연자원을 사용함에 따라 우리는 산림, 어장, 농경지 등과 공기와 물 등 지구상의 모든 생물의 생명을 유지시켜주는 자연자원에 대한 압박을 가중시키고 있다. 그러한 압박에 대해 자연자원은 자연에 의해 정해진 내성의 한계를 가지고 있다. 압박의 강도가 그 내성의 한계를 넘어서면 자연자원의 공급이 끊어지면서 인류에게 질병과 죽음이 다가오게 된다. 우리가 그러한 한계에 점점 다가가고 있다는 증거가 여기저기에서 나타나고 있다. 이 장에서 우리는 환경과 환경오염 등 환경문제, 이러한 환경문제 발생의 원인과 환경문제의 해결방안에 대해 차례로 살펴본다.

1.1 환경

환경environment은 그 개념을 정의하는 학자들에 따라 표현이 다소 다르기는 하지만, 일반적으로 인간을 둘러싸고, 인간에게 영향을 미치는 유형, 무형의 모든 것이라고 정의된다. 환경의 범위를 우주까지 넓힐 수 있지만, 여기서는 인간과 상호작용할 수 있는 지구환경으로 환경의 범위를 한정한다. 먼저 환경의 정의에 대해 살펴보고, 환경의 구성요소에 대해 알아본다.

1.1.1 환경의 정의

"환경은 자극을 주는 방향과 그 정도에 따라 변화를 수반하고, 그 속에서 생물이 감지하고 반응할 수 있는 여건, 그리고 사물로 구성되어 있는 총체적인 것"이라고 환경을 정의하기도 하고S. A. Cain, 환경을 넓은 의미로 "우주를 형성하고 있는 모든 요소들의 실체"라고 정의하고, 좁은 의미로는 "어떤 한 주체를 둘러싸고 있는 유형무형의 객체"라고 정의하기도 한다Lynton K. Caldwel. 이와 같은 학자들의 견해를 종합해 볼 때, "환경이란 우주를 형성하고 있는 요소들로 서로 영향을 미치는 것들의 총체(總體)"라고 말할 수 있으며, 이를 지구에 한정한다면, "환경이란 지구를 구성하고 있는 요소들로 서로 영향을 미치는 것들의 총체"라고 정의할 수 있다.

1.1.2 환경구성요소의 이론적 분류

환경의 구성요소를 분류하는 방법을 이론적 분류방법과 제도적 분류방법으로 나눌 수 있다. 이론적 분류방법은 학자에 따라 사용하는 용어 등에서 약간의 차이는 있으나 본질적으로 큰 차이가 없다. 유엔환경계획UNEP은 환경을 자연환경과 인공 환경으로 구분한다. 자연환경은 자연적으로 만들어진 환경이고 인공 환경은 사람이 만든 환경을 말한다. 자연환경을 무생물계와 생물계로 나누고, 이에 대해 인공 환경을 문화계라고 부르기도 한다. 무생물계는 생물계와 문화계가 진화하는 구조와 배경을 제공하며, 생물계와 문화계는 서로 밀접하게 작용한다.

자연환경의 구성요소 중 생물계는 인간을 포함한 동물과 식물, 박테리아 등 모든 살아있는 것으로 구성되며, 무생물계는 대기, 물, 암석 등 생명이 없는 모든 것을 포괄한다. 무생물계와 생물계 내부 구성요소들 상호간에는 서로 분리할 수 없는 작용으로 연결되어 있다. [그림

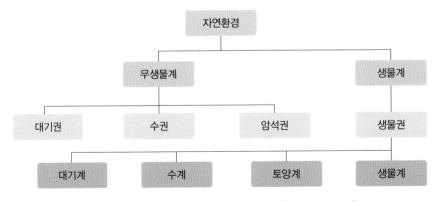

[그림 1-1] 자연환경의 구성요소의 이론적 분류(송흥규 외, 1999)

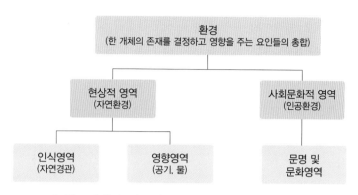

[그림 1-2] 환경구성요소의 이론적 분류(Tischler, 1994, p.1)

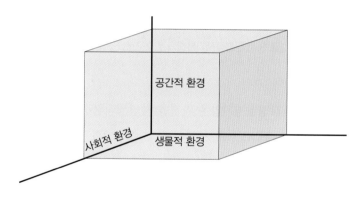

[그림 1-3] 환경구성요소의 이론적 분류(Wicke, 1993)

1-1]에서와 같이 자연환경은 대기권, 수권, 암석권 및 생물권으로 구분되며, 생물권은 생물계, 대기계, 수계 및 토양계로 구성된다.

티슬러Tischler는 환경을 [그림 1-2]와 같이 현상적 영역과 사회문화적 영역으로, 비케Wicke는 [그림 1-3]과 같이 공간적 환경, 생물적 환경 및 사회적 환경으로 각각 구분한다. 여기서 '현상적 영역', '공간적 환경' 및 '생물적 환경'은 자연환경과, '사회문화적 환경'과 '사회적 환경'은 인공환경과 각각 대칭을 이룬다고 볼 수 있다.

1.1.3 환경구성요소의 제도적 분류

제도적 분류방법은 그 분류목적에 따라 이론적 분류방법과 차이가 있으며, 여러 가지 제도적 분류방법 간에도 차이가 나타난다. 환경구성요소의 제도적 분류방법은 이론적으로 분류된 환경의 구성요소를 그 분류목적에 따라 다시 조합한 형태로 나타난다. 우리나라 환경정책

기본법(제3조)은 [그림 1-4]에서와 같이 환경을 자연환경과 생활환경으로 나누고 있다. "자연환경은 지하, 지표(해양 포함), 지상의 모든 생물과 이를 둘러싸고 있는 비생물적인 것을 포함한 자연의 상태를 말하며, 생활환경은 대기, 물, 폐기물, 소음, 진동, 악취, 일조, 인공조명, 화학물질 등 사람의 일상생활과 관계되는 환경"이라고 정의하고 있다.

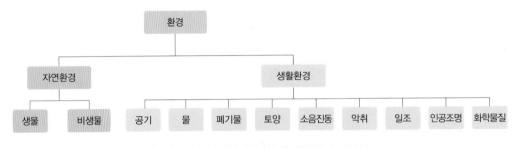

[그림 1-4] 환경정책기본법의 환경구성요소의 분류

[그림 1-5]에서와 같이 환경영향평가법은 환경을 자연생태환경, 대기환경, 수환경, 토지환경, 생활환경 및 사회환경·경제환경으로 구분하고, 자연생태환경의 구성요소로 동식물상 및 자연환경자산의 2개를, 대기환경의 구성요소로 기상, 대기 질, 악취 및 온실가스의 4개를, 수환경의 구성요소로 수질(지표지하), 수리·수문 및 해양환경의 3개를, 토지환경의 구성요소로 토지이용, 토양 및 지형지질의 3개를, 생활환경의 구성요소로 친환경적 자원순환, 소음진동, 위락경관, 위생공중보건, 전파장해 및 일조장해의 6개를, 사회환경·경제환경의 구성요소로 인구, 주거 및 산업의 3개를 각각 규정하고 있다.

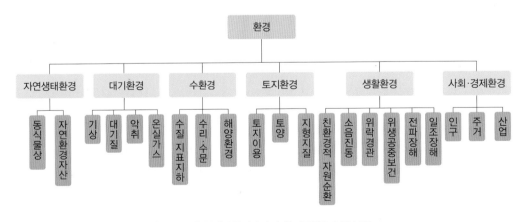

[그림 1-5] 환경영향평가법의 환경구성요소의 분류

1.2 환경오염

1.2.1 환경오염의 정의

"환경오염이란 자연 상태의 공기, 물 또는 토양의 물리적, 화학적, 생물적 특성이 바람직하지 않은, 다른 상태로 변하여 사람이나 기타 생물체의 건강과 생존 또는 활동에 해로운 영향을 주는 상태"라고 정의된다. 공기, 물 및 토양의 자연 상태를 기준으로 바람직하지 않은 상태로 변하는 것을 환경오염이라고 하고 자연 상태 그대로 유지되거나 바람직한 상태로 변하는 것을 환경보전 또는 환경개선이라고 한다. 여기서 '바람직하지 않은 상태'란 무엇을 말하는 것일까? 그것은 물리적, 화학적, 생물적 문제이기도 하지만 가치판단의 문제이기도 하다. 가치판단의 문제는 세대 간의 논쟁거리가 되기도 한다. 핵발전소의 경우 현 세대는 핵발전소로부터 에너지를 얻지만, 미래 세대는 핵폐기물 처리 부담만을 질 수도 있다. 오래 전에 철학자 헤겔Hegel이 지적한 것과 같이 "비극의 본질은 옳고 그른 것의 충돌이 아니라 옳고 옳은 것 사이의 충돌이다." 환경오염을 간단히 정의하기는 어렵지만 환경오염을 방지하기 위해서는 어쨌든 정의는 내려져야 한다.

오염을 환경의 구성요소별로 구분하여, 대기오염, 수질오염, 토양오염 및 생태계훼손·파괴로 분류할 수 있다. 대기오염이란 대기의 물리적, 화학적 특성이 바람직하지 않은 상태로 변하여 사람이나 기타 생물체의 건강과 생존 또는 활동에 해로운 영향을 주는 상태를 말하고, 수질오염과 토양오염은 각각 물 또는 토양의 물리적, 화학적, 생물적 특성이 바람직하지 않은 상태로 변하여 사람이나 기타 생물체의 건강과 생존 또는 활동에 해로운 영향을 주는 상태를 말한다. 생태계 훼손파괴란 생태계를 구성하고 있는 동식물의 서식지를 훼손파괴하거나 동식물을 채취, 포획하는 등 생태계의 물리적, 화학적, 생물적 특성을 바람직하지 않은 방향으로 변화시키는 것을 말한다.

1.2.2 오염물질 및 그 종류

오염물질이란 환경오염의 정의에 적합한 물질을 말한다. 오염물질을 일반적으로 '폐기물'이라고 한다. [그림 1-6]에서와 같이 그것이 오염시키는 대상에 따라 대기오염물질, 수질오염물질, 토양오염물질 및 협의의 폐기물로 구분한다. 여기서 협의의 폐기물이란 대기, 물, 토

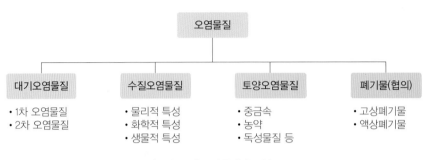

[그림 1-6] 오염물질의 구분

양 및 생태의 하나 또는 하나 이상의 요소에 직접 또는 간접으로 영향을 미치는 오염물질로 관리상의 필요에 의해 따로 분류한 오염물질을 말한다.

행정상 폐기물이라고 할 때는 주로 협의의 폐기물을 말한다. 흔히 고상폐기물을 말하기도 한다. 대기오염물질은 1차 오염물질과 2차 오염물질 또는 입자상오염물질과 기체상오염물질로 나누어진다. 1차 오염물질은 공기 중으로 배출된 물질 자체가 대기오염물질인 것을 말하고, 2차 오염물질은 그 자체는 대기오염물질이 아니지만 공기 중의 다른 물질과 반응하여 2차적으로 대기오염물질이 되는 물질을 말한다. 수질오염물질에는 '물질'이 아닌 것이 포함되어 있는데, 물의 색깔, 온도, 탁도, 냄새 등과 같은 물리적인 특성을 말하고, 수질오염물질은 유기물질, 무기물질, 기체상 물질 등 화학적 특성을 말한다. 물에 살고 있는 동식물, 원생동물, 세균 등은 물의 생물학적 특성이다. 토양오염물질로는 중금속, 농약, 독성물질, 발암물질, 유기용제, 유류 등이 있다.

1.2.3 오염물질의 농도와 한계오염물질

공기, 물, 토양 기타 매체의 단위부피 또는 단위무게 당 포함되어 있는 어떤 물질의 양을 '농도'라고 부른다. 농도의 단위는 피피엠ppm; part per million, 피피비ppb; part per billion, 피피티ppt; part per trillion 등으로 표시된다. 피피엠은 백만분의 1을 말하는 것으로, 70년 동안 먹는 밥의 양에 대한 한 숟가락의 밥의 양과 같다. 피피비는 10억분의 1을 말하는 것으로 70년 동안 먹는 쌀의 양에 대한 쌀 반 톨의 양과 같다. 환경오염물질을 그 농도와 관련해서 비한계오염물질과 한계오염물질로 나눌 수 있다.

비한계오염물질은 [그림 1-7]에서와 같이 미량만 있어도 특정 유기체에 유해한 물질을 말한다. 예를 들면, 수은, 납, 카드뮴 등이다. 한계오염물질은 특정 농도 또는 한계수준 이상이

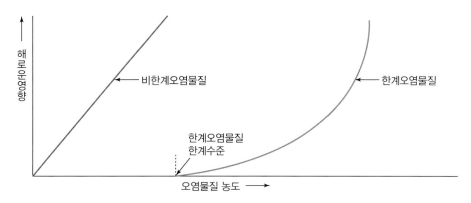

[그림 1-7] 한계오염물질과 비한계오염물질의 영향

되었을 때만 유해한 물질이다. 예를 들어, DDTdichloro-diphenyl-trichloroethane와 같은 물질이다. 마치 '낙타 등을 뚫는 볏짚'과 같은 것이다. 한계수준과 그 피해정도는 오염물질, 유기체 및 환경에 따라 크게 달라진다. 예를 들어 페놀phenol 1ppm은 물고기의 종류에 따라 치명적일 수 있다. 대기 중 아황산가스SO₂ 0.2ppm은 인간의 사망률을 높일 수 있다. 동일한 오염물질이라도 동식물의 성장단계에 따라 달라진다. 성장초기단계에서는 오염피해가 일반적으로 크다. 일을 더욱 복잡하게 하는 것은 오염물질의 종류에 따라 그 효과가 장기간이 지난 후에 나타나기 때문에 여러 가지 물질 중에서 어떤 것이 오염물질인 것인지 알기 어렵다는 것이다.

1.2.4 오염물질 배출원

〈표 1-1〉에서와 같이 오염물질 배출원으로는 화산폭발과 같은 자연적 배출원과 석탄연소와 같은 인위적 배출원이 있다. 자연적 배출원의 예로서는 우주로부터의 방사선과 지각에서 발생하는 방사능물질로부터 방사되는 방사선과 같은 것이 있다.

화산폭발과 같은 예를 제외하면, 일반적으로 자연적 배출원으로부터 발생하는 오염물질은 희석되기 때문에 무해한 농도 이하로 떨어진다. 이와는 달리 인위적 배출원에서 발생하는 오염물질은 자연적인 분해과정에서 분해되지 않는 합성화학물질이 포함되어 있다. 핵무기 내지 핵실험은 지구환경에 커다란 위협이 되고 있다.

〈표 1-1〉 오염물질의 자연적 배출원과 인위적 배출원

범주1: 완전한 인위적 배출원에서 발생
•디디티(DDT) •폴리염화비페닐(PCBs; polychlorinated biphenyls) •기타 염화탄화수소(chlorinated hydrocarbon) •유연연료 연소로 인한 공기 중의 납 •고상폐기물과 투기된 폐기물
범주2: 일차적으로 인위적 배출원에서 발생
•방사능폐기물 •해양유류오염 •동식물 폐기물인 하수 •수중생태계의 인산염(PO_4^{3-}) 오염 •하천, 호소, 및 해양의 폐열오염 •휘발유 연소로 인한 광합성 스모그(대기) 오염 •석탄과 석유 연소로 인한 아황산가스(SO_2) 오염 •소음
범주3: 일차적으로 자연적 배출원에서 발생
•대기 중의 탄화수소(CH_4) •대기 중의 일산화탄소(CO) 및 이산화탄소(CO_2) •대기 중의 고형입자 •해양의 수은

1.2.5 주요 환경문제 및 환경오염사건

〈표 1-2〉에서와 같이 주요 환경문제로는 대기오염문제, 수질오염문제, 자연환경훼손 및 파괴문제, 폐기물문제 등이 있다.

국제적인 대기오염문제로는 오존층파괴, 지구온난화, 산성우 등이 있고, 국내적인 것으로는 스모그, 휘발성 유기화합물, 비산먼지, 악취, 소음·진동 등이 있다. 주요 대기오염사건으로는 도노라Donora스모그사건, 로스앤젤레스Los Angeles스모그사건, 뮈즈Meuse계곡사건, 산성우사건, 인도보팔사건 등이 있다(김동욱, 2005).

국제적인 수질오염문제로는 국제하천오염, 해양오염 등이 있으며, 국제하천오염사고로는 바젤사건이 있다. 국내적인 수질오염문제로는 유기물오염, 병원성미생물오염, 무기화합물오염, 무기영양소오염, 유기화합물오염, 부유물질오염, 방사능물질오염, 열오염 등이 있다. 주요 수질오염사건으로는 미나마타병Minamata Disease, 가네미사건(PCB사건), 이타이이타이병Itai Itai Disease, 산도즈화학공장유출사건, 드리마일섬TMI사고, 테임즈강오염사건, 낙동강페놀사건, 펜실베이니아Pennsylvania사건 등이 있다.

자연환경훼손 및 파괴문제로는 생태지역의 파괴, 생물종다양성의 상실, 자연경관의 파괴, 토양오염 등이 대표적 사례이다.

폐기물관리의 문제로는 폐기물 매립에 따른 침출수수질오염, 매립가스의 발생, 매립지확

보곤란, 폐기물운반문제, 매립지사후관리문제 등이 있으며, 폐기물 소각에 따른 대기오염물질발생이 문제가 된다. 폐기물해양투기로 인한 해양오염도 폐기물문제의 하나이다. 폐기물오염사고로는 러브커넬Love Canal사건, 타임스강변다이옥신오염Times Beach Dioxin사건, 마이애미Miami산업폐기물사건, 오하이오Ohio River Park사건, 키안씨호Khian Sea사건, 키에스Kansas Industrial Environmental Services, KIES 사건, 케폰Kepone사건, 피시비PCB사건, 폐기물위장수입사건, 1차 쓰레기전쟁1 waste war, 2차 쓰레기전쟁2 waste war 등이 있다(김동욱, 2005).

〈표 1-2〉 주요 환경문제 및 환경오염사건

구분		주요 환경문제	주요 환경오염사건
대기오염 대기오염	국내	• 스모그 • 휘발성 유기화합물(VOC) • 소음진동 • 악취	• 서울시스모그 • 여천공단 유기화합물(organic compounds)오염 • 고속도로소음 • 시화공단악취와 김포매립지악취
	국제	• 오존층파괴 • 지구온난화 • 산성비	• 남극오존층파괴 • 북극지구온난화 • 러시아/핀란드산성비, 캐나다/미국산성비
수질오염 수질오염	국내	• 유기물오염 • 병원성미생물오염 • 무기화합물오염 • 무기영양소오염 • 유기화합물오염 • 부유물질오염 • 방사능물질오염 • 열오염	• 한탄강물고기폐사사건 • 한강상수원미생물오염사건 • 미나마타(Minamata)병과 이타이이타이(Itai-itai)병 • 소양호와 대청호 부영양화 • 낙동강페놀사건/휘발성유기화합물사건/가네미사건/ 산도즈화학공장유출사건/펜실베이니아사건 • 장마철쓰레기 • 스리마일섬사고 • 포항제철냉각수방류사고
	국제	• 해양오염 • 국제하천오염	• 엑슨 발데즈호(Exon Valdez)유류오염사고 • 라인강오염(바젤사건)
자연훼손		• 생태지역의 파괴 • 생물종다양성의 상실 • 자연경관의 파괴 • 토양오염	• 시화호간척사업과 새만금호간척사업 • 멸종위기 종/황소개구리 등 외래생물종 도입 • 백두대간 훼손 • 광산인근지역 토양오염
폐기물오염		• 침출수수질오염 • 매립가스대기오염 • 폐기물소각대기오염 • 폐기물해양투기해양오염 • 폐기물국가간이동 • 핵폐기물	• 러브커넬사건/Times Beach 지역이 Dioxin 오염사건 • 마이애미 산업폐기물사건 • 오하이오강사건 • 키안씨호사건/키에스사건 • 폐기물위장수입사건 • 케폰(Kepone)사건/PCBs사건

바젤(Basel)사건(국제수질사고)

우리에게도 낯설지 않은 라인강은 스위스로부터 시작하여 프랑스, 독일을 거쳐 북구 해안으로 들어가는 유럽 산업의 중심으로 그 연안에 수많은 공장들이 밀집되어 있다. 1986년 11월 1일 라인강 상류유역 스위스의 바젤 부근에 위치한 화학 및 의약품 제조회사인 산도스사의 화학물질 저장창고에서 화재가 발생했다. 창고에는 1300톤에 달하는 90여 종의 화학물질이 보관되어 있었는데 대부분 독성이 강한 물질이었다. 화재 진화를 위해 사용한 다량의 물과 함께 화학 물질은 곧바로 라인강으로 흘러들어가 라인 강을 하루아침에 죽음의 강으로 변모시켰다. 그리고 부근 토양과 지하수로 스며들어 오염시켰고 화재 시 발생한 유독한 연기는 사람과 주변 생물상에 큰 피해를 유발하였다.

사고 당시 라인강에 서식하던 수중생물은 떼죽음을 당했으며 사고지점 하류 400km에 해당하는 하천 구간의 저서생물은 완전히 사라져 버렸다. 하천정화 노력으로 많이 회복되긴 했지만 지금도 하천 퇴적물에서는 유해물질이 검출되고 있다. 이 사건은 특히 사고 직후 당국의 느린 대처로 피해가 확대되었다는 점에서 우리에게 많은 교훈을 주고 있다.

미나마타(Minamata)병(국내수질사고)

수은에 오염된 어패류를 먹은 사람들에게 발생하는 증세로, 언어장애, 정신장애 등을 일으키다가 심하면 사망하기도 한다. 일본의 미나마타 시에서 발생한 오염 사건에서 이름이 유래되었다.

이타이이타이(Itai-itai)병(국내수질사고)

식수의 카드뮴 오염에 의하여 발생하는 질병이다. 인체의 뼈에 이상이 발생하며, 심한 통증과 함께 생명을 앗아가는 치명적인 병으로, 일본 도야마 현에서 처음으로 알려졌으며, 감염자가 일본말로 아프다는 뜻으로 '이타이'를 반복한 데에서 병명이 유래하였다.

1.3 환경문제의 발생원인

[그림 1-8]에서와 같이 환경문제는 기술진보와 경제성장, 인구증가 및 인구의 도시집중, 물질자원과 에너지자원의 과다사용, 자연환경의 훼손·파괴, 시차, 정치체제, 경제체제 및 윤리체제로 인해 발생한다(김동욱, 2000).

[그림 1-8] 환경문제 발생원인

1.3.1 기술진보와 경제성장

환경문제는 인간의 생산·소비행위, 즉 경제활동으로 인해 발생한다. 적정한 수준의 경제활동은 환경문제를 발생시키지 않는다. 과도한 경제활동이 환경문제를 발생시킨다면, 그 중 가장 중요한 원인이 과학기술의 발달이다. 인류의 경제활동이 수렵이나 농경의 수준이었을 때는 환경문제가 발생하지 않았다. 그러나 산업혁명 이후 급속한 생산기술의 진보로 인해 인류의 경제활동이 폭발적으로 확대되면서 환경에 나쁜 영향을 미치기 시작하였다.

재래식 경제모형에서는 경제체계의 초상을 [그림 1-9]에서와 같이 폐쇄선형계로 묘사하였다. 생산자는 자원소유자로부터 자원을 공급받아서 상품과 서비스를 생산하여 소비자에게 판매하고, 소비자는 자원과 노동을 제공하여 생산을 가능하게 함으로써 경제계가 작동한다는 것이다(Daly et al., 1990). 그러나 이러한 폐쇄선형계는 물리적으로 불가능하며, 현실적인 경제계는 개방순환계로서 외부로부터 자원의 공급이 있어야만 존립이 가능하다. 물질수지의 관점에서 보면 개방계인 경제계는 환경으로부터 물질을 채취하여 이를 가공, 제조, 소비한 다음 같은 양, 같은 종류의 물질(폐기물)을 다시 환경계로 돌려보낸다. 이것은 에너지보존

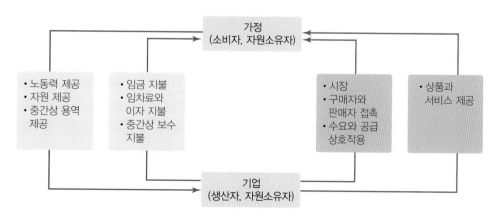

[그림 1-9] 재래식 경제모형(Daly et al., 1990)

법칙인 열역학 제1법칙과 흡사하다. 그 폐기물 중 일부를 다시 자원으로 사용할 수 있지만 열역학 제2법칙 때문에 폐기물을 100% 다시 사용할 수는 없다(Ayres and Kneese, 1969; Kneese et al., 1970).

일반적으로 환경과 경제성장은 서로 상충되는 관계로 파악된다. 경제성장을 위해서는 환경을 어느 정도 희생해야 한다는 것으로, 경제성장 목표와 환경보전 목표 간에는 적정한 선에서의 타협이 필요함을 말한다. 이러한 관계를 [그림 1-10]에서와 같이 반비례함수로 표현할 수 있다(Wicke, 1993, p.541).

"E" 수준의 환경의 질은 지속개발을 가능하게 하는 환경의 수용능력의 한계를 표시한다. Q^0은 지속가능한 경제성장의 한계로 볼 수 있다. 그러나 Q^0이 환경용량을 초과하여 경제성장을 계속하면 환경오염과 훼손이 발생하여 경제성장은 어느 날 갑자기 공황에 빠질 가능성이 있다. 그러나 환경기술개발, 환경 친화적 생산과 소비양식의 변화를 통해 환경보호와 함께 경제성장을 Q^1까지 확장할 수 있다. 성장의 한계를 이와 같이 Q^0에서 Q^1로, 다시 Q^2로 연장해 나가는 것을 지속가능개발이라고 할 수 있다.

그동안 세계는 생산기술의 진보와 경제성장의 상승작용으로 심각한 환경오염문제에 직면

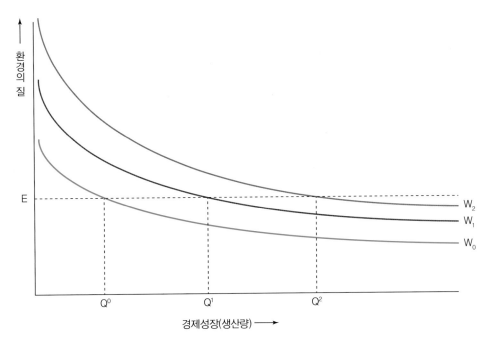

[그림 1-10] 환경의 수용능력과 경제성장(Wicke, 1993, p.541)

하게 되었다. 초기산업화단계에서는 생산기술진보의 신화 때문에 환경에 큰 관심을 쏟지 않았다. 그러나 생산기술진보가 경제성장이라는 열매를 거두는 동안 경제성장의 바탕이 되는 환경에 문제가 생기기 시작하였다(Kemp et al., 1992). 생산기술의 진보는 자연을 이용하는 인간능력의 한계를 크게 확장시킨다는 점에서 환경오염과 환경파괴의 위험을 크게 하고 있다. 생산기술개발이 경제성장의 동력으로서의 역할을 하지만, 같은 크기로 환경문제를 일으키는 것을 '기술진보의 모순'이라고 부르기도 한다(Grey, 1989).

1.3.2 인구증가와 인구의 도시집중

3요소모델

환경문제의 또 하나의 주요 발생 원인으로 인구증가와 인구의 도시집중을 든다. 인구증가로 인한 오염물질발생량의 크기는 [그림 1-11]에서와 같이 3요소모델로 나타낼 수 있다. 다만, 이것은 오염물질발생량의 크기를 너무 단순화한 것이다. 여기서 한 가지 알아두어야 할 것은 "단순한 것을 추구하되 그것을 믿지는 말라."Alfred North Whitehead는 것이다.

[그림 1-11] 3요소모델

인구크기 및 인구분포

[그림 1-12] 및 [그림 1-13]에서와 같이 세계 인구는 2백만 년 전 12만5천 명이었고, 현대 인류가 출현한 20만 년 전 1백만 명, 네안데르탈인과 크로마뇽인의 교체시기인 4만 년 전 3백만 명, 정착생활과 목축 및 원시농업이 시작된 1만 년 전 5백만 명, 관개농업이 시작된 5천 년 전 5천만 명이었다.

서기 1년에 2.5억 명, 1000년에 4억 명, 1650년에 5.45억 명, 1750년에 7.28억 명, 1850년에 11.71억 명, 1930년에 20억 명, 1950년에 25.15억 명, 1976년에 40억 명, 1990년에 50억 명, 2002년에 60억 명, 2006년에 65억 명, 2012년에 70억 명, 2014년에 72억 명으로 증가해 왔다. 인구증가곡선을 흔히 인구J곡선 또는 지수곡선이라고도 부른다. 지수곡선은 인구의 지수적 증가 또는 기하학적 증가를 말한다.

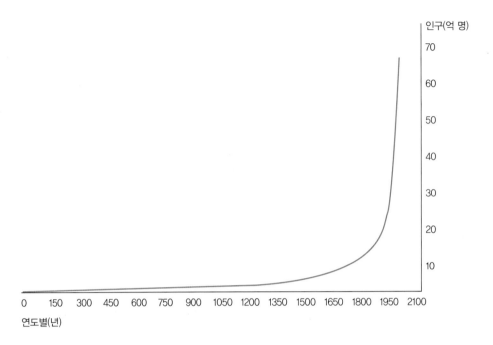

[그림 1-12] 세계인구 J곡선

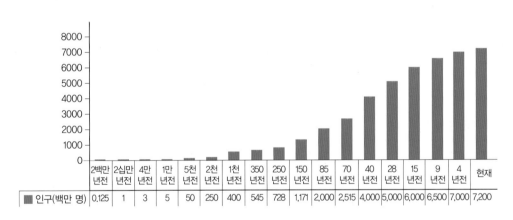

[그림 1-13] 세계 인구 증가추세(KOSIS 국가통계포털, 2015)

인구가 10억 명에서 20억 명으로 증가하는데 걸린 시간은 80년, 20억 명에서 30억 명으로 증가하는데 걸린 시간은 30년, 30억 명에서 40억 명으로 증가하는데 걸린 시간은 15년, 40억 명에서 50억 명으로 증가하는데 걸린 시간은 12년, 50억 명에서 60억 명으로 증가하는데 걸린 시간은 13년, 60억 명에서 70억 명으로 증가하는데 걸린 시간은 11년이었다(US Census Bureau, 2012).

2006년 세계인구의 8억5천만 명이 기아 내지 영양실조 상태이고, 10억 명이 물 부족 상태이다. 매년 600만 명이 기아나 그로 인해 발생한 질병으로 사망하고 있다. 그 대부분이 어린이다. 세계 인구증가율은 1.14%이었다.

인구가 환경의 수용능력을 초과할 때 오염문제가 생긴다. 인구과잉은 맬서스적 인구과잉과 신맬서스적 인구과잉의 두 가지 종류가 있다.

맬서스적 인구과잉이란 인구증가는 식량부족을 가져오고, 식량부족은 기아와 질병을 유발하여 인구감소로 이어지면서 인구가 균형을 취하게 된다는 것이다. 여기서는 3요소모델 중 인구가 다른 두 요소에 비해 중요한 요소가 된다. 후진국에 적용되는 인구과잉의 유형이다.

신맬서스적 인구과잉이란 상대적으로 적은 인구가 상대적으로 오염물질을 많이 발생시키는 자원을 상대적으로 많이 사용할 경우에 발생한다. 이 경우에는 3요소모델 중 사용하는 자원의 종류와 오염물질발생계수가 문제가 된다. 이때는 인구가 식량부족으로 사망하는 것이 아니라 오염된 공기, 물, 토양 때문에 사망하게 된다. 미국 등 선진국들이 신맬서스적 인구과잉이라고 할 수 있다.

미국 등 국가의 신맬서스적 인구과잉에 대해서는 논쟁의 여지가 있다. 반대론자들은 인구가 문제의 핵심이 아니라는 것이다. 부유한 나라의 경제성장과 기술개발은 오염문제를 해결하고 가난한 국가를 도울 수 있다는 것이다. 이에 대해 반대론자들은 선진국의 경제성장은 자연자원을 고갈시켜 후진국의 최저수준의 성장도 보장할 수 없게 만든다는 것이다.

인구의 도시집중

다음은 인구분포가 문제가 된다. 대기오염문제는 인구가 집중된 도시지역이나 산업단지에서 발생한다. 반대로 인구가 광범위한 지역에 퍼져있을 때는 토지에 치명적인 영향을 미칠 수 있다. 인구의 도시집중은 세계적인 현상으로 산업의 발전으로 도시의 생산성이 증대한 필연적인 결과이다. [그림 1-14]에서 보는 것과 같이 1920년대의 세계평균 도시화율은 전 인구의 19.4%였으나, 2018년에는 55.3%로 크게 증가하였다.

그러나 이를 절대적인 인구로 비교하면, 1920년 도시인구는 약 3억 명이었으나, 2018년에는 42억 명으로 14배 증가하였다. 도시인구는 상대적이 아닌 절대적인 수치가 중요하기 때문에 100년 전인 1920년대에 비해 현재의 환경문제는 도시인구에 관한 한 상당히 심각해졌다고 말할 수 있다.

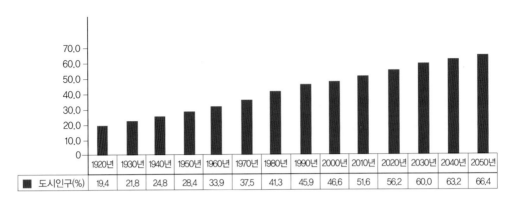

[그림 1-14] 세계 인구의 도시화추세(KOSIS 국가통계포털, 2018)

	1920년	1930년	1940년	1950년	1960년	1970년	1980년	1990년	2000년	2010년	2020년	2030년	2040년	2050년
■ 도시인구(%)	19.4	21.8	24.8	28.4	33.9	37.5	41.3	45.9	46.6	51.6	56.2	60.0	63.2	66.4

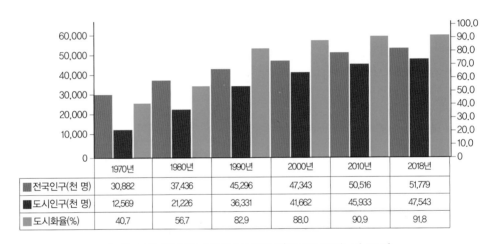

	1970년	1980년	1990년	2000년	2010년	2018년
■ 전국인구(천 명)	30,882	37,436	45,296	47,343	50,516	51,779
■ 도시인구(천 명)	12,569	21,226	36,331	41,662	45,933	47,543
■ 도시화율(%)	40.7	56.7	82.9	88.0	90.9	91.8

[그림 1-15] 우리나라 인구의 도시화추세(국토교통통계누리, 2018)

우리나라의 경우에는 이러한 도시화 추세가 세계적인 도시화 추세를 훨씬 앞질러 가고 있다는 것을 [그림 1-15]를 보면 알 수 있다. 1970년에 도시화율은 세계평균을 넘어섰고, 1990년대에는 선진국 수준의 도시화율을 보이고 있다.

1.3.3 자원의 과다사용

[그림 1-16]에서와 같이 일반적으로 자원을 재생성자원과 비재생성자원으로 나눌 수 있다. 재생성자원은 이론적으로는 영원히 그 사용이 지속될 수 있는 자원이다. 태양에너지와 같이 기본적으로 소진되지 않는 원천에서 발생하든지, 아니면 자연적 또는 인공적인 순환과정을 통해 재생되거나 재충전되는 자원, 예를 들면 농작물, 가축, 야생동식물, 산림, 기타 살

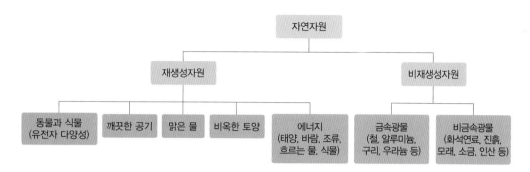

[그림 1-16] 자연자원의 종류(Tientenberg, 2000)

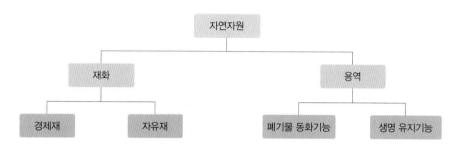

[그림 1-17] 자연자원이 제공하는 재화와 용역(김동욱, 2005)

아 있는 것과 맑은 공기, 깨끗한 물, 비옥한 토양과 같은 것들이다.

재생성자원의 문제는 재생능력보다 더 빨리 자원을 사용하든지 아니면 오염으로 인해 재생성자원의 생명을 위협하거나 서식조건을 악화시키는 것이다. 결과적으로 재생성자원을 비재생성자원으로 만들 수도 있다. 유전자다양성이 인간의 무지나 남용으로 인해 비재생성자원이 될 수 있는 중요한 예 중의 하나가 될 수 있다. 서로 다른 야생식물종들 중에서 발견되는 유전자다양성은 서로 교차생식으로 새로운 유전질을 가진 식량자원을 개발할 수 있다. 그러나 인간이 개발을 과도하게 진행하면 야생동식물종이 멸종되어 유전자다양성이 감소하게 된다.

비재생성자원이란 소진되어 없어지거나, 남아 있다 할지라도 더 이상 채취가 경제적으로 불가능한 자원을 말한다. 대부분의 비재생성자원은 광물자원으로, 공급량이 고정되어 있거나, 아니면 화석연료와 같이 재생하는데 긴 시간이 걸리는 자원을 말한다. 광물이란 화학적 원소나 화학적 화합물로 존재하는데, 금속광물과 비금속광물로 분류된다.

[그림 1-17]에서와 같이 자연자원은 인간의 생존에 필요한 재화와 용역을 제공한다. 재화

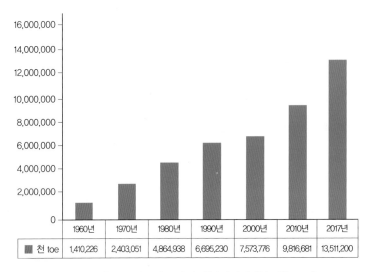

	1960년	1970년	1980년	1990년	2000년	2010년	2017년
천 toe	1,410,226	2,403,051	4,864,938	6,695,230	7,573,776	9,816,681	13,511,200

[그림 1-18] 세계 에너지 소비 추세(에너지경제연구원, 2017)

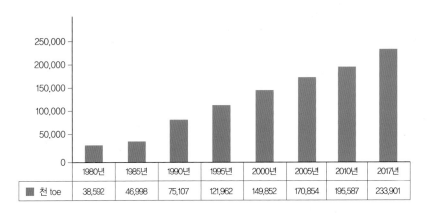

	1980년	1985년	1990년	1995년	2000년	2005년	2010년	2017년
천 toe	38,592	46,998	75,107	121,962	149,852	170,854	195,587	233,901

[그림 1-19] 우리나라 에너지 소비 추세(에너지경제연구원, 2017)

란 환경이 제공하는 물질자원과 에너지자원을 말하고, 용역이란 공기, 물, 토양 등이 제공하는 폐기물동화기능과 생명유지기능을 말한다(Norton, 1984). 환경이 제공하는 재화를 경제재와 자유재로 나눌 수 있는데, 자유재를 환경재라고도 부른다. 용역은 대부분 자유재다.

에너지자원의 과다사용

에너지문제는 개발단계에서부터 소비단계까지 환경을 오염시키거나 훼손시키는 원인이 된다. 특히, 화석연료는 지하에 묻힌 오염물질 덩어리를 지상으로 끌어올려 지구환경을 오염시키는 것이기 때문이다.

에너지 사용량은 인구증가, 도시화, 소득증대, 생활수준 향상 등에 따라 급격히 증가하고 있다. [그림 1-18]에서 보는 것과 같이 1960년 석유환산톤 14억 톤이었던 세계 에너지 소비량이 2017년에는 135억 톤으로 9.6배 증가하였다.

우리나라의 경우에는 [그림 1-19]에서와 같이 연간 에너지 소비량이 1980년 38,952천 석유환산톤에서 2017년에는 233,901천 석유환산톤으로 6배 증가하였다.

물질자원의 과다사용

인구증가와 생활수준 향상으로 물질의 사용도 양적으로 확대되고, 질적으로 다양화해졌다. 화학물질, 철강, 목재 소비량의 증가가 좋은 예가 될 수 있다. 화학물질은 지구상에 현재 약 1,200여만 종이 있으며, 매년 50만 종이 추가 개발되는 것으로 추정하고 있다. 상업적으로 유통하는 것만 10만여 종이며, 매년 2,000여 종씩 추가되는 것으로 알려져 있다. 우리나라의 경우 약 35,000여 종이 상업적으로 유통되고 있으며, 매년 200여 종이 추가되는 것으로 추정되고 있다.

세계 플라스틱 생산량은 1997년의 139백만 톤에서 2017년 350백만 톤으로 2.5배 증가하였으며, 세계 철강 생산량은 1997년의 799백만 톤에서 2017년 1,690백만 톤으로 2.1배 증가하였다. 세계 임목의 사용량은 1997년의 3,367백만 m³에서 2017년 3,822백만 m³로 1.1배 증가하였다(KOSIS 국가통계포털, 2018).

자원사용 단위량 당 오염물질발생량

환경학자 코모나Barry Commoner는 3요소모델 중 가장 중요한 요소는 자원사용 단위량 당 오염물질발생량이라고 주장한다. 그는 2차대전 이후 환경적으로 유해한 기술의 도입이 산업국가 환경오염의 주요 원인이라는 분석을 내놓았다. 〈표 1-3〉에서와 같이 산업국가들의 생산 및 소비제품은 천연제품으로부터 인조제품으로 옮겨왔다. 천연제품은 자연적인 분해·희석·

〈표 1-3〉 천연제품을 대체하는 인조제품

천연제품		인조제품(대체제품)	천연제품		인조제품(대체제품)
천연섬유	⇨	합성섬유	자연비료	⇨	인조비료
목재	⇨	플라스틱, 알루미늄	자연천적	⇨	농약
비누	⇨	세제	자연고무	⇨	인조고무
자연식품	⇨	첨가식품	천연염료	⇨	인조염료

흡수 과정을 거치면서 원상태로 환원되지만, 인조제품은 자연적인 분해과정에 의해 원상태로 환원되지 않기 때문에 오염문제를 일으킨다.

1.3.4 자연환경 훼손 및 파괴

산림훼손

인구증가와 인구의 도시집중은 필연적으로 토지에 대한 수요를 증가시켜 산림훼손과 도시화지역의 확대로 이어졌다. 〈표 1-4〉에서와 같이 1950~2015년 사이 4,058천 ㎢의 산림이 감소하였다. 이것은 지난 65년간 세계의 산림이 연평균 62,000 ㎢씩 감소하였음을 보여준다.

〈표 1-4〉 지구 산림훼손면적 추이

구분	1만 년 전	1950년	1965년	1980년	1995년	2005년	2015년
산림면적(천 ㎢)	60,700	44,049	43,249	42,578	41,269	40,327	39,991
산림면적/육지면적(%)	40.8	29.6	29.0	28.6	27.7	27.1	26.9
산림훼손면적(천 ㎢)	–	16,651	800	671	1,309	942	336

주: 육지면적 148,890천 ㎢(남극대륙을 포함한 면적. 전체 지구 표면적의 29.2%)
자료원: FAO(2018)

산림 중에서도 환경적으로 가장 중요한 것이 열대림이다. 1980년대 이후 훼손된 열대림만 전체 열대림 면적의 절반을 차지했다. 온대림의 경우에는 미국, 유럽 등 지역의 산림 중 10~20%가 감소하였으며, 특히, 독일의 경우, 1982년 이래 전체 산림면적의 55%가 피해를 보았다. 열대우림지역에 대한 세계식량농업기구FAO의 1981~1985년 기간 중 산림훼손 실태 조사결과에 의하면 매년 11.3만 ㎢(남한면적의 1.1배)의 열대자연림이 벌목되어 농지로 개간되고 있으며, 서아프리카 열대우림의 72%, 남부아시아 열대우림의 63.5%가 감소된 것으로

〈표 1-5〉 우리나라 산림훼손면적 추이

구분	1950년	1960년	1970년	1980년	1990년	2000년	2010년	2015년
산림면적(㎢)	68,509	67,567	66,354	65,678	64,760	64,221	63,688	63,346
산림면적/육지면적(%)	68.5	67.6	66.4	65.7	64.8	64.2	63.7	63.3
산림훼손면적(㎢)	–	942	1213	676	918	539	533	342

자료원: 산림청(2016)

나타났다. 1987년에만 브라질에서는 18.2만 ㎢의 삼림이 훼손되었으며, 아마존강 유역의 13만 ㎢가 농지개간을 위해 파괴되었다. 우리나라 삼림면적도 감소되어 왔다. 〈표 1-5〉에서와 같이 1950년의 68,509㎢에서 2015년의 삼림면적은 63,346㎢로 65년 간 5,163㎢ 감소하였다.

도시지역 확대

토지의 도시화는 동식물서식지의 파괴, 강우유출수의 증가, 비점오염원의 형성 등 환경적으로 매우 나쁜 토지이용 형태이다. 우리나라의 경우 [그림 1-20]에서와 같이 1970년의 도시지역의 면적은 7,398 ㎢이었으나 2018년의 도시지역의 면적은 17,789 ㎢으로, 2.4배 증가하였다.

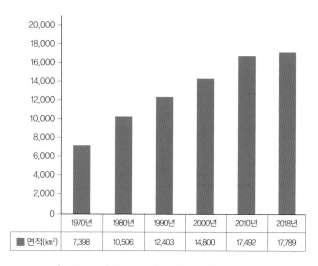

	1970년	1980년	1990년	2000년	2010년	2018년
면적(km²)	7,398	10,506	12,403	14,800	17,492	17,789

[그림 1-20] 우리나라 도시지역 면적 증가 추세

도로건설 역시 생태계 파괴 등 환경적으로는 매우 영향이 큰 개발사업의 유형이다. 우리나라의 도로건설 실태를 보면 1965년에는 도로 총연장이 28,145㎞이었으나, 2017년에는 3.9배가 증가한 110,091㎞에 달했다. 도로건설은 총 연장이 증가하였을 뿐만 아니라, 폭이 넓어지고 포장률도 높아진 것도 고려할 점이다.

1.3.5 시차

3요소모델에서 세 요소를 변화시키는데 필요한 시간의 길이는 요소마다 다르다. 예를 들어 인구증가가 정지되는데 소요되는 시간은 지금부터 가정마다 2명의 아이를 가진다고 가정할 경우에도 50~70년이 걸린다. 그렇게 긴 시차가 필요한 것은 현재 세계 인구 중 상당부분이 15세 이하이기 때문이다. 1인당 평균 자원소비량은 1년~5년이라는 비교적 짧은 시간 내에 감축이 가능하지만, 그 결과 경기후퇴나 경제침체의 가능성이 생긴다. 자원소비량의 감축, 재활용 및 재이용의 촉진, 내구재의 사용 등에는 10~20년의 시간이 걸린다. 오염유발기술의 오염유발요인 감축에는 5~10년이 걸리지만, 지속분해성 오염물질이 무해한 수준으로 분해하는 데는 수십 년이 걸린다.

1.3.6 경제체제

경제적인 관점에서는 환경문제의 발생 원인을 시장실패라고 본다. 시장실패의 원인으로서 외부효과, 부적정한 재산권체제, 불완전한 시장구조, 개인할인율과 사회적 할인율의 불일치 등을 든다.

1.3.7 정치체제

환경입법의 미흡, 장기계획의 결여, 자동제어체제의 마비, 혁신의 부족, 행정부와 의회 개혁의 미흡, 관료주의의 병목현상, 지속가능지구공동체를 위한 세계질서구축의 실패 등이 환경문제의 발생의 주요 정치적 문제라고 할 수 있다.

1.3.8 윤리체제

맹신적 기술낙관주의, 암울한 숙명론적 비관주의 및 무관심의 세 개의 덫이 환경문제를 일으킨다. 물질보존법칙과 에너지법칙에 대한 불신, 자연에 대한 오만한 태도와 적대감 등이 환경문제를 일으킨다.

1.4 지구환경문제의 해결

환경문제에 대한 시각, 환경문제 분석의 틀, 환경문제 접근방법, 환경과 기술, 환경과 정치, 환경과 경제, 환경과 윤리, 지속가능지구로 이행 및 사회문화적 진화의 단계에 대해 차례로 살펴본다.

1.4.1 환경문제에 대한 시각

환경론자들의 신념체계 내지 이념을 기준으로 환경문제에 대한 시각을 크게 기술지향주의와 생태지향주의로 구분하고, 나아가서 이 두 개념을 각각 정치적인 측면에서의 진보성과 보수성을 기준으로 [그림 1-21]에서와 같이 세부적으로 분류하는 방법이 있다O'Riordan, 1983.

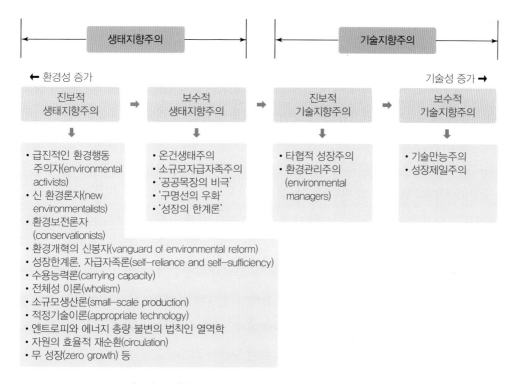

[그림 1-21] 환경문제에 대한 시각의 분류(O'Riordan, 1983)

생태지향주의

인간은 환경의 다른 구성요소와 마찬가지로 생물학적 법칙에 순리적으로 따름으로써 자신이 일부분을 구성하고 있는 전체 생태계와의 조화를 통해 생태계의 안정에 기여해야만 한다는 것이다. 생태지향주의는 이를 진보적 생태지향주의와 보수적 생태지향주의로 다시 나누어진다.

진보적 생태주의는 급진적인 환경행동주의자들이 주장하는 환경론으로 극단적인 환경론자들의 주장이다. 환경교육가와 시민환경운동집단이 여기에 속한다. 신 환경론자, 환경보전론자, 환경개혁의 신봉자라고도 불린다. 이들의 주요한 이론은 성장한계론, 자급자족론, 수

43

용능력론, 전체성이론, 소규모생산론, 적정기술이론, 엔트로피와 에너지 총량 불변의 법칙인 열역학 이론, 자원의 효율적 순환, 영의 성장 등이 있다. 보수적 생태지향주의는 온건생태주의, 소규모 자급자족주의로 가레트 하딘Hardin, G., 1968의 "공공목장의 비극"과 "구명선의 우화", "성장의 한계론"을 수용하는 이론이다. 경제성장의 정도가 자연의 수용능력을 초과하게 되면 생태계가 파괴된다는 것이다.

기술지향주의

기술지향주의는 서구사회의 지배논리로 환경보존보다는 인간의 경제적 요구를 더 중요하게 생각하여 '생명윤리'로 지칭되는 자연의 생존권을 묵살한다. 기술지향주의는 객관적, 과학적 접근 방식에 대한 신념을 가지고 있으며, 환경오염방지를 위한 세심한 관리가 행해질 수만 있다면 인간은 그 자신의 목적에 따라 자연을 적절하게 조절하는 것이 가능하다고 함으로써, 인간의 자연에 대한 지배 행위를 정당화한다.

따라서 기술지향주의자들은 자연에 대한 조절과정을 통해 성취된 고도의 기술과 물질소비를 사회적 진보의 궁극적 지표로 여겨왔다. 그리고 이러한 진보는 자연의 법칙을 인식하고 이를 적절하게 조정하여 얻게 된 경제법칙의 틀 속에서 달성될 수 있다고 믿어 왔다. 그렇기 때문에 자연법칙을 가장 잘 이해하고 있는 과학자 집단은 환경문제를 해결하려는 의사결정에 있어서 가장 큰 영향력을 행사하게 되는 것이다. 오라이어단O'Riordan, 1983은 이 개념을 정치적 측면에서 진보성과 보수성의 관점으로 다시 구분하고 있다. '진보적 기술지향주의'는 기술진보로 인한 경제성장의 중요성을 인정하지만, 환경과의 조화를 이루는 성장을 중요시한다. '보수적 기술지향주의'는 기술개발을 통해 무한한 성장이 가능하다는 입장이다. 소수의 엘리트 집단에 의한 기술발전이 인류의 운명을 결정할 수 있다는 무모한 발상을 한다고 볼 수 있다.

1.4.2 환경문제 분석의 틀

환경문제를 해결하기 위해서는 환경문제 발생의 원인을 조사·분석하여 주요 변수들 간의 관계를 파악하는 것이 중요하다. 과다한 생산과 소비, 자연자원의 과다 사용, 폐기물의 과다 배출 등 생산, 소비, 자연자원, 폐기물 등을 환경문제 발생의 주요 변수로 하여 환경문제를 분석하는 방법을 '거시적 환경정책론'이라고 하고, 폐기물을 환경에 배출했을 때 영향을 받는 환경요소, 폐기물의 종류, 영향의 정도, 정화처리방법 등을 주요 변수로 하여 환경문제를 분석하는 방법을 '미시적 환경정책론'이라고 한다.

거시적 환경정책론

거시적 환경정책론은 [그림 1-22]에서와 같이 환경을 사회경제계(사회·경제적 환경)와 생태계(물리·화학·생물적 환경)로 2분하고, 이들 간의 관계를 분석하여 환경문제의 해결방법을 찾으려는 것이다.

경제개발을 위해서는 생태계로부터 물질자원과 에너지자원을 얻고, 사회경제적 환경 자체로부터 투자재와 소비재 및 노동력을 얻으며, 여기에 기술을 가미하여 생산 및 소비활동을 하게 된다. 그 결과 폐기물이 발생하여 생태계에 유입되면 생태계가 자체적인 재생능력이나 정화능력에 의해 오염물질을 제거하여 물질의 순환이 계속된다. 그러나 재생능력이나 정화능력이 부족하게 되면 환경오염이 발생하게 된다. 이러한 순환의 고리에서 거시적 환경정책의 역할은 자연자원의 사용을 규제하여 그 남용을 방지하고, 기술진보를 촉진하여 자연자원의 사용을 줄이며, 생산과 소비활동의 규모를 축소하여 폐기물의 배출을 최대한 감축하는 것이다.

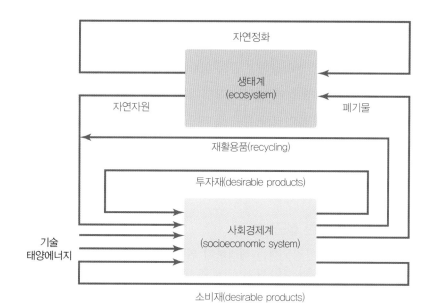

[그림 1-22] 거시적 환경정책 분석의 틀(Wicke, 1993, p.7)

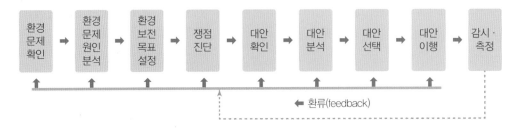

주: (1) 환경오염 문제 확인(problem identification)
　　(2) 환경오염 원인 분석(data collection and analysis)
　　(3) 환경보전목표의 설정(development of goals and objectives)
　　(4) 문제(쟁점)의 명확화 및 진단(clarification and diagnosis of the problem or issues)
　　(5) 대안의 확인(identification of alternative solutions)
　　(6) 대안의 분석(analysis of alternatives)
　　(7) 대안 평가 및 선택(evaluation and recommendation of actions)
　　(8) 선택대안의 시행계획 수립(development of implementation program)
　　(9) 계획시행 결과의 감시 및 측정(surveillance and monitoring)

[그림 1-23] 미시적 환경정책 분석의 틀(Dzurik, 1990)

미시적 환경정책론

미시적 환경정책론은 환경오염이 지역, 환경요소 및 환경오염물질의 상호작용으로 인해 발생하는 것으로 파악한다. 지역은 환경오염이 발생하는 특정장소를 의미하며, 환경요소로는 공기, 물, 토양, 생물 등이 있고, 환경오염물질로는 고체나 액체 또는 기체의 형태를 가진 것으로 화학물질, 소음, 폐열, 방사능물질 등이 있다. 미시적 환경정책의 수립·추진의 전형적인 모형은 [그림 1-23]에서와 같이 (1) 환경오염 문제 확인, (2) 환경오염 원인 분석, (3) 환경보전목표의 설정, (4) 문제(쟁점)의 명확화 및 진단, (5) 대안의 확인, (6) 대안의 분석, (7) 대안 평가 및 선택, (8) 선택대안의 시행계획 수립, (9) 계획시행 결과의 감시 및 측정의 9단계로 구성된다.

1.4.3 환경문제 해결을 위한 접근방법

환경정책의 접근방법이란 환경문제를 해결하기 위한 방법론을 말한다. 환경정책의 방법론을 [그림 1-24]에서와 같이 완벽한 환경문제 해결을 상정하는 종합적 합리주의와 점진적이고 국민 참여적 환경문제 해결을 주장하는 분권적 점진주의, 경제개발만 되면 이를 바탕으로 환경문제 해결은 문제가 없다고 주장하는 성장우선주의와 환경보호를 통해서만 환경문제를 해결할 수 있다는 환경보전우선주의 및 이 양자를 결합한 조화론적 환경주의, 정부의 개입정도

[그림 1-24] 환경정책 접근방법의 분류(한국정책학회 환경자연정책분과학회, 1996, pp.19~20)

를 기준으로 한 시장지향적 환경정책과 환경통제적 환경정책, 환경정책의 적용시점을 기준으로 한 사후적 접근방법과 사전적 접근방법, 정책실무적 접근방법을 기준으로 한 기술정책적 접근방법, 구조정책적 접근방법 및 체제 초월적 접근방법으로 분류하는 방법이 있다(한국정책학회 환경·자연정책분과학회, 1996).

1.4.4 환경과 기술

친환경적 기술

기술이 오염의 주요 원인이라고 하는 생각은 너무 단순한 생각이다. 새로운 기술이 반드시 해로운 것은 아니다. 제2차 세계대전 이후 새로운 기술의 도입으로 환경적으로나 자원공급 면에서 많은 이익이 있었다. 그러한 이익으로서는 (1) 고무와 같은 희소성 자원의 대체자원 공급, (2) 목재, 수은, 석탄과 같은 자원을 사용함에 있어 효율성 제고와 폐기물 발생 감소, (3) 여러 가지 형태의 오염을 방지하고 정화할 수 있는 방법의 개발, (4) 기존 제품보다 덜 해로운 대체품의 개발 등이다. 예를 들면, 1900년대 초에는 주요 살충제에 디디티보다 독성이 강한 비소연이 포함되어 있었다. 우리가 당면하고 있는 문제와 도전은 기술을 제거하는 것이 아니라, 기술을 어떻게 좀 더 조심스럽게, 그리고 친환경적으로 사용하는가 하는 방법의 문제다. 모든 기술을 비난하는 것은 해수를 담수로 바꾸어 가꾼 푸른 정원을 잊어버리는 것과 같고, 반대로 기술을 우상화하는 것은 히로시마의 비극을 잊어버리는 것과 같다.

적합기술

기술을 지혜롭게 사용하는 한 가지 방법은 적합기술의 사용을 늘리는 것이다. 적합기술은 슈마허의 《작은 것이 아름답다: 사람이 중심이 되는 경제학》에 잘 나타난다. 첨단기술(또는 인조기술)이란 크고, 복잡하고, 집중적이고, 비용 낭비적이며 기계가 사람을 대체하는 성향을 가진 기술이다. 〈표 1-6〉에서와 같이 적합기술(또는 천연기술)은 작고, 단순하며, 분산적이고 사람의 노동력을 중시하는 기술이다.

〈표 1-6〉 첨단기술과 적합기술의 특징

첨단기술	적합기술
대형기계(인간 노동력 대체)	중소형기계(인간 노동력 사용)
복잡(전문 인력만 이해 가능)	단순(비전문 인력도 이해 가능)
무의미하고 비창조적 노동력의 역할	의미 있고 창조적 노동력의 역할
많은 자본 필요	작은 자본 필요
수입자원에 의존	자급자족 및 지역자원 활용
값비싸고 수리가 어려운 기계의 사용	값싸고 수리가 쉬운 기계의 사용
수출용 제품 생산	국내사용 제품 생산
도시지역에서 집중적 생산 및 통제 필요	시골지역에서 분산된 생산 체제
지역문화 교란	지역문화와 공존
표준화된 비내구성 상품 생산	수공제품 생산
합성물질 사용 강조	천연물질 사용 강조
다량의 물질 및 에너지 자원 투입	소량의 물질 및 에너지 자원 투입
오염물질 다량 배출	오염물질 소량 배출
비재생성에너지 자원 사용	재생성 에너지 자원 사용
대규모일 경우에만 효율적	소규모에서도 효율적
자연 교란 및 지배 시도	자연과 협력 및 조화 유지

자료원: Miller Jr. G. T., 1982

적합기술은 (1) 사용 및 수리가 간편한 중소규모의 기계를 사용한, (2) 물질자원과 에너지 자원을 절감하고 오염발생이 적은 생산방법으로, (3) 개인, 지역사회 및 국가가 자체에서 이용 가능한 자원을 사용하여 필요한 용품을 생산할 수 있도록 자급자족 능력의 배양 등에 중점을 둔다. 가난한 인도 농촌에서 트랙터로 밭을 가는 것이 대표적인 부적합기술 또는 파괴 기술의 예에 속한다. 트랙터의 사용은 농촌 인력을 도시로 내몰게 되고, 일자리가 없는 도시에서는 또 다른 환경문제를 일으킨다. 쟁기를 사용할 경우 노동력을 흡수하게 되고, 쟁기수리를 위한 시골대장간은 새로운 일자리를 만들게 된다.

후진국에서의 적합기술의 사용 역시 논쟁의 대상이 된다. 적합기술 역시 공해기술과 마찬가지로 오염의 위험이 있다. 예를 들어 생물가스의 생산 및 사용이다. 생체가스 생산에 사용되는 축산폐기물은 농촌의 취사연료로도 사용되기 때문에 생물가스 생산과 경쟁관계를 가지게 된다. 적합기술이라고 반드시 후지고 뒤떨어진 기술을 말하는 것이 아니다. 적합기술 주창자들이 첨단기술의 사용을 반드시 반대하는 것도 아니다. 다만, 상황에 따라 천연기술의 사용을 주장할 뿐이다. 인공위성을 이용한 통신기술의 발달, 유전공학을 이용한 기형아 출산의 방지 등은 첨단기술의 이점을 분명하게 말해주고 있다.

우리는 가정에서 난방을 위해 화석연료 대신 나무난로(적합기술)를 사용함으로써 비용을 절감할 수 있고, 반면 첨단기술인 전자레인지를 사용하여 에너지와 돈을 절감할 수 있다. 적합기술의 사용이 후진국에만 국한된 것은 아니다. 예를 들어, 소규모 풍력발전, 무수화장실 등이 있다. 다른 예로서는 태양열 온실, 다각형격자돔, 태양열주택, 퇴비, 메탄가스 발생장치 등이 있다. 캘리포니아 주는 '적합기술실'을 설치·운영하고 있으며, 미국정부는 1977년에 몬태나 주 부테Butte, Montana에 국립적합기술연구소를 설치하였다. 적합기술이 만병통치약은 아니지만, 바람직한 방향을 잡아준다는 점에서 장려할 가치가 있다.

1.4.5 환경과 정치, 경제 및 윤리

경제적인 관점에서의 환경문제 발생원인, 정치적 관점에서의 환경문제 발생원인 및 윤리적 관점에서의 환경문제 발생원인에 대해서는 제14장, 제15장 및 제16장에서 각각 상세히 살펴본다.

1.4.6 사회문화적인 진화

우리는 격동의 시대에 살고 있다. 우리는 여러 가지 어려운 문제들이 서로 맞물려서 돌아가는 위기에 직면하고 있다. 그러나 위기는 곧 기회이기도 하다. 우리는 지금까지 '개척의 법칙', '쓰고 버리는 법칙'에 따라 살아왔다. 우리는 향후 30년 이내에 지속가능한 지구라는 새로운 법칙으로 변화해야 한다. 개척정신은 지구를 무한한 자원의 공급원이라고 본다. 이러한 견해는 생산과 소비의 증가, 그리고 기술은 우리 모두를 위해 풍요로운 생활을 보장한다고 믿는다. 우리가 어떤 지역을 오염시키면 다른 지역으로 옮겨가기만 하면 되고, 기술력을 동원해서 오염을 제거 내지 방지하면 된다는 것이다Miller Jr. G. T., 1982.

개척자사회

개척정신은 자연을 지배하려는 사상이다. 개척정신은 인구성장과 경제성장이 J곡선의 만곡부를 통과하기 전, 초기 성장단계에서 적용이 가능한 이론이다. 일반적으로 J곡선의 만곡부를 통과한 후의 개척자 법칙은 낡고 위험하게 된다. 이와는 대조적으로, 지속가능한 지구공동체정신은 지구의 자원공급에는 한계가 있고, 생산과 소비의 지속적인 증가는 자연의 생명유지 기능 등에 심한 압박을 주어 공기, 물, 토양을 재생시키고 유지하는데 어려움을 가져온다. 지속가능한 지구공동체를 위해서는 자연과의 협력이 필요하고, 이제 더 이상 남아 있는 개척지가 없다는 인식이 필요하다.

우주의 신화

그러나 우주가 새로운 개척지가 아닌가? 혹자는 이렇게 물을 수 있다. 폐기물을 우주에 버린다든지, 우주를 개척해서 사람들을 이주시킨다면 문제가 해결되는 것이 아닌가? 물리학자 오니일Gerard K. O'Neill 등 몇몇 과학자들은 1990년까지 약 1,000억 달러의 비용을 들여 10,000명의 인구가 거주할 수 있는 자급자족의 우주식민지 건설을 위한 세부적인 계획을 추진하였다. 2050년까지는 이러한 유형의 우주식민지를 여러 개 건설하여 백만 명의 인구를 이주시킨다는 것이다. 이러한 일에 수조 달러를 사용하기 전에 좀 더 냉정하게 사실을 직시할 필요가 있다. 다른 위성이나 우주공간에 사람이 살 수 있는 땅을 만들기 위해서는 먼저 완전한 생명유지체제를 갖추어 놓아야 한다. 우리는 몇 사람의 우주인을 위한 이러한 체제의 설치는 가능하지만, 수백만 명의 인구를 위한 이러한 체제의 설치를 가능하다고 생각하는 것은 기술적 오만에 속한다. 우리는 아직까지 조그만 연못이나 한 필지의 산림지역에서 발생하는 생태계의 복잡한 상호작용에 대해서조차 아는 것이 별로 없다. 그러나 기술이라는 마술지팡이를 휘둘러 지금부터 이러한 식민지를 건설할 수 있다고 가정할 경우에도 역시 문제는 많다. 비용문제다.

히치Hitch의 법칙에 의하면 어떤 계획이든 실제 비용은 계획비용의 2~20배 이상 소요된다는 것이다. 이를 적용하면 첫 번째 식민지 건설에서 간단히 6,000억 달러~6조 달러가 들어간다. 이러한 간단한 계산만으로도 우주식민지 건설은 환경문제 해결의 방법이 될 수 없다는 것이 확실하다. 역설적으로 말하면, 우주계획은 지구의 취약성을 새삼 일깨우는 계기가 되었으며, 이러한 인식은 개척사회로부터 지속가능한 지구공동체로 옮겨가는 중요한 단계가 되고 있다.

지속가능지구공동체

향후 수십 년 안에 지속가능지구공동체를 이룩하는 것이 절망적인가, 또는 너무 이상적인 목표인가? 다행스럽게도 이 질문에 대한 대답은 '아니다'이다. 우리가 그러한 변화를 만들어 낼 수 있다는 증거가 점점 더 많아지고 있다. 1965년만 해도 생태니 오염이니 환경이니 하는 말을 들어본 사람은 몇몇 전문가들뿐이었다. 오늘날에는 선진국뿐만 아니라 후진국에서도 환경에 대한 지식이 널리 알려져 있다. 1972년에는 후진국가 중 단 11개 국가만이 환경보호전문기관을 설치하고 있었으나, 1980년에는 102개 국가가 전문정부기관을 설치하였다. 현재는 전 세계 200여 국가의 대부분이 그러한 기구를 설치하고 있다.

피해야 할 4가지 덫

그러나 이러한 것들이 우리에게 장밋빛 미래를 약속해주지는 않는다. 단지 시작에 불과할 뿐이다. 이러한 희망을 북돋우어서 지속가능한 공동체를 만들기 위해서는 몇 가지 피해야 할 덫이 있다.

첫째, '암울한 운명론적 비관주의'를 피해야 한다.

둘째, '기술적 낙관론'을 경계해야 한다. 이론상으로는 기술이 모든 문제를 해결할 수 있을지는 몰라도, 그러한 기술을 개발한다는 것 자체가 확실한 것이 아니다. 우리가 기술개발에 투입하는 재원의 40%가 서로 죽이는 기술개발에 사용되고 있다는 사실을 어떻게 해석해야 할까?

셋째, 우리는 '아! 그리운 옛날이여'라는 덫을 피해야 한다. 그러한 생각은 우리가 해야 할 일은 모든 생활이 단순하고 살기 좋았던 옛날로 돌아가는 것이라는 것이다. 그러나 옛날이라는 것이 대부분의 사람들에게는 좋은 시간이 아니라는 것이다. 평균수명만 보더라도 1850년대에는 35세, 1900년대에는 45세에 지나지 않았다. 겨울에는 신선한 야채가 없었고, 비타민 부족으로 유발되는 질병도 많았다. 1793년에는 장티푸스 전염병으로 필라델피아 인구의 20%가 사망하였다.

넷째로 피해야 할 덫은 '자연으로 돌아가기만 하면 된다.'는 것이다. 우리는 해로운 기술을 억제하고 적합기술을 사용할 필요가 있다. 그러나 자연으로 돌아간다는 것은 너무나 낭만적인 생각이다. 자연은 무자비하다. 우리는 아직 지속가능한 지구공동체를 위한 새로운 법칙을 모두 알지 못한다. 즉, 현재의 정치적, 경제적, 기술적, 윤리적 법칙과 체제를 변화시키는 방법을 모두 알지는 못한다. 그러나 우리는 현재 올바른 질문을 하고 있다. 우리의 생을 가치 있게 하는 것은 무엇인가? 환경과 우리와의 관계는 어떤 것인가?

새로운 개척지는 없다.

지속가능지구공동체 사회는 지구의 자원공급에는 한계가 있고, 생산과 소비의 지속적인 증가는 자연의 생명유지기능 등에 심한 압박을 주어 공기, 물, 토양을 재생시키고 유지하는 데 어려움을 가져온다고 믿는다. 지속가능한 지구공동체를 위해서는 자연과의 협력이 필요하고, 이제 더 이상 남아 있는 개척지는 없다는 인식이 필요하다는 것이다.

그 위에 집을 지을 아름다운 지구가 없다면 집이 무슨 소용인가?
_ Henry David Thoreau

물질순환과 에너지흐름

우리들은 오랫동안 작은 법칙을 위반해 왔다.
그리고 지금 큰 법칙이 우리를 따라오고 있다.

A. F. Coventry

아름다운 꽃을 보고, 물을 마시고, 음식을 먹고, 이 책을 읽는다. 지구상의 생명체들의 이러한 활동과 기타 행태를 연결시켜 주는 두 가지는 '물질'과 '에너지'이다. 물질은 질량을 가지고 있으며, 일정한 공간을 차지한다. 물질은 우리 자신을 포함한 모든 것을 만드는 재료이다. 에너지는 이해하기가 약간 어려운 개념이다. 공식적으로 에너지는 어떤 물질을 밀거나 당기거나 하는 것에 의해 일을 하거나 변화를 초래하는 능력 또는 역량이라고 정의된다. 에너지는 우리와 그리고 모든 살아있는 유기체가 물질을 움직이고 형태를 변화시키는데 사용하는 그 무엇이다. 에너지는 식량을 생산하거나 우리의 생명을 유지할 때, 당신이 여기 저기 이동할 때, 우리가 생활하고 일하는 건물을 따뜻하게 하거나 시원하게 할 때 사용되는 것이다. 물질과 에너지의 사용과 변형은 어떤 과학적인 법칙에 의해 지배를 받는다. 과학적 법칙은 법률적 법칙과는 달리 깨어질 수 없다Miller, Jr. G. T., 1982.

이 장에서 우리는 생태적 개념에 대해 공부를 시작함과 더불어 물질에 대한 기본법칙 하나와 그 중요성이 똑같은 두 개의 에너지법칙에 대해 살펴보기로 한다. 이 법칙들은 이 책 전편을 통해 반복적으로 사용될 것이며, 우리는 이 법칙들을 사용하여 많은 환경문제를 이해하고 해결책을 평가하는 능력을 기를 수 있다.

2.1 물질보존법칙

2.1.1 물질보존법칙의 정의
물질은 소비될 수 없다.

물질보존법칙이란 "물질은 모든 정상적인 물리화학적, 생물적 변화과정에서 결코 창조되거나 파괴되지 않고, 다만 형태와 장소만 이것에서 저것으로 변한다."는 것이다. 즉, 물질은 없어지지 않는다는 것이다. 우리는 물질자원을 소비하느니 소진하느니 하는 말을 항상 하지만 실제로 우리는 어떤 물질도 소비하지 않는다.

우리는 단지 자연자원을 잠시 빌릴 뿐이다.

즉, 우리는 자연으로부터 자원을 가져다가 한 곳에서 다른 곳으로 옮기고, 가공하고, 사용하고 그리고 버리거나, 재사용하거나 재활용한다. 물질을 사용하는 과정에서 우리는 그 물질의 형태를 바꿀 수는 있다. 복합분자C_xH_x로 이루어진 휘발유를 태우면 휘발유는 물H_2O과 이산화탄소CO_2라는 비교적 간단한 분자로 분해된다. 그러나 어떠한 경우에도 우리는 어떤 물질을 새로 만들어 내는 것도, 물질을 파괴하지도 않는다. 결국 우리가 소비했다고 생각하는 모든 물질은 어떤 형태로든 그대로 지구상 어디엔가 남아 있는 것이다. 이것은 물질보존법칙의 결과다.

2.1.2 물질보존법칙과 2차오염
우리는 물질을 아무 데도 버릴 수 없다.

물질보존법칙은 우리가 실제로는 아무 것도 버릴 수 없다는 것을 말해준다. 다시 말하면, '소비자'라든지 '쓰고 버리는 사회'라는 것은 없다는 것이다. 모든 물질은 이곳에 없으면 어디엔가 다른 데 가 있다. 우리들이 할 수 있는 일이라고는 우리가 버렸다고 생각하는 물질을 다시 사용하고 재활용할 수 있다는 것뿐이다. 불행히도 우리는 원하면 무슨 물건이든지 버릴 수 있다고 생각하고 있다. 그러한 생각이 사람들로 하여금 물질의 재활용이나 재사용, 절약을 대수롭지 않게 생각하게 하는 것이다.

2차오염

더욱이, 우리는 공장굴뚝으로부터 먼지와 검정을 포집할 수는 있지만, 포집된 폐기물을 우리 주변 어디엔가 버려야 한다. 연기를 정화하는 것은 잘못된 작업이다. 그 이유는 정화되지 않는, 보이지 않는 기체상 또는 미세한 입자상 물질은 제거된 큰 고형물질보다 더 큰 피해를 주기 때문이다. 우리들은 쓰레기를 수집·처리하고 하수 중의 고형폐기물을 제거할 수 있지만, 제거된 폐기물을 태우거나(대기오염 유발), 강이나 호소 또는 해양에 버리거나(수질오염 유발), 토지에 매립(토양오염 및 수질오염 유발)해야 한다.

2.1.3 물질보존법칙과 간접오염

우리들은 내연기관에서 발생하는 대기오염물질을 줄이기 위해 전기자동차를 사용할 수 있지만 전기자동차배터리는 매일 재충전되어야 하며, 충전용 전기를 공급하기 위해서는 더 많은 발전소를 건설해야 한다. 그 발전소가 석탄화력 발전소라면 그 발전소의 굴뚝에서 배출되는 오염물질은 대기를 오염시키게 된다. 또한 더 많은 석탄 공급을 위해서는 더 많은 노천탄광이 개발되어야 하고, 광산으로부터 흘러나온 산성 물질에 의해 더 많은 물이 오염된다. 우리는 추가로 필요한 전력을 생산하기 위해 원자력 발전소를 사용할 수도 있다. 그러나 우리는 발전소 냉각수 사용으로 인한 강과 호수 등 다른 수역의 열오염이라는 위험을 감수해야 한다. 그 밖에도 방사능물질의 누출 위험, 방사능물질의 탈취 및 핵폭탄 제조 위험, 핵폐기물 매립지로부터 방사능물질의 누출 위험 등이 있다.

2.1.4 합계 영의 법칙

우리는 무공해자동차를 만들 수 없다.

우리가 특정 지역이나 공간의 환경을 깨끗이 만들 수는 있지만, 무공해차를 만들고, 무공해 생산물을 생산하고, 무공해산업을 발전시키는 것은 과학적으로 이치에 맞지 않는 이야기다. 물질보존법칙은 우리가 항상 어떤 종류의 오염문제를 안고 있다는 것을 말해준다.

하나를 얻으면 하나를 잃는다.

물질보존법칙은 우리가 항상 "하나를 버리고 하나를 얻는, 일사일득(一捨一得)의 문제를 가지고 있다는 것이다." 다시 말하면 물질보존법칙은 위험한 오염물질의 농도, 오염방지의 정도, 오염방지를 위한 비용 지불 규모 등에 대해 주관적이고 논쟁의 여지가 많은 과학적, 정치적, 경제적, 윤리적 판단을 요한다는 것이다.

2.2 제1에너지법칙

2.2.1 에너지의 형태

기계·화학·전기·핵·방사에너지

에너지에는 여러 가지 형태가 있다. 기계적 에너지, 화학적 에너지(나무나 석유 등), 전기적 에너지, 핵에너지, 열에너지, 방사선(빛)에너지 등이다. 일을 한다는 것은 에너지의 형태를 바꾸는 것이다. 당신이 책을 들어 올릴 때, 당신이 음식물에서 섭취한 화학물질에 저장된 화학적 에너지가 기계적 에너지로 변하면서 당신 팔을 움직여 그 책을 위로 들어 올리게 하고 얼마간의 열에너지는 몸 밖으로 빠져 나간다.

자동차엔진에서는 휘발유에 저장된 화학적 에너지가 기계적 에너지로 변하면서 자동차를 움직이고 열에너지를 발산한다. 배터리는 화학적 에너지를 전기에너지 및 열에너지로 전환시킨다. 발전소에서는 화석연료(석탄, 석유, 천연가스)에 저장된 화학적 에너지를 가지고 증기를 발생시켜 터빈을 돌리고, 돌아가는 터빈은 전력을 생산한다. 터빈은 기계적인 에너지를 전기에너지와 열로 전환한다. 발전된 전기에너지는 전구에 있는 필라멘트를 통과하면서 빛에너지와 열에너지로 변한다.

위치에너지와 운동에너지

이 절에서 논의한 에너지의 모든 변형에서 우리는 에너지가 결국에는 열에너지로 변하여 주변 환경으로 흘러가버린다는 것을 알 수 있다. 과학자들은 [그림 2-1]에서와 같이 모든 형태의 에너지를 '위치에너지'와 '운동에너지'로 구분할 수 있다는 것을 발견했다. 운동에너지는 물질의 운동 때문에 발생하는 에너지다. 열에너지는 물질의 분자 안에 포함되어 있는 총 운동에너지의 측정치이다. 어떤 물질의 운동에너지의 양은 그 물질의 질량과 운동속도의 곱으로 측정된다. 총에서 발사된 총알은 그 큰 속도 때문에 손으로 던진 총알보다 그 파괴력이 훨씬 크다. 어떤 물건이 그 위치나 조건 또는 구성성분 때문에 가지고 있는 에너지를 위치에너지라고 한다.

당신 손에 들려 있는 돌멩이는 그것을 떨어뜨렸을 때 운동에너지(기계적 에너지와 열에너지의 형태)로 변하는 위치에너지를 가지고 있다. 연료가 연소되면 화학적 위치에너지는 열과

에너지 형태	위치에너지	운동에너지
기계에너지	 해머	 말뚝 박기
화학에너지	 땔 나무	 연소
전기에너지	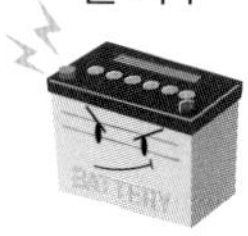 충전	 방전
핵에너지	 핵발전소	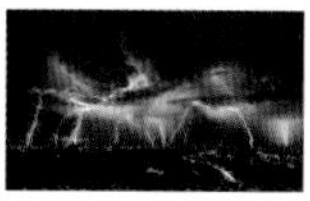 전기
복사에너지	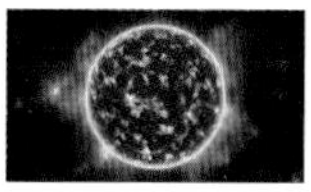 태양복사에너지	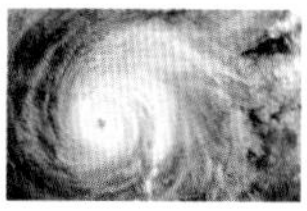 태풍

[그림 2-1] 에너지의 두 가지 주요 형태(Odum, H. T. et al., 1980)

빛 그리고 운동에너지 등 여러 형태의 에너지로 전환된다. 에너지 형태에 관한 이러한 지식을 바탕으로 하여 에너지 형태가 변할 때 적용될 수 있는 두 가지 과학적 법칙에 대해 살펴보기로 한다.

2.2.2 제1에너지법칙
에너지보존법칙의 정의

제1에너지법칙은 '열역학 제1법칙' 또는 '에너지보존법칙'이라고도 하는 것으로, "그 어떤 정상적인 물리적, 화학적 과정에서도 에너지는 창조되거나 파괴되는 것이 아니고 단지 그 형태만 변할 뿐이다."라는 것이다. 우리가 손에 들고 있던 돌을 바닥에 떨어뜨렸을 때 어떤 에너지 변화가 발생할까? 바닥보다 더 높은 위치 때문에 바닥에 있는 돌보다 우리 손에 있는 돌이 더 큰 위치에너지를 가진다. 에너지는 이 과정에서 사라지거나 소진되었을까? 언뜻 보기에는 그렇게 보일 수 있다. 어떤 체제 또는 물질들의 모임(이 경우는 돌)이 잃어버린 에너지는 그 체제를 둘러싸고 있는 환경 또는 주위 체제(이 경우는 공기)가 얻은 에너지와 반드시 같아야 한다.

이러한 에너지보존법칙은 생물 및 무생물 등 모든 체제에 적용가능하다. 그것은 어떤 유기체도 스스로 자급자족할 수 없다는 것을 말한다. 녹색식물이 식량에너지를 생산하기 위해서는 햇빛에너지를 필요로 하고, 동물은 에너지를 얻기 위해 식물이나 다른 동물을 먹어야 한다. 실제로 어떤 일이 일어나는지 보자. 당신 손에 있던 돌이 떨어지면, 그 위치에너지는 운동에너지로 변한다. 돌 자체의 운동에너지와 돌이 통과하는 공기의 운동에너지로 변한다. 떨어지는 돌은 공기분자를 더 빨리 움직이게 해서 그 온도가 올라간다. 그 의미는 돌의 당초의 위치에너지가 공기로 옮겨져서 열에너지로 변했다는 것을 말한다. 돌(체제)이 잃어버린 에너지의 양은 그 주위에서 얻은 에너지의 양과 정확히 일치한다. 수십만 번의 물리적, 화학적 과정의 연구에서 과학자들은 측정 가능할 정도의 에너지가 창조되거나 파괴된다는 사실을 발견하지 못했다. 즉, 투입된 에너지양은 항상 산출된 에너지양과 같다.

공짜점심은 없다.

우리 모두가 이러한 에너지보존법칙을 알고 있지만, 우리가 가끔 잊어버리는 것은 에너지의 양과 관련해서 우리는 공짜로 아무 것도 얻을 수 없다는 것이다. 최선의 경우에도 우리는 겨우 수지균형을 맞출 수 있을 뿐이다. 환경학자 코모너Barry Commoner는 "자연에는 공짜점심이 없다."라는 유명한 말을 남겼다. 예를 들어, 우리는 석탄, 석유, 천연가스, 핵연료로부터 많은 에너지를 얻을 수 있다는 말을 항상 듣고 있다. 그러나 에너지보존법칙은 생각보다는 훨씬 작은 양의 에너지만 사용될 수 있다는 것을 말해준다. 에너지를 얻기 위해서는 또 다른 에너지가 필요하기 때문이다. 우리는 그러한 연료를 찾아내고 채취하고 가공하기 위해 많은 양의 에너지를 필요로 한다. 실제로 사용할 수 있는 에너지는 그 연료가 가지고 있는 총 에너지에서 그것을 얻기 위해 사용한 에너지를 뺀, 순 에너지양이다.

2.3 제2에너지법칙

2.3.1 제2에너지법칙과 에너지의 질

에너지열화법칙의 정의

제2에너지법칙 또는 열역학 제2법칙이란 '에너지열화법칙'이라고도 하는 것으로, "고품질의 농축열에너지가 일을 하는 과정에서 일을 할 수 없는 낮은 품질의 희석열에너지로 변하고, 자연계에서 그 반대의 과정은 발생하지 않는다."는 것이다. 에너지에 따라서는 그 질과 일할 수 있는 능력이 다르다. 일을 할 수 있기 위해서는 에너지가 질이 높은 수준(높은 농도)에서 질이 낮은 수준(낮은 농도)으로 흘러야 한다. 석탄덩이나 휘발유에 농축된 화학적 위치에너지와 높은 온도에서 농축된 열에너지가 질이 높은 에너지의 대표적인 형태다. 이들은 농축되어 있기 때문에 물건을 움직이든지 변화시키는 일을 할 수 있다. 이와는 달리, 낮은 온도에서는 열에너지가 희석되어 일을 할 수 있는 능력이 거의 없게 된다.

에너지의 질은 바위가 언덕을 굴러 내려가듯이 떨어지기 때문에 지구상에서는 농축되어 사용가능한 에너지의 공급이 계속적으로 감소하게 된다. 열에너지를 유용한 일을 하는데 전환시키는 예를 수십만 번 이상 조사한 결과, 과학자들은 에너지는 거의 모든 경우 희석되어 소용이 별로 없는 형태로 그 질이 저하된다는 것을 발견하였다. 낮은 온도에서는 열에너지가 주위로 복사되어 사라진다.

당신은 수지균형을 맞출 수 없다.

열역학제2법칙의 예를 들어보기로 하자. 내연기관 자동차엔진에서는 휘발유에 포함된 고품질의 위치에너지가 고품질의 열에너지로 변하면서 차를 추진할 수 있는 기계적인 에너지와 아무 일도 할 수 없는 희석열에너지로 변한다. 내연기관의 경우 약 20% 정도만이 유용한 기계적 에너지로 전환되고 나머지 80%는 쓸모없는 희석열에너지로 변하여 환경에 방출되고 만다. 뿐만 아니라 기계적 에너지의 약 반 정도는 마찰로 인해 희석열에너지로 변하기 때문에 결과적으로 휘발유에 포함된 에너지의 90% 정도는 낮은 품질의 열에너지로 변하면서 낭비되고 만다.

이러한 손실의 대부분은 제2에너지법칙의 결과 에너지품질저하라는 세금으로, 자동적으

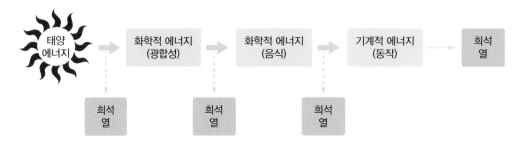

[그림 2-2] 열역학제2법칙(Miller, Jr. G. T., 1982)

로 가차 없이 징수된다. 자동차엔진이나 기타 열에너지 전환장치 중에는 제2에너지법칙보다 더 에너지를 낭비하는 경우가 종종 있다.

에너지 품질저하의 다른 예로는 태양에너지를 전환하여 음식물의 화학적 에너지로 만드는 과정이다. 식물의 광합성작용은 태양의 복사에너지를 고품질의 화학적 에너지(포도당분자의 형태로 식물에 저장된)와 희석열에너지로 전환한다. 만약 우리가 시금치와 같은 식물을 섭취하면 우리의 몸속에서 고품질의 화학적 에너지가 우리의 근육을 움직이고 신진대사를 할 수 있게 하는 고품질의 기계적 에너지로 전환되고 나머지 부분은 희석열에너지로 전환된다. [그림 2-2]에서와 같이, 에너지 전환단계마다 당초의 고품질에너지가 저품질에너지로 악화되면서 환경으로 방출된다.

사용가능한 에너지의 질 결정

열역학 제1법칙은 에너지보존과정을 통해 사용가능한 에너지의 양을 결정하는 역할을 하고, 반면 열역학 제2법칙은 사용가능한 에너지의 질을 결정하는 역할을 한다. 열을 일로 전환하는 과정에서 우리는 우리가 투입한 것 이상의 에너지를 얻을 수 없다. 그러나 제2에너지법칙에 의하면 열을 일로 전환하는데 사용할 수 있는 에너지의 질은 항상 당초의 에너지의 질보다는 낮다는 것이다. 우리들은 공짜로 무엇을 얻을 수 없을 뿐만 아니라(제1법칙), 에너지의 질이라는 관점에서 본전조차 찾을 수 없다는 것이다(제2법칙). 모르스Robert Morse가 말한 것과 같이, "제2에너지법칙이 의미하는 것은 문제에 끌려들어가기는 쉬워도 문제로부터 빠져나오는 것은 어렵다."는 것이다.

에너지재활용 불가능

제2에너지법칙이 우리에게 말해 주는 또 한 가지는 우리가 물질을 재활용할 수는 있지만 농축에너지를 재활용할 수 없다는 것이다. 우리가 생각하고, 팔을 움직이고, 불을 켜고, 차를 운전하고, 물건을 옮길 때마다 우리는 지구상의 고품질에너지의 공급량을 줄이는 것이 된다. 이것은 선택의 여지가 없는 자연의 법칙이다. 연료와 음식은 단 한 번 일을 하면 사라져 버린다. 석탄 한 조각, 한 통의 휘발유가 연소되면 그 고품질의 위치에너지는 영원히 사라지게 된다. 이것은 각종 연료로부터 얻는 유용한 에너지의 양은 제1에너지법칙에 의해 예측된 것보다 더 적다는 것을 말한다. 우리는 다음 방정식에서 제1에너지법칙과 제2에너지법칙 모두를 우리의 에너지 선택에 있어서 반드시 적용된다는 것을 알 수 있다.

 E n v i r o n m e n t a l   S c i e n c e

순 고품질에너지 = 사용가능한 총 고품질에너지 − {탐사 · 채취 · 가공에 필요한 고품질에너지(제1법칙)
+ 탐사 · 채취 · 가공 과정에서 잃어버린 에너지 질(제2법칙)}

2.3.2 열역학 제2법칙과 무질서의 증가

농축과 질서, 희석과 무질서

열역학 제2법칙을 여러 가지 방법으로 말할 수 있다. 에너지는 농축되고 질서정연한 형태에서 분산되고 임의적이며 무질서한 형태로 흐르거나 변하는 성질을 가지고 있다. 열은 물과 같이 항상 따뜻한데서 추운 곳으로 흐른다. 뜨거운 난로에 손을 대어 보면 금방 알 수 있듯이, 차가운 물건은 열에너지를 희석되고 임의적인 형태로 가지고 있다. 낮은 온도에서는 열에너지가 희석되고 무질서하게 흩어져 있어 유용한 일을 할 수 없다.

우리 주변에서 자연적으로 변하는 다른 예를 하나 보기로 하자. 화분이 바닥에 떨어져 산산조각이 나면서 무질서한 상태로 되었다고 가정한다. 물감이 물에 떨어져 용해되면 색깔이 퍼진다는 것은 그 색깔 분자가 희석되면서 무질서가 증가한다는 것을 의미한다. 사람이 죽으면 그의 몸에 있던, 고도로 정연한 일단의 분자들이 작은 분자로 분해되면서 환경전체에 불규칙하게 흩어져 희석된다. 우리들의 책상과 교실을 며칠만 방치하면 그 교실은 무질서가 심해져서 돼지우리와 같이 될 것이다. 굴뚝에서 배출되는 연기와 자동차 배출가스는 공기 중에 흩어지면서 무질서한 상태로 된다. 물에 유입된 오염물질은 수역전체 퍼지면서 희석된다.

실제로 우리가 공기나 물의 자정능력의 한계를 알기 전까지는 이러한 희석작용으로 자연에서는 오염문제가 없는 것으로 알고 있었다. 이러한 관찰결과들이 우리에게 암시하는 것은 모든 물질계는 무질서와 불규칙성을 증대시키는 경향이 있다는 것이다. 이러한 가정은 타당한가? 여러분은 이러한 가정에 반하는 예를 금방 생각해낼 수 있을 것이다. 액체상태의 물은 온도가 0℃에 가까워질수록 저절로 질서를 증가시켜 얼음으로 얼게 된다.

유기체와 무질서

분자와 세포로 구성된, 고도의 질서체제인 살아 있는 유기체의 경우는 어떠한가? 당신은 모든 물질계가 저절로 무질서를 증대시키는 경향이 있다는 가설을 부정하는, 걸어 다니고 말하는 증거물이다. 이에 대해 좀 더 자세히 살펴보기로 한다. 이와 같은 모순을 설명하는 방법은 물질계의 질서나 무질서의 변화만을 보지 말고, 물질계와 그 물질계를 둘러싸고 있는 환경을 동시에 보는 것이다. 당신의 몸을 보라. 당신의 몸을 구성하고 있는 수많은 분자를 고도로 질서정연하게 만들고 유지하며, 조직적인 화학적 반응체계를 형성·유지하기 위해서는 당신은 환경으로부터 끊임없이 고품질의 에너지와 원료를 얻어야 한다. 그것은 환경에 무질서가 만들어진다는 것을 의미한다.

여기서 무질서란 희석열에너지 형태를 말한다. 당신이 계속해서 생존하기 위해 환경으로 방출하는 희석열에너지의 여러 가지 형태를 생각해보라. 곡식을 심고, 기르고, 가공하고, 요리하는 모든 작업은 에너지를 필요로 하며, 그러한 에너지는 그 품질이 악화되면서 환경에 열을 방출하게 된다. 우리의 체내에서 음식물에 있는 화학물질이 분해되면서 환경에 더 많은 열을 방출한다. 우리의 몸은 계속해서 100촉짜리 전구와 같은 양의 열을 환경으로 방출하고 있다. 방에 사람이 많을 때 더워지는 것은 그 때문이다.

우리가 생존하는 과정에서 환경에 방출하는 희석열에너지 형태의 무질서는 우리의 몸 안에서 유지되고 있는 질서보다 훨씬 크다는 것이 측정결과 증명되고 있다. 그 측정치에는 우리들이 사용하는 건물, 자동차, 도로, 의복, 주택 등에 사용되는, 농축된 광물과 연료를 채취할 때 환경에 방출되는 막대한 양의 무질서는 포함되지도 않은 것이다. 이렇게 보면, 모든 형태의 생명체는 그들 주위에 무질서의 바다를 만들어 내면서야 겨우 유지되는, 단지 아주 작은 질서의 '주머니'라고 할 수 있다. 현대 산업사회의 주요 특성은 우리들이 문명이라고 부르는 질서

주머니를 유지하기 위해 고품질의 에너지 사용을 끊임없이 증가시키고 있다는 점이다.

산업과 무질서

그 결과 오늘의 산업국가들은 인류 역사상 다른 어느 국가보다 많은 환경적 무질서를 창출하고 있다. 제2에너지법칙은 우리에게 이러한 현상이 무한정 계속될 수 없다는 것을 말해주고 있다. 지구상의 산림, 초지, 농경지, 어장 등에 대한, 점점 증가하는 환경적인 압박과 심각한 오염 신호는 우리가 환경이 흡수할 수 있는 것보다 훨씬 빠른 속도로 무질서를 만들어내고 있음을 조기에 경보하고 있는 것이다.

자연적인 변화와 무질서

물질계와 환경계를 하나의 전체로 생각함으로써 과학자들이 발견한 것은 자연의 물리적 또는 화학적 변화에 의한 무질서는 항상 증가한다는 것이다. 어떤 자연적인 변화에 대해 (1) 물질계와 그 환경 모두의 무질서가 증가하든지, (2) 물질계의 무질서 증가가 환경에 만들어지는 무질서보다 더 크거나, 혹은 (3) 환경에 만들어진 무질서가 물질계에 만들어진 무질서보다 큰 경우가 있다. 실험적인 측정치는 이러한 사실을 거듭해서 증명하고 있다. 우리는 그러한 결과를 바탕으로 당초의 가설을 수정하여 환경을 포함시켜야 한다. 어떤 물질계나 그것이 포함되어 있는 전체 환경은 임의성과 무질서가 점점 증가되는 경향이 있다. 이것은 환경의 임의성과 무질서의 정도가 클 경우 그 임의성과 무질서가 사라질 때까지 기다려야 한다는 것으로 제2에너지법칙, 즉 열역학제2법칙을 달리 말하는 방법이다.

엔트로피

과학자들은 종종 '엔트로피'라는 개념을 사용한다. 엔트로피란 상대적인 임의성이나 무질서를 측정하는 척도이다. 임의체제는 높은 엔트로피를 가지고, 질서체제는 낮은 엔트로피를 가진다. 엔트로피 개념을 사용하여 우리는 제2에너지법칙을 다음과 같이 말할 수 있다. "어떤 물질계와 그 주위환경은 전체적인 하나로서 자연적으로 엔트로피가 증가하는 방향으로 움직인다." 만약 우리가 매일을 살아가는 세상이 점점 무질서하게 되어 간다고 생각하면 그것은 정확하고도 옳은 생각이다 Bent, H. A., 1971.

제2에너지법칙이 우리에게 말해주는 것은 그 법칙은 이 세상이 움직이는데 가장 기본적인 법칙이고, 우리가 그 법칙에 거역할 수 있는 것은 아무 것도 없다는 것이다. 우리가 할 수 있는 단 한 가지 일은 물질과 에너지의 사용을 가능한 한 억제하고, 사용할 경우에도 좀 더 천천히 소비함으로써 환경에 쌓이는 무질서와 엔트로피를 줄이는 것이다. 누구도 이 법칙을 깨뜨릴 수 없다. 제2에너지법칙의 가장 명백한 위반이라고 생각되는 경우에도 알고 보면 물질계 내의 질서가 증가할 때 환경에는 더 큰 무질서가 증가하고 있는 것을 간과했기 때문에 생긴 오해이다.

2.4 물질보존법칙과 에너지법칙 및 환경위기

2.4.1 환경위기 해결의 열쇠

낮은 엔트로피 사회

이 책 전편을 통해 살펴보겠지만, 물질보존법칙과 제1, 2에너지법칙은 환경위기를 이해하고 대처하는데 있어 우리에게 해결의 열쇠를 제공하고 있다. 이 법칙들이 우리에게 말하는 것은 물질을 재활용하고 물질과 에너지 사용량을 줄임으로써 유한한 행성에 사는 사람들은 낮은 엔트로피 또는 지속가능지구공동체를 만들어 가야한다는 것이다. 에너지는 태양으로부터 지구로 흘러들었다가 다시 우주로 방출된다.

유한한 물질자원

그러나 물질은 지구로 들어오지도 않고 나가지도 않는다. 우리는 지금까지 우리가 가지고 있던 물질을 계속해서 사용하고 있다. 우리가 우주나 다른 행성으로부터 물질을 공급받을 수 있다는 낭만적이고 기술적인 꿈은 다른 행성으로부터 물질공급이 가능하다 할지라도 그러한 공급을 받기 위해서는 밖에서 가져오는 물질보다 더 많은 양의 물질을 밖으로 가져나가야 한다는 것을 생각하지 못한 결과이다. 우리가 외계로부터 물질을 얻을 수 없다는 것과 물질보존의 법칙이 말하는, 기술이 아무리 진보해도 새로운 물질을 만들어 낼 수는 없다는 것을 명심한다면, 우리는 우리가 가지고 있는 물질만으로 살아가는 방법을 배우지 않으면 안 된다.

2.4.2 엔트로피의 내재적 한계

성장과 엔트로피

현재 우리의 사회, 즉 "일방통행식" 또는 "쓰고 버리는" 사회는 [그림 2–3]에서와 같이 지구의 자연자원을 더욱 더 빠른 속도로 더욱 더 많이 사용하는 사회다. 그러한 성장률을 유지하기 위해서는 기본적으로 무한한 물질자원(광물)과 에너지자원의 공급이 필요하다. 기술진보가 그러한 공급량을 어느 정도 늘일 수는 있고, 대체자원을 발견할 수도 있다. 그러나 조만간 우리는 자연자원의 유한성에 직면하게 될 것이다. 현재의 환경위기와 주요 자연자원 가격의 상승은 성장에 대한 이러한 내재적 엔트로피의 한계가 우리가 생각하는 것보다 훨씬 가까이 다가왔다는 경고라고 할 수 있다.

[그림 2–3] 오늘날의 일방통행식 쓰고 버리는 사회

적합기술의 사용

우리가 배운 바로는 기술진보는 지구상에 더 많은 질서를 창조한다고 하였다. 그러나 진실은 그 반대다. 기술은 단지 고품질에너지를 인간이 사용하기 편리하도록 하는, 효율적인 방법에 지나지 않는다. 에너지집약적인 첨단기술을 더 많이 사용할수록 우리는 지구의 고품질에너지원을 더 빨리 소진하고, 우리들의 환경에 엔트로피를 더 빨리 쌓게 된다. 이것은 우리가 모든 기술을 버려야 한다는 것을 의미하는 것이 아니라, 에너지와 물질 절약적인 적합기술을 더 많이 사용해야 한다는 것을 의미한다.

물질순환사회의 함정

혹자는 말하기를 우리는 물질순환사회를 만들어 물질자원을 고갈시키지 않고 성장을 계속해야 한다고 말한다. 질 높고 경제적으로 획득 가능한 물질자원의 공급이 줄어들고 있기 때문에 우리는 물론 더 많은 물질을 재활용해야 한다. 그러나 그러한 재활용에는 함정이 있다. 철과 같은 자원을 사용하기 위해 우리는 농축된 철광석을 채굴한다. 철은 사용하는 과정에서 광범위한 지역으로 흩어져서 버려지기 때문에 재활용을 위해서는 그것을 수집해야 한다. 수집한 것을 운반해서 재활용공장으로 가져가야 한다. 거기서 고철을 녹이고 불순물을 제거한 다음 다시 사용하게 된다. 여기에도 에너지법칙이 적용된다. 물질재활용은 항상 고품질에너지를 필요로 한다.

고품질에너지 공급원

그러나 자원이 흩어져 있는 지역이 광범위하지 않다면 재활용하는데 필요한 에너지의 양은 새로운 광석을 탐사, 채굴, 가공하는데 필요한 에너지양보다 적을 것이다. 어떤 경우라도 지속적으로 성장하는 재활용 사회는 기본적으로 소진되지 않는 고품질에너지 공급원을 가지고 있어야 한다. 물질과는 달리 고품질 에너지는 재활용될 수 없다. 우리가 가지고 있는 사용가능한 에너지의 양에 대한 전문가들의 의견에는 차이가 있지만, 화석연료와 핵연료의 공급에는 한계가 있다는 것은 분명하다. 석유나 천연가스 그리고 핵연료의 공급은 앞으로 수백년 이상 버티지 못할 것이다.

태양에너지와 악순환의 고리

"아!, 그러나 우리는 마르지 않는 에너지 원천인 태양에너지를 가지고 있지 않느냐?"라고 말할 수도 있다. 지구로 오는 태양광선은 고품질에너지이지만, 지구표면의 특정지역에 도달하는 단위 시간당 에너지의 양은 작고, 밤에는 그나마 없다. 이와 같은 이유로 태양에너지의 흐름은 제한된 재생성에너지원이라고 할 수 있다. 태양에너지를 이용해서 비교적 중간정도의 온도로 주택 난방을 하는 것은 가능한 일이다.

그러나 태양열을 이용해서 많은 물을 높은 온도로 데우거나, 금속을 녹이거나, 전기를 생산하기 위해서는 태양열을 집적해서 농축해야 한다. 그렇게 하자면 고품질 에너지가 필요하게 된다. 그것은 태양열만을 사용하는 사회가 되기 위해서는 태양열 집열판, 거대한 볼록거울, 도관, 기타 필요한 자재를 만드는데 필요한 방대한 양의 물질을 채굴, 가공, 운반하기 위해 핵에너지나 화석연료와 같은 또 다른 고품질 에너지의 무한정한 공급이 필요하게 된다는 것을 의미한다. 여기서 우리는 명백한 '악순환의 고리'에 빠지게 된다.

기술적인 돌파구?

핵융합에너지나 기타 기술적인 돌파구가 생겨 우리가 구원을 받을 수 있다고 가정한다고 할지라고 여전히 문제는 있다. 열역학제2법칙이 유한한 지구에서 지속적인 성장이 왜 불가능한지를 말해주고 있다. 우리가 더 많은 물건을 만들면 만들수록 그리고 더 많이 재활용할수록 더 많은 에너지를 사용하게 되고, 환경에는 더 많은 무질서가 자동적으로 쌓이게 된다. 우리는 지구표면을 점점 더 많이 교란시킬 수밖에 없으며 더 많은 희석열에너지와 오염물질(이들 중 대부분이 더 크고 더 질서가 있는 물질계의 분해에 의해 발생한 작은 기체상의 분자들이다)을 환경에 배출하게 된다.

희석열에너지는 우주공간으로 돌아가지만 우리는 그들이 돌아가는 속도보다 더 빨리 그러한 희석열에너지를 환경에 방출한다. 결과적으로 지구온도가 상승하게 되면 알 수 없는, 재앙적인 생태적·기후적 변화를 가져온다. 그리하여 역설적으로 우리가 질서를 만들려고 노력하면 할수록 또는 지구를 '정복'하려고 하면 할수록 지구에 더 큰 압박을 가하게 된다. 물리학적인 입장에서 보면, 환경위기는 무질서나 엔트로피의 위기라고 볼 수 있고, 제2에너지법칙이 그 이유를 설명해주고 있다. 기술적인 돌파구가 제1에너지법칙을 무효화할 수 있다고 생각하는 것이 잘못이라는 것을 받아들이지 않으면 남는 것이라고는 이 지구에 있는 생명들이 점점 더 큰 피해를 입는다는 것뿐이다. 이것은 우리들이 폐기물을 줄이기 위한 노력을 하루라도 빨리 서둘러야 한다는 것을 의미한다.

사람들의 무지와 무감각

왜 많은 사람들이 제2에너지법칙을 무시내지 무효화할 수 있다고 생각하는 것일까? 문제 중의 하나는 사람들이 무지하다는 것이다. 많은 사람들이 제2에너지법칙의 중요성에 대한 이해는 고사하고 제2에너지법칙에 대해 들어본 적도 없다는 것이다. 더욱 더 나쁜 것은 제2에너지법칙이 하나하나 그때 그때 영향을 미치기 보다는 축적성이라는 것이다. 중력의 법칙은 개개인에게 영향을 미치기 때문에 쉽게 수용된다. 그러나 우리들의 개별적인 행동이 자동적으로 환경의 엔트로피를 높이지만 그러한 영향은 개별적으로 보면 작고 중대하지 않다. 그러나 수십억 명의 인구의 그러한 개별영향이 누적되면 우리를 부지하고 있는 환경의 생명유지체제에 재앙적인 파멸을 가져올 수 있다. 제2에너지법칙은 우리가 원하던 원하지 않던 우리 모두가 서로 얽혀 있다는 것을 말해주고 있다.

우리가 할 수 있는 것

그것은 매우 어두운 상황으로 생각되기도 하지만 반드시 그렇게 생각할 필요는 없다. 제2에너지법칙은 제1에너지법칙 및 물질보존법칙과 함께 우리가 할 수 없는 것이 무엇인지를 말해주고 있다. 그러나 더욱 중요하고 희망적인 것은 이 법칙들이 우리가 할 수 있는 것이 무엇인가를 우리에게 말해주고 있다는 것이다. 물질보존법칙과 에너지법칙들은 [그림 2-4]에서와 같이 환경의 엔트로피 한계를 초과하지 않고 자원이 고갈되지 않는 양의 자원과 고품질에너지 사용을 바탕으로 한, 낮은 엔트로피 또는 지속가능지구공동체로 옮겨가는 것이 유일한 탈출구라는 것을 보여주고 있다.

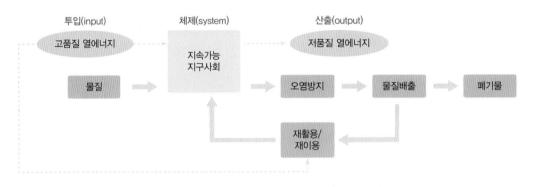

[그림 2-4] 지속가능지구공동체(Miller, Jr. G. T., 1982)

이를 위해서는 물질재활용이 필요하지만 더욱 중요한 것은 재사용(재활용보다 고품질에너지가 덜 소요된다)하는 것이다. 내구성이 긴 제품을 생산하고, 오염방지활동을 증가시키며, 물질과 고품질에너지(재활용이 안되는) 절약을 강조하는 것이다. 물질과 고품질에너지를 절약하고 낭비하지 않음으로서만 우리는 생존과 삶의 질을 보전할 수 있다. 다시 말하면 우리는 가능한 한 지구 위를 가볍게 걷는 것과 같은 생활방식으로 바꾸면서 '엔트로피 식이요법'을 사용해야 한다. 이것이 지속가능지구공동체의 열쇠다.

열역학법칙과 무질서

우리의 행동은 알게 모르게 우리들의 세계관에 바탕을 두고 행해진다. 세계관이란 세계가 움직이고 있는 방법에 대한 우리들의 생각이다. 이 세상의 아무 것도 더 이상 움직이지 않고 있는 것처럼 보이는 이유는 우리들 대부분이 가지고 있는 세계관은 실제로 세계가 움직이는 방법과 같은 점이 거의 없기 때문이다. 지금까지 400년 이상 계속된 산업사회에서 대부분의 사람들이 배운 세계관은 모든 경제성장은 다 좋은 것이며 기술을 이용하면 끝없이 늘어나는 물질수요와 고품질에너지 수요를 충족할 수 있다는 것이다.

그러나 우리가 살펴본 것과 같이 물질보존법칙과 에너지법칙은 경제라는 기계를 통해 물질과 에너지를 사용하는 기술을 더 많이 사용할수록 우리는 환경에 더 많은 무질서를 창조하게 된다는 것을 말해준다. 실제 세계는 물질보존법칙과 에너지법칙을 바탕으로 작동하며, 우리들이 꿈꾸는 어떤 경제적 법칙이나 정치적 법칙에 의해 작동되는 것이 아니다. 노벨화학상 수상자 소디Frederick Soddy는 그의 어록에서 "열역학법칙은 정치체제의 흥망, 국가의 자유와 속박, 상업과 공업의 움직임, 부와 빈곤의 기원, 그리고 인류의 물리적 복지를 좌우한다."라고 말하고 있다.

지속가능지구공동체 세계관

우리가 지금의 높은 엔트로피, 쓰고 버리는 세계관을 버리고 낮은 엔트로피 또는 지속가능지구공동체적인 세계관을 가질 기회는 향후 30년, 즉 한 세대의 여유만을 가지고 있다. 이 일에 관한 한 우리는 선택의 여지가 없다. 우리가 스스로 엔트로피를 높이는 일을 자제하든지 아니면 자연이 물질과 에너지법칙에 의해 우리에게 그것을 해 주든지 우리는 이러한 결정적인 중요성을 가진 변화를 만들어 내야 한다. 자연으로 하여금 엔트로피 한계에 도달하는 것을 막기 위한 자동적인 역진현상은 식량과 에너지 그리고 기타 자원의 급격한 감소를 가져온다. 그 결과는 수십억 명의 사망과 기타 많은 생물종의 멸종을 가져온다. 이렇게 되면 제일 먼저 굴복하는 것은 급격히 감소하는 물질과 에너지자원의 부족에 적응하는 방법을 잘 모르는, 물질과 고품질에너지 자원을 많이 쓰던 사람들이다. 후진국 사람들은 많은 에너지와 물질을 사용하지 않고도 살아가는 방법을 알고 있기 때문에 그들의 생존확률이 더 높다.

물질보존법칙과 에너지법칙에 기초한 새로운 세계관은 다가오는 어려운 세월 속에서 파멸을 피할 수 있는 가장 좋은 방법이다. 지속가능지구공동체로의 고무적이고 필요한 천이를 위해 우리는 지구라는 우주선이 우리의 뜻대로 조종되고, 자원을 재공급할 수 있다는 생각을 버려야 한다. 우리는 "지구의 조종 키 손잡이를 쥐고 있는 것"이 아니다. 우리는 지구를 완벽하게 조종하겠다는 시도를 그만두어야 한다. 우리가 자연의 신비한 복잡성을 완전히 이해하지 못한다 할지라도 우리의 감각과 마음을 자연에 맞추어야 한다. 우리는 우리가 지구에 속한 것이지 지구가 우리에게 속한 것이 아니라는 것을 새롭게 배워야 한다. 우리는 지구의 한 부분으로서, 자연을 어느 정도까지는 우리자신에 이롭도록 변형시킬 수도 있지만, 그것을 위해서는 거기에 생태적인 지혜, 조심성, 그리고 자제가 필요하다.

Environmental Science

물질보존법칙과 에너지법칙

◇ 물질보존법칙

평상적인 물리, 화학적 변화에서는 물질은 창조되거나 파괴되는 것은 아니고 하나의 형태에서 다른 형태로 변형될 뿐이다.

또는 우리들은 실제로는 물질을 쓰고 버릴 수 없다.

또는 모든 물질은 어디엔가 있다.

◇ 에너지제1법칙(에너지보존법칙)

평상적인 물리, 화학적 변화에서는 에너지는 파괴되거나 파괴되는 것이 아니고 다만 하나의 형태에서 다른 형태로 변화할 뿐이다.

또는 에너지의 양에 대해서는, 당신은 공짜로 무엇을 얻을 수 없다–당신은 기껏해야 수지균형을 맞출 수 있을 뿐이다.

또는 공짜점심 같은 것은 없다.

◇ 에너지제2법칙(에너지열화법칙)

열에너지를 일로 전환시키는데 있어 모든 경우, 에너지 중 일부는 항상 더 확산 되고 덜 유용한 형태로 열화 되어 보통 열에너지 형태로 주위 환경에 낮은 온도로 방출된다.

또는 에너지의 질과 관련해서, 당신은 수지균형을 맞출 수 없다.

또는 에너지는 결코 재활용될 수 없다.

또는 하나의 전체로서 어떤 물질계와 그 환경은 자연적으로 임의성과 무질서, 엔트로피가 증가하는 경향이 있다.

또는 당신이 현재 일들이 뒤죽박죽이 되어 있다고 생각한다면, 당신이 할 수 있는 것은 기다리는 것뿐이다.

무질서 증가의 법칙(열역학제2법칙)은 자연법칙 중 최고위치에 있다고 나는 생각한다. 만약 여러분의 이론이 열역학 제2법칙에 반한다는 것이 발견되면, 나는 여러분에게 희망을 줄 수 없다. 거기에는 깊디깊은 실망이 있을 뿐이다.
_ Arthur S. Eddington

인간과 자연의 조화

30억 년 더하기 몇 분

스며 나오는 물질
응집된 오염물질, 풍요로운 삶
발작적인 통증, 우주공간, 움푹 들어간 굴곡들
주르르 미끄러짐, 따뜻한, 평행선의 음영
증가, 복잡성, 딴말한 꽃, 공동작용, 협동
포식, 기생충, 이주, 경쟁, 적응, 선택
인구폭잡, 기아, 질병, 인구, 다양성, 위장, 의태
전문화, 감속, 제외, 전환, 마름병, 가뭄
압박, 패배, 감소, 연기, 대량파괴
폭발, 남용, 무시
다산의 많은 오염, 잔류물, 질식
침묵, 정적
스며 나오는 오염물질

Willian T. Barry

인류는 자연에서 가장 최근 진화한 생물종 중의 하나다. 배리William Barry가 말한 것과 같이 우리는 참으로 종말을 향해 가고 있는가? 우리는 스스로 자신의 멸종을 가져올 수 있는 유일한 생물종이다. 공룡이나 기타 멸종된 생물종과는 달리 인류는 그러한 가능성에 대해 깊이 생각하고 환경문제의 발생 위협에 대처하기 위해 그들의 행태를 고칠 수 있는, 사회문화적인 변화를 만들어 갈 수 있다. 그러나 필요한 사회문화적인 변화를 이루기 위해서는 인류라는 생물종의 사회문화적 과거에 대한 감각과 미래생존을 위한 관심 모두가 필요하다.

지구환경을 변화시키는데 있어 인류의 역할은 4백만 년 전 인류가 지구에 나타나자 말자 시작되었다. 그러나 인류역사의 대부분 기간 동안은 인류의 지구에 대한 영향은 상당히 작고 국지적인 것이었다. 그 이유는 인류가 소집단을 형성하여 살고 있었고, 지역 환경으로부터 필요한 생존자원을 얻을 수 있었기 때문이다. 지금은 인구가 72억 명을 넘어서고 있으며, 그들의 생존은 지구전체적인 생존체제에 그 의존도를 점점 높여가고 있다.

인류역사의 99%에 해당하는 기간 동안 생존수단은 단 하나, 사냥과 채집이었다. 그러나 인구, 소비 및 오염의 증가가 J곡선을 지났다는 것은 인류의 문화가 수렵채취에서 농경 및 산업사회로 급격히 변했다는 것을 의미하며, J곡선의 기본적인 증상이 나타날 것이라는 것을 말한다. 이 장에서는 인류의 사회문화적 진화의 주요 5단계, 즉 (1) 초기수렵채취사회, (2) 후기수렵채취사회, (3) 농경사회, (4) 산업사회, (5) 미래 생존을 위한 지속가능지구공동체에 대해 살펴보기로 한다. 각 단계가 별도로 논의되기는 하지만, 그들은 서로 겹치기 때문에 우리는 현재도 거의 모든 단계를 발견할 수 있다. 다만, 지속가능지구공동체는 아직 이 지구상에서 발견되지 않고 있다Miller Jr. G. T., 1982.

3.1 초기수렵채취사회

3.1.1 인류의 적응능력 개발

인류 능력의 확장

인류는 날카로운 발톱도, 송곳니도, 폭발적인 힘도, 빠른 주력도 없이 살아남으면서 그 수를 불려왔다. 그 이유는 (1) 사냥 연모의 사용, (2) 다른 인간과의 조직 및 협력을 통해 환경에서 사는 방법을 배우고, (3) 언어를 사용해 조상의 생존경험을 대대로 전수할 수 있었다는 것 등 3가지 주요 문화적인 적응능력 때문이었다. 이 3가지 요소는 모두 서로 연관이 되면서 인류의 지능을 향상시켜왔다. 학습능력의 증대는 엄지손가락의 기능이라는 생물적 특성에 의해 더욱 고양되었다. 엄지손가락은 다른 손가락과 함께 물건을 잡을 수 있는 압력을 가할 수 있다는 것이다. 그것은 우리가 연모를 사용할 수 있게 하였고, 연모의 사용은 우리의 능력을 확장시켜 환경적인 압박을 완화하고 생존할 수 있도록 하였다Bronowski, J. Jr., 1974.

자연에 대한 지식의 축적

사회문화적인 지식은 우리들로 하여금 특정 서식환경과 사회집단에서 생존하기 위해 무엇을 해야 할 것인지를 가르쳐 준다. 초기인류는 동물을 사냥하고 식물을 채집하면서 생존을 유지했다. 그들의 문화적 지식의 대부분은 그들이 살고 있는 환경에 대한 생태적 지식이었다. 먹는 물이 솟는 장소, 먹을 수 있는 동물 및 식물이 있는 장소에 대한 지식이었다. 남미의 열대우림지역에 살고 있는 아라와크Arawak족은 동물이 사는 장소와 사냥할 수 있는 장소, 나무의 이름, 그 용도에 대해 잘 알고 있다.

3.1.2 소규모집단유목생활

나눔의 생활

초기수렵채취자들은 작은 무리를 지어 살았다. 각 무리는 몇 개의 가족이 모인 것으로 50명을 넘지 않았다. 이러한 형태의 사회조직은 생존에 필요한 식량을 조달하기 위해 수렵과 채취를 하였다. 사냥은 나눔이 필수적이었다. 사냥동물의 고기는 너무 빨리 부패했기 때문에 가능하면 빨리 나누어서 먹어야 했다.

유목생활

작은 무리의 수렵인류는 식량을 찾아서 끊임없이 돌아다녀야 했으므로 지니고 다니는 물건은 거의 없었다. 지니고 다니는 물건이래야 고작 땅 파는 꼬챙이, 갈퀴, 조잡한 사냥도구 정도였다. 넓은 지역에 산재하여 살던 이러한 수렵인류는 정착할 집이나 서식지를 가지지 못하였다.

3.1.3 수렵 10%, 채취 90%의 사회

최초의 사냥꾼은 아마도 손으로 작은 동물을 죽이거나 사냥감을 쓰러뜨린 다음 몽둥이로 쳐서 죽였을 것이다. 그 후, 창과 활, 화살 등이 개발되기는 했으나, 큰 사냥감을 잡을 수는 없었다. 부시맨이나 피그미족 등에 대한 오늘날의 연구 결과에 의하면 여자들이 채집하는 식물, 과일, 알, 달팽이, 파충류, 곤충 등이 실제로는 식량의 대부분을 차지했다([그림 3-1]).

3.1.4 자연속의 인류
자연 순응적 생존

이들 초기인류 집단은 지역의 자연환경에 그들의 생존을 의지했다. 인구의 크기는 식량의 공급에 직접적이고 신속한 영향을 받았다. 만약 사회집단이 너무 크면 일부가 갈라져서 다른

[그림 3-1] 초기수렵채취사회의 주요 수렵, 채취 동식물

곳으로 이동하였다. 이들 초기인류 집단은 많은 소집단으로 나누어지면서 국지적인 생태계의 불균형을 가져왔을 것으로 생각된다. 그러나 이러한 불균형은 장기적으로 사람의 수를 조절하면서 지역 환경과 새로운 균형을 만들어 내었다. 초기 우리조상들은 자연을 통제하고 조작하기 보다는 자연에 순응하면서 생을 유지하였다. 그들이야 말로 자연에 대항한 인류가 아닌 자연속의 인류의 한 예가 될 수 있다.

3.2 후기수렵채취사회

3.2.1 수렵채취도구의 개량
연모의 개량과 불의 사용

자연과 함께 사는 인류다. 인류 집단은 천천히 서로 좀 더 효과적으로 협동하는 방법과 좀 더 복잡하고 기능이 좋은 연모를 만드는 방법, 불을 사용하는 방법을 배웠다. 그들이 그러한 문화적인 지식을 자손들에게 전승시킴에 따라 그들의 숫자도 점차 증가하였으며, 환경에 더 큰 압박을 가하기 시작했다. 그들은 개량돌도끼로 넝쿨과 나무를 베어내었다. 좀 더 개량된 활과 화살을 사용하여 고도의 기술을 가진 사냥꾼이 되었으며, 여러 명이 여 큰 사냥감을 사냥할 수 있게 되었다([그림 3-2]).

[그림 3-2] 연모의 개량과 불의 사용

식량공급의 양과 질 개선

후기수렵채취사회에서는 대형 사냥감의 사냥과 곡식이나 열매의 채취 등을 전문화함으로써 그들의 식량공급의 질과 양을 개선할 수 있게 되었다. 그것은 그들이 의존하고 있는 동물과 식물에 대한 이해를 높이는 결과를 가져왔다. 더 큰 사회적 조직과 협동이 필요하게 되었다. 그 사회에서는 식량, 연모와 기타 물품들을 공유하는 것이 중요한 일면이 되었다.

3.2.2 과다수렵 및 화전행위

과다수렵으로 인한 대형사냥동물의 멸종

약 백만 년 전부터 11,000년 전까지 발생했던 빙하기 동안 대형동물 중에는 멸종된 것도 있다. 기후변화가 멸종의 주요 원인인 것은 의심할 여지가 없지만, 과학자들 중에는 이들의 멸종을 촉진시킨 것이 후기수렵채취인들의 과도한 수렵 때문이라고 말하기도 한다. 맘모스, 코끼리, 곰, 북미 들소, 사향소 등 북미의 대형포유류 중 70% 이상이 이때 사라졌다. 후기수렵채취인들은 사냥감을 죽이는 방법을 많이 발견했다. 불로서 사냥감을 쫓기도 하고, 낭떠러지로 사냥감을 몰아 대량 살상하는 방법을 사용하기도 했다. 프랑스의 한 지층에서는 100,000마리의 말이 동시에 묻혀있는 것이 발견되기도 했다. 멸종위기종이 최근에만 생긴 것이 아니다.

인공발화에 의한 화전행위

자연발화를 목격한 사람들은 불이 식생을 근본적으로 변화시킨다는 것을 발견했다. 불탄 후 새로 자라는 식물은 채취하기에 좋고 사냥감을 위한 좋은 목초지가 되었다. 북미인디언들은 불탄 넝쿨 숲에는 사슴을 유혹하는 식물이 생겨나는 것을 알았다. 아프리카 초원이나 지중해 떡갈나무덤불과 같은, 세계적으로 중요한 식생은 반복적, 계획적인 소각으로 생겨났다고 믿어진다.

자연에 대항하는 인류

그리하여 후기수렵채취인들은 그들의 지역 환경에 영향을 미치기 시작한 최초의 인류가 되었다. 그들이 자연을 통제하지는 못하였지만 자연에 중대한 영향을 미친 것만은 틀림없는 사실이다. 그러나 그들의 숫자가 적었기 때문에 지구적 차원이 아닌 지역적 차원에서도 그들의 영향은 그리 중대한 것이 되지는 못하였다. 그 시기가 자연속의 인간이 자연에 대항하는 인간으로 점점 변하는 때였다.

3.2.3 풍요로운 사회?

풍요하고 자유로운 사회

우리는 후기수렵채취사회가 오직 생존을 위해 모든 시간을 할애했던 시기로 믿으려는 경향이 있다. 그러나 최근 조사에 의하면, 그 문화 중에는 '풍요로운 사회'라고 생각할 수 있는 단면이 있다. 예를 들어, 남부아프리카 칼라하리 사막에 지금도 살고 있는 작은 수렵채취인 집단인 쿵산(Kung San)은 일주일 평균 20시간 일한다. 사냥은 예측불허이기 때문에 일주일 일하고 한 달 중 나머지는 놀기도 한다. 여가시간에는 이웃에 놀러가기도 하고, 춤도 추고, 잔치도 벌인다. 다시 말하면, 이들 '원시인'들은 시간의 반을 휴가로 보내고, 두목도 없고, 모든 걱정으로부터 자유롭게 살고 있다.

화려한 식단

일반적인 생각과는 반대로, 현대를 같이 살고 있는 수렵채취사회의 사람들은 세계에서 가장 건강한 사람들 중 하나다. 현대적인 의약의 도움 없이도 그들은 60대까지 살았다. 부시맨의 식사에는 최소한 23가지의 식물성 음식과 17종의 동물성 식품이 포함되어 있었다. 농경사회 사람들의 식사보다 더 다양한 식품이다. 그들은 노인과 장애자를 특별 배려하는 사회복지 체제도 갖추고 있었다. 수렵채취사회는 나눔과 협동의 사회이고, 침략과 배타적인 사회가 아니다. 학자들에 따르면 영양실조, 기아 및 고질적인 질병은 초기수렵채취사회에서는 없던 일이라고 한다.

너무나 낭만적인 생각?

그러나 최근의 연구결과는 그것이 과도하게 낭만적인 견해라는 것을 가리키고 있다. 기대수명은 약 30세, 전염병으로 인한 유아 사망률이 높고, 그러한 사실은 높은 유아살해율과 연결되면서 노인살해, 전쟁으로 식량자원과 균형을 취할 수 있도록 인구를 조절한 것이다. 그러한 형태의 인구조절은 집단의 생존을 위해 필수적인 것이었다. 어쨌든 당시 인류 집단은 소규모이고 광범위하게 흩어져 있었기 때문에 그들이 자연에 미치는 영향은 상대적으로 작았다.

3.3 농경사회

3.3.1 목축의 시작

농업혁명의 시작

자연에 대항하는 인류다. 10,000~12,000년 전에 인류는 인류문화진보 중 가장 괄목할 변화라고 할 수 있는 농업을 시작하였다. 이 변화를 '농업혁명'이라고 부르기도 하지만, 그 과정은 수천 년이 걸린 것으로, 아마도 천천히 그리고 점진적으로 진행되었을 것이다. 농업이 어떻게 왜 시작되었는지 아무도 알지 못하지만, 수렵채취인들의 생활양식은 여러 가지 이유로 그들의 생존을 위해 농업이라는 전혀 새로운 것으로 변화했을 것이라는 것은 충분히 짐작할 수 있다.

목축업의 시작

그들이 의존하던 사냥감들은 과도한 사냥과 기후변화로 구하기가 힘들어지고, 새로운 지역을 찾기도 어려웠을 것이다. 그리하여 생존을 위해서는 새로운 생각을 하지 않으면 안 되었고, 처음에는 사람들이 그들의 주변에서 얼쩡거리는 개, 닭, 돼지 등을 길들일 수 있었을 것이다. 양과 염소가 다음으로 길들여졌고, 다음은 소, 말, 당나귀, 사슴, 낙타, 코끼리 등이었을 것이다. 우리는 선별적인 번식을 통해 가축을 개량해 왔지만 지금도 수렵채취시대의 동물들과 같은 동물에 의존하고 있다.

과도방목의 피해

사람들은 길들여진 가축을 보살피는 목동이 되었다. 초기목장의 초원사회는 수렵사회보다는 훨씬 더 큰 영향을 환경에 미치게 되었다. 자연적 기후변화가 중요한 역할을 하기는 하지만, 목축과 농업은 자연경관을 산림에서부터 개방적 서식지로 바꾸는데 일조하였다. 그들은 한 장소에서 너무 오랫동안 과도방목을 함으로써 새로운 목초지를 파괴하기도 했다. 목초지의 파괴와 그로 인한 토양침식은 여러 곳에서 발생했다. 지중해지역이나 근동지역은 산업화 이전에 이미 광대한 지역이 파괴되었었다. 서부아프리카 사헬지역의 최근의 가뭄과 기근은 과도방목이 기후변화 및 인구증가와 겹쳐질 때 그 대가가 어떻다는 것을 극명하게 보여주는 좋은 예이다.

3.3.2 농경의 시작

식량생산의 다른 한 가지 형태는 원예농업 또는 괭이경작이다. 괭이의 발명자는 여성으로 알려져 있다. 사람들은 그들이 원하는 식물을 재배하기 위해 구덩이를 파고 씨앗이나 뿌리 또는 가지를 심으면 된다는 것을 발견해냈다. 농경이란 특정 식물을 집 근처의 경작지에 심어서 기르는 것을 말한다. 그러면 멀리 가서 곡식을 채취할 필요가 없어진다. 초기농경사회는 지역 환경에 그다지 큰 영향을 미치지 않았다. 그러나 농경사회는 주요 사회적 변화를 가져왔다. 수렵채취시대의 이동성과 다양한 식단은 농경사회의 영구정착과 몇 가지 음식을 기초로 한 단순식단으로 대체되었다.

화전농업

열대지방과 아열대지방에서는 화전농업이 발달하였다. 이 교대농법에서는 숲을 태우고 그 자리에 농작물을 심는 것이다. 산림을 소각한 후 남은 재는 영양이 풍부한 비료가 된다. 그러나 폭우가 오면 중요한 식물영양소가 침출되고 뜨거운 태양열에 의해 토양이 굳어지면서 불모의 땅이 될 수 있다. 화전경작은 2~5년간은 풍부한 수확을 할 수 있지만 그 다음에는 토양이 나빠져서 경작을 할 수 없게 된다. 10년 이상 지나야만 토양의 비옥도가 회복되면서 다시 화전경작을 할 수 있게 된다. 이러한 화전농법은 지금도 동남아시아, 아프리카 및 남미에서 사용되고 있다([그림 3-3]). 인구가 적정하고 일단 화전으로 사용한 숲이 다시 숲으로 회복되는 한 열대우림의 땅을 경작하기 위한 화전농법은 효율적이고 환경적으로도 건전한 농법이다. 그러나 토양과 기후의 제약 때문에 우리는 울창한 열대림을 베어내어 산업국가에서처럼 대규모의 현대적인 농경지를 만들어 세계의 식량을 공급할 수 없다.

[그림 3-3] 이동식 화전농업

가축농업

경작문화의 다음 단계는 보리나 밀과 같은 곡식의 씨앗을 심는 것일 것이다. 사람들은 처음에는 밀, 보리, 완두, 쌀, 옥수수, 감자나 콩과 같은 기본적인 식량작물을 심기 시작했을 것이다. 3,000년 이전부터 우리는 오늘날 우리가 심고 있는 모든 주요 곡물을 재배하였다. 몇몇을 제외하고는 우리는 지난 2,000년 간 새로운 종의 곡식을 발견한 것이 없다. 진정한 농업(원예 수준이 아닌)은 가축을 이용한 경작지 갈기로부터 시작되었다([그림3–4]). 관개나 단계농법, 띠 모양의 등고선 경작, 가축분뇨와 인조비료 등을 이용한 농업기술의 발달로 농부들은 일 년에 두 번 이상 각각 다른 작물의 수확이 가능하게 되고 더 많은 땅이 경작 가능하게 되었다.

[그림 3–4] 가축농업

3.3.3 사회적, 환경적 영향

인류는 이와 같이 가장 앞선 식량생산자가 되었으며, 그들은 안정적인 식량공급원을 개발했을 뿐만 아니라 일정한 잉여식량을 비축할 수 있게 되었다. 잉여식량은 여러 가지 환경적 영향과 사회적 영향을 가진다. 즉, (1) 기아의 위협이 사라지고 난 다음 인구증가가 시작했고, (2) 사람들은 더 많은 산림을 경작지로 개발하기 시작했고, 이에 따라 환경문제가 크게 증가하기 시작했으며, 수렵사회는 급격히 감소하였고, (3) 농업사회의 잉여생산물의 거래가 시작되면서 새로운 경제적, 정치적, 사회적인 형태가 나타났으며, 재산권과 유산의 개념이 생겨나고 도둑과 전쟁은 사람들로 하여금 그들의 식량과 물을 보호하기 위해 서로 협력하면서 강력한 정치적 권위체제를 발전시켰고, (4) 마을, 읍, 도시의 순서로 도시화가 진행되었으며, 사람들 중에는 농업이 아닌 기술이나 전문분야를 발전시키게 되었다.

[그림 3-5] 수메르 인의 도시(기원전 1300년)
출처: https://terms.naver.com/entry.nhn?docId=1582641&cid=47323&categoryId=47323

사회적 영향

기원전 5,000년경에 이르면, 200~500명 정도로 이루어진 마을농업공동체는 근동 일부지역에서 발전하였다. 최초의 도시문명은 수메르Sumer에서 발전한 것이 틀림없으나 수메르의 인구는 지금의 우리 기준으로 볼 때는 약간 작은 5,000~20,000명 수준이었다([그림 3-5]). 그후 기원전 600년경에는 바빌론의 가장 큰 도시가 80,000명을 넘지 못하였다. 그리고 아테네의 인구는 겨우 20,000명 정도였다. 기원전 5,000년부터 서기 200년까지의 기간은 위대한 문명의 발달시기로 알려져 있다. 수메리아, 바빌로니아, 앗시리아, 페니키아, 크레타, 이집트, 로마, 인도, 중국 문명 등이 그것이다.

농업이 자리를 차지하게 됨에 따라 엄청난 사회적, 문화적인 변화가 일어나게 되었다. 토지와 물에 대한 권리가 가치를 가지게 되었고, 사람들은 그것을 차지하기 위해 싸우기 시작하고, 갈등이 생활의 양식이 되고 말았다. 군대와 전쟁지도자가 권력을 가지게 되고, 조직적인 침략이 인간생활의 힘이 되었다. 도시·산업적 환경에서 살아남기 위해 사람들은 얼마간의 개인적인 자유를 포기하고 어떤 집단에 소속되지 않으면 안 되게 되었다. 전문적인 직종이 필요하게 되었으며, 강자는 약자를 설득하거나 강제하여 그들을 위해 일하도록 했다. 평균근로시간은 급격히 증가하였으며, 소위 '과당경쟁'이 시작되었다.

환경적 영향

우리들은 이들 문명이 기여한 예술, 문학, 과학, 정치 등에 대해서는 많은 공부를 했지만, 농경지의 확장으로 인한 파멸적인 환경영향에 대해서는 주의를 기울이지 못했다. 그것이 그들의 몰락을 가져온 주요 요인일 뿐만 아니라 후손들에게도 황폐한 땅을 물려주게 되었다. 농업종사자들은 계획적으로 가축과 화석연료로부터 더 많은 양의 에너지를 사용하여 환경을 변화시켰다. 자연경관이 급격히 변하면서 숲과 초원 그리고 귀중한 서식지가 단일 식물을 경작하는 광활한 농지로 변하거나 도시개발로 인해 콘크리트나 아스팔트로 변하고 말았다_{Hyams, E., 1976}.

첨단기술을 사용하는 농부가 증가함에 따라, 그리고 지구 곳곳으로 퍼져감에 따라, 일단의 새로운 생태문제가 나타나게 되었다. 인간에 의해 상당히 많은 생물종이 멸종되거나 멸종위기에 처하게 되었다. 적정한 배수장치가 없는 관개용수의 공급은 표토에 염분축적을 가져와서 생산성을 떨어뜨리게 되었다. 큰 숲은 베어지고, 무방비 상태의 표토는 비에 씻겨 하천과 강, 호소로 들어간다. 산림벌채는 자연적인 생태계 균형을 무너뜨리면서 몇몇 곤충은 질병을 옮기는 것으로 변한다. 도시는 기생충과 질병의 중심지가 된다.

이와 같이 농업의 도입은 사람과 환경과의 관계를 철저하게 바꾸어 놓았다. 농업이 자연에 대해 광범위한 변화를 가져오기는 했지만, 농업주의자들은 자연에 대해서는 수렵채취인들보다 아는 것이 거의 없었다. 자연을 개조하고 지배하려는 시도에서 인간은 자연속의 수렵채취인에서 자연에 대항하는 농업주의자로 바뀌었지만, 그들은 그들의 행동이 지구에 어떻게 영향을 미치는지 아는 것이 거의 없었다.

3.4 산업사회

3.4.1 산업혁명

자연에 대항하는 인류다. 환경을 개조하고 지배하려는 인간의 역사는 근본적으로는 1인당 에너지사용량을 점점 늘리려는 것이라고 할 수 있다. 원시시대 사람들은 이 에너지를 사람의 힘에 의존했다. 농경사회의 사람들은 그들의 힘에 가축의 힘을 보태었다. 그러나 인간은 18세기에 들어서면서 더욱 강력한 기계의 발명과 자연에 매장된 화학적 에너지의 채취·사용방

[그림 3-6] 사바나와 온대초원

법을 발견하면서 에너지 사용량이 비약적으로 증가하게 되었다. 농업혁명처럼 이러한 산업혁명은 기술적, 사회적으로 급격한 변화가 아닌 점진적인 과정을 거쳐 왔다.

3.4.2 초지의 상실과 인구의 도시집중

초지의 상실

산업사회에 들어오면서 새로운 일련의 생태적 문제가 발생했다. 가속화 되는 산림과 초지의 상실이다. 사우어Carl Sauer에 따르면 산업혁명을 가능하게 한 것은 비열대초원을 농경지로 개발했기 때문이라고 한다. 농경지에서 산업사회가 필요로 하는 원료를 생산했기 때문이다([그림 3-6]).

인구의 도시집중

산업사회에서는 농업인구가 감소하게 되고, 그 결과 대규모의 인구가 농촌지역에서 도시지역으로 이동하게 된다. 이에 따라 일단의 새로운 환경적, 사회적, 정치적, 경제적인 문제가 발생하게 되었다.

3.4.3 산업화의 비용

기술의 환경비용

산업혁명으로 인한 이익은 매우 크지만 인류문화 발전단계로 볼 때 우리에게 상당히 큰 비용부담을 요구하고 있다. 우리가 기술을 자연환경에 적용하면 할수록 우리는 이익을 지키기 위해 점점 더 많이 일해야 한다. 새로운 기술로 우리의 생활이 나아지는 것이 아니라 선행기술로 인한 오염을 정화하는데 자원이 소모될 뿐이다.

자연통제의 한계

순진한 낭만주의나 문화적 편견으로 말미암아 오늘날의 도시오염을 비난하면서 과거로의 회기를 주장하는 사람들도 있기는 하지만 우리가 과거 수백 년 간 진보해온 모든 기술을 던져버리고 단순한 생활로 돌아가야 한다고 주장하는 사람은 거의 없다. 그러나 우리는 환경을 통제하는 우리의 능력에 한계가 있음을 알게 되었다. 모순되는 것은 이들 한계에 가까워질수록, 또 우리가 자연을 통제하려고 하면 할수록 우리는 점점 통제력을 잃게 된다. 우리가 우리 힘으로 통제할 수 있는 것, 즉 인구성장, 소비수준, 자원배분 등과 같은 요소를 의식적으로 통제하지 않으면 불필요한 통제를 받는 것은 오히려 우리가 된다.

3.5 지속가능지구공동체

3.5.1 인간과 자연의 조화

문화적 진화

인간과 자연이 조화를 이루는 공동체다. 점점 많은 사람들이 새로운 문화적 진화단계로 들어서려고 하고 있다는 중요한 기미가 엿보이고 있다. 산업혁명 이후 처음으로 상당히 많은 사람들이 자연을 통제하는 우리의 능력에는 한계가 있다는 것을 인정하기 시작하고 있다. 우리는 우리가 자연으로부터 동떨어진 존재가 아닌 자연의 한 부분이며 우리자신을 보호하기 위해서는 반드시 자연을 보호해야 한다는 것을 다시 발견하고 있다.

전체론적 세계관

불과 짧은 몇 년 동안 우리는 세계는 전체로서 서로 연결된 하나라는 것을 알게 되었다. 우리의 생존은 이러한 전체론적인 세계관에 달려있는 것처럼 보인다. 다른 말로 하면, 자연에 대항하는 농경·산업사회로부터 인간과 자연에 바탕을 둔 지속가능지구공동체로 변해야 한다는 것을 말한다. 그것은 우리가 자연과 협력하여야 하며, 맹목적으로 자연을 통제하려고 해서는 안 된다는 것을 말한다.

3.5.2 문화적 진화
전문화된 유기체와 일반적인 유기체

'적자생존'은 가장 강한 자 또는 가장 침략적인 자가 생존한다는 의미가 아니다. 그 의미는 환경에 가장 잘 적응하는(또는 변화하는 환경에 가장 잘 변화하는) 종 또는 종의 구성원이 가장 생존확률이 높고 성공적인 종족번식이 가능하다는 것이다. 변화속도가 느린 시기에는 가장 전문화된 유기체가 최선의 생존기회를 가지지만, 급격한 변화의 시기에는 일반적인 유기체가 가장 높은 생존확률을 가진다. 오늘날의 기술변화 속도는 너무 빨라서 최적생존자가 생물적인 진화가 아닌 문화적인 진화로 바뀌었다. 이러한 문화적인 진화는 인간의 침략을 필요로 하는 것이 아니라 상호협력을 필요로 한다.

나눔과 협력

이와 같이 지구적 차원에서 자연과 인간, 인간과 인간 사이의 상호협력을 통해 미래의 인류는 지속가능지구공동체 형성을 추구하면서, 새로운 문화를 시작하는 것이 아니라 기본적인 인간의 본성을 새롭고 강하게 하는 것이다. 점점 많은 사람들이 그들 자신이 지구촌의 일원으로 생존을 위해서는 구성원 간 또는 자연과의 협력적인 노력이 필요하다는 것을 깨닫기 시작했다. 우리들은 그러한 나눔과 협력적 노력을 북돋우고 잘 다루어서 우리와 환경과의 관계를 새롭게 하고 서로 이롭게 하는데 큰 도움이 되도록 하여야 한다. 그러한 사회적 진화의 속도는 빨라야 하며, 그 이유는 생물적 진화에 의해 해답을 찾기에는 시간이 너무 짧기 때문이다. 이 책의 주요 목적은 지속가능지구공동체로의 이러한 문화적인 이행을 위해 우리가 당면한 문제와 이들 문제를 해결할 수 있는 기회가 무엇인지에 대한 개요를 살펴보는 것이다.

우리들이 여기에 온 후로 지구가 빠른 속도로 늙어가고 있다.
_ Ernest Hemingway

생태계의 구조

그리고 신께서 말씀하셨다, 거기에 빛이 있으라. 그리고 거기에 빛이 있었다.
그리고 신께서 말씀하셨다. 이 땅에 풀을 낳게 하라.

Genesis 1:3, 11

어느 따뜻한 여름날 숲 속을 걸어 들어가 보라. 보이는 것, 들리는 것, 코에 스미는 냄새, 그리고 그 신비한 느낌. 부드러운 미풍이 살갗을 스치면 그 공기는 서늘하면서 약간은 습기가 있는 것처럼 느껴진다. 당신이 방금 빠져나온 도시의 소음은 아름다운 자태로 당신을 둘러싸고 있는 거대한 상수리나무와 추자나무들에 가려 들리지 않게 된다. 나뭇잎 지붕사이로 반짝이면서 쏟아지는 햇빛은 덤불과 당신의 발치에서 자라는 풀로 색색이 수놓은 땅의 융단을 환히 비추어 준다. 다람쥐 한 마리가 요란스럽게 나무줄기를 타고 재빠르게 도망가는 것이 보인다. 아래로 눈을 돌리면 당신은 사슴이 다닌 자취를 볼 수 있다. 길에 쓰러져 썩은 통나무를 뒤집으면 벌레와 딱정벌레, 개미, 흰개미, 지네와 바퀴벌레, 그리고 알 수 없는 곤충들이 그들 세계를 침입한 당신을 피해 황급히 사방으로 도망치는 것을 볼 수 있다. 당신이 한 줌의 흙을 집어 거기에도 생명체가 있는지 살펴보노라면 당신은 거기에 수백만 마리의 박테리아와 미생물이 우글거림을 상상으로 알 수 있다.

이 숲에는 어떤 형태의 동물과 식물이 살고 있을까? 그들은 생존에 필요한 물질과 에너지를 어떻게 얻는 것일까? 이러한 동물과 식물은 서로 어떻게 작용하며 환경과는 어떻게 서로 작용할까? 이러한 역동적인 생명의 세계는 시간이 지남에 따라 어떻게 변해갈까? 생태학이란 이러한 물음에 답하는 과학의 한 분야다. 헤켈Ernest Haeckel은 생태학에 대해 두 단어의 그리스어로 된 신조어를 만들어 냈다. "oikos"라는 것으로 "집" 또는 "사는 장소"를 의미한다. "logos"는 "~에 대한 연구"라는 뜻이다. 그리고 글자 그대로 해석한 생태학이란 그들의 집에서 생활하는 유기체에 관한 연구이기도 하고, 자연이나 유기체의 구조와 기능에 대한 연구이기도 하며, 자연에서 발견되는 유기체의 집단이나 유기체 서로 간 또는 유기체와 환경과의 상호작용을 연구하는 것이기도 하다Miller, Jr. G. T., 1982. 이 장에서 우리는 생태계의 구조와 형태에 대해 살펴보기로 한다. 제5장에서는 생태계의 기능에 대해 살펴보고, 제6장에서는 자연과 인간행위로 인해 생태계에 발생할 수 있는 변화에 대해 논의한다.

4.1 생태계의 개념

4.1.1 생태계의 정의

생태계란 영국의 탠슬리A. G. Tansley, 1935에 의해 처음으로 제창된 용어이다. '생태계란 생물과 그 생물이 살고 있는 무생물적 환경으로 구성된, 동태적 상호작용 체제'를 말한다McIntosh, 1999. 지구상의 모든 생태계를 합친 것을 생태권, 생물권, 또는 생물군계라고 부른다.

4.1.2 생태계의 구성요소

생물적 구성요소

생물적 구성요소로서는 동물, 식물, 곰팡이, 세균, 바이러스 등이 있다. 이러한 생물적 구성요소는 생태계에서의 역할을 기준으로 생산자, 소비자 및 분해자로 나누어지고, 먹이수준을 기준으로 독립영양생물과 종속영양생물로 나누어진다. 생산자 또는 독립영양생물은 광합성식물로 녹색식물, 광합성조류 등이 있고, 광 영양 박테리아로 광합성세균, 화학합성세균이 있다.

소비자 또는 종속영양생물로는 동물과 일부 균류, 여러 원생생물 및 대부분의 박테리아가 있다. 소비자를 1차 소비자, 2차 소비자 등으로 나누는데, 1차 소비자는 초식동물을 말하고, 2차, 3차 소비자 등은 육식동물을 말한다. 분해자는 부생균류(부생미생물)와 박테리아를 말한다. 분해자는 물질을 분해, 순환시켜 생산자가 이용할 수 있게 하는 기능을 담당하는 것으로, 생산자와 소비자 사이의 연결 고리 역할(유기영양소의 재순환)을 한다. 분해자는 유기물이나 생물의 잔유물과 노폐물을 분해하여 암모니아, 황산염, 아질산염, 질산염, 인산염, 이산화탄소, 물 등과 같은 단순한 화학물질로 전환시킨다.

무생물적 구성요소

지구의 무생물적 구성요소로는 공기, 물, 토양, 햇빛, 바람, 온도 등이 있다. [그림 4-1]에서와 같이 지구환경은 일반적으로 무생물적 구성요소인 대기권, 수권, 암석권 및 생물적 구성

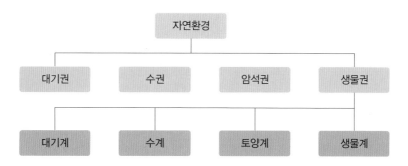

[그림 4-1] 생태계의 무생물적 구성요소(송흥규 외, 1999)

요소와 무생물적 구성요소로 이루어진 생물권으로 구성된다. 생물권은 생물계, 대기계, 수계 및 토양계로 세분된다.

4.1.3 생태계의 구성요소 간 상호작용

생태계는 놀라울 정도로 효과적이고 내성이 강한 체제이다. 내성이 강하지 않으면 생명은 멸종되고 만다. 우리가 먼저 이해해야 될 것은 한 장소의 생태계를 교란하거나 압박을 주면 다른 곳에 예측할 수 없거나 바람직하지 않은 영향을 미친다는 사실이다. 이러한 생태적인 반작용효과는 영국시인 톰슨Francis Thompson에 의해 유려하게 표현되었다. '너는 한 송이 꽃도 흔들리게 하지 못한다. 하나의 별에 영향을 주지 아니하고는.'Miller, Jr. G. T., 1982

생태학의 목표는 생태계에 있는 모든 것들이 서로 어떻게 연관되어 있는지를 발견하는 것이다. 이러한 지식을 사용하면 인간은 자연의 정복자가 아닌 자연 안에 있는 하나의 동반자로서 함께 일할 수 있다. [그림 4-2], [그림 4-3], 및 [그림 4-4]는 생태계의 구성요소와 그들 상호간 작용을 간단히 표시한 것이다.

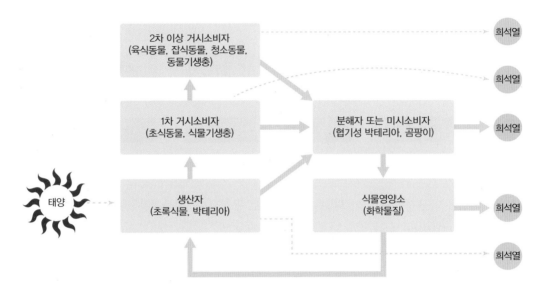

[그림 4-2] 생태계의 기본적 구성요소 및 상호작용

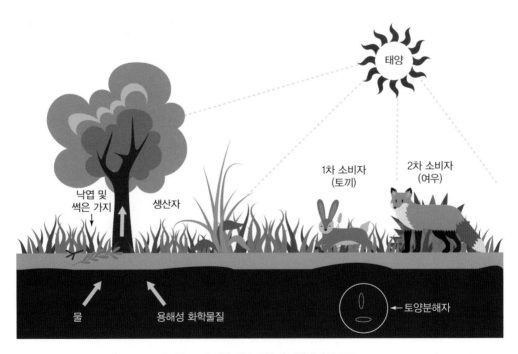

[그림 4-3] 아주 단순화한 산림생태계의 구조

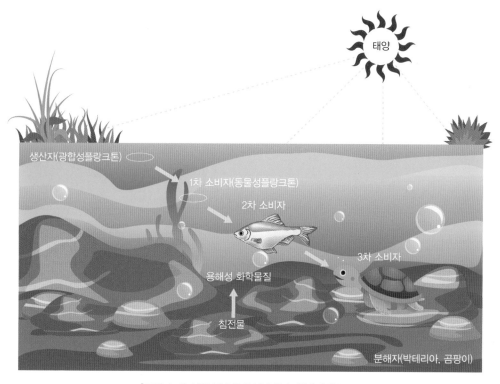

[그림 4-4] 아주 단순화한 담수호소 생태계의 구조

4.2 생태계의 계층구조

4.2.1 물질의 조직수준

우주공간에서 지구를 보면, 우리가 볼 수 있는 것은 파란 반구의 표면에 불규칙하게 나타나는 초록, 빨강, 흰색 조각이 전부다. 이러한 조각들을 좀 더 가까이 들여다보면 이러한 색색의 조각들은 사막, 산림, 초원, 산, 바다, 호소, 대양, 농경지, 그리고 도시들임을 알 수 있다. 이러한 조각들 속에 있는 구성요소들은 서로 다르다. 각 조각의 하부체제에 포함되어 있는 유기체의 특성과 기후적 조건은 서로 다르다.

그러나 이러한 하부체제의 구성요소들은 서로가 밀접하게 관련되어 있다. 더욱 가까이 다가가 보면 우리는 다양한 생명체를 볼 수 있다. [그림 4-5]에서와 같이 이러한 동물과 식물을 확대한다면 우리는 그 생명체들이 세포로 구성되어 있음을 알 수 있다. 이들 세포는 다시

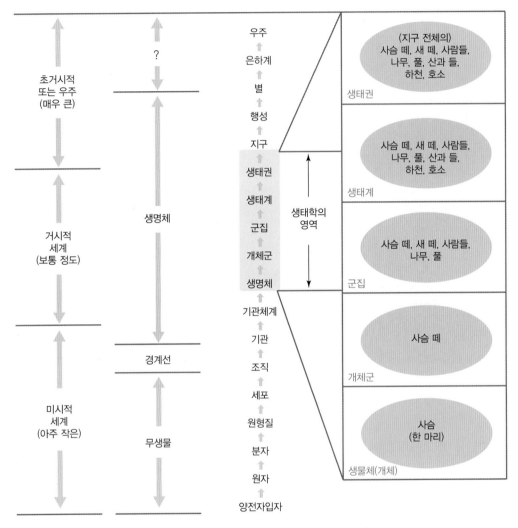

[그림 4-5] 물질의 조직수준

분자, 원자, 그리고 양자, 전자입자로 만들어져 있다는 것을 알 수 있다. 모든 물질은 인지가 가능한 정도의 형태나 유기체의 수준으로 구성되어 있다는 것을 알 수 있다. 그 복잡성에 있어 양전자입자에서부터 은하계까지 다양하다.

5단계 생태영역 조직수준

생태학자들은 생태영역의 물질의 조직수준을 5단계로 구분한다. '생물체', '개체군', '군집', '생태계', 그리고 '생태권'이다. 같은 종류(생물종)의 개별 생물체(다람쥐나 상수리나무와 같은)의 집단을 개체군(인구)이라고 부른다. 조사대상이 되는 지리적 체제의 규모에 따라 개체군은 지역에 한정될 수도 있고 지구전체에 퍼져 있을 수도 있다. 개체군은 지구상에 있는 모든 다람쥐와 상수리나무를 포함할 수도 있고, 앞에서 말한 상수리−추자나무 숲의 다람쥐와 상수리나무만을 말할 수도 있다(김동욱 외, 2005).

우리들은 자연에서 특정지역에 살고 있는 상이한 생명체의 여러 개체군을 발견할 수 있다. 주어진 지역에 살면서 상호작용하는 동물과 식물을 군집 또는 자연군집이라고 한다. 이러한 군집을 이루는 각 개체는 서식지를 가진다. 서식지란 개체가 살고 있는 장소를 말한다. 서식지는 그 크기가 천차만별로 큰 것은 숲 전체가 될 수도 있고, 작은 것은 흰개미의 창자 안이 될 수도 있다. 상수리−추자나무 숲과 같은 군집은 다람쥐나 나무, 식물, 박테리아나 기타 같은 장소에 함께 살고 있는 개체군의 단순한 집합체가 아니다. 자연군집의 가장 중요한 측면은 동물과 식물이 서로 상호작용을 한다는 것이다. 많은 군집에서 발견되는 것은 한 두 생물종이 그 군집 전체를 지배한다는 것이다. 예를 들어, 상수리−추자나무 숲 군집에서는 상수리나무와 추자나무가 지배적인 생물종이 된다. 그들은 서식지를 제공하고 잔인한 햇빛으로부터 보호함으로써 동물과 식물이 생존할 수 있게 한다. 그들은 다람쥐나 설치류와 같은 많은 생명체에는 단일의 가장 큰 식량공급원이 된다.

군집이 주위 환경과 상호작용하여 생태계를 이루고, 지구상의 모든 생태계를 합친 생물군계는 지구상에서 생물이 활동하는, 해수면의 상하 10 km 이내에 존재하는 생물권으로, 그 범위가 크다(안승구, 정재춘, 1995).

4.2.2 생태권의 구성과 기능

생태권의 구성

[그림 4−6]에서와 같이 지구는 서로 교차하는 세 개의 지역으로 나누어진다. 대기권(공기), 수권(물), 그리고 암석권(토양과 바위)이 그것이다. 생태권 또는 생물권은 이 3개 지역의 교차지역에서 발견된다. (1) 우리 위에는 11km까지 우리들이 사용할 수 있는 엷은 대기층이 있고, (2) 우리 주위에는 강과 호소, 빙하 및 바다, 지하수 및 공기 중에 생명유지기능을 가진 제한된 양의 물이 있으며, (3) 우리들 아래에는 얇은 껍질의 토양, 광물 및 바위가 지구 내부로 수천 m 뻗쳐 있다.

이렇게 복잡한 생명의 기판에는 모든 물과 광물, 산소, 탄소, 인, 그리고 기타 생명 창조와

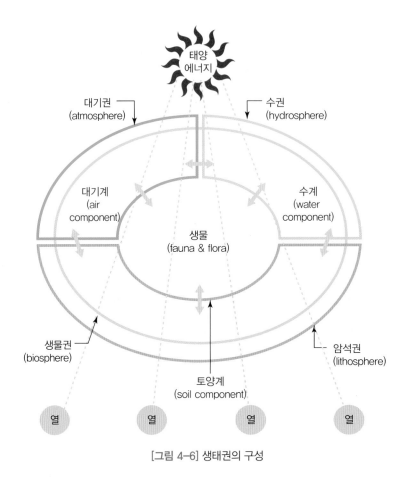

[그림 4-6] 생태권의 구성

유지에 필요한 화학적 건축자재가 포함되어 있다. 기본적으로 지구에서는 어떤 새로운 물질도 들어오거나 나가지 않기 때문에 생명유지에 필요한 화학물질은 생명을 유지존속하기 위해 계속해서 재활용되어야 한다.

생태권 구성요소의 역할

지구를 사과라고 가정할 경우 생태계는 그 사과의 껍질두께 정도에 지나지 않는다. 이러한 껍질두께의 생태계에 살고 있는 모든 생명체는 서로 의존적이다. 공기는 물의 정화를 돕고, 식물과 동물을 살아있게 하며, 물은 식물과 동물을 살아있게 한다. 식물은 동물을 살아있게 하며, 공기와 토양을 새롭게 한다. 토양은 식물이 자랄 수 있는 공간을 제공하며 동물들이 살 수 있게 하고, 물을 정화시킨다. 생태권을 구성하는 생태계는 기후를 조절하고 동물과 식물에 필요한 생명유지 화학물질을 순환시키며, 폐기물을 처리하고 식량병충해와 인간질병의 원인의 95% 이상을 억제한다. 생태계는 우리가 새로운 곡식 유전체와 의약품을 개발하는데 사용하는 거대한 유전자집합체를 유지하기도 한다. 더욱 멋있는 것은 자연은 우리가 이러한 자연적인 과정들을 교란시키지 않는 한 우리에게 이 모든 것을 대가 없이 제공해준다는 것이다.

4.3 생태계의 종류

생태계를 기후와 토양을 기준으로 [그림 4-7]에서와 같이 수중생태계, 육지생태계 및 토양생태계로 크게 나눌 수 있다. 수중생태계는 다시 담수생태계와 해양생태계로 나누어지고, 담수생태계는 하천생태계, 호수생태계, 하구생태계 및 습지생태계로 나누어진다. 해양생태계는 연안대(혹은 조간대), 천해대, 원양대 및 해저대로 다시 나누어지며, 육상생태계는 사막, 초원, 열대사바나, 열대우림, 지중해성 관목지대, 온대낙엽수림, 타이가, 툰드라 등으로 나누어진다.

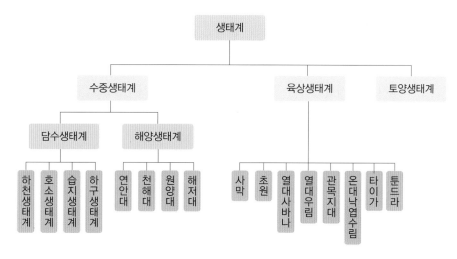

[그림 4-7] 생태계의 종류

4.4 생태계의 제한요소

4.4.1 화학적 요소와 물리적 요소

어떤 동물이나 식물이 주어진 생태계에서의 생존과 번성을 결정하는 것은 무엇인가? 한 유기체의 생존은 이산화탄소나 산소, 질소, 인, 그리고 나트륨과 같은 화학적 요소와 온도, 빛, 강수, 그리고 습기와 같은 물리적 요소에 달려있다. 모든 살아있는 것들은 이러한 많은 요소들의 종합적인 작용에 의해 영향을 받는다. 모든 유기체는 이들 요소들의 변화에 어느 정도의 내성을 가지고 있다. 그러나 어떤 요소가 너무 많거나 너무 적을 때는 유기체를 파괴하거나 그 숫자와 분포를 제한할 수 있다. 습기가 너무 많다든지 또는 충분하지 않다든지, 온도가 너무 높다든지 아니면 너무 낮다든지, 햇빛이 너무 많다든지, 너무 적다든지, 토양에 용해물이 너무 많다든지 너무 적다든지 하는 것 등이다. 이것은 리비히Justus Liebig와 셸포드V. E. Shelford가 제시한 개념을 종합한 제한요소원칙에 잘 요약되어 있다. 생물체의 생존성, 풍부도, 혹은 분포성은 한 개 이상의 제한요소의 수준이 그 유기체가 필요로 하는 수준의 높낮이에 의해 결정된다G. Tyler Miller, Jr., 1982.

단일 요소가 생물체의 성장을 제한할 수도 있다. 예를 들어, 한 농부가 질소성분이 거의 없는 들에 밀을 심는다고 생각하자. 밀 경작에 필요한 햇빛에너지, 물, 그리고 기타 화학적 영양분이 알맞다 할지라도 사용가능한 질소성분이 없으면 그 밀은 성장을 멈출 것이다. 이 경우에는 질소가 제한요소가 된다. 동물과 식물은 환경요소가 달라짐에 따라 그들의 내성범위가 상당히 달라진다. 예를 들어, 흰 꼬리 사슴, 찌르레기, 생쥐 등은 적응력이 매우 뛰어나기 때문에 넓은 기후대와 여러 가지 형태의 생태계에서 발견된다. 반대로, 커틀란드 명조나 곤충을 먹는 작은 새는 미시간 주의 몇몇 소나무 숲에서만 발견되고, 북미산악염소는 알라스카에서 워싱턴 주 사이에서만 발견된다.

4.4.2 제한요소와 생물군계

생태학자가 관심을 가지는 것은 생물체만이 아니고 생물체로 이루어진 군집과 생태계도 포함된다. 특히 육상생태계의 다양성은 기본적으로 무한하다고 할 수 있다. 그러나 많은 동물종과 식물종이 함께 발견되기 때문에 생태계를 그들의 구조 또는 구성에 따라 분류하는 것이 필요하다.

12개 생물군계

이러한 바탕 위에서 생태권 중 육상에 속하는 부분은 12개의 생물군계 또는 주요 생명지대로 구성되어 있다고 볼 수 있다. 각각의 생물군계는 유사한 집단의 동물과 식물로 이루어진 거대한 육지생태계다. 주요 생물군계 중에는 툰드라, 초원, 떡갈나무 관목 숲, 그리고 몇 가지 종류의 숲이 있다. 세계의 생태지도에는 우리가 익숙하게 보는 정치적 지도보다는 지구의 자연적 모양을 훨씬 더 잘 보여주고 있다. 즉 생물군계를 1) 열대우림, 2) 열대계절림, 3) 열대관목 및 임지, 4) 지중해관목림 및 임지, 5) 온대활엽수림, 6) 한대림, 7) 열대초원, 8) 초원, 9) 사막, 10) 툰드라, 11) 극지얼음지대, 12) 기타산지 등으로 나눈다.

일단의 제한요소

그러나, 왜 세계의 어떤 지역은 사막이 되고, 다른 지역은 초원이나 기타 숲이 되는가? 우리들은 이러한 거대한 동물과 식물의 집합이 단 하나의 제한적인 요소에 의해 좌우되는 것이 아니라 일단의 제한요소들의 공동작용에 의해 결정된다는 것을 알 수 있다. 예를 들어, 평균온도, 빛, 강수, 습도와 같은 물리적 요소들은 기후라는 한 묶음으로 말로 표현될 수 있다. 이와 비슷하게 수많은 화학적 물리적 요소들은 토양이라는 말로 묶어서 표현할 수 있다. 세계의 주요 생물군계의 동물과 식물을 서로 다르게 만드는 기후와 토양에 대해 좀 더 자세히 살펴보자.

4.4.3 기후

기후와 날씨

많은 사람들이 기후와 날씨를 혼동한다. 좋은 기후에도 궂은 날씨가 있을 수 있고 반대의 경우도 있다. 기후란 비교적 긴 시간 동안의 평균적인 대기조건이고, 날씨는 대기상태의 매일 매일의 변화를 말한다. 다른 말로 하면, 기후란 비교적 긴 시간 동안의 평균 날씨라고 할 수 있다. 기후를 구성하는 주요 요소들로는 햇빛, 온도, 강수, 그리고 습기의 연평균 양과 계절적인 분포 등이 있다. 아주 간단하게 표현하면, 기후 형태는 태양에너지가 만들어 내는 열량과 분포 형태에 따라 달라진다. 이러한 형태가 지구의 자전과 공전과 맞물리게 되면 해류가 발생하고 바람의 세기와 방향이 결정된다. 공기와 물의 흐름은 다시 지구의 여러 부분에 강수와 열의 분포를 결정하는 주요 요소가 된다.

기후변화요소

기후는 많은 요소들에 의해 국지적으로 변하게 되는데, 특히 산이나 큰 수역과 땅덩어리와의 거리의 근접성에 따라 영향을 많이 받는다. 산은 그 높은 고도 때문에 인접한 계곡보다 차가와지고 바람이 많이 부는 경향이 있다. 뿐만 아니라 산은 강수형태에 직접적인 영향을 미친다. 공기가 산록을 휩쓸고 지나가면 차가와지면서 다시 산위로 올라가기 전에 강수의 형태로 가지고 있던 수분을 방출하는 경향이 있다. 이런 이유로 바람결이 지나가는 능선은 상대적으로 수분이 많게 되는 경향이 있으며, 산의 다른 편에 있는 능선과 산 너머의 땅은 훨씬 건조해지는 경향이 있다. 바다, 호소 그리고 다른 큰 수역들의 물은 많은 양의 열을 흡수하고 이열을 천천히 방출하기 때문에 기후를 변화시키는 경향이 있다. 이러한 작용은 인접한 땅의 온도를 변화시키고 조절하는 기능을 한다. 예를 들어, 해안 도시들은 내륙지역보다 겨울에 따뜻하고 여름에 시원하다.

기후분류방법

여러 가지 형태의 기후를 분류하는 가장 널리 사용되는 방법 중의 하나가 쾨펜-가이거 Koppen-Geiger 분류방법이라는 것으로, 5개의 주요 기후형의 특성을 나타내기 위해 2가지 기후적 요소인 온도와 강수를 사용한다. (1) 습윤한 열대성 기후, (2) 건조한 사막기후, (3) 습윤한 온대성 기후, (4) 습윤한 한대성 기후, (5) 한대성 극지기후이다. 우리는 주어진 생물군계에 존재하는 식물상을 결정하는 주요 요소로서 기후의 역할을 알 수 있다.

4.4.4 토양

생명의 양탄자

여러분이 농촌출신이 아니라면 토양이 우리에게 가장 중요하면서도 가장 남용하기 쉬운 자원이라는 것을 인식하지 못할 것이다. 지각의 최상층인 토양은 암석권과 그 표면에서 자라는 모든 살아있는 식물 사이의 경계선에 있는 결정적인 중요성을 가지는 것이다. 우리들이 공급받고 있는 거의 모든 채소, 과일, 고기, 양모, 면화, 목재, 종이, 그리고 기타 수많은 자원들은 직간접적으로 이 놀랍도록 얇은 생명의 양탄자로부터 온다.

많은 사람들이 토양을 먼지나 없애버려야 할 것으로 생각하는데, 이러한 생각은 토양과학 자들을 전율케 할 만큼 어리석은 생각이다. 토양은 무기성 바위, 자갈, 그리고 광물, 유기성 화합물질, 살아 있는 유기체, 공기, 물 등의 혼합체이다. 토양은 역동적인 체제이며 기후와 식생, 지역 지형, 모암 재질, 시간, 그리고 인간의 사용과 남용에 따라 끊임없이 변화한다. 물질은 토양에서 식물로, 식물에서 토양으로 쉬지 않고 순환한다. 식물은 토양으로부터 물과 여러 가지 영양물질과 광물질을 얻는다. 낙엽이 지고 가지가 죽으면 그들은 땅 위에 떨어진 다. 그러면 토양표면층에 살고 있는 수백만 마리의 박테리아, 곰팡이, 벌레, 작은 절지동물, 노래기, 흰개미, 그리고 기타 유기체가 잎과 가지를 분해하여 광물을 분리하면 식물이 다시 사용하게 된다.

토양

우리는 토양이 단일 층으로 이루어져 있다고 생각하기 쉬우나 사실은 [그림 4-8]에서와 같 이 토양지평 층이라고 불리는 여러 겹의 층으로 만들어진다. 도랑을 파면 여러분은 이러한 층 들의 토양단면 또는 토양윤곽을 볼 수 있다. 가장 성숙한 토양은 3개 층을 가지고 있다. A-수 평 층이라고 불리는 상부 층은 새로 떨어진 나무부스러기와 나뭇잎, 나뭇가지로 이루어지고, 그 아래 부속 층인 부식토양(대부분 썩은 유기물과 무기광물로 구성)과 불용성 광물을 함유한 또

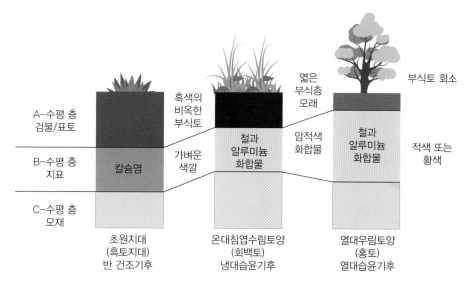

[그림 4-8] 3개 주요 토양형태의 개요: 초원, 온대활엽수림, 열대우림 토양

다른 부속 층으로 구성된다. A-수평 층은 종종 침출 층이라고도 불리는 것으로, 물이 이 층을 통과할 때 대부분의 용해성 무기물질을 침출하거나 용해하기 때문에 그런 이름이 붙은 것이다. 비옥한 토양에 빗물이 떨어지면 대부분의 물은 부식토에 의해 그 자리에 가두어 진다. A-수평 층에 있는 유기화합물 및 무기화합물이 양과 형태에 따라 토양의 비옥도가 결정된다. 나무나 풀이 없어지면 이와 같은 값진 표토 층이 물에 씻겨 나가거나 바람에 멀리 날아가 버린다(임선욱, 1996).

B-수평 층 또는 하부토양이란 A-수평 층 밑에 있는 토양층이다. 이 층은 A-수평 층으로부터 씻겨 왔거나 밑에 있는 모암 중 잘게 쪼개진 광물질로 된 진흙과 같은 무기물질의 가는 입자로 되어 있다. 이 층은 A-수평 층으로부터 무기물질을 받기 때문에 축적 층이라고도 불린다. B-수평 층은 유기물질을 거의 포함하고 있지 않기 때문에 침식이나 노천채굴 기타 인간의 토목공사 등으로 A-수평 층이 없어지면 식물 생육기능을 할 수 없게 된다. 바닥 층 또는 C-수평 층은 반복되는 결빙과 해빙 기타 기후변화 과정에 의해 모암(암반)으로부터 떨어져 나온 바위의 파편으로 이루어진다.

상이한 생물군계를 이루고 있는 토양은 [그림 4-8]에서와 같이 색깔과 물리적, 화학적 특성 및 3개의 토양층의 깊이 등이 크게 다르다. 우리들은 이러한 차이점을 사용해서 전 세계의 토양을 습윤 토양과 건조토양의 2개의 주요 군으로 분류할 수 있다. 습윤 토양은 덥고 습한 우림이나 차갑거나 추운 기후에 중간 내지 높은 강수량을 가진 온대우림, 활엽수림(낙엽수림), 타이가 또는 침엽수림(상록 및 솔방울이 달리는 식물)과 툰드라와 같은 생물군계에서 발견되는 토양이다. 습윤 토양의 주요 유형으로는 홍토, 적황회백토(한대습윤지 토양), 회갈색회백토, 회백토, 그리고 툰드라 토양이 있다. 건조토양은 초원, 관목지대(사바나), 사막 등 중간정도에서 낮은 강수량(반 건조지역부터 건조지역까지) 및 중간정도에서 높은 온도를 가진 지역에서 발견되는 토양이다. 주요 건조토양으로는 프레리, 흑토지대, 사막토양 등이 있다. 산과 산 계곡에서 발견되는 제3의 토양은 매우 다양하기 때문에 쉽게 분류할 수 없다. 농작물 재배와 목축에 가장 적합한 토양은 초원에서 발견되는 갈색 및 밤색 토양과 냉온대의 흑토토양이며, 면적이 좀 작기는 하지만 온대낙엽수림에서 발견되는 회갈색의 회백토 습윤 토양이다.

4.4.5 기후, 토양 및 생물군계의 관계

생물군계에서 식생을 결정하는 주요 요소 중 하나가 기후다. 기후와 식물은 함께 토양의 형태를 결정하는 일차적인 요소가 된다. 기후, 식물 및 토양은 서로 작용하면서 주어진 생물 군계의 생물의 형태, 숫자 및 분포를 결정한다. 이 장에서 우리는 기후나 토양과 같은 여러 가지 물리적 화학적 요소들이 하나의 생태계에서 동물과 식물의 숫자나 종류, 분포에 어떻게 영향을 미치는지 살펴보았다. 생태계구조에 관한 이러한 배경지식을 가지고 우리는 동물과 식물종이 서로 간에 또는 그들의 환경과 어떻게 상호작용하는지 공부할 준비가 된 것이다.

생태계의 기능

지구와 물, 무자비하게 남용되지만 않으면,
우리 모두의 이익을 위해 다시 또 다시 생산할 수 있도록 만들 수 있다.
열쇠는 현명한 지구승무원의 책무다.

Stewart L. Udall

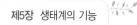

우주공간을 시속 107,200km 속도로 돌진하는, 비교적 작은 이 행성에서 당신이나 상수리나무, 다람쥐, 흰개미, 그리고 기타 생명체의 생명을 유지시키는 것은 무엇일까? 생존하기 위해서는 사람을 포함한 모든 생명체에 물질과 에너지의 끊임없는 공급이 있어야 한다. 상수리나무는 태양으로부터 직접 에너지를 얻고 사람과 기타 동물들은 우리의 식량공급원에 포함된 화학물질로부터 에너지를 얻는다. 그러나 에너지와 물질을 공급받는다는 것만으로 유기체는 그 생명을 유지할 수 없고, 저 품질에너지(폐열)와 폐기물이 그 유기체로부터 외부로 배출되어야 한다. 그렇지 않으면 그 유기체는 자신의 폐열과 폐기물의 바다에 빠져 익사하고 만다.

유기체가 살아남기 위해서는 에너지와 물질의 투입과 배출이 반드시 균형을 이루어야 한다. 즉, 단일유기체 수준의 생명은 그 유기체를 통과하는 에너지흐름과 물질흐름이 균형을 이루었을 때 유지된다. 그러나 우리가 생태계 구조에 관해 앞 장에서 살펴본 것과 같이 유기체는 고립되어서는 살 수 없다. 유기체는 그들이 필요로 하는 물질과 에너지를 얻기 위해 그들의 물리적 환경 및 다른 유기체와 상호작용하지 않으면 안 된다. 동물에 대해 우리는 이것을 호흡, 마시기, 식사, 그리고 번식이라고 부른다Miller, Jr. G. T., 1982.

5.1 에너지흐름과 물질순환

5.1.1 생태계 수준의 에너지흐름과 물질순환
유기체수준의 에너지흐름과 물질흐름

생태계 및 생태권 수준에서 유기체의 생명 유지는 에너지흐름과 물질순환에 의존한다. 에

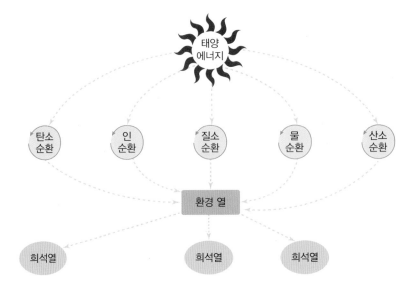

지구상의 생명체는 주요 화학물질의 순환과 그 생태계를 흐르는 일방적인
에너지 흐름에 의존한다. 점선은 에너지 호흡을, 실선은 물질의 순환을 나타낸다.

[그림 5-1] 에너지흐름과 물질순환

너지흐름에 의존하는 것은 에너지 제2법칙에 따라 에너지는 결코 재활용될 수 없기 때문이다. 에너지가 한 유기체나 군집, 생태계 또는 생태권을 통해 흐를 때는 항상 유용성이 떨어지는 희석열에너지로 변한다. 생태계와 생태권을 흐르는 에너지는 [그림 5-1]에서와 같이 기본적으로 유기체에 필요한 화학물질의 순환을 위해 사용된다. 단일유기체 수준의 생명이 그 생존을 에너지흐름과 물질흐름에 의존한다면, 생태권 및 생태계수준의 유기체는 그 생존을 에너지흐름과 물질순환에 의존한다.

생태권수준의 물질순환

화학물질은 생태권에서는 반드시 순환되어야 한다. 그 이유는 지구에는 물질이 들어오지도 나가지도 않기 때문이며, 물질보존법칙에 따르면 우리는 우리가 가지고 있는 물질을 파괴하지도 새로 만들지도 못하기 때문이다. 그것이 의미하는 것은 생태권에 있는 모든 생물종이 생존하기 위해서는 물이나 탄소, 산소, 질소 그리고 인과 같은 기본적인 물질들이 형태를 바꾸면서 순환해야 한다는 것이다. 지구상에는 다양한 생태계가 서로 연결되어 있기 때문에 물질은 생태계 내부에서, 그리고 생태계 간에 순환된다. 따라서 생태권에서 폐기물이란 있을 수 없다. 한 유기체의 폐기물이나 죽음은 다른 유기체의 먹이를 의미하는 것이기 때문이다. 만약 생태계와 생태권에 필수적인 화학물질이 순환되지 않거나 너무 빨리, 또는 너무 느리게 순환하면 개별 유기체나 개체군, 또는 모든 유기체가 죽을 수도 있다.

5.1.2 생태계의 구조와 기능

2개의 주요 기능

이러한 지식을 바탕으로 우리는 에너지흐름과 물질순환에 의해 "하나의 생태계에 무슨 일이 일어날까?" 라는 물음에 일반적인 대답을 할 수 있다. 에너지흐름과 물질순환이라는 생태계의 두 개의 주요 기능은 생태계의 다양한 구성부분을 서로 연결시켜줌으로써 생태계를 구성하는 유기체의 생명을 유지시켜준다. 생태계 구조와 생태계 기능 간의 이러한 관계가 [그림 5-2]에 나타나 있다.

이 장의 나머지 부분에서 우리는 생태계에서 일어나는 에너지흐름과 물질순환이라는 2개의 기능을 검토할 것이다.

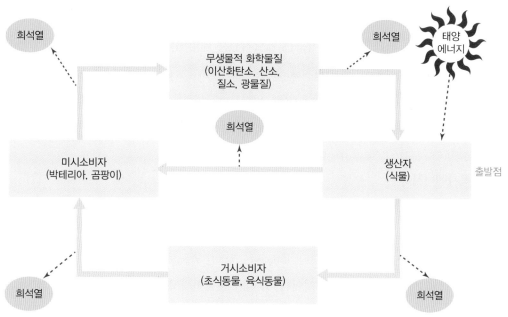

주: 에너지, 화학물질, 생명체 등 생태계의 주요 구조적 구성요소들은
에너지흐름(점선)과 화학적 순환(실선)기능에 의해 서로 연결되어 있다.

[그림 5-2] 생태계의 구조와 기능

생태권수준의 에너지흐름

우리는 먼저 생태권 수준의 에너지흐름에 대해 살펴보고 다음은 생태계 수준의 에너지흐름에 대해 살펴볼 것이다. 다음은 어떻게 산소, 탄소, 질소, 인 등이 소위 생물지리 화학적 순환(생물은 살아 있는 것을 뜻하고, 지리는 물, 바위, 토양을 말하며, 화학은 물질변화를 말한다) 또는 영양소순환이라고 부르는 것을 통해서 생태계와 생태권을 통해 순환되는지 살펴볼 것이다. 그 다음은 유기체의 생태적 지위와 서식지에 대해 공부한다. 생태적 지위란 한 생태계의 물질순환과 에너지흐름에서 하나의 개별 유기체가 참여하는 방법을 요약한 개념이다.

5.2 태양에너지 및 지구에너지의 흐름

5.2.1 태양전자기복사열

경제가 돈에 의해 운영되듯이 하나의 생태계나 군집, 또는 하나의 유기체는 에너지에 의해 살아간다. 지구상의 생명을 유지시켜주는 에너지원은 태양이다. 태양은 지구를 따뜻하게 데워주고, 식물의 광합성을 위한 에너지를 공급하며, 광합성물질은 다시 다른 모든 생명을 먹일 탄소화합물을 제공해 준다. 또한 태양에너지는 물 순환을 가능하게 하며, 이것은 바닷물을 정화하고 담수화해서 육지생물이 살 수 있는 담수를 제공해 준다.

태양복사에너지

태양복사에너지 총량의 약 10억분의 1의 반 정도만이 지구가 받아서 사용하고 있다. 지구는 광활한 우주에서 아주 작은 목표물에 불과하기 때문이다. 태양열은 우리에게 복사에너지 형태로 온다. 복사속도는 초당 30만 km이다. 그러한 속도로 우리의 눈에 와 닿는 태양빛은 1억 5000만 km를 8분 만에 달려온 것이다. 우리가 햇빛이라고 부르는 가시광선은 태양이 복사하는 광범위한 에너지파장역의 일부분일 뿐이다. [그림 5-3]에서와 같이 이것을 우리는 전자기 파장역이라고 한다. 이러한 에너지파장역은 고에너지를 가진 감마선 및 엑스선과 자외선으로부터 저에너지를 가진 가시광선, 적외선(열선) 및 라디오파에 이르기까지 다양하다. 전자기 파장역에 있는 각각 다른 크기의 에너지는 파장이 서로 다르다.

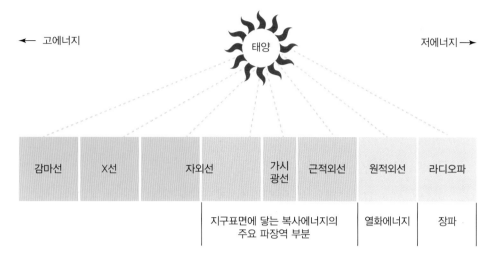

주: 태양은 광범위한 파장역을 가진 에너지를 복사한다. 유입복사에너지 중 많은 부분이 대기권에서 반사, 흡수되고 중간 내지
저에너지가 지구 표면에 도달한다.

[그림 5-3] 전자기 파장역

고에너지복사열은 짧은 파장을 가진다. 파장이 짧을수록 에너지는 커진다. 감마선, 엑스선
과 자외선은 단파로서 생물체에 해를 준다. 다행스럽게도 그러한 해로운 복사에너지의 대부
분은 오존이나 수증기와 같은 대기 중의 화학물질에 의해 걸러진다. 그러한 여과막이 없으면
이 행성에 살고 있는 모든 생명체가 거의 파괴되었을 것이다.

5.2.2 지구적 에너지흐름

반사율

태양의 총에너지 발생량 중 지구에 닿는 아주 작은 양의 에너지가 어떻게 되는지 보자. [그림
5-4]에서와 같이 지구로 들어오는 태양복사에너지 중 약 34%가 구름, 공기 중의 화학물질, 먼
지 그리고 지구의 표면에 부딪히면서 즉시 반사되어 우주공간으로 되돌아간다. 땅과 대기의 이
러한 성질을 행성의 '반사율'이라고 한다. 지구로 들어오는 에너지 중 남은 66%의 복사에너지
는 [그림 5-4]에서와 같이 지구의 대기권, 암석권, 수권 및 생태권에 흡수된다. 그 중 약 42%는
육지와 대기를 데우는데 사용되고, 나머지 23%는 생태권의 물 순환을 조절하는데 사용된다.

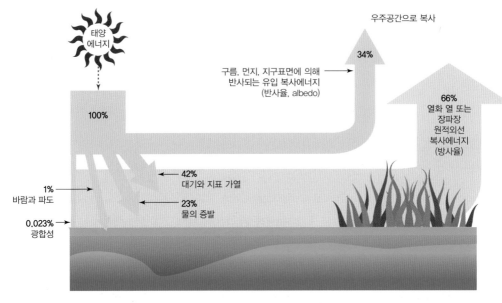

[그림 5-4] 지구의 에너지 유출입

광합성

태양에너지는 땅이나 호소, 강이나 바다에 있는 물을 증발시킨다. 이렇게 하여 따뜻하고 습기를 머금은 공기가 대기권으로 올라가면 그 공기는 차가워지면서 수축한다. 그것이 구름을 형성하고 구름은 비나 눈 또는 우박 형태로, 함유하고 있던 수분을 지상에 뿌린다. 들어오는 태양에너지의 아주 작은 양(1% 정도)은 기류나 바람을 일으키는데 사용되고, 기류나 바람은 다시 구름을 움직이고 바다에 파도를 일으킨다. 그 보다 더 작은 양의 태양에너지, 즉 0.023%의 태양에너지는 녹색식물이 광합성에 의해 탄화수소나 단백질, 기타 생명유지에 필요한 분자의 형태로 된 화학적 에너지를 가진 물질로 전환시키는데 사용된다.

방사율

지구의 대기권, 수권, 암석권 및 생태권으로 들어오는 태양에너지의 66%의 거의 전부가 에너지 제2법칙에 따라 긴 파장의 열이나 적외선복사열로 변하면서 희석열에너지로 변한다. 그 열은 다시 우주공간으로 흘러나가고, 우주공간으로 흘러나가는 에너지 총량을 지구의 '방사율'이라고 한다. 방사율은 대기권에 있는 여러 가지 화학분자(물, 이산화탄소, 오존과 같은 것)에 의해 영향을 받는다. 그러한 분자들은 문지기와 같은 역할을 하는 것으로, 열에너지가 우주공간으로 흘러나가게 하든지 아니면 흡수하든지 지구표면으로 다시 복사하게 하든지 하게 한다. 일반적으로 지구가 방출하는 폐열의 복사량은 지구에 의해 흡수된 유입 태양에너지의 66% 정도이다. 지구의 반사율과 함께 이러한 균형은 평균지구온도를 결정한다. 반사율이나 방사율이 어떤 원인에 의해 변하게 되면 평균 지구온도는 떨어지거나 상승하면서 현재의 균형이 깨어지게 된다. 예를 들어, 평균지구온도가 단 2℃만 상승해도 지구 기후 형태에 큰 변화를 유발할 수 있고, 3℃에서 6℃ 상승하면 극지방의 얼음이 녹게 되어 세계의 상당부분이 홍수피해를 입게 된다. 비슷한 논리로 평균지구온도가 몇 도만 내려가도 빙하기가 도래할 수 있다.

지구한랭화와 지구온난화

대기의 반사율 증가는 지구냉각을 가져올 수 있고, 반대로 대기권의 방사율 감소는 지구온난화를 초래할 수 있다. 우리는 화산폭발이나 먼지폭풍이 대기권에 미세먼지를 배출함으로써 반사율에 영향을 줄 수 있다는 것을 알고 있다. 미세한 입자들은 정상적으로는 대기권의 반사성을 증가시켜 평균지구온도의 하강을 가져온다. 산림의 벌채나 연기를 배출하는 발전소나 공장은 많은 양의 먼지와 검댕 입자를 대기권에 배출한다.

대기권의 방사율은 여러 가지 요소의 영향을 받는데, 공기 중에 있는 이산화탄소의 총량이 대기권의 방사율에 영향을 주는 원인 중의 하나다. 나무나 화석연료(석유, 석탄, 천연가스)의 연소로 이산화탄소의 배출량이 크게 증가하면 대기권이 온난화해지는 문제점이 있다. 지구 에너지흐름에 대한 이와 같은 개관을 통해 우리는 에너지가 생태계에 어떻게 흐르는지 좀 더 자세하게 살펴볼 수 있게 되었다.

5.3 생태계의 에너지흐름

5.3.1 먹이사슬
영양수준

모든 유기체는 생물이든 무생물이든 다른 유기체의 식량원이 될 수 있다. 한 마리의 유충은

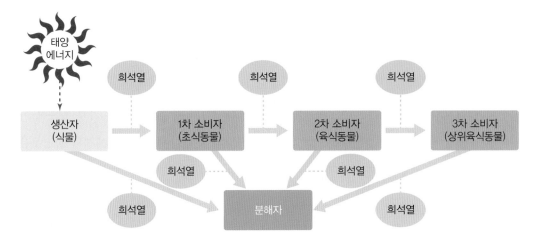

주: 화살표는 음식화합물질의 에너지가 여러 가지 먹이수준을 통해 흐르는 경로를 표시하고, 열역학 제2법칙에 따라 열에너지가 악화되는 것도 표시되어 있다.

[그림 5-5] 먹이사슬

잎을 먹고, 개똥지빠귀는 유충을 먹고, 매는 개똥지빠귀를 먹는다. 식물, 유충, 개똥지빠귀, 그리고 매가 죽으면 그들은 [그림 5-5]에서와 같이 분해자에게 먹힌다. 일반적으로 생태계의 에너지흐름은 누가 누구를 먹고 누구를 분해하느냐 하는 문제를 다루는 것이다. 이러한 먹고 먹히는 일반적인 연속과정을 '먹이사슬' 또는 '에너지사슬'이라고 부른다. 먹이사슬에 의해 한 유기체가 다른 유기체를 먹거나 분해할 때 한 유기체에서 다른 유기체로 에너지가 이전되게 된다. 이러한 에너지흐름은 생산자에서 소비자에게로, 항상 한 방향으로만 흐른다. 먹이사슬에 있어 생산자와 소비자의 다양한 먹이수준을 영양수준(그리스어인 trophikos, 즉 "영양" 또는 "음식"이라는 말에서 유래)이라고 부른다Tivy and O'hare, 1981.

생산자, 소비자 및 분해자

하나의 생태계에서 첫 번째 영양수준은 언제나 생산자 또는 녹색식물(그리고 얼마간의 광합성박테리아)로 구성된다. 초식성 또는 식물을 먹는 유기체가 두 번째 영양수준을 나타낸다. 초식동물을 종종 제1차 소비자라고도 부른다. 세 번째 영양수준은 초식동물을 먹는 육식성동물로 이루어진다. 그들은 종종 제2차 소비자라고 불린다. 먹이사슬에서 최상위 육식동물은 다른 육식동물을 먹는다. 그들은 세 번째, 네 번째 영양수준에 해당하며, 종종 제3차, 제4차 소비자라고 불린다. 모든 영양수준에 있는 동물과 식물이 죽으면 그들의 몸은 분해자 또는 미시소비자에 의해 분해된다. 분해의 초기단계는 절지동물, 흙에 사는 벌레, 나무 기생충, 기타 무척추동물이다. 그러나 유기화학물질을 무기화학물질로 최종적으로 분해하는 것은 곰팡이, 박테리아, 효모와 같은 미생물이다. 어떤 유기체는 두 개 이상의 영양수준을 가지는 경우가 있는데 이를 '잡식성'이라고 한다. 당신이 베이컨, 상치, 토마토샌드위치를 먹으면 3종류의 생산자(상치, 밀, 토마토)와 하나의 소비자(돼지)를 먹는 것이 된다.

초원먹이사슬과 유기퇴적물먹이사슬

생태학자들은 종종 생태계의 먹이사슬을 두 가지 주요 형태로 구분하기도 한다. 초원먹이사슬과 분해성 먹이사슬 또는 유기퇴적물 먹이사슬이다. 초원먹이사슬에서는 생산자 또는 초록식물을 초식동물이 먹고, 초식동물은 육식동물에게 먹힌다. 분해성 또는 유기퇴적물 먹이사슬에서는 생산자에 의한 식물성 물질은 죽은 유기물질 또는 유기퇴적물로 전환된다. [그림 5-6]은 초원먹이사슬과 유기퇴적물먹이사슬이 혼합된 몇 가지 예를 보여주고 있다.

먹이사슬 형	생산자	1차 소비자	2차 소비자	3차 소비자	4차 소비자
육지·초원 먹이사슬	쌀 ⇨	사람			
	곡식 ⇨	사슴 ⇨	사람		
유기퇴적물 먹이사슬	나뭇잎 ⇨	박테리아			
초원·유기퇴적물 먹이사슬	나뭇잎 ⇨	버섯 ⇨	다람쥐 ⇨	매	
수중·초원 먹이사슬	식물 플랑크톤 ⇨	동물 플랑크톤 ⇨	농어 ⇨	베스 ⇨	사람
육지·수중·초원 먹이사슬	곡식 ⇨	여치 ⇨	개구리 ⇨	송어 ⇨	사람

[그림 5-6] 몇 개의 전형적인 먹이사슬

물론 마지막에는 모든 생명체가 죽어서 분해자의 먹이사슬의 한 부분이 된다. 유기퇴적물 먹이사슬은 다른 생태계 보다는 수중생태계(강이나 하천, 늪 등과 같은)와 육상생태계(산림과 같은)에서 더 일반적으로 발생한다. 성숙한 산림과 같은 육상생태계에서는 나무나 풀 등에 의해 생산된 생물 중 약 10%만이 초식동물에게 먹힌다. 이들 물질 중 나머지 90%는 숲 바닥에 떨어져서 분해자의 먹이가 된다. [그림 5-6]에서와 같은 수중생태계에 있어서는 유영식물인 광합성플랑크톤이 주요 생산자이며 에너지흐름의 약 90%가 초원먹이사슬에 의해 이루어진다. [그림 5-6]에서 알 수 있는 다른 한 가지는 수중먹이사슬은 육지먹이사슬보다 영양수준이나 사슬의 숫자가 더 높고 큰 경우가 많다는 것이다. 인간은 식물과 동물을 모두 먹을 수 있지만, 대부분의 인간은 초원먹이사슬에서 초식동물로서의 기능을 한다. 전 세계적으로 보면 인간은 그들 식량의 약 89%(미국의 경우 64%)를 채소, 곡물, 과일 등에서 섭취한다.

5.3.2 먹이사슬과 에너지제2법칙

먹이사슬효율성

열역학(에너지)제2법칙 때문에 한 영양수준에서 다른 영양수준으로의 어떤 에너지 이전도 100%일 수 없다. 실제로는 단 10% 정도만이 한 영양수준에서 다른 영양수준으로 이전하여 유용한 화학적 에너지로 저장될 수 있을 뿐이다. 다시 말하면 화학에너지의 90%는 희석열에너지로 질이 떨어지면서 열의 형태로 환경에 빼앗기게 된다. 이것을 종종 '10%법칙'이라고 부르며, 제1형태의 피라미드인, '에너지피라미드'라고 부른다. 영양수준간의 유용한 에너지 이전비율을 '생태적 효율성' 또는 '먹이사슬효율성'이라고 부른다.

먹이사슬의 각 단계에서 유용한 에너지의 손실을 극명하게 보여주는 그림이 [그림 5-7]에서와 같은 에너지피라미드의 형태로 나타난다. 각 부분의 크기는 각 영양수준에서 사용가능한 유용한 에너지의 양을 보여주고 있으며, 그러한 것을 모두 모으면 영양수준을 나타내는 삼각뿔의 모양을 얻을 수 있다.

숫자피라미드

제2형태의 피라미드가 [그림 5-7]과 같은 숫자피라미드다. 한 영양수준에서 상위의 영양수준으로 이동하면 상위 유기체의 총 숫자는 급격히 줄어든다. 예를 들어, 조그만 연못에 있는 백만 개의 광합성플랑크톤 생산자는 10,000개의 제1차 소비자인 동물플랑크톤을 먹여 살릴 수 있다. 이 동물플랑크톤은 다시 100마리의 농어를 먹일 수 있다. 100마리의 농어는 사람 한 명이 한 달 정도 먹을 수 있는 양이다.

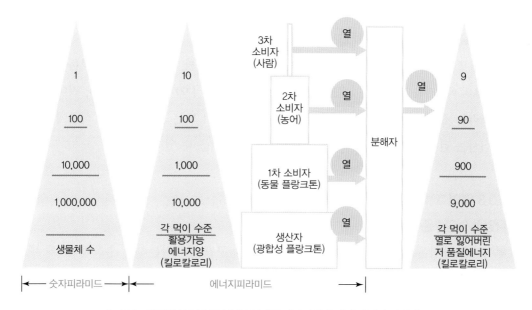

[그림 5-7] 먹이사슬의 각 먹이수준에서 에너지와 숫자의 가정적 피라미드

생물 총량피라미드

생태학자들이 사용하는 제3형태의 피라미드는 '생물 총량피라미드'라고 불리는 것이다. 여기에는 생물 총량측정치라는 것이 있다. 생물 총량측정치란 먹이사슬의 각 영양단계에서 유지될 수 있는 모든 생명유기체의 건조총량을 말한다. 생물 총량은 정상적으로는 영양수준이 진행될수록 감소한다. 한 필의 목초지가 건초 1,000kg을 생산한다면 그 건초는 100kg의 소고기를 생산할 수 있다. 이것은 다시 사람의 몸무게를 10kg 늘릴 수 있다.

그러나 생태계 중에는 작은 생산자들(수중 생태계의 규조류와 같은 것)이 너무 빨리 자라서 생물 총량피라미드가 거꾸로 될 수 있다. 이러한 경우, 소비자생물 총량이 생산자생물 총량을 초과하게 된다. 규조류는 재생산 속도보다 빠르게 먹히기 때문이다. 이와 같은 3종류의 피라미드는 생태계에 대한 열역학 제2법칙의 효과를 보여주는 실례다.

짧은 먹이사슬

먹이사슬의 개념에서 우리는 두 가지 중요한 원칙을 도출할 수 있다. 첫째, 모든 생명과 모든 형태의 먹이는 햇빛과 초록식물로부터 시작된다는 것이다. 둘째, 먹이사슬이 짧을수록 유용한 에너지의 손실은 작아진다는 것이다. 그 의미는 식물에 기초한 더 짧은 먹이사슬, 예를 들면 쌀→인간의 먹이사슬이 곡물→사슴→인간 식의 먹이사슬보다 상대적으로 더 많은 인류나 기타 유기체를 먹여 살릴 수 있다는 것이다.

인구가 밀집한 국가나 세계는 밀이나 쌀을 그냥 먹음으로써, 밀이나 쌀을 초식동물에게 먹이고(90%의 에너지 손실) 그리고 초식동물을 먹는 것보다(다시 90%의 에너지 손실), 적어도 에너지 섭취라는 점에서 더 잘 살 수 있을 것이다. 그러나 하나 또는 두 개 정도의 식품에만 의존하는 식사는 건강에 필수적인 단백질의 공급 결핍을 가져올 수 있다.

5.3.3 먹이그물
다양한 영양수준

먹이사슬 개념은 생태계에서 누가 누구를 먹고 누구를 분해하는지를 추적해내는데 매우 유용한 도구다. 그러나 현실에서는 [그림 5-6]에서와 같은 간단한 먹이사슬은 거의 독립적으로는 존재하지 않는다. 많은 동물들은 동일 영양수준에 있는 여러 가지 다른 형태의 먹이를 먹는다. 더욱이 인간이나 곰, 쥐와 같은 잡식동물은 영양수준이 다른 여러 종류의 식물과 동물을 먹는다. 예를 들어, 보통은 씨앗을 주로 먹는 새가 봄에는 곤충을 먹이로 바꾸기도 한다. 여우는 생쥐가 풍부할 때는 생쥐를 탐식하기도 하지만, 생쥐가 귀해지면 토끼를 잡아먹기도 하고 익은 버찌열매를 먹기도 한다. 때로는 여치를 먹기도 하고, 가을에는 떨어진 사과를 먹기도 한다.

복잡한 먹이사슬

이와 같은 매우 복잡한 먹이형태 때문에 자연생태계는 서로 연결된 많은 먹이사슬의 복잡한 그물로 구성된다. 우리가 각 종류의 생물체가 먹는 유기체의 형태를 도식화하면 일련의 선형으로 된 나란히 놓은 먹이사슬 대신에 [그림 5-8]에서와 같은 먹이그물을 얻을 수 있다.

자연에서의 실제 모양은 [그림 5-8]보다는 훨씬 더 복잡하다. [그림 5-8]에 수천의 생물종을 추가해야 겨우 실제 세계의 먹이그물의 복잡성을 보여줄 수 있다. 먹이사슬은 생태계에 있어 덜 전문화된 생물종에 대한 안정도를 높여준다. 잡식성 생물종의 경우 한 가지 형태의 먹이가 귀해지면 다른 형태의 먹이로 이동함으로써 그 생존이 가능하게 된다.

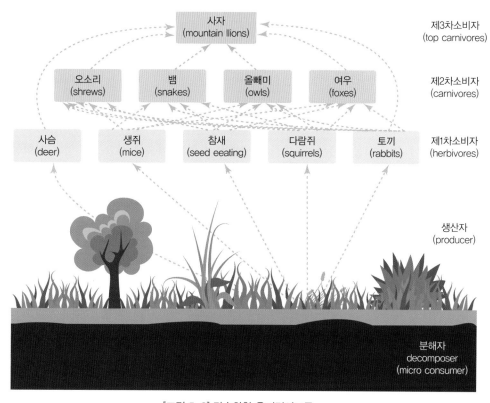

[그림 5-8] 단순화한 육지먹이그물

5.3.4 식물의 총1차 에너지생산성 및 순1차 에너지생산성

총1차 에너지생산성(생산량)

초록식물은 태양에너지를 사용해서 탄수화물과 기타 유기물질을 만든다. 초록식물이 광합성에 의해 태양에너지를 화학적 에너지나 생체량으로 전환하는 비율을 '총1차 에너지생산성'이라고 부르고 그 생체량을 총1차생산량이라고 부른다. 그것은 광합성의 총량을 말하는 것으로, 보통 연간 단위면적(㎡) 당 생산되는 에너지의 양을 천 칼로리 단위로 표시한 것이다. 총1차생산성은 연간 단위면적(㎡) 당 생산되는 생체량(식물 물질)을 그램(g)으로 표시하기도 한다. 초록식물이 태양에너지를 포착하여 식물구성 물질로 전환시키는 효율은 3%를 넘기가 힘들고, 보통 1% 정도다. 사실 1%라는 수치도 높게 잡은 것으로, 가장 좋은 조건의 생태계에 적응한 결과 나온 수치이기 때문이다. 일 년간의 시간에 걸쳐 전 생태권에 대한 평균적인 총1차생산성의 효율은 단지 0.2%인 것으로 추산되고 있다. 다시 말하면, 매년 지구전체에 살고 있는 식물에 비치는 태양에너지의 99.8% 가량이 그대로 사라진다는 것이다. 그럼에도 불구하고 매년 식물에 의해 포착되어 화학적 에너지로 변화는 태양에너지의 총량은 전 세계 인구가 일 년 간 사용하는 화석연료와 핵에너지를 모두 합한 것의 400배를 넘는 양이다.

순1차 에너지생산량

그러나 총1차생산량은 초록식물을 먹는 소비자가 가용할 수 있는 총에너지량을 정확하게 측정한 것은 아니다. 식물과 동물은 그들이 생존하기 위해 계속해서 그들이 얻은 화학물질을 분해할 수 있는 에너지를 얻어야 한다. 생명유지를 위한 화학물질의 분해과정을 '호흡'이라고 부른다. 화학적 에너지가 호흡을 위해 사용되면 그 에너지는 질이 떨어진 열에너지로 변한다. 그 열에너지는 환경으로 흘러들어간다. 생산자가 호흡을 위해 사용한 에너지는 그 식물을 먹는 동물에게는 유용한 먹이나 화학적 에너지가 될 수 없다. 식물이 그 식물을 먹는 소비자에게 유용한 먹이나 화학적 에너지(또는 유용한 생체량)를 생산하는 양을 순1차생산량이라고 한다. 순1차생산량은 식물이 생산하는 에너지총량(총1차생산량)에서 호흡(그 식물의 생존을 위해 소비한 에너지)을 위해 소비한 에너지량을 뺀 것이다.

총1차생산량이나 순1차생산량은 모두 화학적 에너지를 저장하는 어떤 종류의 물질의 생산량을 나타낸다는 것에 주의할 필요가 있다. 총1차생산량과 순1차생산량을 에너지물질의 총량과 혼동해서는 안된다.

생태계의 평균 순1차 에너지생산량

생태학자들은 전 세계적으로 상이한 주요 육지 및 수중생태계의 단위면적(m^2) 당 연간평균 순1차생산량을 [그림 5-9]에서와 같이 추산하였다. [그림 5-9]에서 우리는 순1차생산량이 가장 많은 곳은 하구생태계(강이 바다로 흘러들어갈 때 육지와 바다가 만나는 지대), 수렁 및 늪지, 열대우림이라는 것을 알 수 있고, 가장 낮은 곳은 툰드라, 대양, 그리고 사막생태계라는 것을 알 수 있다. [그림 5-9]의 결과를 이용해서 우리는 하구, 수렁, 늪지의 생산물을 수확하고 열대우림을 개발하여 증가하는 인구를 먹여 살릴 식량을 생산해야 한다고 결론지을지 모른다.

그러나 그러한 결론에는 두 가지 오류가 있다. 첫째, 그림에서 보는 순1차생산량은 보통 그러한 생태계에 발견되는 보통의 식물 전부를 포함한 것이다. 하구나 수렁, 늪지에 자라는 식물은 대부분 초본식물로 우리에게 주요한 단백질원이 되는 여러 가지 형태의 물고기, 새우 등 수중생물의 먹이와 산란장소로서 더할 수 없이 중요하지만, 인간이 바로 사용할 수는 없는 것들이다. 하구나 수령, 늪지를 매립하는 것은 우리에게 아무 대가 없이 주요 단백질을 제공해 주는 값진 생산기반을 파괴하는 것과 같다. 열대우림에서는 대부분의 영양물질이 거의 부식토가 없는 척박한 토양보다는 나무와 풀에 많이 함유되어 있다. 따라서 영양물질의 보고인 열대우림을 잘라내고 농작물을 심으면 그 농작물은 필요한 영양물질을 척박한 토양에 의존할 수밖에 없어 열대우림이라는 생산체제의 높은 자연 순 생산성을 상실하게 된다. [그림 5-9]의 숫자를 평가하는데 주의를 요하는 둘째 이유는 이들 숫자가 전 세계적으로 이러한 생태계가 얼마나 있느냐 하는 것을 우리에게 말해주지 않기 때문이다.

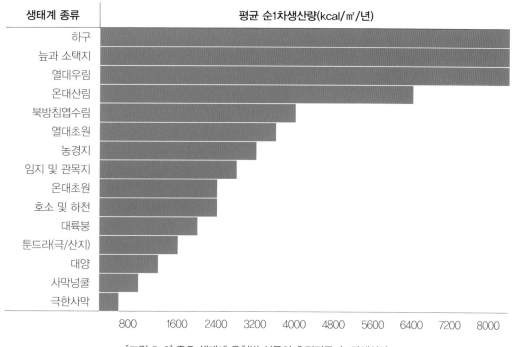

[그림 5-9] 주요 생태계 유형별 식물의 추정평균 순1차생산량

식물의 총1차 에너지생산성 및 순1차 에너지생산성

[그림 5-10]은 전 세계 주요 생태계의 순1차 에너지생산성을 보여주고 있다. 하구의 총면적은 작기 때문에 그 목록에는 포함되지 않았고, 세계의 대부분이 바다이기 때문에 목록의 제일 앞을 차지하고 있다. 그러나 우리는 이러한 숫자를 또 한 번 더 잘못 해석할 수 있다. 바다의 순 생산성이 큰 것은 지구 표면의 대부분이 바다로 되어 있기 때문이지, 그들의 단위면

적당 생산성이 상대적으로 높기 때문이 아니다. 널리 퍼져있는 규조류나 대양에서 발견되는 기타 식물을 수확하자면 많은 양의 에너지가 필요하게 된다. 제1, 2에너지법칙 때문에 우리가 얻는 식량보다는 더 많은 화석연료와 기타 형태의 에너지가 필요해진다.

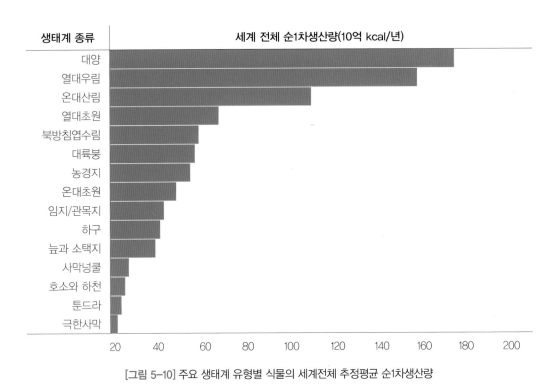

[그림 5-10] 주요 생태계 유형별 식물의 세계전체 추정평균 순1차생산량

온대초원과 온대산림지역과 농작물 경작

기본적인 생태법칙 중 하나는 자연 상태에서 식량작물과 유사한 식물을 상대적으로 많이 키울 수 있는 생태계에서 농작물의 생산성이 높아진다는 것이다. 대부분의 식량작물이 풀이거나 풀과 밀접하게 관련되어 있기 때문에 대부분의 농업은 온대초원이나 벌채한 온대산림지역에서 일어난다. 그러한 중요한 생태적인 제한을 도외시한 채, 아직도 세계의 수십억 명의 인구를 먹이기 위해 바다에서 조류를 채취하고 열대우림을 광활한 옥수수와 밀밭으로 개간해야 한다고 말하는 사람들이 있다. 우리는 생태계의 에너지흐름에 대한 이와 같은 개략적인 지식을 가지고 생태계에서 일어나는 제2의 주요 기능적 과정인 화학물질의 순환에 대해 살펴보기로 한다.

5.4 생태계의 화학적 순환

5.4.1 생물지리화학적 순환의 유형

거시영양소와 미시영양소

화학적인 용어로 생명은 6개의 단어로 요약하는 것이 가능하다. 탄소(C), 산소(O), 수소(H), 질소(N) , 인(P) 및 황(S)이다. 92종의 자연발생적인 화학원소 중 42% 정도의 화학물질이 생명유지에 필수적이지만, 앞의 6개의 원소가 모든 생명체의 질량의 95%를 차지한다. 이 6개의 원소에 상대적으로 좀 많은 양을 요하는 몇 개의 원소를 더하여 그들을 '거시영양소'라고 부른다. 철(Fe), 망간(Mn), 구리(Cu), 아이오딘(I), 기타 생명유지에 소량이 필요한 원소를 '미시영양소'라고 부른다.

생물지리화학적 순환

우리들에게 공급되는 6개 영양소의 양은 고정되어 있기 때문에 이러한 영양소들은 생태권의 먹이그물에 의해 공기, 물, 토양이라는 그들의 저장고로부터 계속적으로 순환되어 다시 그들의 저장고로 되돌아간다. 앞에서 말한 것과 같이 물질의 이러한 순환적인 움직임을 '생물지리화학적 순환'이라고 한다. 생물지리화학적 순환을 일반적으로 표현한 모델은 [그림 5-11]과 같다. 이와 같은 생물지리화학적 순환에는 3가지 유형이 있다. 기체상, 침전성 및 수리적 순환이다. '기체순환'에서는 대기가 1차 저장고가 되고 탄소, 산소 및 질소 순환이 포함된다. '침전순환'은 육지에서 바다로, 다시 바다에서 육지로의 물질의 이동을 포함한다. 침전순환에는 인, 황, 칼슘, 마그네슘, 칼리의 순환이 포함된다. '수리순환'은 생태계의 물의 순환을 말하는 것으로, 해당부분에서 자세히 논의한다Starfield, A. M. et al., 1986.

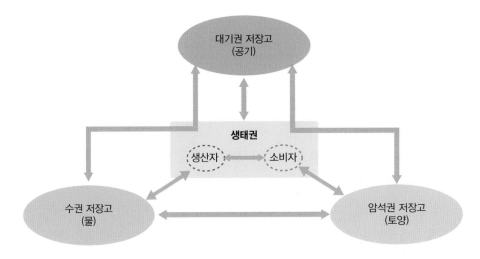

주: 여러 가지 형태의 생명유지 기초화학물질이 공기, 물, 토양 저장고에 저장되어 있으며,
저장고에서 저장고로, 그리고 생태권의 먹이사슬과 먹이그물을 통해 화학물질이 순환한다.

[그림 5-11] 생물지리화학적 순환의 일반적 모형

탄소, 산소 및 질소의 순환

이 절에서는 탄소, 산소 및 질소의 순환에 대해 살펴보기로 한다. 모든 화학적 순환에 있어서 순환과정의 성질과 주요 화학물질의 순환량이 중요하다. 예를 들어 지구상에 있는 모든 물은 식물의 광합성과정을 거치게 되지만, 그 회수는 백만 년 만에 한 번 꼴이다. 비슷한 경우로서 산소는 초록식물에 의해 2000년에 한 번씩 광합성의 결과 생산되고, 기체상의 탄산가스는 300년에 한 번씩 호흡 순환에 의해 음식물 분자가 분해될 때 식물과 동물에 의해 방출된다.

이와 같은 이유로 방대한 양의 주요 화학물질은 보통 그들의 주요 저장고에 있게 된다. 이와는 대조적으로, 순환 고리에 들어선 화학물질들은 유기체와 유기체 사이에서는 매우 빨리 흐른다. 이와 같은 자연적인 순환에 대한 인간 활동의 영향 중 일부에 대해서는 다음 장에서 논의한다.

5.4.2 기체상 탄소와 산소의 순환

광합성과정

탄소는 생명유지에 필요한 큰 유기분자를 만드는데 필요한 기본적인 건축자재다. 식물은 대기와 물로부터 이산화탄소를 얻어 광합성을 한다. 대기에는 0.03%의 이산화탄소가 있으며, 그 보다 훨씬 많은 양의 이산화탄소가 지구표면의 3분의 2를 덮고 있는 물에 녹아있다.

식물은 태양에너지를 사용하여 이산화탄소와 물을 합성하여 글루코오스($C_6H_{12}O_6$)와 같은 유기탄소, 수소 및 산소로 된 먹이물질을 만든다. 모든 생명체가 사용하는 에너지의 궁극적인 원천은 태양이다. 태양에너지의 아주 조그마한 부분(0.023%)만이 초록식물에서 일어나는 광합성을 거쳐 먹이그물로 흘러들어간다. 이 과정을 다음과 같이 요약할 수 있다.

이산화탄소 + 물 + 태양에너지 → 포도당(글루코스 등) + 산소

$$6CO_2 + 6H_2O + 태양에너지 \rightarrow C_6H_{12}O_6 + 6O_2$$

호흡과정

생산자와 소비자는 음식물에 있는 탄소를 호흡작용에 의해 이산화탄소와 물로 다시 전환시킨다. 이산화탄소는 대기 중으로 배출된다. 죽은 동물과 식물에 묶여 있던 탄소는 유기퇴적물 분해자의 호흡과정에 의해 이산화탄소로 전환된다. 이러한 호흡작용은 식물과 동물이 생존하는데 필요한 에너지를 공급하는데, 다음과 같이 요약될 수 있다.

포도당(글루코스) + 산소 → 이산화탄소 + 물 + 에너지

$$C_6H_{12}O_6 + 6O_2 \rightarrow 6CO_2 + 6H_2O + 에너지$$

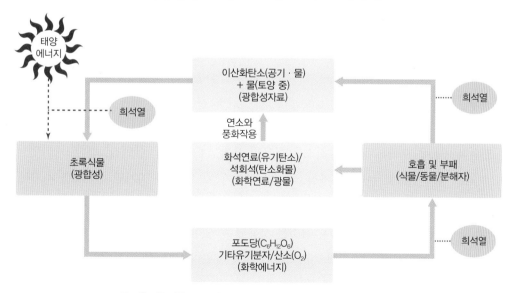

주: 검은 선은 화학물질순환을 나타내고 붉은 선은 일방적인 에너지흐름을 나타낸다.

[그림 5-12] 탄소와 산소의 순환

광합성과 호흡과정 모두 연속적으로 작동하는 80개~100개 이상의 많은 숫자로 된 서로 다른 화학적 반응과정이 따른다. 우리는 위의 방정식으로부터 호흡작용에 의한 순반응량이 광합성에 의한 순반응량과 같다는 것을 알 수 있다. 이와 같이, 광합성과 호흡은 순환적으로 작동하면서 생태계를 통해 다양한 화학적 형태로 탄소와 산소를 순환시킨다. 탄소와 산소의 순환을 단순화한 것이 [그림 5-12]이다.

태양열이 농축된 화석연료

6억 년 이상의 세월이 흐르면서 죽은 동물과 식물의 아주 작은 일부가 1차적인 순환 경로를 벗어나 지각에서 열과 압력에 의해 화석연료(석탄, 석유, 천연가스)와 탄소화합물 덩이 형태(석회석, 산호초)로 변했다. 이 화석연료들은 그 형성에 수백만 년이 걸렸지만, 태양에너지가 농축되어 매우 유용한 화학적 형태로 저장되어 있는 에너지의 좋은 예다. 산업혁명 이래 우리는 계속해서 더 많은 화석연료를 태움으로서 탄소, 수소 및 산소를 이산화탄소와 물의 형태로 대기 중으로 돌려보냈다.

일단 화석연료가 사용되면, 거기에 있던 농축된 형태의 에너지는 영원히 사라지고 만다. 남아있는 석탄과 석유, 그리고 천연가스의 매장량은 앞으로 수백 년을 버티지 못할 것이다. 탄산화물 암석에 포함되어 있는 탄소와 산소의 양은 결국에는 이들 바위가 서서히 풍화됨에 따라 이산화탄소와 물로 되어 정상적인 탄소순환 고리에 포함되게 된다. 탄소와 산소순환에 대한 인간행위의 영향은 다음에 상세히 논의한다.

5.4.3 기체상 질소의 순환

인구증가가 계속됨에 따라, 질소의 공급 및 그 분포가 주요 제약요소가 된다. 우리 몸은 많은 필수적 기능을 수행하기 위해 질소를 함유한 분자, 예를 들면, 단백질, 핵산, 비타민, 효소, 호르몬 등을 필요로 한다. 분자질소(N_2)가 부피기준으로 지구 대기권의 78%를 차지하고 있으나, 대부분의 식물이나 동물은 기체상태의 질소를 직접 사용할 수는 없다. 다행인 것은 수백만 년 간의 시간을 통해 기체상 질소를 사용할 수 있는 형태의 질소로 만들어 필요한 장소에서 그것을 순환시키는 자연적 순환작용이 진화해 왔다. 그러한 생물지리 화학적 순환을 아주 단순화한 것이 [그림 5-13]에 나타나 있다.

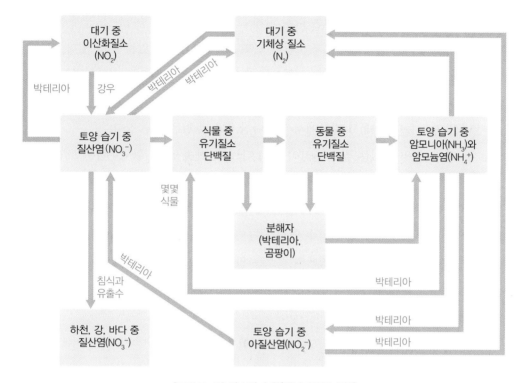

[그림 5-13] 질소의 순환(에너지흐름 생략)

질소고정

살아있는 유기체가 가지고 있는 대부분의 질소는 분자상태이며, 유기체가 대기 중에 있는 질소를 직접 섭취하지 않는다. 대신, 토양의 질소고정박테리아, 물속에 있는 **청록규조류**, 그리고 알파파, 클로버, 기타 콩과식물의 근류 박테리아가 분자상의 질소를 전환, 고정시켜 고형의 질산염(질산, 또는 산화질소, 이온을 포함한)을 만든다. 이러한 질산염은 토양 중의 수분에 쉽게 용해되어 식물의 뿌리에 의해 섭취된 후, 식물이 그 질산염을 생명유지에 필요한 대형 질소함유 단백질분자와 기타 유기질소분자로 전환한다.

아질산염, 질산염 및 유기질소 단백질

동물이 식물을 먹을 때, 이러한 질소를 포함한 단백질 분자가 이들 동물에게 이동되어 결국에는 그들을 먹는 다른 동물에게 이동된다. 식물과 동물이 죽으면 분해자가 이러한 대형 유기질소 분자를 암모니아가스(NH_3)와 암모늄이온(NH_4^+)을 포함한 수용성 염으로 분해한다. 암모니아와 암모늄은 다른 토양박테리아 군에 의해 수용성 아질산이온(NO_2^-)이나 공기 중 질소분자나 일산화질소(N_2O)라고 불리는 다른 기체로 전환된다. 식물 중에는 토양에 녹아 있는 염으로부터 암모늄이온을 흡수하여 질소함유 단백질로 전환할 수 있는 것도 있다. 또 다른 박테리아 군은 아질산이온에 제3의 산소원자를 추가하여 질산이온으로 전환시키고, 그것을 식물이 섭취하면서 순환이 다시 시작된다. 용해성 질산염이 토양으로부터 씻겨서 강이나 하천, 마침내 바다로 들어갈 때 그 순환에서 빠져나간 질소의 양은 매우 작다.

생태계마다 그 토양에 있는 질소의 양이 서로 다르다. 예를 들어, 활엽수림은 토양에 비교적 많은 양의 유기질소를 가지는 경향이 있는데 이는 산림 바닥에 썩은 잎과 기타 물질이 많기 때문이다. 이와는 대조적으로 사막에 있는 질소의 거의 70%가 기체암모니아 형태로 대기 중으로 사라져서 식물성장에 사용할 수 없게 된다. 질소는 광합성의 필수적 요소이기 때문에 토양에 있는 질산염과 암모늄이온 형태의 질소는 일차적으로 작물의 성장을 규제할 수 있다.

질소인조비료

제1차 대전 중 독일의 화학자 하벨Fritz Haber은 분자상의 질소를 수소가스와 반응시켜 암모니아가스를 만들어 내는 산업공정을 개발하였다. 그 암모니아는 다시 암모늄염으로 전환되어 인조비료로 사용되었다. 질산염 역시 채굴할 수 있으며 인조비료로 암모늄염과 함께 사용하면 질소빈약토양 지역에서 작물생산량을 증대시킬 수 있다.

5.4.4 침전성 인의 순환
지각, 토양, 식물 및 동물

인의 순환을 침전순환이라고 할 수 있는데, 여기서는 [그림 5-14]에서와 같이 지각(지구의 껍질)이 주요 저장고로서의 역할을 한다. 인은 살아 있는 유기체를 통해 상당히 빨리 순환된다. 살아 있는 유기체에서 인은 중요한 유전물질(DNA나 RNA와 같은 분자형태로)과 세포막, 뼈, 이빨 등의 구성 물질이 된다. 인회암(PO_4^-이온을 함유한)은 토양 중의 물에 용해된다. 식물의 뿌리는 인산염이온을 흡수할 수 있고, 그 식물을 먹으면 인은 그것을 먹은 동물에게 전달된다. 인은 그 동물이 죽어서 썩으면 결국 다시 토양, 강, 바다로 돌아가게 된다.

인의 침전순환

인은 육지에서 바다로 다시 육지로 천천히 순환한다. 인의 주요 저장고는 지각에 있는 인

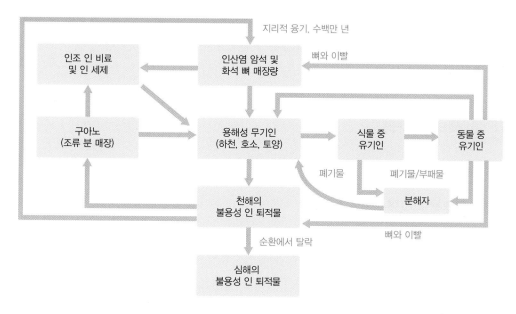

[그림 5-14] 인의 순환(에너지흐름 생략)

산암층이다. 풍화작용과 침식을 통해 인은 천천히 강으로 씻겨 들어가서 마침내는 바다에 이른다. 이러한 인의 대부분은 연안지역의 얕은 바닥에 불용성 퇴적물을 형성한다. 수백만 년 간의 퇴적이 일어난 후에 지질학적인 융기에 의해 이 퇴적층은 산이 되면서 다시 순환이 시작된다. 불행하게도 인 중에는 심해의 침전물로 퇴적되는 경우가 있다. 어떤 용도로도 사용되지 않는 이 인의 퇴적층은 인의 순환에서 영원히 빠져나가게 된다.

어류와 조류에 의한 인의 순환

지리적인 융기의 발생은 매우 느리기 때문에 인은 육지로 다시 돌아오는 것보다 훨씬 빨리 바다로 씻겨 들어간다. 물고기 잡이로 연간 약 54,000톤의 인이 되돌아오고, 펠리컨이나 가마우지와 같은 어식조류의 인산염이 풍부한 폐기물로부터 310,000톤의 구아노라고 하는 인산염 폐기물이 매년 육지로 환원된다. 그러나 인의 육지 환원은 매년 육지로부터의 침식에 의해 바다로 흘러들어가는 인의 양에 비해 작은 양에 불과하다. 산림벌채와 기타 인간의 토지개발 행위는 이러한 자연적인 침식손실을 가중시킨다Miller Jr. G. T., 1982. 인은 많은 생태계에서 식물성장에 다른 원소들보다 더 심각한 제한요소가 될 수 있다. 장기적으로 볼 때 세계 전체적으로는 인의 공급이 부족하지 않겠지만, 국지적 또는 지역적으로는 이미 공급부족 현상이 나타나고 있다. 인의 화학적 순환을 방해하는 것은 말할 것도 없고, 그 순환을 적극적으로 도와주는 방법을 알지 못하면 인의 공급부족 현상은 더욱 악화될 것이다.

5.5 생태적 지위

5.5.1 생태적 지위의 개념

생물종의 생활양식

지금까지 생태계에 있어서 에너지흐름과 물질순환의 총체적인 형태에 관해 설명하였다. 지금부터 이러한 과정을 이끌어 나가는데 있어 개별생물종이나 하나의 개체군이 하는 역할을 좀 더 자세히 살펴보기로 한다. 생태적 지위란 하나의 생물종이 생태계에서 차지하는 총체적인 구조와 기능적 역할을 말한다. 거기에는 서식지뿐만 아니라 그 생물종이 살고 있는 물리적인 공간, 그 생물종이 생태계에서 하고 있는 것, 다시 말하면 그 생물종이 어떤 물질과 에너지를 어떻게 변형시키고 그 물리적, 생물적 환경에 어떻게 반응하고 수정하는지 하는 것들이다. 평범한 비유로, 서식지는 한 생물종의 생태계에 있어서의 '주소'를 말하고, 생태적 지위는 그 생물종의 '생활양식'을 말한다고 할 수 있다McIntosh, R. P., 1999.

생물종의 생존과 번식에 필요한 모든 요소

생태적 지위란 하나의 생태계에서 한 생물종이 생존하고 번식하는데 필요한 모든 물리적, 화학적, 생물적 요소를 포함한 말이다. 한 생물종의 생태적 지위를 설명하기 위해 우리가 알아야 할 것은 그 생물종이 무엇을 먹고, 무엇이 그 생물종을 먹으며, 그 폐기물을 어디에 배설하고, 그 생물종이 살고 있는 지역의 온도, 바람, 그늘, 햇빛, 그리고 그 생물종이 잘 견딜 수 있는 여러 가지 화학물질, 다른 생물종과 무생물 환경에 대한 영향 등이다. 분명히 우리는 어떤 식물이나 동물에 대해서도 그 생태적 지위의 모든 것에 대해 알 수는 없다.

서로 다른 생물종이 같은 서식지에 살면서 매우 다른 생태적 지위를 가질 수 있다. 만약 당신이 바다 가까이 있는 석호를 조사해 보면 미생물적인 규조류, 불가사리, 기타 함께 살고 있는 생명체를 발견할 수 있을 것이다. 거기서 규조류는 생산자 역할을 하고 불가사리는 소비자 역할을 한다. 이와 같이 그들은 각각 다른 생태적 지위를 점하고 있다.

일반적 생태적 지위와 전문적 생태적 지위

생산자나 녹색식물에 의해 점유된 생태적 지위는 워낙 기본적인 생태적 지위이기 때문에 거의 모든 생태계에서 발견된다. 다른 것들, 특히 어떤 동물이나 분해자 생물종의 생태적 지위는 고도로 전문화될 수 있다. 예를 들어, 어떤 조류의 생태적 지위는 다른 동물이나 그 동물 가까이에 있는 기생충이나 진드기를 먹는 것이 발견된다. 아프리카 해오라기는 코끼리 가까이 있는 곤충을 잡아먹고, 영국의 찌르레기는 양과 사슴에 붙어 있는 진드기를 잡아먹는다. 생태적 지위는 물리적 조건에 의해 제한되기도 한다. 습윤한 토양에서는 지렁이가 부식토를 혼합하고, 그들이 파는 굴은 토양을 느슨하게 하고 통풍을 시킨다. 건조토양에서는 지렁이가 없기 때문에 이러한 생태적 지위를 개미가 대신 떠맡는다.

생태적 동등종

일반적으로, 동일한 생태계에서 2종류의 생물종이 동일한 생태적 지위를 무한정 공동으로 점유하고 있을 수는 없다. 일반적으로 2종류의 생물종의 생태적 지위가 비슷하면 할수록 그들은 똑같은 먹이, 휴식처, 공간, 기타 중요한 자원을 두고 경쟁하게 된다. 2종의 생물종이 같은 생태적 지위를 두고 서로 점유하려고 할 때 그들 중 하나는 이동하거나, 서식지를 바꾸거나 그렇지 않으면 멸종되고 만다. 그러나 생물종이 달라져도 다른 곳에 위치한 유사한 생태계에서는 동일하거나 유사한 생태적 지위를 가질 수 있다. 이러한 생물종을 생태적 동등종이라고 부른다. 예를 들어, 초원은 전 세계적으로 발견된다. 초원동물의 생태적 지위는 북미의 들소나 뿔 사슴, 유라시아의 야생말과 영양, 호주의 캥거루, 아프리카의 영양과 얼룩말에 의해 점유되고 있다. 많은 지역에 이러한 생태적 동등 종 대신 길들여진 소나 양이 차지하고 있다.

생태적 지위 개념의 활용

생물종의 생태적 지위를 알면 생태학자들은 주어진 생태계에 어떤 새로운 요소가 더해지거나 제거될 때 어떤 일이 일어날지 예측할 수 있다. 핵발전소의 뜨거운 물이 수중생태계로 들어가거나, 새로운 생물종이 도입된다든지 기존 생물종을 제거하거나 쫓아낼 경우 등이다. 이상적으로는 어느 생태계에 있어서나 외부 생물종이나 새로운 생물종 또는 물리적, 화학적 요소의 도입이나 의도적인 제거 등의 행위는 그러한 변화가 그 생태계에 미치는 영향을 면밀히 조사한 후에 그 가부가 결정되어야 한다.

면밀한 조사만으로는 부족할 경우가 많다. 새로운 서식지의 생물종은 그 번식과 먹이습관을 달리 할 수도 있기 때문이다. 만약 그 생물종을 잡아먹는 육식동물이나 기생충이 없을 경우 그 숫자는 폭발적으로 증가하여 그것 자체가 큰 재앙이 될 수 있다. 실제로는 많은 생물종이 대륙에서 대륙으로, 섬에서 대륙으로, 대륙에서 섬으로, 의도적으로 또는 우연하게 이동한다. 이들 중 많은 생물종이 재앙이 되거나 원하지 않는 생물종이 되고 말았고, 유익한 생물종이 되는 경우는 거의 없었다.

5.5.2 우리의 생태적 지위

인류가 차지하고 있는 생태적 지위는 무엇인가? 대부분의 식물과 동물은 좁은 범위의 기후적 조건이나 기타 환경적 조건에만 견딜 수 있기 때문에 생태권에서 그들은 특정 서식지에 국한되어 생활하고 있다. 그러나 파리, 바퀴벌레, 생쥐나 인간과 같은 생물종은 적응성이 매우 강하기 때문에 세계 어느 곳에서도 살 수 있으며 무슨 먹이라도 먹는다Peter S., 1992.

인류의 보편화된 생태적 지위

이리하여 인류는 가장 보편화된 생태적 지위를 점유하고 있다. 인류는 많은 식량에너지자원 외에도 수백만 년 간 화학적 에너지로 저장된 석탄, 석유, 천연가스 등을 개발하여 사용할 수 있다. 이러한 화석연료 에너지의 도움과 기타 동물의 힘, 핵에너지나 지열에너지 등 기타 형태의 에너지를 이용하여 인간은 지구적 차원에서 그들의 생태적 지위와 서식지를 크게 확장했다. 그것은 인간에게 많은 이익을 가져왔다. 동시에 산업사회를 통해 흐르는, 지속적으로 증가하는 에너지의 사용은 오늘날 환경위기의 주요 원인이 되고 있다.

이 장과 앞 장에서 우리는 생태계의 생물적 부분과 무생물적 부분의 기본적인 특징은 그들의 상호의존성이라는 것을 보았다. 그러한 상호의존성은 다음 장에서 자연적 또는 인위적인 원인에 의한 압박에 대응하기 위해 생태계가 어떻게 변할 수 있는지에 대한 이해의 열쇠가 된다.

우리는 자연에 복종할 수 있을 뿐, 자연을 지배할 수 없다.
_ Sir Francis Bacon

생태계의 변화

우리가 어떤 것 자체를 다른 것으로부터 떼어내려고 하면
그것이 우주에 있는 다른 모든 것에 매어 있다는 것을 발견하게 된다.

Stewart L. Udall

　　많은 사람들이 '자연의 균형'은 생태계가 변하지 않는다는 것을 의미하는 것으로 생각한다. 그러나 그것은 사실이 아니다. 생태계는 동태적이다. 생태계를 구성하는 유기체는 그들이 거기에 있다는 것만으로 생태계를 변하게 한다. 생태계의 유기체들은 그들 자신이 만들어낸 새로운 조건에 대응하여 변화하든지 아니면 사멸되든지 할 수 밖에 없다. 그들의 환경은 불, 홍수, 가뭄, 화산폭발, 침식, 기후변화, 지진, 인간의 영향(농경, 산업화, 오염, 도시화)에 의해 변할 수도 있다. 생태계는 항상 변화하지만 일정한 안정성, 즉 외부영향에 의한 변화에 견디거나 저항하는 능력과 외부교란에 대해 그들 자신을 복원하려고 하는 능력이 있다.

　　만약 라빈후드가 오늘날 살아 있다면, 많이 작아지기는 했지만, 아직도 셔우드 숲을 발견할 수 있고, 거기에서 자라고 있는 풀과 나무의 이름을 전부는 몰라도 거의 다 알 수 있을 것이다. 과도하지만 않으면 외부의 압박에 적응하면서도 전체적인 안정성을 유지하는 능력은 실로 생태계가 가진 뛰어난 특성이다. 실제로 대부분의 생태계에 그와 같은 적응력이 없었다면 우리들은 오늘날 여기에 없었을지도 모른다. 이 장에서 우리는 먼저 생태계가 자연적으로 어떻게 진화하며, 인간의 영향이 없을 경우의 정상적인 변화에 대해 살펴보고, 그 다음은 생태계에 대한 인간의 영향에 대해 논의하기로 한다.

6.1 생태계의 진화

6.1.1 생태적 천이

생태적 천이

열대우림이나 상수리-호두나무 숲 또는 산호초생태계는 땅이나 바다 바닥에서 성숙한 모습으로 갑자기 튀어나오는 것이 아니다. 그것은 수십 년, 수백 년의 세월을 두고 변해 온 것이다. 처음에는 개척생물종(이끼나 잡초와 같은 것들)의 단순한 군집이 한 조각의 땅 표면을 차지하면서 시작된다. 이들 개척생물종들 사이에 다른 생물종들이 끼어들기 시작하여 얼마간의 시간이 지나면 대부분의 토지가 다른 종으로 대체되면서 생태계가 성숙함에 따라 새로운 군집을 형성하게 된다. 한 종류의 군집이 다른 군집으로 대체되는 것이 장기간에 걸쳐 반복되면 생태계는 더욱 다양해지는데, 이를 '생태적 천이'라고 부른다.

성숙생태계와 미숙생태계

자연재앙이나 인간행위에 의해 극심하게 교란되지 않으면, 대부분의 생태계는 마침내 그 이전의 생태계들보다 훨씬 더 안정된 생태계에 도달하게 된다. 이것을 종종 '절정생태계' 또는 '절정군집'이라고 부른다. 그러나 많은 생태학자들은 절정보다는 '성숙'이라는 용어를 더 좋아한다. 더욱 다양한 생물종과 생태적 지위를 가진 성숙생태계는 같은 양의 에너지를 사용하여도 단순하고 미숙한 생태계보다 생태계에 결정적으로 중요한 화학물질을 더 효율적으로 순환시킨다. 성숙생태계는 미숙생태계(젊은 생태계)를 파괴할 수도 있는 외부압박에 대해서도 이를 흡수 내지 견딜 수 있는 능력을 가지고 있다. 결과적으로 성숙생태계는 자력영생하고 기후나 기타 주요 환경요소가 기본적으로 동일하게 유지되는 한 수 세기를 지속해 나갈 수 있다. 그러나 자연재해나 인간침입은 어디서나 항상 있기 마련이다. 때문에 지구의 어느 곳도 절정생태계를 영원히 유지할 수는 없다. 어떤 곳에서는 성숙단계까지 도달하지 못하는 경우도 있다.

미숙생태계와 성숙생태계는 〈표 6-1〉에서와 같이 현저히 다른 특성을 가지고 있다. 〈표 6-1〉을 보면, 젊은 생태계에서는 빠른 성장과 효율성 대신 높은 생산성을 강조한다. 생태계를 흐르는 방대한 양의 에너지는 재활용물질이 거의 없이 매우 비효율적으로 사용된다. 젊고 개척적인 생태계는 빠른 속도로 퍼져 기존의 공간을 채우면서 대부분이 생산자로 구성된, 아주 단순한 먹이그물을 가진다. 이와는 대조적으로 성숙생태계는 생산성이 낮은 반면 효율적인 에너지흐름과 물질순환체제를 갖추고 있다. 물질과 에너지는 생산성을 높이는데 사용되는 대신 1차적으로 기존의 구조를 유지하고 기존체제의 각 부분을 연결하는데 사용된다. 성숙생태계는 미숙생태계보다 정교한 먹이그물로 상호 연결된, 더욱 다양한 생산자, 소비자 및 분해자로 구성된다_{Peter S., 1992}.

〈표 6-1〉 생태적 천이의 미숙단계 및 성숙단계에서의 생태계의 특성

특성	미숙생태계	성숙생태계
생태계구조		
식물크기	작음	큼
총1차생산성	높고 빠르게 증가	낮고 안정적
순1차생산성	높고 빠르게 증가	낮고 안정적
종 다양성	낮음	높음
생물유기물질(생체량)	작음	큼
무생물유기물질(유기퇴적물)	작음	큼
식생형태	분산	밀집
군집다양성(생태적 지위)	거의 없음, 대부분 일반적	많고, 대부분 전문화
먹이수준구조	대부분 생산자	생산자, 소비자, 분해자
군집조직(연결고리숫자)	낮음	높음
에너지흐름		
식물성장률	빠름	느림
순1차생산성	높음	낮음
에너지사용효율	낮음	높음
먹이그물	단순, 대부분 초식	복잡, 대부분 유기퇴적물
물질순환		
순환형태	개방계	폐쇄계
물질순환효율	낮음	높음
분해자의 역할	중요하지 않음	중요함

미숙생태계는 "급한 것은 낭비를 낳는다."는 원칙을 바탕으로 운영된다. 일정공간을 차지하고 빠른 속도로 성장하는 개척생물종으로 그 공간을 채우는 것에 중점을 둔다. 대조적으로 성숙생태계에서는 폐기물을 줄이기 위해 '성급함'이 줄어든다. 이것은 인간사회가 현재의 개척사회(또는 급함이 폐기물을 만드는 사회)에서 폐기물과 엔트로피 축적을 줄이는 사회체제를

통해 물질순환과 에너지흐름의 성급함을 줄이는, 지속가능지구공동체로 반드시 천이해야 한다는 것을 의미한다Bent, H. A., 1971.

6.1.2 생태적 천이의 유형

생태학자들은 생태적 천이를 두 가지 유형으로 분류한다. 1차 천이와 2차 천이다. 실제로 발생하는 생태적 천이의 유형은 천이발생 초기의 토양조건에 달려있다. 1차 천이는 이전에 생물군집이 없었거나, 초기생물군집에 의해 토양이나 암석에 남아 있는 유기물의 흔적이 전혀 없는 곳으로, 토양이 전혀 없는 장소에서 일어난다. 다시 말하면, 군집은 반드시 황무지 상태에서 발전하기 시작한다. 그러한 장소의 예로는 빙하가 물러간 후 새로이 노출된 바위라든지, 식은 용암, 그리고 새로이 노출된 사구 등이 있다. 그 황량한 표면 위, 알몸 바위로부터 성숙산림에 이르는 1차 천이가 일어나는 기간은 수십만 년이다.

좀 더 일반적인 형태의 천이는 2차 천이다. 2차 천이는 어떤 천이단계에 있던 생태계가 전부 또는 부분적으로 제거됨으로써 천이의 초기단계로 되돌아가게 된다. 이 경우 토양은 그대로 남아있기 때문에 새로운 식생이 수주일 내에 싹틀 수 있게 된다. 이러한 예들로는 버려진 농경지에서의 천이, 타거나 벌채된 산림, 심하게 오염된 하천 등이 있다. 1차 천이와 2차 천이의 예를 몇 가지 보기로 하자.

1차 천이

[그림 6-1]은 벌거숭이 바위로부터 성숙생태까지의 1차 천이 단계의 예를 든 것이다. 첫째, 물러가는 빙하가 바위를 노출시켰다. 바람과 비, 그리고 서리가 바위표면을 풍화하여 조그마한 금을 만들고 구멍을 뚫었다. 그렇게 하여 움푹 파인 곳에 물이 고이면서 바위표면으로부터 금속물질을 천천히 녹여내었다. 그 광물질은 단단한 지의류나 이끼와 같은 개척식물을 부양할 수 있다. 그러한 초기침입자들이 바위표면을 덮어감에 따라 바위로부터 더 많은 광물질이 용해되고, 그들의 사체로부터 더 많은 유기물질이 축적되게 되었다. 다음에는 분해자가 와서 죽은 지의류나 이끼를 먹고, 그 다음에는 개미, 진드기, 거미와 같은 소형 동물들이 뒤따라 왔다. 이러한 최초의 식물, 동물, 분해자의 결합을 '개척자군집'이라고 부른다Miller Jr. G. T., 1982.

| 노출바위 | 이끼와 지의류 | 풀과 관목 | 뗏장 히스 | 큰 소나무
가문비나무 | 전나무
자작나무 |

[그림 6-1] 1차 천이

많은 시간이 지난 후, 개척자군집은 얇은 토양층에 충분한 유기물질을 축적하여 작은 풀이나 초롱꽃, 서양톱풀, 월귤나무, 노간주나무와 같은 덤불이 자랄 수 있게 한다. 이러한 새로운 식물들은 수분손실을 막고 먹이를 제공하며 다른 새로운 식물, 동물 및 분해자에게 방패막이가 되어 준다. 이러한 새로운 조건아래서 개척생물종들은 밀려서 쫓겨나게 된다. 이것이 육상천이의 주요 특징에 대한 설명이다.

천이의 어떤 단계에 있는 생물체가 환경을 변화시키다 보면 그들에게는 덜 좋고 다른 형태의 군집에게는 더 좋게 되는 경우가 있다. 새로운 군집이 번성함에 따라 서서히 두꺼워지는 토양층에 유기물질이 더 많이 쌓이게 된다. 그렇게 되면 뗏장히스라고 불리는 조밀한 식생층인 천이의 다음 단계로 옮아간다. 그 덤불은 다시 소나무, 가문비나무, 사시나무와 같은 나무의 발아와 성장에 필요한, 두껍고 비옥한 토양을 제공한다. 수십 년이 지나면 이러한 나무들은 높이가 높아지고 밀도가 증가하며 뗏장히스는 밀려서 쫓겨나게 된다.

이러한 나무들이 만든 그늘과 기타 조건들에 의해 서양전나무, 자작나무, 흰가문비나무와 같은 좀 더 키가 큰 식물의 발아와 성장을 가능하게 한다. 이러한 나무들은 초기 숲을 통해서 성장하면서 그늘과 다른 조건을 만들어 초기의 나무 대부분을 밀어내게 된다. 수세기가 지나면 한 때 벌거숭이 바위였던 곳이 성숙생태계가 된다. 그 생태계에는 다양한 식물과 동물이 살고 있으며, 심하게 교란되지 않으면 안정되고 자력 영생할 수 있을 정도로 물질과 에너지를 효율적으로 사용할 수 있는 생태계를 이룬다.

| 성숙생태계 | 관목 | 수상식물 | 유영식물 | 수중식물 | 방치연못 |

[그림 6-2] 버려진 농가연못의 수백 년에 걸친 2차 천이

2차 천이

한 농부가 연못을 만들었다가 그 후에 버렸다고 생각해보자. 그러한 연못이 천이하는 한 가지 방법이 [그림 6-2]에 그려져 있다. 천이는 출입이 자유로운 물과 플랑크톤(작은 유영식물) 군집으로부터 시작된다. 시간이 경과하면 그 연못은 서서히 죽은 플랑크톤과 주변 토지로부터 침식되어 유입된 퇴적물이나 가는 모래로 채워진다.

수심이 얕아지고 바닥 퇴적물이 두꺼워지면 먼저 수중식물(사향식물 같은 것)이, 다음에는 수면식물(수련 같은 것)이 연못을 차지하게 된다. 수중생태계의 이러한 새로운 천이단계들은 일차적으로 유기체가 아닌 침식이라는 물리적 변화에 의해 일어난다는 점에 주의할 필요가 있다. 그것이 수중생태계와 육지생태계의 전형적인 차이점이다. 연못은 계속해서 침식물과 죽은 유기물질로 채워지면서 마침내는 부들, 사초식물, 골풀과 같은 수상식물이 자랄 수 있을 만큼 수심이 얕아진다. 한때 연못이었던 것이 늪이 된 것이다.

습윤하고 온화한 기후에서는 침전물이 물 위까지 쌓임에 따라 오리나무나 버드나무 관목 숲이 들어서게 된다. 그것은 토양과 기타 조건을 변화시키면서 보다 키가 큰 단풍나무, 흰소나무, 느릅나무가 들어서게 된다. 좀 더 건조한 기후에서는 결국에는 산림이 아닌 초원이 형성될 수도 있다.

옥수수를 재배했다가 수확 후에 버린 경작지에서 일어나는 2차 천이는 [그림 6-3]과 같다. 버린 경작지는 이미 두꺼운 토양층을 가지고 있었기 때문에 1차 천이의 초기단계는 필요하

| 일년초 | 다년초 | 관목 숲 | 작은 소나무 숲 | 성숙 참나무 숲 |

[그림 6-3] 버려진 묵밭의 150년에 걸친 2차 천이

지 않다. 그러나 경작지는 가을에 바랭이류 잡초로 재빨리 덮인다. 봄이 오면 망초가 그 자리를 차지한다. 여름에는 까실쑥부쟁이류의 풀이 그 땅을 침략한다. 2, 3년이 지나면 토양에 충분한 유기물이 축적되어 금작화와 같은 다년생 풀이 자랄 수 있게 된다. 죽은 식물과 기타 잔해물이 쌓이게 되면 분해자가 번성하고 소나무가 발아하는데 필요한 비옥한 토양층이 형성된다.

소나무 싹들은 금작화 영토에 침입하여 5년~10년 간 키가 작은 덤불 단계로 자란 후 그늘을 만들면서 금작화를 몰아내게 된다. 시간이 지나면서 소나무가 자라면 그들이 만드는 그늘 때문에 새로운 소나무 씨앗이 싹터서 생존할 만큼 충분한 햇빛을 받지 못하게 된다. 시간이 지나면 고무나무, 상수리나무, 호두나무와 같이 단단한 생물종이 소나무 아래서 자라기 시작한다.

150년 정도의 기간 동안 상수리나무나 호두나무처럼 단단한 나무가 소나무를 뚫고 더 크게 자라면 마침내 그 그늘에 가려 소나무는 죽고 만다. 말채나무, 박태기나무와 같은 다른 그늘식물이 상수리나무와 호두나무 임관(林冠) 아래의 아래층을 채운다. 우리는 이제 성숙한 상수리-호두나무 활엽수림을 가지게 되는 것이다.

6.2 생태계의 안정성

6.2.1 안정성의 구성요소

관성과 복원력

개체, 개체군, 군집, 생태계는 모두 외부의 변화나 압박에 저항하거나 회복하려는 얼마간의 능력을 가지고 있다. 다시 말하면 생태계는 어느 정도의 안정성을 가지고 있다. 안정성은 두 가지 측면에서 그것을 구별할 필요가 있다. 관성과 복원력이다. 관성이란 하나의 생태계가 외부의 교란이나 변화에 대해 저항하는 능력을 말한다. 복원력이란 하나의 생태계가 자연적 또는 인위적 압박에 대응하여 그의 구조나 기능을 회복하는 능력을 말한다. 자연은 매우 탄력적이다Peter, 1992. 예를 들어, (1) 인간개체군은 자연재해와 파멸적인 전쟁에서 살아남았다는 것, (2) 곤충개체군은 그들의 유전적 구조를 바꾸어 살충적인 농약의 대량 살포에도 살아남았다는 것, (3) 식물은 화산폭발이나 핵폭발 그리고 포장된 주차장에 의해 황폐화된 땅에서도 정착할 수 있다는 것 등이다.

계속적 변화

어떤 체제의 안정성이란 장기간에 걸친 구조적 지구성을 말한다. 그러나 안정성은 계속적인 변화에 의해서만 유지된다. 우리는 살면서 많은 양의 에너지와 물질을 계속해서 얻고 잃지만, 우리의 몸은 일생동안 아주 좋은 안정적 구조를 유지한다. 이와 유사하게 상수리-호두나무 숲 생태계도 [그림 6-3]에서와 같이 지금부터 50년이 지난 후에도 활엽수림으로 그대로 남아 있을 것이다(벌채되어 소각되지 않는 한). 나무들 중 어떤 것은 죽을 것이고, 다른 것들은 그대로 있을 것이다. 어떤 생물종은 사라질 수도 있고, 어떤 생물종은 그 수가 변할 수도 있다. 우리는 그래도 그것이 활엽수림이라는 것을 알아 볼 수 있을 것이다Petts and Calow, 1996.

6.2.2 동태적 정상상태

폐쇄계와 개방계

실제 세계에는 2가지 유형의 체제가 있다. 폐쇄계와 개방계다. 지구와 같은 폐쇄계에 있어서는 에너지만 지구라는 체제와 우주라는 환경사이에서 교환되고, 물질은 지구 체제 내에서 순환된다. 개방계에서는 에너지와 물질 모두 당해 체제와 환경사이에서 교환된다.

동태적 정상상태

우리는 다른 모든 형태의 생명체처럼 걷고, 말하고, 숨 쉬는, 개방계에 사는 생물체의 한 예다. 우리는 우리 몸속으로 물질과 에너지를 흡수하여 그것을 변형, 사용함으로써 살아갈 수 있다. 그와 동시에 우리는 폐기물과 희석열에너지를 환경으로 배출한다. 우리가 살아가기 위해서는 물질과 에너지의 투입과 배출이 균형을 이루어야 한다. 투입과 배출이 어떤 체제에서 일정하게 변하지 않고 흐름으로써 균형을 취하게 될 때 우리는 그 체제가 동태적 정상상태에 있다고 말한다. 이와 같이 인간은 동태적 정상상태에서 그 생명을 유지하는 개방계라고 말할 수 있다.

동태적 체제

동태적 정상상태를 기술하는데 사용되는 다른 용어로는 정태적 상태와 영의 성장상태라는 것이 있다. 이들 용어는 불행한 용어다. 그 이유는 정상상태가 아무런 성장도 없는 정적이고 따분한 것이라는, 전적으로 잘못된 인상을 주기 때문이다. 정상상태에 관해 알아야 할 가장 중요한 사실은 그것이 매우 동태적인 체제라는 것이다. 어떤 것은 증가하고, 어떤 것은 감소하며 또 어떤 것은 변하지 않고 그대로 남아 있다. 이러한 모든 기복은 그 체제가 내성의 한계를 넘어서는 여러 가지 외부 압력에 의해 파괴되거나 해를 당하지 않게 그 체제를 도와주는 역할을 한다. 우리의 몸에서도 어떤 조직은 자라고, 그에 따라 어떤 화학물질은 그 흐르는 양이 증가한다. 반대로 다른 조직은 죽고, 그에 따라 다른 어떤 화학물질의 흐르는 양은 줄어든다.

동태적 정상상태인 미숙생태계

미숙생태계도 극심하게 교란되지 않으면 동태적 정상상태로 되는 경향이 있다. 그렇게 되는 이유는 미숙생태계의 화학물질순환에서 많은 물질이 체제 밖으로 흘러가거나 새나감으로써 상당히 개방된 체제가 되어 있기 때문이다. 그러한 체제를 그대로 유지하기 위해서는 물질과 에너지의 빠른 흐름이 필요하다.

동태적 평형상태인 성숙생태계

성숙생태계는 동태적 정상상태에서도 발견된다. 그러나 그들의 정상상태는 그 체제가 외부누출이 거의 없이 내부적으로 모든 물질을 순환시키기 때문에 그 체제내로의 새로운 물질의 유입량은 매우 작다. 성숙생태계는 기본적으로 폐쇄계로서 동태적 정상상태에 이르는 대신 동태적 평형상태에 이를 수 있다. 평형상태에서는 물질흐름과 에너지흐름이 아니라 물질순환과 에너지흐름이 그 바탕이 된다.

정태적 균형상태 및 동태적 정상상태

[그림 6-4]에서와 같이 우리는 욕조를 사용하여 정태적 평형 또는 진정한 무성장 상태와 동태적 정상상태(살아 있는 유기체와 미숙생태계), 동태적 평형상태(성숙생태계와 생태권)를 서로 비교할 수 있다. 물이 채워진 욕조는 정태적 평형상태이다. 투입도 산출도 없는 상태다. 욕조에다 월류관을 붙이면 우리는 그것을 동태적 정상상태 체제로 전환할 수 있다. 나가는 것만큼 빨리 물을 흘리면 욕조의 수면을 동태적 정상상태에서 일정한 높이로 유지할 수 있다. 욕조의 물이 넘치지 않는 범위에서 욕조 수면의 높이를 다양하게 함으로써 우리는 동태적 정상상태의 수준을 다양하게 할 수 있다. 여러 가지 단위유량이나 총 유량을 정하는 것도 가능하다. 그것은 관의 크기, 물의 공급량, 펌프의 용량과 펌프를 가동할 수 있는 에너지의 공급량 등에 달렸다. 정상상태란 이들 변수들의 동태적인 평형을 말한다.

동태적 평형상태

그러나 이러한 개방계는 아직도 선형적이고 일방적인 것이다. 물은 그 체제를 흐르면서 통과하고 낭비되기 쉽다. 만약 물이 희소자원일 경우 우리는 월류관을 뒤로 돌려서 물을 재활

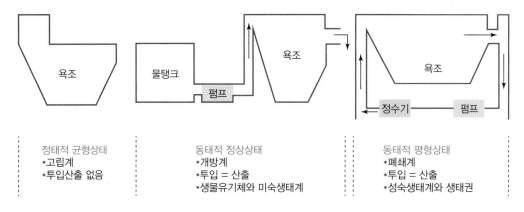

[그림 6-4] 욕조의 3개의 가능한 상태

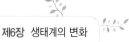

용하면 동태적 균형상태의 폐쇄계를 얻을 수 있게 된다. 이제야 우리는 어디론가 희망적인 방향으로 가기 시작하는 것이다. 우리는 더 이상 물 걱정을 할 필요가 없다. 우리는 다만 충분한 에너지를 확보하여 순환펌프와 정수시설을 돌리기만 하면 된다. 욕조의 물을 순환시키는 것이 저수지의 물을 끌어오는 것보다 에너지가 훨씬 적게 든다. 이 체제는 성숙생태계에 비유될 수 있다. 여기서는 태양에너지를 사용하여 물을 순환시키고 분해자를 사용하여 물질을 분해하여 정화함으로써 물의 재이용을 가능하게 한다.

6.2.3 생태계의 안정성과 부의 환류

항상성체제

환경적인 압박, 변화, 충격 등에도 불구하고 하나의 생물체나 생태계가 어떻게 동태적 정상상태를 유지해 나갈까? 동태적 정상상태는 유지되거나 복원되는데, 그 이유는 신호나 정보의 흐름에 의해 그 체제의 각 부분들이 서로 연결되어 있기 때문이다. 좀 더 공식적인 용어를 사용하여 표현하면 살아있는 유기체나 생태계는 항상성(특수 환경 적응생체 또는 자기제어)체제다. 항상성체제란 정보를 체제 내부로 환류시킴으로써 자기제어와 적응력이 유지되는 체제를 말한다. 그것은 정보 환류를 바탕으로 한 자기규제체제다Parsegian, V. L., 1972.

부의 환류

항상성체제에서 가장 일반적인 정보 환류는 부(負)의 환류다. 부의 환류란 체제로 하여금 외부조건의 변화에 대응하도록 하는 정보 환류를 말한다. 예를 들어, 부의 환류는 [그림 6-5]에서와 같이 우리의 체온을 36℃로 유지시키는 역할을 한다.

주위의 온도가 올라가면, 감지기관이 그 변화를 탐지해서 우리의 뇌에 그 소식을 전한다. 이러한 부의 환류는 우리의 뇌가 땀을 흘리라는, 즉 냉각장치를 가동하라는 명령을 하도록 한다. 땀이 증발하면서 우리의 피부로부터 열을 빼앗아 간다. 일단 우리의 몸이 식으면, 당신의 피부감각기관은 그러한 새로운 정보를 다시 환류하여 발한과정을 늦추든지 정지하게 한다.

반대로, 주위가 매우 추우면 유사한 장치로 인해 땀이 멈추고, 혈류속도가 감소되며, 떨림이나 운동장치가 가동되면서 우리의 몸은 더 많은 열을 생산하게 된다. 이런 식으로 부의 환류는 하나의 체제를 상당히 일정하고 안정되게 유지하기 위해 그 체제를 조절하는 기능을 가지고 있다.

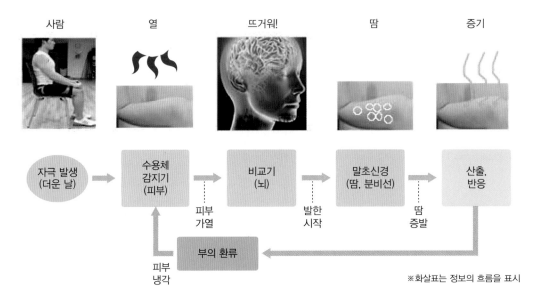

[그림 6-5] 뜨거운 날 시원하게 하기–부의 환류에 의한 항상성체제

6.2.4 내성수준과 환류

어떤 환류체제도 과부화될 수 있다. [그림 6-6]에서와 같이 유기체는 제한된 내성범위를 가지고 있다. 하나의 유기체가 살아서 성장하고 발전하며 정상적으로 기능하기 위해서는 모든 조건이 내성범위 안에서 유지되어야 한다. 주어진 환경요소에 대해 유기체의 내성범위가

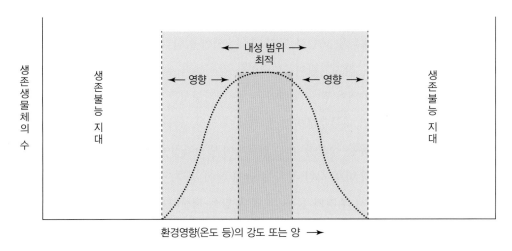

[그림 6-6] 동일 생물종의 내성범위

넓으면 넓을수록 그 환경요소의 변화에도 불구하고 살아남을 기회는 더 커진다. 인간은 기술 진보를 통해 많은 환경요소들에 대한 그들의 내성범위를 크게 확장해 왔다. 그 결과 우리는 내성이라는 수단을 가지고 있기 때문에 물질과 에너지를 얻을 수만 있으면 지구의 어느 곳에 서든지 살 수 있다.

동일종간 내성범위의 차이

동일 생물종의 유기체들은 외부의 다양한 압박(온도 변화와 같은 것)에 대해 [그림 6-7]에서 와 같이 동일한 일반적인 내성범위를 가지고 있다. 그러나 어떤 생물종이건 0℃ 아래에서나 54℃ 이상의 온도에서 오래 버틸 수는 없다. 유전적 다양성 때문에 대규모 개체군의 개체들 사이에는 내성에 차이가 있다. 동일 생물종 중에서 상대적으로 내성이 약한 한 마리의 고양 이나 한 사람을 죽이는 데는 약간 많은 열이나 약간 더 독한 독성화학물질이 있으면 된다. 그 러한 이유로 [그림 6-7]에서 단일 개체 대신 많은 숫자의 동일 생물종을 그린 것이다.

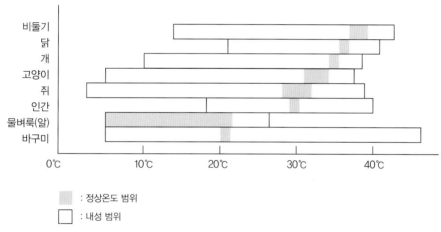

[그림 6-7] 온도변화에 대한 내성의 한계

동일개체의 내성범위의 차이

정상적으로는 특정 외부 영향에 대한 한 생물체의 민감도는 신체적인 조건과 생의 순환단 계에 따라 달라진다. 피로나 질병에 의해 이미 약해진 개체는 건강한 개체보다 일반적으로 영향에 더 민감하다. 거의 모든 동물 종에 대해 내성수준은 유년기(몸의 방어 장치가 충분히 발 전하지 못하여)가 성년기보다 훨씬 낮다. 예를 들어 성숙한 푸른 게는 민물에 내성을 가지지만 그 유충은 견디지 못한다.

정(正)의 환류

환경조건이 어떤 체제의 내성수준을 넘어서게 되면 그 체제는 자동제어의 범위를 벗어나서 정의 환류라고 불리는 다른 형태의 환류로 대체된다. 정의 환류란 변화를 감소하는 것이 아니라 오히려 변화를 강화하는 것을 말한다. 그것은 어떤 체제의 가치를 높게도 더 낮게도 한다. 예를 들어, 질병이나 외부조건의 변화로 당신의 체온이 42℃로 상승하거나 32℃ 이하로 하강하면 당신의 온도조절장치가 고장이 나면서 정의 환류가 시작된다. 당신의 몸이 뜨거워질수록 냉각과정보다는 가열과정을 활성화시키면서 당신은 심장마비로 결국은 죽게 된다. 반대로 몸이 차가와질수록 정의 환류는 가열과정이 아닌 냉각과정을 발동시켜 당신은 동사하게 된다.

6.2.5 외부압박에 대한 생물개체의 반응

회피, 적응 및 대항

개체(특히 인간)는 외부압박에 대해 여러 가지 반응을 한다. (1) 다른 곳으로 이동하거나(철새는 월동하기 위해 남쪽으로 날아간다), (2) 압박이 진행되는 기간 동안 물리적 상태의 활성도를 낮춘 상태로 대기하기도 하며(얼룩다람쥐, 곰, 땅다람쥐 등의 동면), (3) 압박에 대응하거나 대항하기 위해 그들의 신진대사를 바꾸기도 하고(북극 토끼는 눈 오는 겨울에는 하얀 털이 나고 봄에는 하얀 털을 벗고 풀의 색깔과 같은 갈색의 털로 갈아입는다), (4) 새로운 조건에 천천히 적응하기도 한다. 당신이 얼음물에 갑자기 뛰어들면 큰 충격을 받게 되지만, 조금씩 몸을 담글 수는 있다.

한계효과

새로운 조건에 천천히 적응하는 능력은 유용한 보호 장치이지만 그 역시 위험할 수도 있다. 예를 들어, 오염농도가 너무 천천히 증가하여 우리가 오염에 대한 내성을 가지는 경우가 있을 수 있다. 그러나 우리는 농도가 조금씩 증가할 때마다 어떤 경고신호도 없이 내성한계 가까이 가고 있는 것이다. 갑자기 우리가 한계수준을 넘어서게 되면 해롭거나 치명적인 영향을 유발하게 된다. 즉 '밀집이 낙타 등을 뚫는다.'는, 이러한 한계효과는 왜 많은 생태적 문제들이 갑자기 튀어나오듯이 발생하는가를 부분적으로 설명해 준다. 물론 그들은 장기간 배태되어온 것이기는 하다.

6.2.6 외부압박에 대한 개체군의 반응

강자생존

개체군은 외부압박에 대해 여러 가지 반응을 한다. 사망률의 증가나 출생률의 감소를 통해 개체군 규모를 줄여서 줄어든 활용 가능한 자원으로 부양할 수 있게 한다. 또한 개체군의 구조도 변할 수 있다. 늙고, 어리고, 약한 개체는 죽고, 더 혹독한 기후나 천적의 증가와 같은 압박을 견딜 수 있는 강한 개체만이 살아남게 된다.

개체군의 진화: 자연선택

개체군은 진화적 변화의 능력이 있다. 진화란 특정 생물종(단독으로 또는 함께 번식하지만 그들 집단 밖의 개체와는 서로 번식할 수 없는 식물 또는 동물의 집단)의 개체군이 장시간에 걸쳐 그의 유전적 구성을 변화시키는 것을 말한다. 개체군은 진화하지만 개체는 진화하지 못한다는 사실에 유의할 필요가 있다. 부모로부터 자손들이 물려받은 유전물질은 외부의 영향, 즉 방사능이나 기타 화학물질로 인한 유전물질의 돌연변이나 변화에 의해 동일한 개체군에 속한 개체들이라도 서로 조금씩 다른 유전물질을 가지도록 한다. 새로운 외부압박을 견디지 못하는 개체들은 사멸한다. 그 압박을 견딜 수 있을 만큼 강한 유전적 특성을 가진 개체는 살아남아서 그러한 강한 적응특성을 가진 유전자를 그들의 후손들에게 물려준다. 이와 같이 특정 유전특성이 특정 환경조건에 적응력이 강하여 그 특성이 환경에 의해 "선택"되는 일련의 과정을 "자연선택"이라고 부른다. 장기적으로 보면 자연선택이라는 과정은 하나의 개체군이 특정한 외부 압박에 더 잘 적응하도록 만들어 준다.

적응적 진화

박테리아나 곤충, 쥐와 같이 짧은 세대간격과 많은 숫자를 가진 생물개체군은 비교적 짧은 시간에 적응적인 진화적 변화를 할 수 있다. 예를 들어, 불과 수년 만에 많은 종류의 모기가 디디티에 유전적으로 저항성을 가지게 되었다. 비슷한 경우로 박테리아 생물종은 페니실린과 같은, 널리 사용되는 살균제에 유전적인 저항성을 가진 새로운 종으로 진화할 수 있다.

뚜렷한 대조를 이루는 것은, 인간과 기타 생물종은 자손을 그렇게 빨리, 많은 숫자를 번식할 수 없다. 이들 생물종들에 대해서는 자연선택을 통해 환경적 압박에 적응하기 위해서는 수십만 년~수백만 년이 걸린다. 수십 년 또는 수백 년 간 지속되는 새로운 환경압박에서 살아남기 위해서는 인류는 생물혁명이 아닌 문화혁명에 의존해야 한다.

6.2.7 시차와 상승효과

반응시간

항상성체제의 다른 하나의 특성, 특히 상호작용하는 부의 환류 고리를 가진, 복잡한 항상성체제의 경우에는 그 특성이 시차다. 시차란 신호나 자극이 전달된 시간과 그 체제가 전달된 신호에 따라 부의 환류작용에 의해 교정행동을 하는 시간과의 차이를 말한다. 복잡한 체제에 있어서는 환류 고리가 달라지면 반응시간도 서로 달라진다. 시차는 하나의 체제를 잠시 동안은 보호할 수 있지만, 원인과 결과 사이의 시간 지연은 그 증상이 마침내 나타났을 때는 교정행위의 효과가 적어지거나 없어질 수도 있다는 것을 의미한다.

환경으로 배출된 하나의 오염물질은 인간의 건강이나 기타 생물체에 수년 간 아무런 영향을 미치지 않을 수도 있다. 예를 들어, 발암물질에 노출된 노동자는 20년~30년 동안 암에 걸리지 않을 수도 있다.

상승효과

복잡한 항상성체제의 또 하나의 특질은 상승작용이다. 우리가 배운 것은 2 더하기 2는 4가 된다는 것이다. 그러나 항상성체제에서는 그것은 1 또는 5 또는 20도 될 수 있다. 그러한 체제에서는 2개 이상의 요소가 상호작용하여 순 효과가 그 요소들이 독립적으로 작용했을 때의 합계보다 작거나 크게 될 수 있다. 전체가 그들 부분이 합쳐진 것보다 작거나 크게 되는 것을 '상승효과'라 한다. 다른 말로 하면, 상승효과는 두 개 이상의 물질이나 요소가 상호작용하여 그들 각각이 작용하여 생산할 수 없는 효과를 생산하는 것이라고 할 수 있다.

적대적 효과

만약 두 개 이상의 요소가 서로 작용하여 각각의 효과를 더한 것보다 작은 효과가 나타날 경우를 부의 상승작용 또는 '적대적 효과'라고 부른다. 이러한 현상은 하나의 요소가 다른 요소의 효과를 부분적으로 상쇄하거나 무효화할 때 발생한다. 예를 들어, 두 개의 대기오염물질인 이산화질소와 입자상물질(공기 중의 검댕과 같은 작은 입자물질)은 폐에 해롭지만 그들이 함께 작용하면, 폐에 대한 영향은 각각의 영향을 합친 것보다 작다. 부의 상승작용의 개념은 복잡한 생태계가 압박을 흡수하거나 상쇄할 수 있는 이유를 설명하는데 도움이 된다.

정의 상승효과

정의 상승작용은 두 개 이상의 요소가 상호작용하여 그 순 효과의 크기가 각각의 요소의 단독적인 효과의 합보다 큰 경우를 말한다. 정의 상승작용은 한 생물개체나 생태계에 침입한 오염물질 영향이 확대될 수 있다는 것을 의미한다. 예를 들어, 입자상 물질과 아황산가스는 공기 중에서는 각각 얼마간의 해를 끼칠 수가 있지만, 서로 작용할 경우, 폐암에 걸릴 확률을 크게 증가시킨다. 잘 알려진 다른 예는 알코올과 수면제와의 상승적 상호작용이다. 각각 따로 복용하면 긴장을 풀어주지만, 함께 복용하면 치명적일 수 있다.

그러나 정의 상승작용은 이로울 수도 있다. 개체나 생태계에 중요한 화학물질의 긍정적인 효과는 증폭될 수 있다는 것을 의미한다. 우리는 이러한 원칙을 사용하여 생태계에서 어떤 형태의 오염을 방지할 수 있는 것으로 밝혀진 화학물질의 양을 늘리거나 확대할 수 있다. 불행히도 우리는 아직 정의 상승효과를 가져오는 것에 대해 아는 것이 거의 없다.

6.2.8 생물적 확대
오염물질의 농축

오염물질이 공기나 물속에서 무해한 수준으로 희석되거나 질이 떨어지고 분해자나 기타 자연적 과정에 의해 분해되어 무해한 형태로 되는 일이 종종 일어난다. 그러나 이러한 일이 항상 일어나는 것은 아니다. 디디티나 방사성 물질 및 수은화합물과 같은 합성화학물질은 자연적인 과정에 의해 희석되거나 분해되지 않는다. 대신 그들은 생태계에서 먹이사슬이나 먹이그물의 위로 올라가면서 점점 농축된다. 그 결과, 높은 먹이수준에 있는 생물종은 공기나 물, 토양에는 오염물질이 미량만 있는 경우에도 많은 양의 오염물질을 축적하고 있을 수 있다. [그림 6-8]에서와 같이 이러한 생물적 확대 현상을 롱아일랜드사운드Long Island Sound의 하구 생태계에서도 발견할 수 있다.

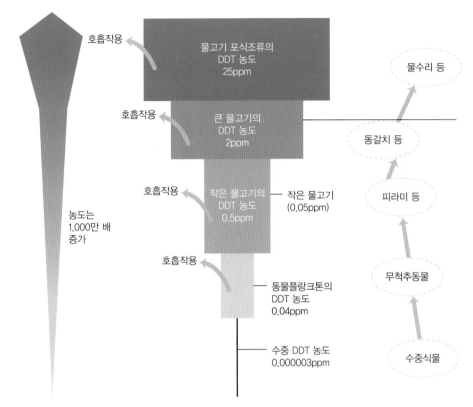

※점선은 DDT를 표시하고, 화살표는 호흡과 배설작용에 의한 작은 손실을 보여준다.

[그림 6-8] 생물체내의 DDT 축적

생물적 확대의 3요소

먹이사슬에서 생물적 확대는 3개의 요소에 의존한다. 열역학 제2법칙, 지용성이면서 수용성이 아닌 화학물질 및 환경에서 천천히 생물적 또는 화학적으로 분해되는 화학물질이다. [그림 6-8]에 나타난 먹이사슬의 각 단계에서 에너지 이동은 매우 비효율적이기 때문에 작은 고기는 많은 양의 플랑크톤을 먹어야 하고, 큰 고기는 작은 고기를 많이 먹어야 하며, 펠리컨은 큰 고기를 엄청나게 많이 먹어야 한다.

이러한 먹이사슬을 거치는 동안 분해되지 않거나 배설되지 않은 것, 즉 디디티와 같은 것은, 특히 그것이 생물체의 지방조직에 용해되어 남아 있을 경우에는 점점 더 농축된다. 만약 하나의 플랑크톤이 한 단위의 디디티를 물로부터 농축하였다고 할 때, 수천 개의 플랑크톤을 먹는 작은 물고기는 그의 지방조직에 수천 단위의 디디티를 저장하게 된다. 만약 디디티가 수용성이면 물고기는 각 먹이수준에서 디디티를 배설하겠지만, 디디티는 수용성이 아니다.

열 마리의 작은 물고기를 먹은 큰 물고기는 수만 단위의 디디티를 섭취하여 몸속에 저장하게 된다. 큰 고기를 먹는 사람이나 새는 수십만 단위의 디디티를 체내에 저장하게 된다.

6.2.9 생태계 안정성

생태계는 어떻게 안정성을 유지할까? 솔직히 생태학자들도 이 질문에 대해서는 명쾌하고 완전한 대답을 할 수 없다. 생태계의 안정성에 대해서는 많은 가정이 있지만, 거의 모두 논쟁의 대상이 되고 있다. 생태계의 안정성에 대한 지식이 이렇게 결여된 이유는 무엇보다 생태계가 매우 복잡하다는 것이다. 생태계를 이루는 모든 구성요소들과 생태계의 모든 부분 간 상호작용이 생태계 안정성의 복잡성의 원인이 된다. 최근까지만 해도, 성숙생태계에서 발견되는 다양성과 복잡성은 항상 생태계의 안정성을 증대시키는 것으로 널리 믿어왔다.

생물종다양성과 생태계 안정성

직관적으로는 생물종다양성(생물종의 수와 그들의 상대적인 풍부성)과 먹이그물의 복잡성은 생태계 안정에 큰 도움이 될 것이 틀림없다. 생물종과 생태적 지위가 많으면 위험은 넓게 분산되고, 그 체제는 환경적 압박에 대해 더 많은 방법으로 대응할 수 있으며, 더욱 효율적으로 물질과 에너지를 얻어서 사용할 수 있다.

복잡한 먹이그물은 생태계의 안정성을 촉진한다. 한 생물종이 없어지면 그것을 먹던 많은 다른 포식성 생물종은 다른 원천의 먹이로 이동한다. 다시 말하면, 모든 계란을 한 바구니에 담지 않는 것이 더 좋다는 것은 직관적으로 분명하다. 이러한 생각과 비교할 만한 것은 다양한 자연자원과 산업을 가진 시골과 도시가 단 하나 또는 몇 개 안되는 생산품에 바탕을 둔 시골과 도시의 경제보다 더 안정적이라는 것이다. 다시 말하면, "다양성은 인생의 양념"이라는 옛말이 일리가 있다는 것이다Petts and Calow, 1996.

생물다양성과 생태계 안정성과의 관계

다양성은 반드시 안정성을 증가시킬까? 다양성과 안정성의 관계에 대한 이와 같은 생각에는 많은 문제점이 있다. 첫째, 대부분의 생태계가 매우 복잡하기 때문에 그것을 이해하는 것이 어렵고 손에 잡히는 증거를 찾기가 어렵다는 이유로 그렇게 생각하는 것이 옳다는 것이고, 둘째, 그러한 가정에 대한 대부분의 검증이 육지생태계가 아닌 수중생태계나 실험실에서

만든 간단한 생태계에 의해 이루어졌다는 것이다. 몇 가지 증거가 다양성이 안정성을 증가시킨다는 생각을 뒷받침해 주고 있기는 하나, 다른 조사연구결과를 보면 그 생각이 모든 형태의 생태계, 특히 온대초원과 열대초원 생태계에 대해서는 적용되지 않을 수도 있다는 것을 말하고 있다.

안정성과 다양성의 용어 정의의 어려움

안정성이라는 단어처럼 다양성이라는 용어도 이를 정의하기가 어렵다는 것이 문제가 되고 있다. 다양성은 생물종다양성, 먹이사슬다양성, 유전자다양성, 생태적지위다양성, 그리고 다양한 개체군이 생태계에 분포되어 있는 방법의 다양성 등으로 말할 수 있다. 다양성이 곧 생태계의 안정성을 의미한다는 생각은 생태계의 종류에 따라서는 타당성이 있을 수 있다. 특히 외부 압박이 우점생물종을 전멸시킬 수 있을 만큼 충분히 크지 않을 경우다. 그러나 우리가 이러한 생각을 모든 경우에 적용할 때는 주의를 해야 한다. 생태계에서 모든 것은 서로 연결되어 있으나, 우리는 아직 이러한 연결에 대해 아는 것이 별로 없다.

6.2.10 생태적 모델 만들기

5개 주요 변수

우리는 자동제어학과 체제분석법, 그리고 생태계의 전산모델을 사용하여 생태계의 다양성과 안정성과의 관계에 대해 더 많은 이해를 할 수 있다. 1970년대 초기 포레스터Jay Forrester와 메도우Donella Meadows 및 메도우Dennis Meadows, 그리고 그의 동료들은 인간적인 관점에서 단순화한 세계 생태계모델을 개발했다. 널리 알려져 있지만 논란이 많은 그 모델에서 그들은 세계 생태계의 5개 주요 변수의 상호작용을 모의하려고 하였다. 인구, 오염, 비재생성자원, 1인당식량생산 및 산업생산량 등이 5개 주요 변수다.

전산모델

[그림 6-9]는 메도우 등의 글에서 인용한 것으로, 현재의 성장속도와 산업오염이 계속될 경우 발생 가능한 결과의 하나를 보여주고 있다. 그 후에 메사로빅Mesarovic과 페스텔Pestel은 좀 더 정교한 전산모델을 개발하여 세계의 주요 지리적 지역에서 유사한 추세를 추정하였다. 전산모델은 생태권에서 인간의 행위로 인해 발생 가능한 결과를 예측하는데 우리에게 도움

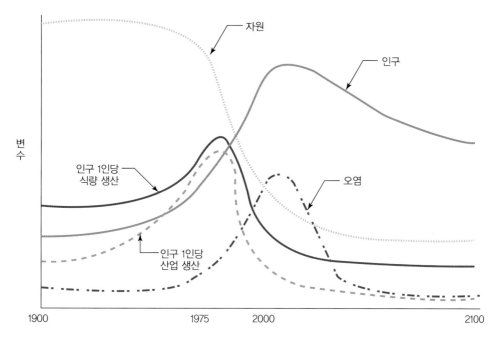

주: 세계적인 자원고갈, 줄어드는 산업생산을 보여준다. 시차 때문에 산업화가 정점에 달한 후에도 인구(연령구조)와
    오염(지속시간)은 계속 증가한다. 결국 인구는 식량부족과 의료서비스 부족으로 사망률이 급격히 증가하면서
    인구도 급격히 줄어든다. 이것은 추론이지 예측이 아니다. 변수의 수직척도는 서로 다르다. 그러나 같은 그래프 면에
    그린 이유는 행동양태를 강조하기 위한 것이다.

[그림 6-9] 현재 성장곡선의 미래투영

을 줄 수 있는 매우 유용한 도구가 될 수 있다. 그러나 그것은 만병통치약은 아니다. 더욱이
다른 모든 과학적인 발명처럼 그것은 좋게도 나쁘게도 사용될 수 있다. 미사일을 유도하든지
아니면 우리를 자연과 조화롭게 살도록 유도하든지 하는 것이다. 그 선택은 우리에게 있다

Miller Jr. G. T., 1982.

6.3 생태계에 대한 압박

6.3.1 환경압박의 영향

3가지 심각한 문제

성숙생태계는 자력유지와 자력수선이 가능하고 우리가 환경에 폐기물을 배출하면 자연이

알아서 정화해 줄 텐데 무엇이 걱정인가? 그러나 우리가 알아야 할 것은 이러한 생각에 심각한 문제들이 있다는 것이다. 첫째, 우리들이 이미 살펴보았듯이 생물체, 개체군 그리고 생태계는 모두 내성에 한계가 있다는 것이다. 둘째, 생태계는 인간이 생산하는 합성화합물질에 대처하기 위한 분해자나 기타 장치를 가지고 있지 않다는 것이다. 셋째, 개체군은 진화해서 생태계가 이러한 새로운 화학물질을 소화하고 흡수할 수 있지만, 대부분의 개체군(특히 인간 개체군-인구)은 이러한 진화적 변화를 하는데 수백만 년은 아니더라도 수십만 년은 걸린다는 것이다. 그러면 많은 사람들이 죽을 것이다.

환경압박의 주요 영향

현재 우리에게 중요한 문제는 다양한 환경적 압박이 생태계에 영향을 미치는 방법을 이해하는 것이다. 〈표 6-2〉에는 하나 이상의 내성한계가 초과되었을 때 개체, 개체군, 그리고 생태계에 일어날 수 있는 것들이 요약되어 있다. 〈표 6-2〉에서 볼 수 있는 변화 유발가능 환경압박은 지진, 화산폭발, 허리케인, 토네이도, 가뭄, 홍수, 그리로 번개로 유발된 산불이나 들불과 같은 자연적 혹은 지질적인 위험 등이다. 환경압박은 산업화, 도시화, 교통, 농업, 그리고 기타 토지이용 행위와 같은 인간의 활동에 의해서 일어나기도 한다. 인간의 행위가 에너지흐름과 화학물질순환을 얼마나 교란시킬 수 있으며, 생태계를 얼마나 단순화할 수 있는지 살펴보자.

6.3.2 에너지흐름의 교란

오존과 오존층

공기를 깊이 들이마셔 보라. 당신은 공기의 약 20%가 두 개의 원자로 된 산소분자로 구성되어 있음을 알고 있을 것이다. 대기권에서 또 하나의 매우 중요한 분자는 3개의 원자로 된 오존이다. 오존은 매우 이상한 화학물질이다. 작은 양을 들이마셔도 당신은 죽을 수 있다. 그렇지만 이 유독한 화학물질은 당신의 생명과 건강유지에 필수적인 요소다. 지구표면 위 20-50km의 대기권 부분인 낮은 성층권에서 발견되는 오존의 농도는 몇 피피엠 정도다.

만약 성층권에 있는 모든 오존을 보통 대기압으로 압축하면 그 두께는 5센트짜리 동전의 두께 정도를 지나지 않게 된다. 그러나 오존층이라고 불리는, 우리 머리 위에 있는 이 얇은 오존 껍질은 우리에게 매우 깊은 영향을 미친다. 그것은 태양으로부터 복사되는 해롭고 고에너지인 자외선의 99%를 여과함으로써 지구상의 생명체를 위한 방패막이 역할을 한다. 오존에 의한 복

〈표 6-2〉 환경압박의 주요 영향

생물개체 수준
• 물리적, 화학적 변화 • 심리적 혼란 • 생식력 감퇴 또는 상실 • 유전자 결함(돌연변이 영향) • 출산결함(기형발생물질 영향) • 발암성(발암성 영향) • 사망

개체군 수준
• 개체군 감소 • 개체군 과잉증가(만약 자연의 포식자가 제거되거나 감소될 경우) • 연령구조 변화(노령, 유령 및 약자 사멸 가능) • 유전적 저항력을 가진 개체의 자연 선별 • 유전자다양성 및 적응성 상실 • 멸종

군집-생태계 수준
• 에너지 흐름의 교란(태양에너지 투입의 변화, 열 산출의 변화, 먹이사슬과 경쟁형태의 변화) • 화학순환의 교란(누출: 폐쇄순환으로부터 개방순환으로 이동), 새로운 합성화학물질의 도입 • 단순화(생물종다양성의 저하, 민감성 생물종의 상실, 서식지 감소 및 생태적 역할 감소, 먹이그물 복잡성의 　감소, 안정성 감소, 생태계의 구조 및 기능의 부분적 또는 전체적 붕괴, 초기천이단계로 회기)

사자외선의 흡수는 그렇지 않으면 달라졌을지도 모를 성층권을 좀 더 따뜻하게 유지시켜 준다.

오존층 파괴

과거 많은 과학자들이 인간의 행위로 오존층이 파괴되고 있었다는 것을 증명하였다. 대규모 핵전쟁은 거의 모든 오존층을 파괴할 것이다. 그 밖에 3개의 다른 가능한 위협이 확인되었으니, (1) 초음속수송비행기 편대로 인한 오존층 내 이산화질소의 직접 유입, (2) 에어로졸 분사제품, 냉장고, 에어컨 장비로부터 오존층으로 위로 분산되는 불화탄소(페론 화합물), 그리고 (3) 질소비료의 박테리아 분해로 인한 아질산의 오존층 상향분산 등이다. 각각의 경우, 이들 화학물질(그 화학물질로부터 형성된 다른 화학물질)이 높은 에너지의 자외선 복사선의 영향을 받게 되면, 최소한 125가지 종류의 복잡하고 연속적인 반응을 통해 오존을 파괴할 수 있는 고도로 반응적인 형태로 전환된다.

오존층파괴의 영향

오존층의 파괴는 다음과 같은 중요한 영향을 미친다. (1) 치명적인 피부암의 형태인 악성 흑색종양의 증가, (2) 매년 세계에서 300,000명에 이미 영향을 미치고 있는, 일반적으로는 치명적이 아닌 형태의 피부암의 증가, (3) 토마토, 옥수수, 사탕수수와 같은 식물을 포함한 식물과 동물의 성장에 미치는 영향, (4) 세계 기후 형태에 미치는 예측 불가능한 영향 등이다.

초음속항공기의 오존층에 대한 영향

초음속 교통수단의 오존층에 대한 영향, 그리고 그것이 배출하는 과도한 소음오염과 그 비행기를 만들고 운행하기 위해 엄청난 돈이 들어간다는 사실 등의 이유로 미국에서는 의회가 그 개발을 중단하도록 하였다. 처음에는 초음속 항공기개발을 위한 민간부문의 계속적인 압력이 있었고, 특히 연구결과 예상한 것만큼 초음속제트여객기의 오존층 파괴 가능성이 그렇게 크지 않다는 이유로 개발에 대한 미련을 버리지 못하였으나, 영국과 프랑스는 1979년 이후 콩코드 여객기의 생산을 중단하고, 지금은 그 여객기의 사용을 전면 중단하고 말았다.

불화탄소의 오존층 영향

불화탄소가 개발된 이후 한때는 그 생산이 급속히 증가한 일이 있었다. 최소한 800만 톤 이상의 불화탄소가 이미 대기권으로 배출되었으며, 현재 천천히 성층권으로 확산되고 있다. 지금은 불화탄소의 전면적인 사용중지로 성층권의 농도가 점점 감소하는 추세다. 최소한 향후 50년~100년 간 불화탄소로 인해 5~28%의 오존층이 파괴될 수 있을 것으로 보인다. 세계적으로 매년 수십만 명의 피부암 환자가 발생할 수 있다. 그중 수천 명은 악성흑색종양이나 불치병 등 치명적인 형태의 환자일 수도 있다.

우리는 대기권의 물리적, 화학적 성질에 관해 아는 것이 거의 없기 때문에 이러한 영향의 예측은 이론적 모델을 바탕으로 한 것이고, 직접적인 실험에 의한 측정치는 아니다. 성층권에 있는 오존의 양은 계절에 따라 20% 정도 차이가 있고, 태양흑점의 운동에 따라 최대 7% 정도의 차이가 있기 때문에 직접측정을 한다고 해도 모델에 의한 측정치를 긍정하거나 부정할 만큼 충분히 정확하지 못하다. 오존층에 해로운 화학물질의 배출이 중단된 후 약 10~15년 이상 시간이 경과해야 최대의 오존층 파괴효과가 나타난다. 그때는 이미 많은 피해가 발생한 후이다.

선진국들은 분무기통으로 된 불화탄소 분사물의 사용을 금지했다. 불화탄소는 얼마 전까지만 해도 (1) 집과 자동차의 에어컨 냉매 및 냉동, (2) 플라스틱 발포제의 제조, (3) 금속, 의류, 수술용 도구와 급속냉동식품을 위한 산업공정 등에 사용되었다. 캐나다, 스웨덴, 덴마크 등도 비슷한 금지명령을 내렸으나 다른 나라들은 1981년까지도 그 금지를 거부하였다. 초음속 수송수단과 함께 그러한 금지로 곤란을 겪은 것은 거의 없었다. 불화탄소와 초음속 여객기는 우리의 생존이나 생활의 질에 별로 중요하지 않았기 때문이다. 그 위에 대체수단의 활용도 가능하였다. 아음속 여객기도 있었고, 분무기통 대신 수동펌프나 다른 분사물질을 사용하였다.

분무기용 이외에 우리나라에서 생산되었던 대부분의 불화탄소는 냉동기와 에어컨이었다. 그러한 용도의 불화탄소 사용금지는 상당히 많은 문제점과 대체제품의 개발을 가져왔다. 냉동은 음식보관을 위해 필요하고, 에어컨은 더운 기후에서 널리 사용된다. 자동차 공기정화기를 다시 설계하여 불화탄소의 누출을 줄이면 되었지만 기존의 수백만 대의 자동차에 대해서는 대책이 없었다.

합성 질소비료가 오존층에 미치는 영향

전 세계적인 인조비료의 광범위한 사용으로 인한 오존층에 대한 위협 가능성은 매우 심각한 과학적, 정치적, 그리고 도덕적 문제들을 발생시킨다. 만약 아질산이 질소비료로부터 배출되면 오존층에 영향을 미친다. 그에 대한 대책으로 우리는 비료사용을 금지(기아로 인한 수백만 명의 죽음을 용인하든지)하든지, 줄이든지 하여야 하며, 비료사용을 계속하는 대가로 피부암, 식량작물, 나쁜 기후 등을 감수하든지 해야 한다. 다행스러운 것은 지금까지의 증거로는 아질산이 오존층에 그렇게 심각한 위협이 되지는 않는다는 것이다. 그러나 아질산에 대한 더 많은 조사연구를 통해 그 정확한 영향을 평가할 필요가 있다.

초음속 수송수단, 불화탄소, 그리고 인조비료 등은 모두 사람들을 돕기 위해 개발된 것들이다. 개발당시에는 그들의 잠재적인 환경영향이 알려져 있지 않았다. 그러한 제품들은 좋은 의도를 가지고 개발되었지만, 그러한 물질이나 제품들의 사용에 실수가 생기면 우리의 환경에 심각하고 광범위한 나쁜 결과를 가져올 수 있다는 것을 극적으로 경고하고 있다. 희망사항이기는 하지만, 그러한 조기경보는 우리들로 하여금 대기권에 배출된 현재의 모든(그리고 미래) 화학물질에 대한 조사를 하도록 요구하고 있다. 오존층 파괴는 휘발성(대기권에 기체상으로 존재하는 것)이거나 화학적으로 불활성(비반응적일 것으로 대기권에 남아 있으려는 성향이 있는 것)인 것, 비수용성인 물질의 광범위한 사용으로 인해 발생할 수 있다.

6.3.3 산소, 질소 및 인의 순환 교란
산소의 균형

여기서는 좀 좋은 뉴스로부터 시작해 보자. 1960년대 후반, 화석연료 연소 때문에 산소를 소진하여 산소가 다 없어질 것이라는 생태적 이야기가 널리 떠돌아 다녔다. 우리에게는 심각한 많은 생태적 문제들이 있지만 산소부족으로 지구가 질식한다는 문제는 일어날 수 없다. 대기권 중의 산소량은 기본적으로 일정하며 모든 동물이나 박테리아 그리고 호흡작용에 의해서 소비되는 산소량과 광합성 과정에서 육지와 바다 식물에 의해 배출되는 산소량이 대략 균형을 이루기 때문이다.

자연적 부영양화

산소가 지구상에서 없어지지는 않을 것이다. 그러나 특정 지역에 있어서의 산소량은 차이가 있을 수 있다. 정체수역인 호소나 유속이 느린 강이나 하천에서는 산소가 결핍될 수 있다. 수중생태계에서 질소와 인의 순환이 지나치게 되면 산소순환이 파괴된다. 질소와 인 화합물은 자연에서 침식된 후 유출수에 의해 호소로 유입되어 부영양화라고 불리는 과정을 거치게 되는데, 부영양화란 과도한 식물영양소가 생산되는 것을 말한다.

문화적 부영양화

그러나 자연적인 부영양화는 많은 인간 활동으로 인한 인위적인 부영양화로 가속화하는데, 이것을 우리는 [그림 6-10]에서와 같이 '문화적 부영양화'라고 한다.

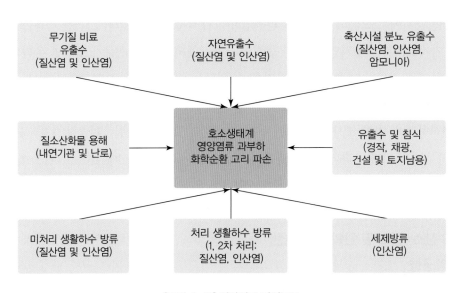

[그림 6-10] 영양염류 과잉공급

영양소 과중의 주요 원천은 토지로부터 발생하는 인조비료, 동물폐기물(거름) 등과 농경지, 광산, 건설공사장 및 무질서한 토지이용으로 인한 유출수의 증가, 도시하수와 세제의 배출, 그리고 자동차, 발전소 및 가정 난방을 위한 화석연료 연소 때문에 발생하는 질소산화물의 용해 등이다.

6.3.4 합성화학물질로 인한 화학물질순환과 먹이사슬 교란

살충제 사용

한때 말라리아가 지금은 인도네시아의 한 주인 북 보르네오 섬의 인구 10명 중 9명을 감염시킨 일이 있었다. 1955년 세계보건기구가 분무용 디엘드린(디디티와 유사한 살충제의 일종) 사용을 시작하면서 말라리아 전염 모기를 죽였다. 그 계획은 상당히 성공적이었으며, 다른 것은 몰라도 그 무시무시한 질병을 퇴치할 수 있었다.

생쥐 떼에 의한 장티푸스 전염

그러나 다른 일이 일어나기 시작했다. 모기를 죽이는 것 외에 디엘드린은 집에 서식하는 파리나 바퀴벌레도 함께 죽였다. 섬사람들은 박수갈채를 보냈다. 그러나 그때 집에서 서식하던 작은 도마뱀이 죽은 곤충을 먹고 죽고 말았다. 죽은 도마뱀을 먹고 고양이가 죽었다. 고양이가 죽자 가까운 정글에 있는 많은 생쥐 떼가 창궐하여 마을을 짓밟기 시작했다. 그러자 사람들은 쥐벼룩이 옮기는 장티푸스의 위협을 받게 되었다. 다행스러운 것은 이러한 상황은 닥쳐오지 않았다는 것이다.

장수말벌의 죽음

그러나 무엇보다 중요한 것은 이엉으로 덮은 집들이 주저앉기 시작했다는 것이다. 디엘드린은 그것을 피하거나 영향을 받지 않는 특정 종류의 유충을 잡아먹는 말벌이나 곤충을 죽인 것이다. 그들의 천적이 대부분 사라지자 유충들은 인구폭발을 일으키게 되었으며, 그들이 가장 좋아하는 먹이인 지붕을 덮는 이엉을 만드는 나뭇잎을 움큼움큼 먹기 시작한 것이다. 손익을 따지자면 보르네오사건은 디엘드린 분무가 말라리아라는 무서운 질병을 방지하기는 했지만 다른 한편으로는 예기치 못한 부작용을 가져왔다는 점에서 잃고 얻은 것이 같다고 할 수 있다. 또한 그것은 우리가 생태계에 간섭하는 행동을 하면 예측할 수 없는 결과와 맞닥뜨릴 수 있다는 것을 보여주고 있다.

6.3.5 생물종의 제거와 도입으로 인한 생태계의 단순화

악어구멍

우리는 동물을 "좋은" 생물종과 "나쁜" 생물종으로 나누고, 우리의 의무는 "악한"을 싹 쓸어버리는 것이라고 가정한다. 아메리카 악어를 생각해보자. 그 악어의 서식지인 늪과 수렁은 파괴되어 농경지와 공장지대로 변하여 그들은 밖으로 내몰리게 되었고, 불법적으로 포획되어 그 가죽은 값비싼 지갑이나 신발로 사용되었다. 1950년과 1960년 사이에 미국 루이지애나 악어의 90%가 사라졌다. 그리고 플로리다 주의 에버그레이드 늪지의 악어 개체군 역시 위협받고 있다. 우리들이 악어에 대해 신경을 쓰는 이유는 무엇인가?

악어는 에버그레이드 생태계 균형의 주요 요소다. 그 균형이란 도시화한 로리다 주의 도시 지역이 그 용수의 공급을 생태계의 균형에 의존하고 있으며, 생태계 균형의 주요 요소 중 하나가 악어라는 사실이다. 악어가 파는 깊은 웅덩이, 또는 "악어구멍"이라고 하는 것은 물을 모아 두었다가 건기에 사용할 수 있게 한다. 가뭄이 끝난 후에 동물들에게 물을 제공함으로써 에버그레이드에 다시 동물이 번성하게 하기 때문이다. 악어가 만드는 큰 산란용 흙더미는 해오라기나 백로 그리고 다른 조류의 삶의 순환에서 필수적인 좋은 산란장소가 된다. 악어가 악어구멍에서 산란장소로 이동하면 물길도 트이게 된다. 또한 악어는 동갈치와 같은 어식성 고기를 많이 잡아먹기 때문에 낚시용 물고기의 균형을 유지하는 역할도 한다.

새로운 생물종의 도입

생태적 역작용은 하나의 생태계에 새로운 종이 도입될 때도 일어난다. 1948년에 외딴 남극의 한 섬에 쥐를 잡기 위해 5마리의 고양이를 가져왔다. 그럼에도 불구하고 현재 그 섬에는 쥐가 남아 있을 뿐만 아니라, 2,500마리나 되는 고양이는 엉뚱하게도 매년 그 섬의 새 600,000마리를 잡아먹고 있다Miller Jr. G. T., 1982.

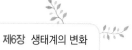

6.4 인간과 생태계

6.4.1 생태계의 단순화

미숙생태계인 농경지

우리가 사용하기 좋도록 생태계를 변형시키면 생태계는 단순화된다. 댐이나 옥수수 밭, 고속도로, 송유관이나 관개수로 사업, 그리고 살충제의 사용은 생태계를 보다 단순하게 만든다. 우리는 서로 연관된 수천, 수만의 식물종과 동물종이 살고 있는 산과 들을 밀어서 건물과 고속도로, 눈이 안 보일 정도로 넓은 밀이나 쌀, 콩 등 단일작물 재배 농경지로 개척한다. 현대 농업은 〈표 6-3〉에서와 같이 고의적으로 생태계를 초기 또는 미숙천이상태로 유지함으로써 하나 또는 몇 종류의 식물종(콩이나 밀과 같은)의 순 생산성을 높게 하는 것이다. 그러나 생태계의 단순성 때문에 이와 같은 빠른 성장, 단일 작물체제(단일경작)는 매우 취약하다. 잡초나 단 하나의 병충해만으로도 우리가 물과 인조비료를 사용하고 살충제나 제초제를 사용하여 작물을 보호하지 않으면 모든 농작물이 일거에 없어져 버릴 수 있다.

〈표 6-3〉 성숙자연생태계와 단순인간생태계의 비교

성숙생태계(늪, 초지, 산림)	인간생태계(옥수수 밭, 공장, 주택)
•태양에너지 포집, 전환 및 축적 •산소발생 및 이산화탄소 흡수 •비옥토 생산 •수자원 저수, 정화 및 점 유출 •야생서식지 제공 •오염물질과 폐기물을 무료로 정화/해독 •자력 유지 및 자력 재생 가능	•화석연료 및 핵연료 에너지 소비 •산소흡수 및 이산화탄소 발생 •비옥토 고갈 또는 복개 •수자원 사용, 오염 및 급속유출 •야생서식지 파괴 •오염물질과 폐기물 배출, 정화비용 소요 •큰 비용이 드는 유지 및 재생노력 필요

성숙생태계를 단순화한 대가

현대 농업은 인조비료, 살충제, 기타 농업용 화학물질을 제조하고 작물을 파종, 보호, 수확하기 위해 사용하는 트랙터나 기타 장비를 만들기 위해 많은 양의 화석연료를 필요로 하기도 한다. 빠른 번식을 하는 곤충이 살충제에 유전적 내성을 발전시키면 우리는 더 강한 살충제를 사용해야 한다. 이것은 해충을 먹고 사는 다른 생물종을 죽이게 되어 생태계를 더욱 단순하게 만들며, 해충의 개체수를 더욱 증가시키고 유전적으로 더욱 저항력을 강하게 한다. 인간에게 식량을 공급하기 위해 성숙생태계를 미숙생태계로 전환시키는 것이 잘못된 것은 아니다. 그러나 〈표 6-3〉에서와 같이 성숙생태계를 단순화한 대가는 그러한 취약한 생태계를 유지, 보호하기 위해 소요된 물질과 에너지 자원, 시간과 돈이다.

생태계를 단순화하는 것이 경작뿐만 아니다. 양을 기르는 목장은 목초를 두고 들소와 경쟁하기를 원하지 않는다. 그래서 들소는 쫓겨나게 되었다. 양을 죽이는 늑대나 코요테, 독수리 그리고 다른 육식동물도 쫓겨났다. 우리는 멸종 또는 멸종지경까지 물고기나 생물종을 남획하는 경향이 있다. 살아있는 생물종은 수천 년 또는 수백만 년의 시간에 걸쳐 진화한 결과 발전한, 가치 있는 유전적 정보를 가지고 있는 재생성자원이다. 생물종은 자연적으로 멸종할 수 있다. 그러나 우리는 종종 의도적으로 또는 사고로 생물종을 죽여서 멸종시킨다.

6.4.2 단순화와 다양화의 균형
미숙생태계와 성숙생태계의 조화

〈표 6-3〉에서와 같은 비교는 복잡한 생태계를 단순화해서는 안 된다는 것을 의미하는 것이 아니라, 인구가 증가하면, 우리는 너무 많은 세계의 성숙생태계를 고도로 취약한, 어리고 생산적인 생태계로 전환한다는 것이다. 그러한 미숙생태계는 인접한 성숙생태계에 의지하는 것이 크다. 예를 들면, 평원에 있는 단순한 경작지는 인접해 있는 다양한 삼림과 언덕 그리고 산으로 균형을 취해야 한다.

이들 산림은 물과 광물을 함유하고 천천히 그 아래에 있는 평원으로 방출한다. 만약 그 숲이 단기적인 경제적 이득을 위해 잘려나가면, 물과 토양이 경사면에서 씻겨나가면서 영양분을 뿌려주는 대신 파괴적인 폭우로 변하고 만다. 이와 같이, 산림은 단기적인 목재생산뿐만 아니라 우리에게 식량을 제공해주는 어린, 생산성이 높은 생태계를 유지하는데 중요한, 장기적인 역할을 한다는 점에서 높이 평가되어야 한다. 더구나, 현대 의약품의 반 이상이 식물로부터 추출된 것이며, 지금까지 세계 전체의 식물 중 아주 작은 부분만이 의약품으로 사용되고 있다는 것이다.

그렇다면 우리가 해야 할 일은 어린 미숙생태계와 성숙생태계 사이의 균형을 취하는 것이다. 지금까지 어느 정도의 진전은 이루어지고 있으나, 그 균형이라는 것을 결정하는 것 자체가 어려운 일이다. 생물학자 에리히Paul Ehrlich는 생태권을 많은 종류의 반도체와 기타 전기

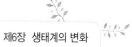

구성물을 교차 연결하여 만든 크고 복잡한 컴퓨터에 비유하였다. 우리는 실제로 생태계를 알지도 못하고, 우리들의 삶이 생태계에 의존하고 있음에도 불구하고 임의로 반도체들을 뽑아내고 여러 부품과 회로를 과부하시키고 혹은 끊어 놓음으로서 이러한 복잡한 조직망을 단순화시키는데 바쁘다. 생태계에서 어떤 생물종을 제거하거나 어떤 부분을 변경시키는 것이 그 체제 전체적으로는 치명적이 아닐 수도 있으나, 우리들은 그 체제의 어떤 부분이 안전하게 변경될 수 있는지 알지 못한다. 멈포드Lewis Mumford는 이를 다음과 같이 웅변적으로 말하고 있다.

'우리가 남아있는 레드우드Redwood 산림을 보전하거나 황새를 보호하기 위해 모일 때, 우리는 우리자신을 보호하기 위해 모이는 것이다. 우리는 유기체의 다양성을 보전하기 위해, 그리고 우리들의 미래의 바탕이 되는 모든 범위의 자연자원의 보전을 위해 모이는 것이다. 만약 우리가 한 장소에 있는 이러한 다양성을 쉽게 포기한다면 다른 장소에서도 마찬가지 현상이 일어날 것이며, 우리는 우리들 자신이 기술이라는 감옥에 갇혀 있는 것을 발견하게 될 것이다. 기술이라는 감옥은 우리가 언젠가는 벗어나겠지만, 그 안에 있는 죄수나마 부양할 수 있다는 희망도 없이.'

인간문화의 다양성 보전

생물적 다양성을 보전하는 것 외에 우리는 인간문화의 다양성을 보전할 필요가 있다. 그 보전은 우리가 우리의 정신건강을 유지하고, 권태로부터 삶을 지켜주고, 그리고 우리에게 환경변화에 대처하는 지혜를 제공해준다. 개인과 사회가 소유하고 있는 비유전적 정보인 문화는 문화혁명의 원료다. 마치 유전인자가 생물적 진화의 원료 물질인 것과 같다. 세계의 모든 문화체제는 우리가 당면한 문제를 다루는데 우리를 도와주는 지혜를 가지고 있다. 우리는 생물적 진화에 대해서보다 문화적 진화에 대해 아는 것이 더 없기 때문에 세계를 서구문화 또는 그 밖의 문화로 전환하기 위해 우리의 문화적 계란을 한 바구니에 담는 것은 매우 위험한 일이 될 것이다.

6.4.3 생태학으로부터 얻은 교훈
삶의 5가지 주요 특성

우리가 지금까지 몇 개의 장에서 살펴본 생태적 원칙들에 대한 개관에서 우리가 배울 수 있었던 것은 무엇인가? 생태학은 우리들이 우리들의 삶의 다섯 가지 주요 특성을 인정하지 않을 수 없게 했다. 상호의존, 다양성, 안정성, 적응성 그리고 한계다. 그것이 주는 의미는 우리가 변화를 피하라는 것이 아니라, 인간의 행위로 인한 영향의 범위가 넓고 깊다는 것과 우리가 생태계에 대해 할 수 있는 것과 할 수 없는 것이 있다는 것을 인식해야 한다는 것이다. 생태학은 우리가 생태권을 변화시킬 때 필요한 지혜와 주의, 그리고 절제를 말해 준다.

지금까지 잘못되어 온 것은 아마도 우리자신이 하나의 크고 불가분적인 전체의 한 작은 부분에 불과하다는 것을 보지 못하고 있는 것이다. 너무 오랫동안 우리는 우리에게 "신께서 주신" 역할은 "바다의 고기와 공중을 나는 새, 그리고 땅위를 움직이는 모든 살아있는 것들에 대한 지배권"이라는 원시적인 느낌을 토대로 우리의 생활을 영위해 왔다는 것이다. 우리는 지구가 우리에게 속한 것이 아니고, 우리가 지구에 속해 있다는 것을 이해하는데 실패하고 있다.
_ Stewart L. Udall

대기오염

내일 아침 여러분들이 일어났을 때 한 번 깊은 숨을 쉬어보라.
여러분은 썩는 냄새가 진동하는 것을 느낄 것이다.

Citizens for Clean Air, Inc. (New York)

공기를 크게 바깥 공기인 '대기'와 집 안 공기인 '실내공기'로 나눌 수 있다. 일반적으로 대기오염은 자연적 요인과 인위적 요인에 의해 발생한다. 자연적인 요인 중에는 화산폭발, 먼지바람, 꽃가루 등이 있고, 인위적인 요인으로 인간의 각종 생산 활동과 소비활동이 있다. 실내공기오염은 거의 인위적인 요인에 의해 발생한다. 신축건물의 아토피 피부병이 실내공기오염의 전형적 예의 하나라고 할 수 있다.

7.1 **대기오염과 실내공기오염**

깊은 숨을 쉬어보라. 만약 우리가 방금 들이마신 공기가 오염되지 않았다면 우리는 급속히 줄어드는, 몇 안되는 소수의 사람들 중 하나에 속한다. 우리가 서울에 살건 로스앤젤레스, 덴버나 워싱턴, 도쿄, 멕시코, 자기 집안, 또는 전원지역 등 어디에 살든 대기오염문제가 없는 곳은 없다. 우리나라는 1980년 이후 전반적인 공기의 질이 대기오염방지 노력의 결과 개선되었음에도 불구하고, 건강에 해롭다고 생각되는 공기를 마시며 살고 있다.

7.1.1 대기오염

대기오염의 확산

정상적으로는 시골지역의 대기오염도는 도시의 대기오염도보다는 낮지만 도시가 대기오염물질을 인근 시골지역으로 확산시킨다. 더 많은 사람들과 공장들이 시골지역으로 이전해

감에 따라 그들은 피하려고 하는 대기오염을 오히려 만들어 내고 있다. 실로, 대기오염물질은 지방적, 지역적, 또는 국가적 경계를 불문하고 넘나든다. 영국과 서유럽의 굴뚝은 스웨덴과 노르웨이에 산성비를 내리게 하고, 텍사스 엘파소의 납 제련소가 내뿜는 연기는 멕시코의 국경지역에 살고 있는 수천 명의 어린이의 혈중 납 농도가 위험수준까지 높아진 원인이 되고 있다.

7.1.2 실내공기(indoor air)오염

실내공기오염물질

스모그를 피하기 위해 우리는 집안으로 들어가서 문과 창문을 닫고 맑은 공기를 들이마신다. 그러나 많은 과학자들은 스모그가 낀 날에는 집이나 사무실 안의 공기가 바깥 공기보다 종종 더 오염되고 위험하다는 것을 발견했다. 실내공기 오염물질로는 (1) 적당한 환기장치가 없는 가스레인지로부터 발생하는 이산화질소NO_2와 일산화탄소CO, (2) 흡연으로 발생하는 일산화탄소, 검댕 및 발암성 벤조피렌, (3) 에어로졸 분무제품 및 세척제품으로부터 발생하는 여러 가지 유기화합물, (4) 단열재, 합판, 양탄자 접착제, 그리고 압축톱밥나무판으로부터 발생하는 발암성 포름알데히드, (5) 돌, 토양, 시멘트, 벽돌 등으로부터 발생하는 방사성 라돈과 그 붕괴물질, 그리고 (6) 정전기 공기청정기 사용으로 인한 오존O_3 등이 있다. 에너지를 보존하기 위한 주택의 밀폐는 실내공기오염 수준을 한 층 더 높일 수 있다.

실제로 공기차단, 에너지 효율적인 주택의 대기오염도를 측정한 결과 포름알데히드의 농도가 높게 나타났고 방사능은 바깥의 배경농도보다 100배 이상 높게 나타났다. 새로운 단열재를 사용한 주택의 경우 포름알데히드의 농도가 현기증을 일으키고, 가슴통증, 코피, 구토, 그리고 발진을 일으킬 정도인 것으로 나타났다.

실내공기오염 해결책

심각한 실내공기오염 문제에 대한 해결책으로는 (1) 실내흡연 금지, (2) 포름알데히드 함유 절연재나 합판의 사용금지, (3) 천연가스 오븐이나 레인지에서 발생하는 가스의 배기, (4) 라돈 함유 콘크리트, 돌, 벽돌의 도포 또는 포름알데히드 함유 제품의 차폐재 사용 금지, (5) 열 손실 없는 에너지 효율적 건물의 환기를 위한 공기열교환기 사용 등이 있다Gold, M., 1980.

7.2 대기오염의 역사

중세의 대기오염

인간행위로 인한 대기오염은 새로운 것은 아니다. 우리 조상들은 연기로 가득 찬 동굴에서 실내공기오염을 경험했고, 그들이 만든 도시에서 대기오염을 경험했다. 2,000년 전에 세네카는 로마의 나쁜 공기에 대해 불평한 일이 있다. 1273년 영국 왕 에드워드1세는 최초의 대기오염방지법으로 알려진 런던시내 석탄사용감축칙령이라는 법을 통과시켰는데, 그 법은 특정 형태의 석탄 사용을 금지하는 내용을 담고 있었다. 석탄을 태웠다는 죄로 교수형을 받은 사람도 있었다. 중세의 1300년에 영국 왕 리처드3세는 석탄사용을 억제하기 위해 석탄에 중과세하였다.

근세 및 근대의 대기오염

1800년대 초, 샐리Shally는 쓰기를, '런던과 같은 도시는 지옥과 같다. 인구가 많고 연기가 가득한 도시다.'라고 하였다. 우리나라 통일신라시대의 경주시내 발연재 소각금지칙령, 일본의 1888년 연돌공장설치 규제부령과 1896년의 제조소단속규정 등이 대기오염방지를 위한 법들이었다. 1911년 1,150명의 런던 시민이 석탄연기에 질식되어 죽었다. 그 재난에 대한 보고서에서 드보Harold Antoine Des Voeux는 런던 하늘을 덮고 있는 연기와 안개의 혼합물에 대해 스모그라는 단어를 만들어 냈다.

현대의 대기오염

1952년에는 살인적인 대기오염사고로 4,000명의 런던 시민이 죽었다. 그 사건을 계기로 런던의 대기정화를 위한 전면적인 대기오염방지 노력이 촉발되어 지금은 150년 이래 가장 깨끗한 공기가 되었다. 미국에서는 산업혁명으로 인해 석탄을 사용하는 산업과 가정이 대기를 검댕과 연무로 가득 채우면서 대기오염이 발생하게 되었다. 1940년대에 들어오면서 피츠버그와 같은 공업도시의 공기는 먼지로 심하게 오염되어 자동차 운전자들은 대낮에도 가끔 전조등을 켜고 운전해야 할 정도였다. 1940년 이래 자동차 사용의 급증으로 납 성분이 포함된 연료의 연소로부터 발생하는 광화학스모그나 납 오염과 같은 새로운 형태의 대기오염이 발생했다.

최초의 대기오염사건은 1948년에 발생했다. 제철소와 아연제련소에서 발생한 연무와 부유 분진이 펜실베이니아 도노라 하늘의 정체된 대기에 갇히면서 발생한 사건이다. 20명이 죽고 6,000명 이상이 고통을 겪었다. 1950년대와 1960년대에 뉴욕과 로스앤젤레스, 그리고 다른 대도시에서 다시 발생한 대기오염사고는 결국 미국의 대기오염농도를 낮추려는 노력을 가져 왔다(김동욱 외, 2005).

7.3 대기 조성성분 및 대기권의 구조

7.3.1 생태적 평형상태와 화학적 평형상태

지구 대기권의 조성성분은 고정되어 있는 것은 아니다. 수십억 년 전에는 대기의 대부분이 탄산가스로만 구성되어 있었다. 살아 있는 유기체에 의한 광합성과 유산소호흡으로 대기조성이 변하면서 오늘날과 같은 대기조성으로 바뀌었다. 〈표 7-1〉과 같이 대기는 부피기준으로 질소가 78%, 산소가 21% 등으로 구성되어 있다. 나머지 1%는 그 밖에 미량의 아르곤, 이산화탄소, 물, 그리고 기타 기체로 되어 있다(정문식 외, 1996).

대기 중에 있는 이산화탄소CO_2와 물H_2O의 비율은 달라지지만, 다른 물질의 비율은 상대적으로 일정하다. 대기조성 성분의 변화는 정상적인 현상이다. 그럼에도 불구하고, 인간행위로 인한 대기 중의 화학물질 배출은 대기조성성분의 변화가 세계의 기후 형태를 변화시키고 모든 형태의 생명체를 위협할 수 있을 정도로 증가할 수도 있다.

〈표 7-1〉 생태적 평형상태 및 화학적 평형상태의 대기 조성성분

구분	질소	산소	탄산가스	아르곤 등
생태적 평형상태(부피%)	78	21	0.03	1
화학적 평형상태(부피%)	0	0	99	1

7.3.2 산출접근방법과 투입접근방법

급격한 도시화와 인구증가, 산업화 및 자동차 사용의 J곡선은 한 사람이 하루에 숨 쉬는

양인 맑은 공기 14kg이 더 이상 우리가 당연히 얻을 수 있는 것이 아니라는 것을 인식하도록 강제하고 있다. 우리는 오염된 물이나 음식을 규제하거나 먹지 않을 수 있지만, 더러운 공기라고 숨을 쉬지 않을 수는 없다. 그런 점에서 대기오염과 수질오염 사이에는 현격한 차이점이 있다. 물과는 달리, 우리는 관을 통해 깨끗한 공기를 공급받을 수 없다. 우리는 보통 물에 대해서는 산출접근방법을 사용한다. 즉, 오염된 물을 정수장을 통과시켜 정화하는 방법이다. 그러한 방법은 공기에 대해서는 물리적으로 또는 경제적으로 타당성이 없다. 대기오염방지는 기본적으로 투입접근방법을 사용해야 한다.

7.3.3 취약한 대기권

일반적인 믿음과는 달리 우리가 살고 있는 세계는 무한한 공기의 바다가 아니다. 대기권은 지구를 둘러싸고 있는 기체상태의 덮개다. [그림 7-1]에서 보는 것과 같이 대기권은 몇 개의 구별되는 층들로 구성되어 있다. 대기의 95% 정도는 지구표면에서 8~12km까지의 대류권에 있다. 사실, 우리가 지구를 왁스를 바른 사과와 비교한다면, 우리의 생명을 유지시키는 공기의 공급은 그 왁스층의 두께보다 더 두껍지 않다(정문식 외, 1996).

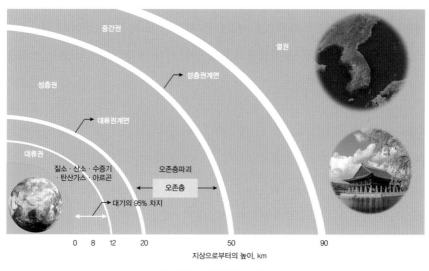

[그림 7-1] 대기권의 구조

7.3.4 오존층 파괴

오존층에 있는 오존기체(성층권의 상부 3분의 2부분에서 발견되는)는 태양으로부터 복사되는

175

해로운 자외선을 여과함으로써 지구상의 생명체가 생존할 수 있게 해 준다. 대부분의 대기오염물질이 대류권으로 배출되며, 거기서 오염물질들은 수직적, 수평적으로 혼합되고 가끔은 서로 또는 대기의 자연적 조성성분과 화학적으로 반응하기도 한다. 결국은 그 오염물질과 그들이 만든 화학물질의 대부분이 강수나 침강작용에 의해 땅이나 물로 되돌아오게 된다. 비수용성, 비 반응성 화학물질, 예를 들어 불화탄소FC와 같은 것들은 오존층으로 유입되어 확산될 수 있다. 강력한 태양복사광의 영향을 받으면 그 화학물질들은 분해되어 오존층을 파괴할 수도 있다.

7.4 대기오염, 대기오염물질 및 배출원

7.4.1 대기오염의 정의

대기오염에 대한 정의는 우리나라 환경보전법(1977), 공해방지법(1963), 미국기술자총연합회, 미국 애리조나 주 대기오염방지규정, 세계보건기구WHO 등이 규정한 것들이 있다. 이들을 종합하면, 대기오염이란 일반적으로 '공기 중에 하나 또는 그 이상의 오염물질이 충분히 높은 농도로 충분히 긴 시간 동안 존재함으로써 사람이나 기타 동물, 식생 또는 물질에 해를 끼치는 대기의 상태'라고 정의된다.

7.4.2 대기오염물질

1, 2차 대기오염물질

대기오염물질은 이와 같은 대기오염의 정의에 적합한 물질이다. 일반적으로 대기오염물질을 [그림 7-2]와 같이 1차 대기오염물질과 2차 대기오염물질로 나눈다. 1차 대기오염물질은 대기에 직접 배출되는 화학물질로서, 해로울 만큼 농도가 높은 경우를 말한다. 그러한 대기오염물질은 자연발생적인 대기 조성성분일 수도 있다. 즉 이산화탄소와 같은 것으로 정상적인 농도보다 높아진 경우다. 1차 대기오염물질은 자동차 연료 연소로 인해 발생하는 납 화합물과 같이 자연에서는 보통 발생하지 않는 것들도 있다.

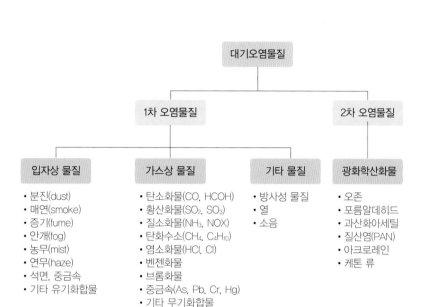

[그림 7-2] 대기오염물질의 종류(김동욱 외, 2005)

입자상물질

1차 대기오염물질을 그 성상을 기준으로 입자상물질PM과 가스상물질로 다시 구분한다. 입자상물질이란 기체 중에 떠있는 미세한 크기의 고체상 또는 액체상 입자로 이를 에어로졸이라고도 부른다. 입자상물질로는 분진, 매연(검댕), 증기, 안개, 농무, 연무 등이 있다. 분진은 먼지를 말하는데, 그 중 무거운 것을 강하분진, 입자가 미세하고 가벼운 것을 부유분진이라고 하며, 미세먼지PM10란 부유분진 중 직경이 10㎛ 이하인 것을 말한다.

매연(검댕)은 연료의 불완전 연소 시 발생하고, 증기는 물질이 연소, 승화, 증발할 때, 일단 고온 상태에서 기체분자가 화학반응으로 새로운 물질이 생성되어 대기 중에서 냉각되어 콜로이드 상태로 되는데, 일종의 물리화학적 반응과정에 의해서 생성되는 고체상의 물질이다.

안개는 작은 물방울이 공기 중에 떠 있는 현상으로 수평시정이 1㎞ 미만, 습도 100%인 상태를 말한다. 농무는 먼지 핵에 증기가 응축하여 생긴다. 표면장력에 의해서 구상을 형성하여 공기 중에 부유하기도 하고 큰 것은 침강한다. 연무란 미세한 입자가 대기 중에 떠있는 현상으로서 검은 배경에선 청자색을 띈다.

가스상물질

가스상물질은 대기 중에 존재하는 기체상물질을 말한다. 암모니아NH₃, 일산화탄소(산성우를 유발하는 유해가스 중 역사가 매우 오랜 가스 중의 하나), 염화수소, 염소, 아황산가스SO_2, 질소산화물(NO, NO_2, N_2O_3, N_2O, N_2O_4, NO_3 등), 이황화탄소(주 발생원은 비스코스 섬유 공업), 포름알데히드$HCOH$, 불소화합물, 벤젠, 취소(Br화합물), 비소As, 납Pb, 크롬Cr, 카드뮴Cd, 수은Hg 등이 있다.

2차 대기오염물질

2차 대기오염물질이란 대기 중에 배출된 1차 대기오염물질이나 대기 중에 있던 기존 물질이 서로간의 화학적 반응을 통해 대기 중에 형성된 새로운 화학물질을 말한다. 2차 대기오염물질의 생성은 1차 대기오염물질의 농도, 광 활성도, 기상학적인 확산력, 지형, 습도 등 많은 요인에 따라 달라진다. 2차 대기오염물질 발생의 대표적인 장치가 광화학반응이다. 광화학반응은 1차 오염물질($VOCs$, NOx 등)이 가시광선 및 자외선을 흡수하여 오존을 형성하고, 오존과 대기성분간의 화학반응에 의해 유기연무질을 형성하게 된다. 이를 일명 스모그라고 부르는데, 스모그는 자동차, 화력발전소, 공장 등에서 배출되는 각종 대기오염물질이 햇빛과 반응할 때 발생한다.

오존생성의 4대 요소

오존생성의 4대 요소는 질소산화물NOx, 휘발성유기화합물VOC, 자외선, 그리고 일정 이상의 온도 등이다. 오존은 대기 중의 휘발성물질, 질소산화물 등과의 2차 또는 3차의 연쇄적 광화학반응에 의해 포름알데히드, 과산화아세틸질산염PAN, 아크로레인, 케톤류 등 인체에 유해한 오염물질을 생성하고, 이러한 물질들이 연무를 형성하여 시정에 영향을 주어 광화학스모그라는 대기오염문제를 야기한다. 청정한 대기에서의 오존 농도는 계절적인 변화와 일변화에 따라 약 20~50ppb정도이다. 오존오염도는 여름철과 겨울철에 크게 다른, 계절적인 변화와 하루 중에도 최대치와 최저치의 차이가 10배 이상인 일변화를 나타낸다. 대체적으로 여름철(6, 7, 8, 9월)에 오염도가 높으며 하루 중에는 오후 2~3시경이 높은 것으로 조사되고 있다.

11개 주요 대기오염물질

일반적으로 11개의 주요 대기오염물질은 (1) 탄소산화물CO, CO_2, (2) 황산화물SO_2, SO_3, (3) 질소산화물N_2O, NO, NO_2, (4) 탄화수소(탄소와 수소를 함유한 유기화합물: 메탄, 부탄, 벤젠 등), (5) 광

화학 산화물(O₃, PAN, 여러 종류의 알데히드), (6) 입자상물질(고형입자, 부유 액상입자: 연기, 먼지, 석면, 금속입자인 납, 베릴륨, 카드뮴 등과 유분, 염분분무, 황산염 등), (7) 기타 무기화합물(석면, 불화수소, 유화수소, 암모니아, 황산, 질산 등), (8) 기타 유기화합물(살충제, 제초제, 알코올류, 산류, 기타 화학물질), (9) 방사능물질(트리튬, 라돈, 화석연료 및 핵발전소 방사능), (10) 열, (11) 소음 등이다.

7.4.3 대기오염물질배출원

자연적, 인위적 대기오염물질 배출원

우리는 보통 대기오염을 연기를 내뿜은 굴뚝과 자동차와 관련시키지만, 화산이나 산불, 먼지 폭풍, 늪지, 바다 그리고 수목들 역시 우리가 대기오염물질이라고 생각하는 화학물질을 대기에 배출한다. 그러한 자연적인 대기오염물질 발생은 보통 전 세계를 통해 널리 확산되기 때문에 일반적으로는 해로운 수준까지 축적되지는 않는다. 그리고 화산폭발의 경우에서처럼 해로운 수준까지 축적되면 자연의 날씨나 화학적 순환에 의해 자연적으로 대기오염이 해소된다. 대기오염물질별 배출원을 〈표 7-2〉에서와 같이 연료사용, 물질사용, 바람, 태양광선 등에 의한 것으로 구분할 수 있다.

우리나라 주요 대기오염물질 배출총량

주요 대기오염물질별로 연간 우리나라에서 배출되는 총량은 질소산화물이 제1의 대기오염물질이고 자동차가 대기오염물질배출원으로서는 다른 것과 비교할 수 없을 만큼 크다. 그러나 우리는 대기오염물질이나 그 배출원의 중요성을 연간 배출총량만을 근거로 판단해서는 안 된다. 우리는 특히 인간의 건강에 미치는 오염물질의 해로운 영향을 반드시 고려하여 그 중요성을 판단해야 한다.

〈표 7-2〉 오염원별 주요 대기오염물질

오염물질	오염원	영향	방지방법
탄소산화물			
일산화탄소 (CO)	산불, 유기물분해, 화석연료 불완전 연소	혈액의 산소운반능력 감소, 판단력 저해, 심장 및 기관지 질병 악화, 두통과 피로 유발(50~100ppm), 사망유발(750ppm), 30ppm×9시간 혹은 120ppm×1시간 교통사고 발생	완전연소를 위한 난로와 자동차엔진 구조개선, 자동차 배출가스로부터 제거, 금연
이산화탄소 (CO_2)	생물체의 자연적 산소호흡, 화석연료 연소	온실효과로 세계기후에 영향	화석연료 사용중지, 자동차 배출가스로부터 제거
황산화물 (SO_2/SO_3)	황 함유 석탄연소, 제련소 황 함유 광석, 화산폭발	호흡기 질환 악화, 호흡지장, 눈과 호흡기관 쓰림, 식물피해 및 성장방해, 기관지염, 장기피해, 산성비, 시정장해, 페인트 탈색, 광화학스모그 등	자동차 사용억제, 대중교통 수단 이용, 전기차, 연료전지, 자동차개선, 탈황
탄화수소 (HC)	화석연료 불완전 연소, 공업 용제 증발 및 유류 누출, 담배연기, 산불, 식물부패(전체 배출량의 85%)	호흡기계통 상처, 발암성, 광화학스모그 원인제공, 눈쓰림	자동차개선(완전연소, 증발방지), 배출가스 정화, 용제와 휘발유 취급방법 개선
광화학 산화물	탄화수소와 질소산화물에 햇빛이 작용	호흡기 및 심장질환 악화, 눈/목/기관지 쓰림, 나뭇잎과 식물 성장 방해, 시정장해, 고무 등 부식	질소산화물과 탄화수소 배출 감소
입자상물질			
먼지, 검댕, 유분	산불, 풍식, 화산폭발, 석탄 연소, 농경, 채광, 건설, 도로, 기타 토지 개발행위, 대기 중 화학반응, 자동차통행 먼지, 자동차 배출가스, 화력발전소, 공장	발암성, 호흡기/심장 질환 악화, 독성, 기침유발, 목 아픔, 가슴불편, 광합성 방해, 동물 피해, 시정장해, 토양오염, 건물에 피해, 기후와 날씨 영향	-
석면	석면채광, 방화차단제분무, 브레이크 라이닝손상	발암성, 호흡방해, 호흡기/심장 질환 악화, 폐 섬유증의 원인	사용감소, 비산방지, 건설노동자/광산노동자 보호

〈표 7-2〉(계속)

오염물질	오염원	영향	방지방법
기타유기물질			
불화수소 (HF)	석유정제, 유리 에칭, 비료생산	타는 듯한 피부와 눈, 점액여 과막 자극, 동식물 피해	생산 공정 통제, 굴뚝연기 정화
암모니아 (NH_3)	화학공장 비료	상부 호흡기관 자극, 대기 중 입자 생성, 금속부식	생산 공정 통제, 굴뚝연기 정화
황산 (H_2SO_4)	대기중 SO_3와 물 반응, 화학공장	(황산화물과 동일)	(황산화물과 동일)
질산 (HNO_3)	대기중 NO_3와 물 반응, 화학공장	(질소산화물과 동일)	(질소산화물과 동일)
살충제와 제초제	농업, 산림, 모기구제	어패류, 육식조류, 포유류에 유해, 인간지방 축적, 출생/유전결함 원인, 발암성	사용감소, 곤충의 생물적/생태적 통제

7.5 대기오염의 영향

심각한 대기오염은 보통 대기가 정체된 시간에 고농도의 대기오염물질이 배출되는 도시나 기타 인구밀집지역에서 발생한다. 서울과 같은 인구가 밀집한 도시의 지리적인 위치에 따라서는 빈번한 대기정체와 오염물질축적으로 대기오염에 특히 취약하게 된다. 우리들은 대기오염물질의 오염강도를 결정하는데 농도수치만을 생각해서는 안 된다.

농도수치는 그것만으로는 우리에게 아무것도 말해주지 않는다. 왜냐하면 한계농도, 상승효과, 생물적 확대 등과 같은 것들이 오염강도의 결정요소가 되기 때문이다. 어떤 물질이 어떤 상태에서 해로운지에 대해서조차도 우리의 견해가 서로 다른 경우가 많다. 그러나 대기오염이 페인트, 건물, 동상을 부식시키고 나일론양말을 썩게 하며 농작물과 수목에 피해를 준다는 것에 대해서는 논쟁의 여지가 없다. 대기오염은 사람들로 하여금 눈 쓰라림, 두통, 기관지염, 폐기종, 폐암 등을 일으킬 수 있다. 그러나 대부분의 다른 오염형태와 같이 특정 대기오염물질과 특정 질병간의 직접적인 원인-결과 관계를 정립하기는 매우 어렵다.

7.5.1 대기오염영향의 유형

수질오염처럼 대기오염의 영향을 (1) 유형1(불쾌감과 심미성 훼손: 냄새, 시정장해, 건물 및 기념조형물의 변색), (2) 유형2(재산피해: 금속 부식, 건물과 기념조형물의 가속적인 풍화, 의복, 건물 및 기념조형물의 더러워짐), (3) 유형3(동식물에 대한 피해: 나뭇잎 반점과 썩음, 식량생산량 감소, 광합성률 감소, 동물의 호흡기계 및 중추신경계에 대한 해로운 영향), (4) 유형4(인간건강에 대한 피해: 혈중 산소 결핍, 눈 쓰림, 호흡계통 고통 및 피해, 암), (5) 유형5(인간유전자 및 재생성 피해: 현재는 많은 부분이 미지이지만 가능성은 있음), (6) 유형6(주요 생태계 교란: 지방적, 지역적 및 지구적 기후의 변경) 등 6가지 유형이 있다. 유형2, 3, 4의 피해에 대해 좀 더 자세히 살펴본다.

7.5.2 재산, 식물 및 동물에 대한 피해

재산에 대한 피해

물건과 재산에 대한 대부분의 대기오염 피해는 오존과 같은 광화학 산화물, 입자상 물질 및 황산화물에 의해 발생한다. 이러한 피해의 대부분은 황산화물이 고도로 파괴적인 황산비말로 전환될 때 발생한다. 예를 들어, 대리석 조각상과 석회, 대리석, 회반죽이나 점판암과 같은 건축자재가 황산에 의해 변색되는 것 등이다. 그 결과 세계적으로 가장 훌륭한 역사직 기념조형물들, 예를 들면 성당이나 조각상, 그리고 공공건물 등이 최근 몇 년 동안 급속히 부식되고 있다. 아테네의 유명한 그리스 유적들은 지난 2,000년보다는 최근 40년 동안 더 많이 부식되었다. 검댕이나 석질의 먼지가 대기 중에서 떨어져 조각상이나 건물, 자동차, 옷 위에 앉으면서 더럽게 된다. 그러면 세탁비용이 크게 증가하게 된다.

황산, 아황산가스, 질소산화물, 질산 및 몇몇 입자상 물질은 금속들, 특히 강철, 철, 그리고 아연의 부식을 크게 가속시켰다. 금속부식 속도는 시골지역보다 도시지역이 2~5배는 빠르다. 황산과 오존은 고무, 가죽, 종이, 섬유, 그리고 페인트에도 해로움을 끼친다. 여자들이 신는 나일론 스타킹과 블라우스를 헤어지게 하기도 한다. 입자상 물질로 어두워진 하늘을 밝히기 위해 필요한 추가 조명 비용이 들어갈 뿐만 아니라 많은 양의 에너지를 사용함으로써 다시 대기오염을 일으켜 악순환의 고리가 생겨나는 것이다.

식물에 대한 피해

대기오염은 식물의 성장을 방해하고 농작물과 수목에 피해를 준다. 대부분의 식물은 높거나 아주 낮은 농도의 아황산가스, 오존 그리고 과산화아세틸질산염PANs에 매우 민감하다. 대도시 주변에서 재배되는 과일과 채소는 특히 취약하다. 밀감작물은 주로 광화학스모그에 있는 오존과 산화물에 의해 주로 피해를 입는다. 감자, 토마토, 푸른 콩, 옥수수, 사과, 복숭아, 그리고 이파리 채소 등은 주로 아황산가스와 황산에 의한 피해를 입는데, 잎이 탈색되고 성장이 둔화되는 것 등이다. 철강버캐공장에서 발생하는 아황산가스 오염은 바람방향으로 8km지역의 산림생태계가 완전히 파괴되고 광화학스모그로 인해 산림지역이 큰 피해를 입는 예가 유럽북부지역과 북미지역에서 종종 발견된다.

동물에 대한 피해

사람을 포함한 동물도 대기오염의 영향을 받는다. 불소나 납, 비소, 그리고 아연과 같은 많은 산업 배출오염물질은 대기권에서 땅에 떨어진 후 토양에 잔류할 수 있다. 이러한 독성물질들은 식물에 의해 섭취되고, 그것을 다시 초식동물이 먹는다. 소나 양 그리고 오리와 같은 가축에 영향을 미치는 오염물질 중 가장 잘 알려진 것은 불소로서, 치아반점 발생, 절름발이, 그리고 결국에는 사망에까지 이르게 한다.

7.5.3 인간건강에 대한 피해
심장질환과 만성호흡기질환의 원인

대기오염은 인간에게 여러 가지로 영향을 미칠 수 있다. 수십 년 간의 조사연구 결과, 대기오염은 사람을 죽이거나 질병을 유발하고, 악화시키며 사람들의 고통을 더 크게 한다는 확실한 통계적 증거가 있다. 대기오염은 노약자나 어린이, 저소득층, 그리고 이미 심장병이나 기관지질병이 있는 사람들에게는 특히 해롭다. 많은 통계적 증거에도 불구하고 특정오염물질이 특정질병이나 사망의 원인이 된다는 것을 정립하는 것은 극히 어렵다. 공식적으로는 아무도 대기오염으로 사망한 것으로 기록되지는 않는다. 대신 사망진단서의 설명은 대기오염이 주요 원인이 된 경우일지라도, 만성기관지염, 폐기종, 폐암, 위암, 또는 심장병 등으로 기재된다.

대기오염과 건강과의 상관관계

대기오염과 특정건강영향을 상호 관련시키는 것은, (1) 대기오염물질의 수가 많고 다양성이 크다는 것, (2) 극히 낮은 농도에서 해로운 영향을 미치는 오염물질을 측정하기 어렵다는 것,

(3) 대기오염물질의 상승적 상호작용, (4) 오랫동안 많은 대기오염물질에 노출된 경우 하나의 해로운 오염물질을 분리해 내기 어렵다는 것, (5) 질병과 사망기록의 신뢰성에 대한 의문, (6) 폐기종, 만성기관지염, 암이나 심장질병과 같은, 여러 가지 발병원인과 긴 잠복기간, (7) 실험실 동물에 대한 자료를 인간에게 적용한 추론에 따른 문제 등의 이유로, 상당히 어렵다.

이러한 어려움과 과학의 본질에 관한 일반대중의 오해 때문에 "대기오염이나 연기로 인해 사람이 죽을 수 있다는 것이 과학적으로 확실히 증명된 것이 없다."는 말은 많은 사람들을 오도하기 쉽다. "고양이는 코끼리가 아니다."라는 말과 같이, 이러한 말은 진실이지만, 의미가 없는 쓸데없는 말이다. 과학이 절대적으로 옳다고 증명한 것은 하나도 없고, 앞으로도 없을 것이다. 과학은 절대적인 진실을 정립하는 것이 아니라, 어떤 생각의 타당성의 확률 또는 신뢰성의 정도를 높이는 것일 따름이다.

우리가 예상한 대로 대기오염과 호흡기질환과는 강력한 상관관계가 있다. 흡연이 만성적인 호흡기질환의 주요 오염원인 것도 확실하지만, 아황산가스, 황산, 입자상물질, 그리고 이산화질소 등은 기관지 천식을 악화시키고 만성기관지염과 폐기종을 일으키고 악화시키는 것으로 나타났다. 만성기관지염은 40세 이상의 연령층에 영향을 주고 있으며, 흡연과 오염된 도시지역 거주 등과 관계가 있는 것으로 나타났다.

폐기종은 사망원인 중 가장 빨리 증가하는 것 중의 하나다. 폐기종은 만성기관지염과 보통 병발한다. 더구나 폐기종 환자(반 이상이 65세 이상)들은 약간만 힘을 써도 숨을 헐떡이기 때문에 정상적인 노동이나 생활을 할 수 없다. 현재로는 폐기종은 불치의 병이고 기본적으로 치료가 안 된다. 폐기종은 흡연, 대기오염, 유전 등 많은 요소에 의해 일어나고 악화된다. 폐기종 환자의 약 25%가 유전적인 요인에 의해서 발병하는데, 그 이유는 폐의 탄력성을 유지하는데 중요한 역할을 하는 단백질이 결핍되어있기 때문이다. 이런 사람들은 담배를 피우거나 오염된 지역에서 일하거나 거주할 경우 폐기종에 걸릴 확률이 매우 높다. 최근에는 이러한 유전적 결함을 탐지하기 위한 실험이 고안되고 있다. 누구나 담배를 피우거나 오염된 지역에 거주하게 되면 이러한 실험을 거쳐야 한다.

폐암의 발병원인은 여러 가지가 있다. 흡연이 제1의 원인이기는 하지만, 폐암은 (1) 플루토늄-239 입자의 흡입과 같은 방사성동위원소, (2) 담배연기에서 발견되는 3.4벤조피렌과 같은 중합 핵 방향족탄화수소PAH, (3) 자동차배출가스, (4) 입자상물질, (5) 발암성 물질 부착이 용이한 미세입자 등으로 인한 오염과 연결되어 있다. 도시의 비흡연자는 시골지역의 비흡

연자보다 폐암 발병 확률이 3~4배 높다.

　대기오염물질이 호흡기 질환을 일으키거나 악화시키는 방법을 이해하기 위해 우리가 매일 숨 쉬는 대기에 무슨 일이 일어나는지 살펴보자. 숨을 들이마시면 공기는 소용돌이치면서 호흡기관을 통과하여 두 개의 기관지로 나누어지면서 폐로 들어간다. 이들 기관지는 나누어지고 또 나누어지면서 많은 작은 관 또는 세기관지로 나누어진다. 이들 많은 세기관지의 끝에는 5억 개 가량의 작고, 거품과 같은 '폐포'라고 불리는 공기주머니가 있는데, 폐 안에 마치 작은 포도송이 같은 덩어리가 있다. 공기 중의 산소가 폐포의 벽을 통과하면 혈중에 있는 헤모글로빈과 결합한다. 동시에 이산화탄소가 피로부터 폐포 벽을 통해 폐로 들어와서 호흡과 함께 밖으로 배출된다. 만약 일산화탄소가 혈중 헤모글로빈과 너무 많이 결합하면 충분한 산소를 공급하기 위해 심장은 더욱 힘들게 일해야 한다.

　인간은 더러운 공기에 대항하기 위해 몇 개의 방어기제를 가지고 있다. 코털은 큰 입자를 걸러내고, 상부호흡기관은 섬모라고 불리는, 미세한 점액이 발린 수십만 개의 털로 표면이 싸 발려 있으며, 이것은 계속해서 전후로 파동을 만들면서 외부 이물질을 쓸어내는 역할을 한다. 흡연과 대기오염물질은 섬모를 파괴하거나 뻣뻣하게 하거나 작동을 느리게 함으로써 섬모기능의 효과성을 감소시킨다. 그 결과, 박테리아나 입자상 물질이 폐포에 침입하여 호흡기 전염병과 폐암의 확률을 증가시킨다. 만약 우리가 담배를 피우거나 오염된 지역에 살고 있다면 우리의 폐는 어린아이의 폐와 같은 분홍빛 조직이 아닌 입자상 물질의 축적으로 검게 된 조직을 가지고 있을 것이다.

　또 하나의 폐 보호 장치는 점액질로서, 이 점액질은 소량으로 끊임없이 분비된다. 만약 허파가 아프게 되면 점액질은 좀 더 많이 흘러나와 자극물을 씻어 내거나 용해한다. 기침은 더러운 공기나 점액질을 밖으로 배출하는 기능을 한다. 흡연과 아황산가스나 황산과 같은 오염물질은 너무 많은 점액질을 흐르게 하여 공기의 흐름을 방해하게 한다. 기관지를 둘러싸고 있는 근육이 약해짐에 따라 더 많은 점액질이 축적되게 되고 호흡은 점점 더 곤란하게 된다. 이러한 순환이 계속되면 이것을 만성기관지염이라고 부른다. 호흡기관과 기관지의 점액질 막의 지속적인 부풀음을 말한다. 폐암은 기관지통로의 점액질 막에 있는 세포의 비정상적이고 끝없는 성장을 의미한다. 대기오염물질에 따라서는 직접 발암성인 것도 있고, 점액 운반 섬모의 행위를 교란하는 것도 있다. 만약 섬모와 점액이 발암성 오염물질을 제거하지 않으면 폐암 발생의 확률은 높아진다.

기관지천식으로 고생하는 사람은 숨이 차고, 기침이 계속되며, 호흡곤란 증세를 느낀다. 이러한 증상들은 기관지통로가 좁아지고 점액질의 과다한 분비로 허파로의 공기 흐름을 방해하기 때문에 발생한다. 대부분의 천식이 대기오염으로 발생하는 것은 아니지만 오염은 이러한 질병으로 고생하는 사람들에게 병세의 악화를 촉발할 수 있다. 오염물질은 기관지를 자극할 수도 있기 때문에 기관지가 막힐 수도 있다. 갇힌 공기가 팽창하면 폐 포 송이를 한 덩어리로 만들어 버릴 수도 있다. 그러면 공기주머니는 팽창과 수축하는 기능을 잃게 되어 찢어지기까지 한다. 그 결과, 허파는 커지게 되면서 덜 효율적이 된다. 점점 더 많은 폐포가 피해를 입게 되면, 기관지가 함몰되는 경향을 나타내면서 호흡하기가 점점 어려워진다. 걷는 것이 고통스럽고 달리는 것은 불가능해진다. 수 년이 지나면 호흡의 효율성이 매우 낮아지면서 환자는 질식이나 심장마비로 죽게 된다. 이러한 문제로 고통을 받는 사람들은 기관지폐기종을 앓게 된다.

7.6 공기 질 기준

7.6.1 대기환경기준

대기오염물질의 건강영향 순위가 대기오염물질 감축계획을 수립하는데 좀 더 현실적인 판단기준이 된다. 물론, 자동차배출가스 억제는 매우 중요하지만, 화석연료를 사용하는 발전소와 산업시설에서 발생하는 황산화물과 입자상물질의 배출을 방지하는 것은 더욱 중요하다. 대기환경기준이란 사람의 건강을 보호하고 생태계를 보전할 수 있는 정도의 대기 중의 대기오염물질의 농도의 한계를 말하며 우리나라의 대기환경기준은 〈표 7-3〉과 같다.

〈표 7-3〉 우리나라 대기환경기준

항목	기준	측정방법
아황산가스 (SO_2)	연간 평균치 0.02ppm 이하 24시간 평균치 0.05ppm 이하 1시간 평균치 0.15ppm 이하	자외선 형광법 (Pulse U.V. Fluorescence Method)
일산화탄소 (CO)	8시간 평균치 9ppm 이하 1시간 평균치 25ppm 이하	비분산적외선 분석법 (Non-Dispersive Infrared Method)

〈표 7-3〉(계속)

항목	기준	측정방법
이산화질소 (NO₂)	연간 평균치　0.03ppm 이하 24시간 평균치 0.06ppm 이하 1시간 평균치　0.10ppm 이하	화학발광법 (Chemiluminescence Method)
미세먼지 (PM-10)	연간 평균치　　50μg/㎥ 이하 24시간 평균치 100μg/㎥ 이하	베타선 흡수법 (β-Ray Absorption Method)
미세먼지 (PM-2.5)	연간 평균치　　25μg/㎥ 이하 24시간 평균치 50μg/㎥ 이하	중량농도법 또는 이에 준하는 자동 측정법
오존 (O₃)	8시간 평균치 0.06ppm 이하 1시간 평균치 0.1ppm 이하	자외선광도법 (U.V Photometric Method)
납 (Pb)	연간 평균치 0.5μg/㎥ 이하	원자흡광광도법 (Atomic Absorption Spectrophotometry)
벤젠	연간 평균치 5μg/㎥ 이하	가스크로마토그래피 (Gas Chromatography)

비고
1. 1시간 평균치는 999천분위수(千分位數)의 값이 그 기준을 초과해서는 안 되고, 8시간 및 24시간 평균치는 99백분위수의 값이 그 기준을 초과해서는 안 된다.
2. 미세먼지(PM-10)는 입자의 크기가 10μm 이하인 먼지를 말한다.
3. 미세먼지(PM-2.5)는 입자의 크기가 2.5μm 이하인 먼지를 말한다.

자료원: 환경정책기본법 시행령(2015)

7.6.2 실내공기 질 기준

실내공기 질 기준으로는 실내공기 질 유지기준과 실내공기 질 권고기준이 있다. 실내공기 질 유지기준은 〈표 7-4〉에서와 같이 지하역사 등 다중이용시설에 대해 미세먼지PM₁₀, 이산화탄소CO₂, 포름알데히드HCHO, 총 부유세균 및 일산화탄소CO에 대해 설정되어 있으며, 실내공기 질 권고기준은 〈표 7-5〉에서와 같이 이산화질소NO₂, 라돈Rn, 휘발성 유기화합물VOC, 석면 및 오존O₃에 대해 설정되어 있다.

〈표 7-4〉 실내공기 질 유지기준

오염물질 항목 다중이용시설	PM₁₀ (μg/㎥)	CO₂ (ppm)	HCHO (μg/㎥)	총 부유 세균 (CFU/㎥)	CO (ppm)
지하역사, 지하도상가, 여객자동차터미널의 대합실, 철도역사 대합실, 공항시설 중 여객터미널, 항만시설 중 대합실, 도서관, 박물관, 미술관, 장례식장, 찜질방, 대규모 점포	150 이하	1,000 이하	120 이하	-	10 이하

〈표 7-4〉(계속)

오염물질 항목 다중이용시설	PM$_{10}$ (μg/㎥)	CO$_2$ (ppm)	HCHO (μg/㎥)	총 부유 세균 (CFU/㎥)	CO (ppm)
의료기관, 보육시설, 노인의료시설, 산후 조리원	100 이하			800 이하	
실내주차장	200 이하			–	25 이하

자료원: 다중이용시설 등의 실내공기 질 관리법(2015)

〈표 7-5〉 실내공기 질 권고기준

오염물질 항목 다중이용시설	NO$_2$ (ppm)	Rn (pCi/ℓ)	VOC (μg/㎥)	석면 (개/CC)	오존 (ppm)
지하역사, 지하도상가, 여객 자동차터미 널의 대합실, 철도역사 대합실, 공항시설 중 여객터미널, 항만시설 중 대합실, 도서 관, 박물관, 미술관, 장례식장, 찜질방, 대 규모점포	0.05 이하	4.0 이하	500 이하	0.01 이하	0.06 이하
의료기관, 보육시설, 노인의료시설, 산후 조리원	0.05 이하	4.0 이하	400 이하	0.01 이하	0.06 이하
실내주차장	0.30 이하	4.0 이하	1,000 이하	0.01 이하	0.08 이하

자료원: 다중이용시설 등의 실내공기 질 관리법(2015)

실내공기오염물질 중 미세먼지, 이산화탄소, 포름알데히드, 총 부유세균, 일산화탄소 등 5개 물질에 대해서는 실내공기 질 유지기준을 설정하고 위반 시 과태료부과 등 제재 조치를 한다. 외부에 오염원이 있거나 위험도가 비교적 낮은 이산화질소NO$_2$, 라돈Rn, 총 휘발성 유기화합물TVOC, 석면, 오존 등 5개 오염물질에 대해서는 실내공기 질 권고기준을 설정하여 자율적 준수를 유도한다.

7.7 주요 공기오염문제

주요 대기오염 문제로는 아황산가스오염, 미세먼지오염, 휘발성 유기화합물 오염, 오존오

염, 산성강하물오염, 악취오염, 소음오염 등이 있고, 주요 실내공기오염 문제로는 포름알데
히드, 톨루엔, 에틸벤젠, 자일렌, 벤젠 오염 등이 있다.

7.7.1 대기오염문제

아황산가스오염

우리나라 주요 대도시의 아황산가스SO_2 농도를 보면 1980년의 경우 최저 0.009ppm(광주)~
최고 0.094ppm(서울) 수준이었으나, 저황유 공급 및 청정연료 사용의무화 등으로 인해 1990
년 이후에는 아황산가스 농도가 점차 감소하는 추세를 보이고 있다. 1995년까지는 서울, 부
산, 대구, 인천, 광주, 대전, 울산 등 대도시 중 대구, 울산이 환경기준을 초과하였으나, 1996
년도에는 모든 도시가 환경기준을 달성한 것으로 나타났다.

세계보건기구WHO 권고기준치는 연평균 0.015ppm~0.023ppm으로 1996년 이후에는 서울
등 대도시 지역에서는 세계보건기구권고기준치를 초과한 지역이 없는 것으로 조사되었다.
1999년에는 최저 0.008 ppm(서울, 광주)~최고 0.015ppm(부산, 울산)의 수준이었다. 환경기준
에 비추어 볼 때 아황산가스 오염문제는 없는 것으로 볼 수 있다. 다만, 아황산가스 환경기
준 달성비용의 경제적 목표 달성 문제는 남아 있다.

미세먼지오염

대도시의 미세먼지는 주로 차량에 의해 발생하는 것으로 대도시 중심지역의 경우 연평균
치인 $70\mu g/m^3$를 초과하는 경우가 많이 발생하고 있다. 전국 181개 측정소 중 24시간 환경기
준($150\mu g/m^3$)에 미달한 곳은 45.3%나 되고, 특히 대도시의 미세먼지 오염이 심화되는 추세를
보이고 있다(대기정책과, 대기환경연보, 2003).

휘발성유기화합물오염

휘발성유기화합물로서 벤젠, 부타디엔, 휘발유 등 31개 물질을 규제대상으로 지정하였으
나, 이에 대한 환경기준이나 배출허용기준은 없다. 다만, "휘발성유기화합물질 배출억제ㆍ
방지시설 설치에 관한 기준" 등을 정하고 있을 뿐이다. 휘발성유기화합물은 대기 중의 농도
측정이 어려울 뿐만 아니라 배출장소에서의 농도측정도 어렵기 때문이다. 휘발성유기화합물
은 단일 물질이라기보다는 다양한 물질이 복합적으로 존재하는 경향을 띤다.

산성강하물오염

2003년도의 전국 산성강하물 측정치를 보면 연평균 최저 4.1에서 최고 5.7로 환경기준인 5.8~8.6의 범위를 벗어나, 산성강하물 오염이 심한 것으로 나타났다. 우리들은 대기 중에 배출된 아황산가스와 이산화질소가 황산과 질산으로 변하는 것을 보았다. 이 산성물질들은 바람에 의해 장거리를 이동하면서 레몬주스와 같이 산성인 비나 눈의 형태로 지표에 다시떨어진다. 이러한 산성비로 인한 농작물, 수목, 물질, 건물 및 수중 생물에 대한 피해에 대해관심과 많은 정치적인 논쟁이 점증하고 있다. 이 문제는 산성 눈이 빨리 녹아 유출수의 형태로 인접 하천에 대량으로 흘러들어갈 경우 문제는 더욱 악화될 수 있다.

산성비란 수소이온농도$_{pH}$가 5.8 이하인 비를 말한다. 산성비의 발생원인은 황산화물이나질산화물과 같은 대기오염물질이 대기 중에 있는 수증기와 작용하여 강산성의 황산이나 질산을 형성하고 그것이 빗물에 씻겨 떨어지는 현상을 말한다. 산성비 문제는 동북아지역, 유럽지역, 미국 및 캐나다 접경지역, 핀란드와 러시아 접경지역에서 많이 발생하고 있다(김동욱, 2005, p.411).

산성물질의 문제의 일부는 비나 눈에 있는 산성물질의 축적에 의한 것이 아니고 건성산성물질의 축적에 의한 것으로, 매우 작은 산성입자가 천천히 지표로 떨어지거나 대기 중의 기체(아황산가스, 삼산화황)가 물에 용해되어 산을 형성하는 경우다. 이러한 건성축적과 습성축적은 (1) 여러 수중생물의 생활을 파괴할 수 있고(특히 송어와 연어), (2) 수중생태계의 생물다양성을 감축시킬 수 있으며, (3) 수목과 농작물(콩과 같은)에 피해를 줄 수 있고, (4) 토양으로부터 식물영양소를 침출시킬 수 있으며, (5) 마지막으로 비교적 해롭지 않은 호소바닥의 수은 퇴적물을 매우 독성이 높은 메틸수은으로 전환시킬 수 있다. 스칸디나비아 지방에서는 산성비로 인해 수목의 성장이 저해되고 있으며, 산성물질의 대부분이 영국과 독일의 산업지역에서 오는 것이 확실한 것으로 조사되었다.

캐나다와 미국북동부의 산성물질의 축적문제는 석탄연소로 인한 황산이 산성우의 주요 성분이었다. 반면 서부해안지방의 산성물질의 축적문제는 자동차로부터 발생하는 질소산화물이었다. 캐나다의 경우 만약 산성비가 계속된다면 50년 이내에 온타리오 주의 호수들이 생명이 없는 호수가 될 것이라고 과학자들은 전망하고 있다.

석탄산업과 자동차산업은 그들로 인한 산성물질의 축적 문제의 심각성에 대해 의문을 표시한다. 그들이 주장하는 것은 (1) 산성도의 강도와 지리적 범위의 증가를 입증하는데 사용

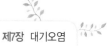

된 증거가 매우 의심스럽고 적정한 측정을 바탕으로 하고 있지 않다는 것, (2) 산성물질의 축적으로 인한 피해의 범위는 큰 과학적인 논쟁거리라는 것, (3) 미국 동부지방 강우의 산성도 증가와 발전소 및 자동차 배출가스의 관계에 대한 믿을 만한 증거가 없다는 것 등이다. 그러나 많은 환경론자들과 환경보호청은 이러한 산업계의 주장을 일축한다.

역설적으로 지방의 대기오염문제를 해결하기 위해 굴뚝의 높이를 더 높게 한 결과 굴뚝에서 바람 부는 방향에 있는 지역의 산성물질의 축적을 증가시키는 꼴이 되고 만다. 산성비를 방지하는 가능한 해결책으로는 (1) 높은 굴뚝 건설 금지, (2) 높은 굴뚝 배출기준 강화, (3) 황 불순물을 제거하기 위해 연소 전에 석탄을 세척함으로써 아황산가스 발생량 감축, (4) 아황산가스 및 이산화질소 배출 단위량 당 오염세의 부과, (5) 질소산화물 제거를 위한 굴뚝 및 자동차 배출가스 방지, (6) 모든 화력발전소, 공장 및 제련소로 하여금 아황산가스 제거를 위한 세정기의 사용 의무화 등이 있다.

오존오염

1990년대 이후 자동차가 급증하면서 대도시의 오존오염도가 단기 환경기준(0.1ppm/시)을 초과하는 사례가 빈번히 발생하고 있다. 오존경보 발령현황을 보면, 1995년에 1일 2회이었던 것이 1996년 6일 11회, 1997년 12일 24회, 1998년 14일 38회, 1999년 16일 41회, 2000년 17일 52회, 2001년 15일 29회, 2002년 9일 45회, 2003년 15일 44회로 늘어났다. 발령지역도 1995년 1개소에서 2003년 20개소로 늘어났다.

산업스모그와 광화학스모그

심각한 대기오염은 대부분 도시에서 발생하며, 도시마다 당면하고 있는 문제는 독특하다. 그러나 대도시 대기오염은 일반적으로 하나 또는 두 개의 기본적인 부류에 속한다. 즉 회색공기도시와 갈색공기도시다. 이들은 각각 산업스모그와 광화학스모그에 대응되는 말이다. 이들 두 가지 유형의 스모그의 특성이 〈표 7-6〉에 요약되어 있다.

회색 공기 또는 '산업스모그' 도시는 보통 춥고, 축축하며, 겨울기후를 가진 도시, 예를 들면 런던, 시카고, 볼티모어, 필라델피아, 피츠버그 같은 도시에서 발생한다. 그러한 도시들이 난방, 제조, 발전 등을 위해 석탄과 석유를 다량 사용할 경우 그 연료들은 두 가지 유형의 주요 대기오염물질을 배출한다. 그들은 도시의 상공에 회색빛을 드리우는 입자상 물질(공기

〈표 7-6〉 스모그의 기본유형

특성	산업스모그	광화학스모그
전형적 도시	런던, 시카고	멕시코시, 로스앤젤레스
기후	차고, 습한 공기	따뜻하고, 건조한 공기
주요 오염물질	황산화물, 입자상물질	오존, PANs, 알데히드, 질소산화물
주요 배출원	산업과 가정의 석유와 석탄연소	자동차 휘발유연소
최악사건 발생 시기	겨울철(특히 이른 아침)	여름철(특히 정오 무렵)

자료원: 김태식, 김종호, 김신도(1992)

중에 떠 있는 고체상 입자 또는 액체상 물방울)과 황산화물(아황산가스와 삼산화황)이다. 석탄과 석유는 불순물로서 작은 양(질량기준으로 0.5~5%)의 황을 함유하고 있다. 연료가 연소될 때 불순물인 황은 산소와 반응하여 아황산가스를 발생시킨다. 이 기체는 굴뚝에서 뿜어져 나와서 대기 중으로 들어간다. 수 일이 지나면 대기 중의 대부분의 아황산가스는 3산화황으로 바뀌고, 이것은 공기 중에 있는 물과 즉각적인 반응을 일으켜 황산물방울을 만든다. 이러한 황산물안개는 금속 등 물질을 부식시키고 폐에 통증과 피해를 줄 수 있다.

황산물방울 중에는 대기 중의 암모니아와 반응하여 황산암모늄이라는 고형입자를 만든다. 황산물방울과 황산암모늄이 결합하면 그 영향이 인간건강에 가장 심각한 황산이 생성된다. 다행스러운 것은 많은 지역에서 황산물방울과 황산암모늄 입자가 혼합된 물안개는 며칠 또는 몇 주 안에 대기에서 씻겨 없어진다는 것이다. 그러나 비가 오지 않거나 바람이 그 물질들을 확산시키지 않으면, 그들 오염물질들은 치명적인 수준까지 축적될 수 있다. 그러한 사건들은 1952년 런던 대기오염사고(3,500~4,000명 사망), 1948년 펜실베이니아 도노라 대기오염사고(20명 사망, 6,000명 입원), 그리고 1965년의 뉴욕시 대기오염사고(400명 사망) 등과 관련되어 있다.

서울, 로스앤젤레스, 시드니, 멕시코시, 그리고 부에노스아이레스와 같은 갈색공기 또는 '광화학스모그' 도시는 보통 따뜻하고, 건조한 기후, 그리고 그들의 주요 대기오염원은 내연연소기관이다. 상온에서 질소와 산소는 대기의 대부분을 조성하고 있는 것으로, 서로 반응하지 않는다. 그러나 내연기관 안 높은 온도에서는 그들은 서로 반응하여 질산화물을 만든다. 이것은 배기통을 통해 대기 중으로 배출된다. 일단 대기 중에 배출되면, 질소산화물은 산소와 반응하여 이산화질소를 형성하게 된다. 이산화질소는 황갈색 기체로 자극적이고 질식성의 냄새를 가지고 있다. 이 물질이 갈색공기 도시 상공에 맴도는 갈색 연무질의 대부분의 구

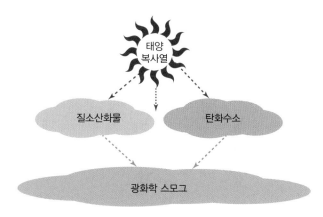

[그림 7-3] 광화학스모그의 발생(질소산화물과 탄화수소가 햇빛을 받아 반응할 때 발생)

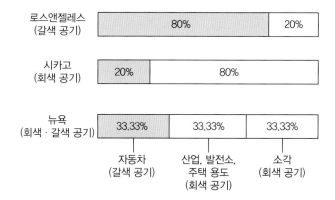

[그림 7-4] 3개 도시의 대기오염 유형(백분율 값은 대략적인 추정치)

성성분이 된다. 전형적으로 이산화질소는 대기 중에 약 3일간 머문다. 아황산가스가 황산으로 변하는 것과 똑같이, 작은 양의 이산화질소가 대기와 반응하여 질산을 형성한다. 질산은 강수에 의해 대기권으로부터 씻겨 땅에 떨어진다(산성우의 또 하나의 발생원). 대기 중의 질산은 공기 중의 암모니아와 반응하여 질산암모늄 입자를 형성하고, 이것은 끝에 가서는 땅 위로 떨어지거나 강우에 의해 대기권에서 씻겨 나가게 된다.

산화질소와 이산화질소로 인한 대부분의 대기오염문제는 태양광선의 자외선 복사로 인해 그 물질들이 누출되었거나 부분 연소된 휘발유로부터 발생하는 기체상의 탄화수소와 반응할 때 일어난다. 이러한 반응은 광화학산화물이라고 불리는 복잡한 새로운 물질의 혼합물을 형성한다. 이들 산화물과 기타 화합물이 [그림 7-3]에서와 같은 광화학스모그라고 불리는 것을 형성한다. 이 혼합물에는 오존과 전체를 통틀어서 과산화아세틸질산염이라고 부르는 최루가스와 비슷한 많은 화합물이 포함된다. 대기 중에 이러한 화합물질이 미량만 있어도 눈이 쑤시고 농작물에 피해를 줄 수 있다. 광화학스모그 도시와 산업스모그 도시간의 구별이 편리하기는 하지만 대부분의 도시가 [그림 7-4]에서 보는 것과 같이 두 가지 대기오염 모두에 의해 고통을 받고 있다.

주어진 지역의 광화학스모그와 산업스모그의 발생빈도와 강도는 기후, 지형, 가열 형태, 교통, 그리고 인구 및 산업밀도에 따라 달라진다. 대기오염에 대한 기후와 지형의 영향이 〈표 7-7〉에 요약되어 있다. 대기오염물질의 영향을 크게 강화하는 기후영향 중의 하나가 온도역전 현상이다. 따뜻한 공기가 상승하면서 팽창하면 마치 자동차 바퀴에서 공기가 빠져나가듯이 차가와 진다. 그러나 가끔 지형과 관계가 있는 기후조건에 따라서는 밀도가 높은 찬 공기층이 가벼운 따뜻한 공기층 아래에 갇히게 된다.

〈표 7-7〉 기후와 지형이 대기오염에 미치는 영향

특성	영향
강수	공기 세척
습도	많은 대기오염물질 용해
햇빛	광화학스모그 형성 시작. 그러나 난방용 연료연소 감소로 산업스모ㄱ 감소
바람	배출원 인근지역 오염감소, 그러나 다른 지역으로 이동 가능
대기압	고기압계가 국지적으로 오염상태 유지
산과 언덕	풍력감소로 오염 확산 방해
계곡	오염물질 가둠

자료원: 김동욱(2004)

실제로 이러한 온도층은 그 지역을 뚜껑처럼 닫아서 오염물질이 서서히 축적될 수 있게 하여 위험스럽다 못해 치명적인 수준까지 높아진다. 대부분의 대기오염사고는 장시간 계속된 온도역전으로 발생했다. 이러한 사고는 보통 (1) 햇빛이 지표공기를 따뜻하게 하여 갇혀 있던 찬 공기를 밀어낼 만큼 투과력이 약하다는 것과 (2) 찬 날씨는 난방을 위한 연료연소로 인한 오염물질 배출을 증가시킨다는 두 가지 이유로 가을이나 겨울에 발생한다. 미국의 대서양 연안 도시들의 온도역전 기간은 10~35% 정도이고 태평양 연안 도시들은 35~40% 정도이다.

보통 이러한 온도역전은 단 몇 시간 정도 지속되지만, 가끔은 고기압권이 수 일간 같은 지역에 머물기도 한다. 1948년 펜실베이니아 도노라에서는 이러한 고기압권이 발생하여 대기오염이 심각한 수준까지 축적하게 된 것이다. 온도역전에는 몇 가지 유형이 있다. '침강역전'은 고기압 공기덩어리가 한 지역에 머물면서 그 지역 위에 드리운 따뜻한 공기층을 아래로 밀어내릴 때 일어난다. 이러한 역전현상은 미국의 양안에서 모두 일어나지만 특히 서해안에서 연중 대부분 발생한다. '복사역전'은 야간에 주로 발생하는 현상이다.

일몰 후에는 땅에서 열이 대기 중으로 복사한다. 맑은 밤에는 지표공기층이 빨리 냉각되어 위에 있는 따뜻한 공기층에 의해 갇히게 된다. 이러한 역전은 보통 아침 해가 대지를 달구면 사라진다. 두 가지 형태의 역전 모두 산으로 둘러싸인 계곡에 있는 도시나 바다 가까이에 있는 도시(로스앤젤레스는 이 두 가지 특성을 모두 가지고 있음)에서 더 자주 일어나고 더 길게 계속된다. 일몰 후에는 바다나 산으로부터 불어오는 냉각된 공기가 계곡으로 흘러들어오면, 거의 매일 역전이 일어나며, 햇빛이 계곡을 투과하는 것은 언덕을 투과하는 것보다는 약하기 때문에 역전현상은 더 오래 지속된다.

7.7.2 실내공기 질 오염문제

실내공기오염물질의 경우에는 〈표 7-8〉에서와 같이 포름알데히드와 톨루엔이 일본의 권고기준치를 넘어섰고, 벤젠은 홍콩의 권고기준에 근접한 것으로 나타났다(김동욱 외, 2005).

〈표 7-8〉 실내공기 질 실태조사결과

구분	평균 농도	최댓값	최솟값	비교기준 (일본, 홍콩권고기준)	비고
포름알데히드	105.4	308.5	2.26	일본 : 100	46.7% 초과
톨루엔	127.3	768.9	6.54	일본 : 260	13.8% 초과
에틸벤젠	30.0	391.3	ND	일본 : 3,800	–
자일렌	59.6	427.3	ND	일본 : 870	–
벤젠	2.4	14.13	ND	홍콩 : 16.1	–

7.8 대기오염방지 대책

우리나라의 대기환경보전대책은 [그림 7-5]에서와 같이 오염원별 대기환경보전대책, 오염물질별 대기환경보전대책 및 지역별 대기환경보전대책으로 나눌 수 있다. 대기환경보전정책은 당초 개별 공장을 대상으로 하였고(산출규제), 다음은 좀 더 범위가 넓고, 근원적인 대책으로 대기오염물질을 대상으로 하였다(투입규제). 지역별 대기환경보전대책은 도시나 공업단지 등, 특히 지역성이 강한 대기오염문제를 해결하기 위해 오염원별 대책과 오염물질별 대책 등 산출·투입 규제적 수단과 입지규제, 진입규제 등 사전 규제적 수단을 함께 사용한다.

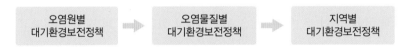

[그림 7-5] 우리나라 대기환경보전정책(김동욱 외, 2005)

7.8.1 오염원별 대기환경보전정책

[그림 7-6]과 같이 크게 사업장대책과 자동차대책으로 나누어지고, 자동차대책은 제작자동차대책과 운행자동차대책으로 나누어진다.

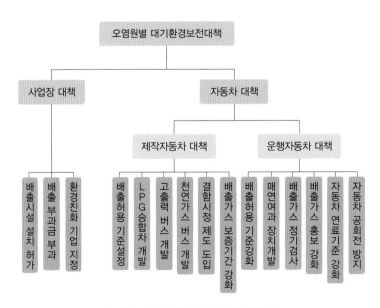

[그림 7-6] 오염원별 대기환경보전정책

7.8.2 오염물질별 대기환경보전정책

황산화물 배출방지

황산화물 배출을 방지하는 주요 방법은 〈표 7–9〉에 요약된 것과 같이 투입접근방법과 산출접근방법으로 나누어진다. 투입접근방법은 연료의 탈황, 연료대체 및 연료사용량 감축 등이며, 산출접근방법은 황산화물질의 정화, 확산범위 확대 및 황산화물에 대한 오염세의 부과 등이다.

〈표 7–9〉 황산화물 배출방지 방법

투입접근방법
1. 인구성장 및 에너지의 낭비적 사용 감축: 에너지 낭비율 50~90%
2. 화석연료를 재생성에너지로 대체
3. 고체석탄 대신 액화 및 기화석탄 사용
4. 저 황화석연료 사용
5. 탈황

산출접근방법
1. 연소 중 및 굴뚝배출 황산화물 제거
2. 온도역전층 위로 오염물질 배출: 충분한 높이로 배출
3. 간헐적 배출방지대책
4. 황산화물에 대한 오염 세 부과

미세먼지 배출방지

대부분의 대기오염물질처럼, [그림 7–7]에서와 같이 입자상물질도 크기가 매우 다양하고, 다양한 화학적 영향 및 건강영향을 가진 입자나 물방울을 형성하는 많은 수의 상이한 화학물질로 이루어진다.

10㎛ 이상의 크기를 가진 큰 입자는 짧은 시간에 대기에서 강하하여 떨어지는 경향이 있다. 대부분의 자연적으로 배출되는 입자상물질은 큰 입자로 구성된다. 중간크기 입자상물질은 직경이 1㎛에서 10㎛ 사이의 입자를 말하는 것으로 공기 중에 비교적 오랜 시간 부유하는 경향이 있다. 그러나 대부분의 입자상 물질은 몇 가지 방법으로 제거될 수 있다. 이들 입자상 물질의 가장 큰 인위적인 배출원은 석탄발전소와 산업공장으로부터 발생하는 비산재와 석탄재다.

인간건강에 가장 심각한 위협이 되는 것은 미세입자상물질이다. 미세입자상물질은 직경이

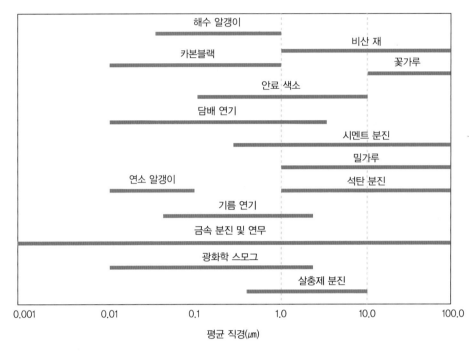

[그림 7-7] 입경별 입자상물질의 종류

1㎛ 이하인 것을 말한다. 미세입자는 담배연기, 기름연기, 광화학스모그, 유독 금속분진, 그리고 발전소와 자동차 배출가스와 대기 중의 다른 화학물질이 반응해서 형성된 황산염과 질산염의 작은 입자에서 발견된다. 미세입자는 공기 중에 장시간 부유하면서 전 세계 모든 지역으로 이동할 수 있고, 우리들의 허파에 의해 자연적으로 구축된 방어망을 뚫고 들어올 수 있다.

입자상물질은 시정거리 감축과 지구의 날씨 및 기후를 변화시키는 주요 요소다. 자동차가 지구상의 모든 입자상물질 배출량의 1%를 차지하지만 이들 중 60~80%가 직경이 2㎛보다 작은 미세입자들이기 때문이다. 또 다른 주요문제는 대부분의 미세입자가 대기 중에서 다양한 화학물질과의 반응에 의해 형성된 2차오염물질이라는 점이다. 이 때문에 공장굴뚝이나 자동차 배기구로부터 미세먼지를 제거하는 방법이 개발되었다 할지라도 그것은 상황을 크게 개선시키지는 못한다. 이들 배출량은 적정한 방지대책이 없으면 미래에는 더 증가할 것으로 예상된다. 입자상물질의 방지도 투입방법과 산출방법으로 나눌 수 있다. 이러한 방법들은 황산화물의 방지방법과 유사하다.

대도시의 미세먼지는 주로 경유차량에 의해 발생하는 것으로 대도시 중심지역의 경우 연평균치인 $50\mu g/m^3$를 초과하는 경우가 많이 발생하고 있다. 전국 181개 측정소 중 24시간 환경기준에 미달한 곳은 45.3%나 되고, 특히 대도시의 미세먼지 오염이 심화되는 추세를 보이고 있다(대기정책과, 대기환경연보, 2003). 대도시의 가장 대표적인 미세먼지 대책 중의 하나가 앞에서 말한 경유사용 버스 등 대형차량의 연료를 천연가스로 대체하는 것이다.

산업스모그 방지

스모그를 산업스모그와 광화학스모그로 구분할 수 있다. 산업스모그는 공장에서 발생한 대기오염물질로 인한 것이고, 광화학스모그는 자동차 연료 연소에 의해 발생한다. 황산화물과 입자상물질의 방지는 에너지위기와 밀접하게 관련되어 있다. 그 이유는 발전소나 산업시설에서 사용하는 화석연료가 이들 오염물질의 주요 배출원이기 때문이다. 인간건강, 농작물, 가축, 건물, 물건, 그리고 자연생태계에 더 큰 나쁜 영향을 미칠 것이다. 다행스러운 것은 최소한 한 개 도시는 황산화물과 입자상물질에 의한 대기오염을 급격히 줄이는데 성공했다는 것이다. 1950년대에 수차례의 대기오염사건을 겪은 런던 시는 산업체와 주택의 석유 및 석탄사용에 대한 강력한 오염방지 규정을 제정하여 이행하였다. 그 결과는 극적인 성공이었다. 현재 런던의 대기는 산업혁명 이래 그 어느 때보다도 깨끗하다.

광화학스모그 방지

2002년 우리나라의 자동차, 트럭, 버스 등 16백만 대가 황산화물은 전체 배출량의 8%를, 질소산화물은 59%를, 입자상 물질은 40%를, 탄화수소는 28%를 그리고 일산화탄소는 85%를 각각 배출했다. 모든 도시지역의 대기오염물질의 80%가 자동차에서 배출되었다. 자동차배출가스는 광화학스모그의 원인물질을 포함하고 있다. 자동차로부터 배출되는 오염물질을 방지하기 위한 주요 방법으로는 투입법과 산출법이 있다. 〈표 7-10〉은 자동차배출가스 방지를 위한 여러 가지 방법을 비교한 것이다.

〈표 7-10〉 자동차배출가스 방지방법

방법		장점	단점
투입 접근방법			
	자동차 사용 감축	화석연료 사용감소, 오염감소	생활불편, 경제교란, 실업 등
	대중교통수단개발	화석연료 사용감소, 오염감소	생활불편, 높은 초기비용
새로운 엔진 설계			
	전기엔진	배기가스 제거, 광화학스모그감소, 복합 엔진, 소형엔진, 연료전지	오염형태만 변경, 경제위축, 에너지효율 감소, 기술적 문제
	가스터빈	낮은 CO 및 HC 발생, 유지비 낮음	연료효율 저하, 화석연료 고갈, 질소산화물 발생, 제도술 필요
	외연기관(스털링)	작은 배출량, 소음진동 적음, 연료경제성	높은 비용, 큰 무게, 힘 조절 곤란 및 비싼 비용 소요
	외연기관(증기)	대기오염 감축, 연료경제	높은 생산비, 기술개발 더 필요
대체연료 개발			
	천연가스	매우 깨끗한 연료(CO_2 제외)	공급부족, 충전소부족, 경제교란
	알코르	휘발유 대체 또는 보완	공급부족, 농경에 따른 환경문제
	연료전지	무공해(열오염 제외)	기술개발 곤란
처리 접근방법			
	언비개신	언료절약적 자동차 개발	비용 지불, 불편 초래, 단기대책
내연기관 개량			
	카브레다 조정	용이성	단기대책, 다든 오염물질 증가
	왕켈 엔진	질소산화물 감축, 연료절약	화석연료 사용, 회전차폐장치고장, HC/CO배출량 증가, 연료효율저하
	층화충진 엔진	배출량감축, 연비개선	화석연료사용
	디젤엔진	연비 25% 증가, CO/HC감축, 과급기로 배출감축, 내구성	화석연료사용, NO_x/입자상 물질 다량 배출, 고비용고소음, 연료경제성문제
산출 접근방법			
	배출억제	오염감축, 경제체제 무영향	화석연료사용, 장기적 오염감축 효과미흡, 사용기간 경과에 따른 정화장치 효과성 감소
	도시공기처리 (광화학스모그 형성 감소)	규제용이, 정부규제 불필요, 건강영향 감소가능	가능성 불확실, 건강과 생태계에 대한 악영향 가능, 광화학스모그를 인접 교외나 시골로 이동, CO농도 적용불가, 오존농도 저하에 따른 박테리아 전염 증가 가능

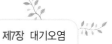

7.9 대기오염문제의 개관

이 장에서 우리는 많은 대기오염물질이 여러 가지 배출원으로부터 발생하고, 영향도 여러 가지라는 것을 살펴보았다. 어떤 경우에는 적정한 방지기술이 있고, 다른 경우에는 새로운 것이나 개선된 기술이 필요한 것으로 나타나기도 했다. 〈표 7-11〉은 주요 대기오염물질의 상대적인 강도와 억제 가능성을 요약한 것이다. 유형1에서 유형4에 이르는 대기오염문제는 국지적으로 그리고 지역적 차원에서 심각한 문제가 되고 있다. 대부분의 경우 단기적인 방지 기술이 있고, 시행비용은 보통 수준에서 높은 수준까지다.

예를 들어, 발전소와 기타 고정오염원으로부터 발생하는 황산화물과 입자상물질을 방지하기 위한 단기적, 정치적 실현가능성은 괜찮은 편이다. 질소산화물에 대해서는 자동차로부터 발생하는 광화학산화물, 미세입자, 그리고 일산화탄소에 대한 방지수단의 현실적 타당성은 괜찮음에서 나쁨 정도다. 그 이유는 기본적으로 여러 종류의 배출원, 운전습관을 바꾸거나 대중교통수단을 이용하려는 개인적인 관심의 결여 등 때문이다. 불행하게도 기후변화에 대한 영향 등 심각한 지구생태계 교란 가능성에 대한 것은 잘 알려진 것이 없다.

대기오염은 서로 물고 물리는 복잡한 한 벌의 문제로 이루어진다. 그러나 대기오염은 우리가 우리자신의 건강을 위해, 대기오염기준 달성을 위한 기한을 지키려는 정치적 압력의 행사를 위해, 그리고 덜 낭비적이고 환경적으로 덜 해로운 소비 및 생활양식으로 이동하는데 필요한 적정한 비용을 지불할 의사만 있다면 방지될 수 있다.

〈표 7-11〉 대기오염 영향과 기술적 방지의 타당성

오염물질	체류시간	영향지역	방지 타당성	경제적 비용	정치적 타당성
유형1: 성가심과 심미감 훼손					
소음	단기	지방	좋음	낮음	좋음
냄새	보통 단기	지방, 지역	좋음	적정	좋음
연기, 시정장애	몇 시간에서 며칠	지방	좋음	적정	좋음
유형2: 재산피해					
입자물질	몇 시간에서 며칠	지방, 지역	보통	적정	보통
아황산가스	4–8일	지방, 지역	보통	높음	보통
유형3: 동식물 피해					
광화학스모그	몇 시간에서 며칠	지방, 지역	보통	높음	나쁨

〈표 7–11〉 (계속)

오염물질	체류시간	영향지역	방지 타당성	경제적 비용	정치적 타당성
입자물질	몇 시간에서 며칠	지방, 지역	보통	적정	보통
아황산가스	4–8일	지방, 지역	보통	높음	보통
유형4: 인간건강 피해					
질소산화물	3–4일	지방, 지역	나쁨	높음	나쁨
광화학산화물	몇 시간에서 며칠	지방, 지역	보통	높음	나쁨
일산화탄소	2–3일	지방, 지역	나쁨	높음	나쁨
아황산가스	4–8일	지방, 지역	보통	높음	보통
입자물질	몇 시간에서 며칠	지방, 지역	보통	적정	보통
유형5: 인간 유전자 및 생식피해					
(현재 알려진 것 없음)					
유형6: 주요 생태계 교란					
성층권 수증기	1–2년	지방, 지역	좋음	낮음	좋음
성층권 질소산화물	1–2년	지방, 지역	좋음	낮음	좋음
성층권 입자물질	1–2년	지방, 지역	나쁨	높음	나쁨
성층권 불화탄소	알려지지 않음	지방, 지역	좋음	적정	좋음
이산화탄소	2–4년	지방, 지역	매우 나쁨	매우 높음	매우 나쁨
열	여러 가지	지방, 지역	매우 나쁨	매우 높음	매우 나쁨

엄마, 아빠! 왜 공기를 그렇게 나쁘게 만들었어요?

1995년 6살배기 딸이 1982년에 대학교 학생이었던 그녀의 부모에게 말했다.

또는

샐리, 밖으로 나와 봐라. 우리는 연속하여 15일째도 산들을 볼 수 있다.

아마도 엄격한 대기오염 방지대책과 전기자동차가 결국 그 값을 다했기 때문일 것이다. 아빠와 내가 일터에서 자전거를 타고 집으로 돌아올 때, 오랫동안 맡았던 공기보다 우리가 마신 공기는 훨씬 더 깨끗했다.

— 무명씨이지만 희망하건데 1993년에 한 어린이의 가상이 아닌 부모로부터

수자원

이 행성에 마술이 있다면, 그것은 물에 있다.

Loren Iisley

물은 가장 중요한 자연자원 중의 하나다. 물은 영양소를 용해하여 그것을 토양으로부터 동식물의 체내로 날라주고, 우리들이 버리는 폐기물을 용해하고 희석하여 정화하며, 광합성을 위한 원료물질로도 사용된다. 그리고 기후와 날씨의 형태를 결정하는 주요 인자이기도 하다. 이와 같이 지구상의 모든 생명체는 물에 의존한다. 우리는 음식 없이 한 달 이상을 생존할 수 있지만, 물 없이는 단 며칠 밖에 살지 못한다.

8.1 물의 특성과 편재성

8.1.1 물의 특성

물은 하나의 자연자원으로서 매우 중요할 뿐만 아니라 특별한 성질을 가지고 있기도 하다. 물의 유용성의 대부분은 물이 가지고 있는 놀랄만한 물리적 특성 때문이다Leopold, L. B., 1972.

1. 물은 비등점이 높다. 이러한 특질이 없으면 물은 상온에서 액체상태가 아닌 기체상태로 존재할 것이고, 지구상에는 바다나 호소, 강이나 동물, 그리고 식물은 없을 것이다.
2. 물은 모든 액체 중에서 가장 높은 기화열을 가지고 있다. 그것은 주어진 양의 액체상태의 물을 증발시키는데 많은 양의 에너지가 들어간다는 것을 의미한다. 그것이 태양열을 전 세계에 골고루 분배하는 주요 요소의 하나다. 증발된 바닷물에 열로 저장된 엄청난 양의 태양에너지가 수증기로 응결하여 강수의 형태로 땅에 다시 떨어지며 대지에 방출된다. 물의 높은 기화열은 비교적 적은 양의 물을 증발시킴으로써 많은 양의 열을 제거할 수 있게

하여 인간의 체온조절을 도와준다.

3. 물은 지금까지 알려진 물질 중에서 열 저장능력이 가장 높다. 이것은 무게로 주어진 일정량의 물은 특정 열량이 거기에 가해질 때 매우 작은 온도 상승이 있다는 것을 의미한다. 그 결과, 물은 다른 어느 물질보다 가열하고 식히는 속도가 늦다는 것이다. 물의 이러한 성질은 극단적인 기습적 온도변화를 방지하여 급격한 온도변화로 인한 충격으로부터 생물체를 보호해 주는 역할을 하고 발전소나 산업공장 공정에서 발생하는 열을 제거해 준다.

4. 물은 액체상태에서보다 고체상태에서 밀도가 더 낮다. 대부분의 물질은 결빙하면 그 부피가 줄어든다. 고체의 밀도는 액체의 밀도보다 높다. 이와는 대조적으로 물이 4℃ 이하로 차가와 지면 팽창하면서 밀도가 낮아진다. 이러한 성질이 없으면, 얼음은 물에 뜨지 않을 것이다. 물은 바닥에서부터 얼어 올라올 것이므로 대부분의 수중생물이 존재할 수 없게 된다. 그러면 지구는 영원한 빙하시대에 갇히고 말 것이다. 그러나 물은 얼면서 팽창하기 때문에 파이프가 동파되기도 하고 자동차의 엔진뭉치에 금이 가기도 한다. 그리고 도로, 토양, 바위에 금이 가게 한다.

5. 물은 최고의 용제다. 물은 믿을 수 없을 만큼 많은 종류의 물질을 용해한다. 이러한 성질은 물로 하여금 동식물의 체내를 통해 영양소를 운반하게 하고, 최선의 세척제가 되게 하며, 수용성 폐기물을 제거하고 희석한다. 그러나 물이 많은 물질을 용해하기 때문에 쉽게 오염되기도 한다.

8.1.2 물의 편재성

이러한 물의 중요성 때문에 수자원의 공급 가능량이 아닌, 사용할 수 있는 물의 공급 가능량이 한 지역의 인구증가를 제한하고 삶의 질을 결정하는 요소가 된다. 그러나 인구규모, 인구밀도, 기술, 오염 그리고 자연자원 문제 등은 서로 연관되어 있다. 물은 식량이나 수목이 자라는데 필요하고 동식물의 생존 유지에 필요하며 금속, 광물 및 에너지 자원의 가공, 거의 모든 물건의 제조, 그리고 점증하는 도시화, 산업화, 그리고 인구증가로 인한 폐기물을 희석·정화하는데도 필요하다. 그와 동시에 삼림과 하구는 물을 잡아두고 천천히 방류함으로써 농작물의 생육을 돕고 홍수를 방지하며 물을 정화하고 운반하는 데는 에너지가 필요하며 금속과 광물은 댐, 운하, 하수관거를 건설하는데 필요하며 폐수처리장은 폐수의 운반, 집수 및 정화에 필요하다.

여기서 우리는 몇 가지 중요한 질문을 하지 않을 수 없다. 세계적인 물수요량 증가와 인구 증가로 세계는 물 부족이 될 위험이 있는가 하는 것이다. 우리나라에서 현재 및 미래의 물에 대한 상황은 어떻고 어떻게 될 것인가? 우리는 고정된 세계의 물 공급량을 어떻게 관리함으로써 적정한 장소, 적정한 시간, 적정한 수질의 적정한 양의 물을 얻을 수 있을 것인가? 이 장에서는 물 공급의 이러한 문제를 다룬다.

8.2 수자원의 공급, 재생 및 분배

8.2.1 세계의 수자원

세계 수자원 총량

다양한 형태(수증기, 액체, 얼음)의 세계 수자원 공급량은 고정되어 있다. 그러나 우주선이 청록색의 지구그림을 극적으로 보여준 것처럼 지구의 수자원 공급량은 엄청나다. 지구의 수자원 총량은 약 13억5천만 ㎦이다. 만약 이 물을 세계전체 인구인 70억 명 누구에게나 똑같이 분배한다면 1인당 1억8천만 ㎥씩 돌아간다. 그러나 수자원과 관련하여 두 가지 주요 문제가 있다. 세계의 물은 고르게 분포되어 있지 않다는 것과, 그 중 99.997%가 인간이 금방 사용할 수 없다는 것이다. 다시 말하면 단지 0.003%의 물만이 담수로서 강이나 호소, 늪지와 얕은 지하수 우물로 존재한다.

사용가능한 담수자원

〈표 8-1〉에서 보는 것과 같이, 세계 수자원의 97.1%가 바다나 짠 호소에 있고, 이러한 물은 음용수나 농업용수로 사용하기에 적합하지 않다. 담수인 나머지 2.9%의 대부분도 사용하기 어려운 것들이다. 그것은 극지방의 얼음산이나 빙하, 대기권, 그리고 토양 또는 심층지하에 고여 있는 것들이다. 그러면 단지 0.32%의 물만이 강이나 호소, 그리고 비교적 얕은 곳에 있는 지하수의 형태로 우리가 쉽게 사용할 수 있는 부분이다.

〈표 8-1〉 세계 수자원 및 평균 재충전기간

위치		세계 공급량		평균재충전기간
		비율(%)	수량(km³)	
바다		97.134	1,311,309,000	3,100년(심해는 37,000년)
대기		0.001	13,500	9〜12일
지표		2.257	30,794,850	
	얼음산	2.225	30,375,000	16,000년
	빙하	0.015	202,500	16,000년
	염수호	0.007	94,500	10〜100년(깊이에 따라)
	담수호	0.009	121,500	10〜100년(깊이에 따라)
	강	0.0001	1,350	12〜20일
지하		0.609	8,221,500	
	토양습기	0.003	40,500	280일
	지하수			
	1,000m 깊이까지	0.303	4,090,500	300년
	1,000〜2,000m	0.303	4,090,500	4,600년
계		100.000	1,350,000,000	

그러나 이러한 담수의 99%가 지리적인 거리 때문에 얻는데 비용이 너무 들거나 오염되어 즉시 사용할 수 없는 것들이다. 그러면 우리는 단지 0.003%의 물만을 사용할 수 있게 된다. 이렇게 작은 부분인 사용가능한 담수자원의 양은 45,000km³로서, 세계 70억 인구 1인당 6,430 m³가 돌아간다. 이렇게 계산하면 우리는 충분한 양의 물을 가지고 있는 것처럼 생각된다. 그리고 이러한 양의 물의 공급이 자연의 수문순환 작용에 의해 지속적으로 정화되고 재충전된다고 생각하면 매우 낙관적인 그림이 떠오른다Linsley and Frannzini, 1979.

8.2.2 수문순환

재생성자원인 물

화석연료나 대부분의 비연료광물과는 대조적으로 사용가능한 물은 재생성자원이다. 물은 우리가 인간의 힘으로 정화하고 자연적인 화학적 순환에 의해 재충전되는 것보다 더 빨리 사

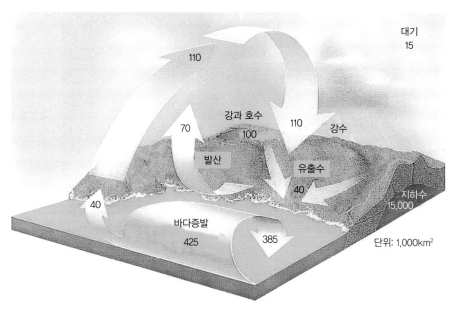

[그림 8-1] 수문순환(Linsley and Frannzini, 1979)

출처: https://esajournals.onlinelibrary.wiley.com/doi/full/10.1890/1051-0761(2001)011%5B1027:WIACW%5D2.0.CO%3B2

용하고 오염시키지 않으면 고갈되지 않는다. 탄소나 산소, 질소, 인, 그리고 기타 중요한 화학물질처럼 물은 생태권을 통해 끊임없이 순환한다.

수문순환 또는 물 순환은 [그림 8-1]에서 보는 것과 같이 하나의 거대한 물의 증류 및 분배체제다. 물은 태양열을 받아 증발하면서 바다나 호소, 강, 토양, 그리고 식물의 발산 등에 의해 대기권으로 들어간다. 대기 중의 수증기는 냉각되어 담수로 땅이나 바다, 강이나 호소로 다시 떨어진다. 태양에너지와 중력은 끊임없이 물을 바다로부터 대기권으로, 대기권으로부터 육지나 바다로, 그리고 육지로부터 다시 바다로 움직이게 한다.

생태권의 물 순환

단지 0.029% 정도의 물만이 매년 생태권을 통해 순환한다는 것을 인식할 필요가 있다. 세계의 모든 물은 결국에는 전부 순환하지만, 순환하는 물의 양은 지역에 따라 달라진다. 세계 수자원의 대부분을 재생하는 데는 10년~37,000년이 걸린다는 사실에 주목할 필요가 있다. 대기권이나 강, 그리고 토양에 있는 물만이 비교적 빠른 속도로 순환한다. 물은 생물체를 통해 순환하기도 한다. 수목에 있는 물은 그 싹이 자라면서 수천 번 재충전된다. 우리 체중의 65%를 차지하는 물은 매년 몇 차례씩 교체된다.

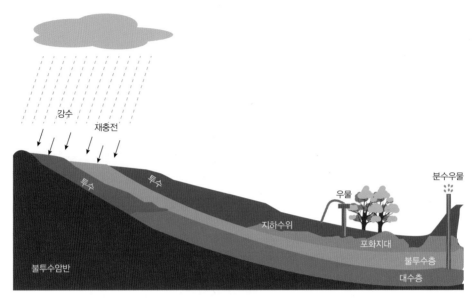

[그림 8-2] 지하수체제

담수의 순환

우리가 사용하는 담수의 두 개의 주요 원천은 상당히 빠르게 흐르는 하천수와 지표면 아래 1,000m 이상에서 발견되는 느리게 움직이는 지하수다. 육지에 떨어지는 연간 평균 강수량은 육지에서 증발되는 양보다 10% 정도 너 많다. 이 차이가 우리가 매년 사용할 수 있는 담수의 최대 유량이 된다. 이 양은 연간 약 38,000㎦, 일일 104㎦다. 물론 이 중 상당한 양이 멀리 떨어져 있어 사용되지 않는 채로 순환된다.

지하수의 순환

지하수 순환에 대해 좀 더 자세히 살펴보자. 육지로 떨어지는 대부분의 강우는 하천과 호소로 유출되고 종국적으로는 바다로 돌아간다. 그러나 [그림 8-2]에서 보는 것과 같이 이 중 일부는 천천히 토양으로 스며들어 더 이상 침투할 수 없는 암반층에 도달하게 된다. 토양과 바위는 지하수위라고 불리는 일정한 수준까지 포화되는데, 지하수위 위층의 토양은 비교적 건조하다. 늪이나 강우량이 많은 곳에서는 지하수위가 육지 표면이나 표면가까이까지 이른다. 그러나 건조지역에서는 지하수위는 지표 아래 수십만 m이거나 아예 없는 경우도 있다.

지하수위 아래 물은 해수면과 해발과의 차이 및 중간에서 가로막는 퇴적물이나 바위의 침투성에 의해 결정되는 유출속도로 천천히 바다로 향해 흐른다. 보통 천천히 흐르는 지하수의 통로 역할을 하는 자갈이나 모래로 된 투수층을 대수층이라고 불린다. 갇히지 않은 대수층은 첫 번째 불투수성 암반층에서 발견되며, 갇힌 대수층은 불투수성 암반층 사이에서 발견된다. 대수층의 지점에 따른 수위의 차가 수력학적 압력을 발생시킨다. 담수를 얻기 위해서는 지하 수위 아래에 우물을 파야 한다. 만약 우물이 갇힌 대수층에 이르면 수력학적 압력으로 양수 없이 물이 저절로 흘러나올 것이다. 이러한 우물을 분수우물이라고 부른다.

세계 전체 지하수 공급량은 엄청나다. 세계 담수 공급의 약 95%를 차지한다. 지하수는 그 부존량이 많은 곳, 특히 시골지역과 소도시에서 일차적인 물 공급원이다. 1,000m까지 발견 된 지하수의 양은 세계 모든 하천수량의 3,000배에 이르고, 전 세계 하천과 호소의 물의 양 의 33배에 이른다. 그러나 담수의 원천으로 지하수를 사용하는 데는 몇 가지 문제점이 있다. (1) 토양과 바위의 투수성이 높지 않을 경우 물이 대수층으로 너무 천천히 흐르기 때문에 가 치 있을 정도의 수량을 채취할 수 없다는 것, (2) 만약 지하수가 강수에 의한 재충전 속도보 다 더 빨리 취수될 경우 지하수위는 떨어지고 우물은 더 깊게 파야한다. 지하수는 재충전하 는데 수백 년이 소요되기 때문에 급속한 고갈은 비재생성자원을 채굴하는 것과 비슷하다. 마 치 돈을 저축하는 것보다 빨리 은행계좌에서 뽑아내는 것과 같다는 것, (3) 지하수는 그것이 바위를 통해 흐르면서 염을 용해하여 사람이 사용하기에는 너무 오염되거나 염분이 많다는 것, (4) 지하수 대수층은 산업쓰레기 등으로 인해 놀랄 정도로 빨리 오염되고 있다는 것 등이 다. 일반적인 인식과는 반대로 하나의 대수층은 빠른 속도로 흐르는 지하하천으로 오염물질 로 과부화되지 않으면 강과 같이 자신의 자정작용을 할 수 있는 지하의 흐름이 아니다. 중요 한 것은 지하수 오염은 기본적으로 비가역적인 것으로, 한 번 오염되면 우리가 할 수 있는 것 은 거의 없다는 것이다.

세계 담수자원의 분배

수자원과 관련된 주요 문제는 사용할 수 있는 담수자원이 불균등하게 분포되어 있다는 것 이다. 우리가 담수를 얻는 강과 호소 그리고 얕은 지하수는 강우에 의해 재충전된다. 연평균 강우량은 전 세계를 통해 광범위하게 달라진다. 이러한 평균치와는 달리 계절별로 강우가 집 중되는 경우가 있다. 더욱이 자연적인 과정(침식과 토양화학물질의 용해)과 인간행위로 인해 이 빗물이 오염된다. 담수자원의 분포도 많이 다른데 그 이유는 기후차이가 지역에 따라 증발률 의 차이를 가져오기 때문이다. 이것이 대륙에 따라 연간유출량을 다르게 한다. 세계의 대부분 지역에 대해 연간 하천유출수와 지하수흐름은 총강수량의 33~42%다. 그러나 아프리카에서는 증발률이 워낙 높은 관계로 연평균유출량은 연평균강수량의 16%에 불과하다.

8.2.3 현재와 미래의 세계의 물 사용량

3가지 물 용도

인간이 물을 사용하는 주요 목적은 3가지가 있다. (1) 식량작물 재배를 위한 관개용수, (2) 산업용수, 그리고 (3) 가정 및 상업용수이다. 2014년 한 해 동안 세계의 70억 인구가 잠재적으로 활용 가능한 연간 담수유출량의 단 9%정도만을 끌어서 사용하였다. 이 중 85%는 관개용수로, 7%는 산업용수로, 그리고 5%는 가정 및 상업용수로 사용하였다.

3가지 물 문제

세계 평균 물 공급량은 충분해 보이지만 세계의 많은 지역은 지속적인, 또는 간헐적인 물 문제에 직면하고 있다. 그것은 미래에는 더욱 나빠질 것으로 보인다. 그러한 상황이 발생하는 이유를 크게 3가지로 나누어 볼 수 있다. (1) 다양한 목적의 물 수요 증가, (2) 세계 수자원의 매우 불균등한 분포, (3) 공급수의 증가하는 오염 등이다. 다시 말하면 세계 수자원의 많은 부분이 잘못된 곳, 잘못된 시간 또는 잘못된 질이라는 것이다.

물 부족 국가

결과적으로 세계의 많은 곳에서 많은 양의 물을 끌어다 쓰고 있고 앞으로는 더 많은 양의 물을 사용하여 재충전되는 양을 초과하게 될 것이라는 것이다. 현재 물 부족현상을 나타내고 있는 국가로는 스페인, 남부 이태리, 달마티안 연안, 이란, 파키스탄, 서부 인도, 타이완, 일본, 한국, 호주, 뉴질랜드, 아프리카, 파나마, 멕시코, 칠레, 페루 그리고 남서부 미국 등이다. 석유가 쿠웨이트를 부자로 만들었지만, 물 빈곤국인 이 나라에서 한 통의 물은 한 통의 기름보다 더 비싸다.

2000년에 들어오면서 상황은 더 나빠졌다. 세계 30개국 이상이 공급 가능량보다 많은 물을 사용했다. 유엔은 구소련 연방국가들 대부분과 대부분의 유럽국가, 미국의 거의 절반, 인도의 대부분, 타이 평야지대, 타스마니아, 자바 섬, 카리브 도서국가, 멕시코, 그리고 브라질 일부, 아르헨티나 일부지역은 불 부족을 겪고 있다고 보고하고 있다. 2000년의 연간 취수량은 연간 유출량의 16~25%로 나타났으며, 20% 정도가 경제적 타당성이 있는 양이다. 실제 숫자는 대륙 간에 큰 차이를 보이고 있고, 물 부족은 특히 유럽과 아프리카 그리고 아시아 지역에서 심각하다.

4가지 물 사용 형태

우리가 담수자원의 미래 공급 가능량을 추론하는 경우, 우리는 4가지 사용형태를 구별할 필요가 있다. (1) 채취적(또는 총사용량) 사용, (2) 소모적(또는 다른 장소로 옮겨서) 사용, (3) 순사용, (4) 오염적 사용 등이다.

채취적 사용은 단순히 호소나 강으로부터 퍼내었거나 지하수나 지표저수지로부터 양수해 낸 물의 총량을 말한다. 그것은 보통 물 부족을 결정하는데 있어서 가능한 공급량과 비교한 숫자다. 이 물 중 일부, 전형적으로 50%는 사용가능한 형태로 환경으로 되돌아온다. 소모적 사용은 증발과 발산에 의해 공기 중으로 사라지는 물을 말한다. 그것은 실제로는 소비되는 것이 아니고 자연적인 과정에 의해 다른 곳에 강수 형태로 사라지는 것이다.

순사용은 총사용에서 소모적 사용을 뺀 것이다. 오염적 사용은 용해염, 기타 화학물질, 또는 열에 의해 그 물이 수문순환에 의해 돌아오기 전에 오염된 물의 양이다. 세계 인구가 증가하고 산업화가 진전됨에 따라 세계의 담수공급량은 연간 2%의 비율로 오염되고 있다. 소모적 사용과 오염적 사용은 채취량의 약 절반가량의 물을 인간이 사용하기 부적합하거나 사용 불가능하게 한다.

물 부족 및 물 오염

지역에 따라 물 부족, 가뭄, 홍수 등이 심각한 문제이기는 하지만 현재 가장 중요한 인간에 대한 위해는 오염된 물이다. 2005년 조사에서 세계보건기구는 후진국에 살고 있는 20억 명의 인구 중 2명 중 1명꼴로 안전한 마실 물이 없으며, 4명 중 3명꼴로 적정한 위생시설이 없는 것으로 나타났다. 아시아 남부와 동남아시아 지역의 국가에서는 상황이 더욱 나쁘다. 주민의 3분의 2가 안전한 먹을 물을 공급받지 못하고 있다. 수인성 전염병으로 연간 약 250만 명의 인구가 죽는다는 세계보건기구의 추산은 놀라운 일이 아니다. 선진국의 평균 수명 73년과 후진국의 57년의 차이의 대부분은 후진국의 높은 영아 및 어린이 사망률 때문이다. 이것은 다시 콜레라, 이질, 설사와 같은 전염성 질병의 광범위한 발생 때문이다.

후진국의 부적정한 용수공급

후진국의 깨끗한 먹는 물 부족은 수천만 명의 부녀자나 어린이가 먹는 물을 구하기 위해 무거운 깡통이나 항아리를 먼 거리 운반해야 한다는 것을 의미한다. 하루에 24km를 걷는 경우가 많다. 수단에 있는 어린 여자아이에게 동네에 우물이 생기면 어떤 일이 좋으냐고 물었을 때 그 아이는 "내가 아마 학교에 다시 다닐 수 있게 될 거예요."라는 대답이었다. 이와 같이 종종 후진국의 부적정하고 불안전한 용수공급이 누가 죽고 누가 살며, 누가 먹고, 누가 굶으며, 특히 부녀자와 어린아이들이 그들의 대부분의 시간을 보내는 방법을 결정한다.

국제음용수공급위생년간

이와 같은 비극적 상황을 개선하기 위해 유엔총회는 1980년대를 '국제음용수공급위생년간'으로 정하고, 1990년까지 모든 사람들에게 깨끗하고 안전한 물 공급을 목표로 세웠다. 이 목표를 성취하기 위해 최소한 3,000억 달러가 필요했다. 이것은 1980년과 1990년 사이에 하루 8,000만 달러의 지출을 의미하는 것이었다(WHO, 1985).

후진국의 물 부족과 선진국의 물 오염문제

물 문제는 선진국과 후진국 간에 차이가 있다. 후진국은 충분한 수량을 가질 수도, 안 가질 수도 있지만, 보통 저수시설 건설과 분배체제를 위해 투자할 돈이 없다. 사람들은 물이 있는 곳에 정착할 수밖에 없다. 선진국 사람들은 기후가 좋은 곳에 정착하면서 필요한 물은 멀리서 수도관을 통해 공급받는다. 선진국의 물 문제는 물 부족 문제도 있지만, 물을 과도하게 사용하면서 물을 오염시킨다는 것이다. 사막에 정착하면서 수도관을 통해 멀리서 물을 가져오고, 홍수범람지에 살면서 물 보고 멀리 가라고 하고 있다.

8.2.4 우리나라의 물 수요와 공급

1969~2018년 기간 중 우리나라의 연평균 강수량은 1,419mm로, [그림 8-3]에서와 같이 연간 수자원공급총량은 1,400억 톤이다. 그 중 증발산량 574억 톤을 제외한 하천유출량은 826억 톤이다. 하천유출량 중 생활용수, 공업용수 및 농업용수 등 인간용수와 하천유지용수 등 생태용수로 사용되는 양은 홍수유출량 298억 톤을 제외한 528억 톤이다.

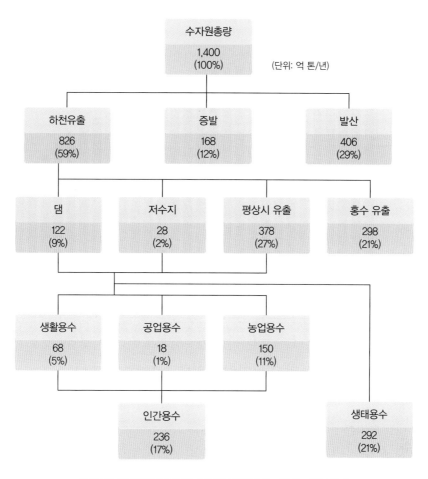

[그림 8-3] 우리나라의 물 수요와 공급(1969~2018 기간 평균)

생활용수 사용량 및 수요 전망

2011~2040년 기간 중 생활용수의 수요는 [그림 8-4]에서와 같이 2011년의 5,955백만 톤에서 2018년 5,997백만 톤으로 증가했다가 2040년에는 5,633백만 톤으로 감소할 것으로 전망된다.

공업용수 사용량 및 수요전망

[그림 8-5]에서와 같이 1980년에는 공업용수 사용량이 7억 톤이었으며 2016년의 공업용수 사용량은 36억 톤이었다. 2020년의 공업용수 추정 수요량은 34억 톤이다.

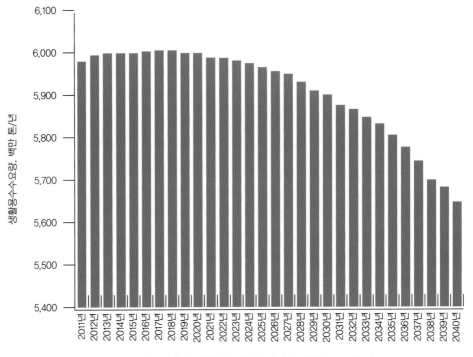

[그림 8-4] 우리나라 생활용수 사용량 및 수요전망(2011~2040)

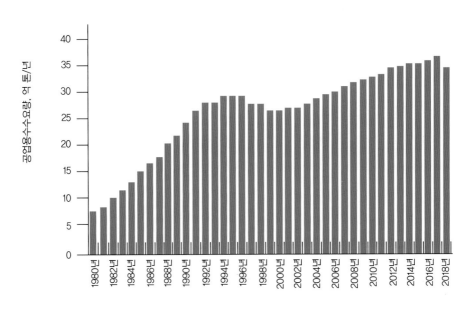

[그림 8-5] 우리나라 공업용수 사용량 및 수요전망(1980~2018)

농업용수 사용량 및 수요전망

농업용수 사용량은 경지면적에 비례한다. 우리나라의 경지면적은 1980년의 21,958㎢에서 2018년의 15,956㎢로, 6,002㎢가 감소하였다. 이와 같은 경지면적의 감소에 따라 농업용수 사용량은 [그림 8-6]에서와 같이 1980년의 196억 톤에서 2018년에는 142억 톤으로 감소하였다. 앞으로도 경지면적의 감소에 따라 농업용수 수요량은 계속하여 감소할 것으로 전망된다.

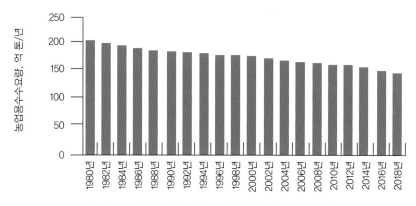

[그림 8-6] 우리나라 농업용수 사용량 추이(1980~2018)

8.3 수자원 관리

우리가 지구의 물 공급량을 늘릴 수는 없지만, 우리는 우리가 가지고 있는 것을 좀 더 효과적으로 관리할 수는 있다. 수자원관리의 3가지 기본방법은 (1) 투입접근방법으로, 댐 건설이나 강의 구조 조정, 지하수 사용, 해수담수화, 그리고 빙산견인 등에 의해 사용할 수 있는 물의 공급량을 늘리는 것, (2) 산출접근방법으로 증발에 의한 손실 감축, 기존 수자원의 오염물질 제거 등에 의한 것, (3) 사용량접근방법으로 낭비를 줄여 물을 보존하고, 1인당 물 사용량을 줄이는 것 등이다. 〈표 8-2〉에 수자원관리를 위한 주요 접근방법이 요약되어 있다. 효과적인 수자원관리 방법은 위의 3가지 접근방법을 잘 결합해서 사용하는 것이다. 우리나라에서는 마지막 접근방법에 제일 큰 역점이 두어져야 한다.

〈표 8-2〉 수자원관리 주요 방법

투입 (특정지역의 공급확대)	산출 (악화 및 기존공급 손실방지)	사용량 (1인당 사용량 감축)
•댐건설(호소, 저수지) •수로변경 •지하수개발 및 인공충전 •해수 및 기수 담수화 •빙산견인 •인공강우 •오염방지 •인구이주	•관개용수 증발손실 감축 •관개농지배수개선, 염화방지 •오염된 물 정화 재이용	•물 부족지역 확대방지 •채광, 산업 등 용수 절약 방안 마련 •물 낭비 감축 •1인당 물 사용량 감축

자료원: Linsley, R. K., et al., 1979

8.3.1 투입접근방법

주요 투입접근방법으로는 댐건설, 수로변경 사업, 지하수 개발, 담수화 사업, 빙하견인, 기후조절 등이 있다.

댐 건설

우리는 더 많은 댐을 건설해야 하는가? 사람들이 경작지를 관개하고, 도시에 살게 된 후로 그들은 댐과 저수지, 도수로와 송수관로를 건설하여 물을 저장하고 운반하고 있다. 강에 댐을 건설하면 그 위에 호소나 저수지가 만들어진다. 이것은 일시적인 물의 저장을 의미한다. 댐은 댐 상류의 산에서 녹은 물과 폭우로 인한 봄철의 많은 물을 잡아둘 수 있다. 이 물은 필요한 경우에 방출하여 사용될 수 있다. 댐과 저수지는 몇 가지 주요 이익을 준다. (1) 댐 하류 지역의 홍수 위험을 감소시키고, (2) 댐 하류 지역의 농업용수, 공업용수, 생활용수의 공급을 통제하고 믿을 수 있게 하며, (3) 친수활동을 가능하게 하는 대형 저수지가 만들어지고, (4) 값싼 수력발전을 할 수 있다는 것이다.

댐과 저수지는 심각한 결점을 가지고 있기도 하다.

첫째, 그들은 작은 홍수를 예방하고 방지하는 데는 도움이 되지만 아주 큰 홍수를 방지하지는 못한다는 것이다. 대부분의 사람들이 댐은 모든 홍수로부터 그들을 보호할 수 있다고 잘못 믿기 때문에 그들은 댐 하류 범람평원(홍수에 취약한 땅)에 도시를 건설하고 농작물을 재배한다. 그러다 대홍수가 발생하면 피해는 댐이 없었던 때보다 더욱 커진다.

둘째 결점은 댐이 물의 흐름을 통제하기는 하지만 물의 공급을 늘리지는 않는다는 것이다.

실제로 댐은 가끔 용수공급을 줄이기도 하는데, 그 이유는 강에서 정상적으로 흐르는 물은 더 큰 저수지에서는 증발하기도 하고, 저수지로 인해 생겨난 큰 압력 때문에 지하로 스며나가기 때문이다.

셋째, 저수지는 댐 하류의 홍수를 방지할 수도 있지만, 그들은 큰 면적의 땅을 영구적으로 수몰시킨다는 것이다. 그것은 사람들을 이주시키고, 자연경관지역을 파괴하며, 야생의 서식지를 파괴하고, 좀 더 바람직한 친수위락 활동(강의 카누타기와 하천 낚시)을 덜 바람직한 활동(동력 보트와 호소 낚시)으로 대체한다는 것이다.

마지막으로 댐과 저수지는 주변지역에 많은 예측할 수 없고 바람직하지 않은 생태적, 경제적 그리고 보건적 영향을 미칠 수 있다는 것이다. 댐 건설 결정은 발생 가능한 이익과 손해를 주의 깊게 분석한 결과를 바탕으로 해야 한디.

수로변경 사업

사람들은 생활용수와 관개용수 공급을 위해 한 지역에서 다른 지역으로 물길을 돌리는 대규모 토목공사를 끊임없이 꿈꾼다. 불행하게도 이러한 수조 원짜리 사업들은 그들이 만들어낸 문제를 해결하기 위해 더 비싼 계획을 하도록 한다. 우리나라의 경우에는 아직까지 뚜렷한 수로변경사업은 없으나 미국의 경우에는 2개의 대형 관개사업이 진행되었다. 콜로라도 강에 도수로를 설치하여 남 캘리포니아의 임페리얼 계곡에 농업용수를 공급하는 사업과 북부 캘리포니아에 있는 강으로부터 중부 캘리포니아에 있는 산호아킨계곡에 농업용수를 공급하는 사업이었다.

이러한 사업들은 비옥하고 건조한 땅에 물을 성공적으로 공급한다. 그러나 우리는 과거의 문명이 그랬던 것처럼 적정한 배수가 없는 지표관개가 장기적으로는 재앙을 초래하고 농경지를 황폐화시킨다는 것을 배웠다. 물이 농경지 위를 흘러 지하로 들어가면, 여러 가지 염이 용해되어 보통 염수라고 불리는 조건이 되고 만다. 이 소금물이 관개를 하려는 토양 위에 넓게 퍼지게 되면 대부분의 물이 증발에 의해 없어지고 소금만 남게 된다. 만약 이러한 소금이 씻겨나가거나 배수되지 않으면 토양에 축적되어 토양을 척박하게 만든다.

토양염화와 함께 발생하는 문제는 침수다. 지하로 침투된 관개용수는 지하에 축적되면서 지하수위를 지표가까이까지 끌어 올린다. 식물뿌리에 너무 많은 물이 있으면 그 성장을 막게 된다. 염분과 침수는 최소한 생산성을 3분의 1 이상 감퇴시키고, 특히 덥고 건조하여 증발이 빠른 지역에서는 관개 농경지의 80% 이상에서 일어나는 현상이다.

남부 이라크와 파키스탄은 한 때 비옥한 땅이었지만 지금은 마치 방금 눈이 내린 평원과 같이 소금기로 반짝인다. 소금으로 하얗게 된 토양은 캘리포니아, 와이오밍, 콜로라도 등지에서도 발견된다. 염분축적은 관개농지 절반 정도에 대해 잠재적인 위험이 되고 있다. 염분축적으로 인해 미국의 17개 서부 주에서는 농작물 수확이 감소되고 있다.

지하수 개발 및 인공충전

지하수는 우리나라 담수사용량의 일부를 공급한다. 그리고 어느 곳에서나 발견된다. 지하수는 지하대수층으로부터 취수되는 것으로, 대수층은 오랜 기간을 거쳐 물이 저장된 곳이다. 우리나라의 일부 농촌지역은 지하수를 음용수와 관개용수로 사용한다. 물 공급 문제에 대한 하나의 해결책으로 지하수를 더 많이 사용할 수 있지만 거기에는 몇 가지 문제가 있다. (1) 고갈, (2) 지하수 채취로 지층의 함몰 또는 침강 발생, (3) 연안지역의 담수 지하수의 염화, (4) 인간행위로 인한 지하수 오염이다.

지하수고갈은 지역에 따라 심각한 문제가 되고 있다. 상부의 지하대수층은 비가 풍부한 지역에서는 자연적으로 다시 채워지거나 재충전되지만, 그와 같은 재생기간은 느리다. 자연충전율보다 더 빠른 속도로 지하수를 채취하는 것은 값비싼 광물을 채굴하는 것과 같다.

담수화

담수화 또는 탈염이라고 하는 것은 생활용수나 농업용수로는 너무 염분이 많은 물로부터 용해된 염을 제거하는 것을 말한다. 탈염방법으로서는 증류와 삼투의 2가지 방법이 있다. 증류란 에너지를 사용하여 소금물로부터 담수를 증발시키면 소금이 남게 된다. 삼투란 에너지를 사용하여 염수를 막을 통해 여과시키는 것으로 막은 아주 작은 구멍으로 되어 있어 소금입자는 통과하지 못하도록 되어 있다.

대부분의 사람들이 담수화에 대해 우리의 총수자원의 97%를 차지하고 있는 바다를 생각한다. 실제로 소금물이라고 하면 어떤 형태이든 1,000ppm 이상의 고형물질을 함유하고 있는 물을 말한다. 소금물에는 기수(1,000~4,000ppm의 용해고형물질), 염수(4,000~18,000ppm) 및 해수(18,000~35,000ppm)가 포함된다. 이와 같이 담수화는 연안지역에서는 해수 정화를 위해, 내륙지역에서는 기수의 정수를 위해 사용된다.

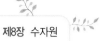

빙산견인

과학자들 중에는 남극의 빙산을 건조지역인 미국 남부 캘리포니아, 사우디아라비아, 칠레 등으로 견인하는 것이 경제적인 타당성을 가질 수 있다고 말하는 사람들이 있다. 빙산은 해수가 아닌 담수로 이루어졌기 때문이다. 남극의 빙산은 넓고 평평하다. 마치 거대한 떠 있는 판구조물을 연상시킨다. 그 양은 현재 전 세계 생활용수 사용량의 5배에 달하고, 전체 사용량의 3분의 1에 달한다. 남극빙산은 북극얼음보다 견인하기가 쉽다. 북극얼음은 산과 같은 모양이고, 불규칙한 모양에 자주 굴러서 모양이 일정하지 않다. 작은 빙산은 일찍이 1890년에 견인된 적이 있었다.

인공강우

특히 미국을 포함한 몇몇 나라들이 건조지역에 비를 내리고, 산악지역에 눈을 내리게 하여 강의 유출수를 늘리기 위해 수 년간 화학물질로 구름씨앗을 만드는 실험을 해왔다. 원칙적으로 구름씨앗뿌리기는 몇 단계를 거친다. (1) 비구름 발견, (2) 구름 아래 또는 위로 비행기를 날리거나 지상에 설치한 연소기를 사용하여 분말화학물질을 분사(분사된 입자들은 핵으로 작용하여 구름에 있는 작은 물방울이 응축하면서 빗방울이나 얼음 입자를 형성), 그리고 (3) 비를 내리게 하는 것이다. 가장 효과적인 구름씨앗화학물질은 결정형태의 은 요오드이지만 염 결정체나 건조얼음, 진흙 입자도 사용되고 있다.

8.3.2 산출접근방법

증발과 발산 방지

새로운 수자원 발견에 더해, 우리는 수자원 손실을 감축시킬 수 있다. 호소, 저수지 그리고 관개된 농경지로부터의 증발과 식물로부터의 발산이 주요 문제가 되고 있다. 증발손실을 감축시키기 위해 미국, 이스라엘, 칠레, 호주 및 이태리는 호수와 저수지를 얇은 화학물질이나 플라스틱 막으로 덮는 실험을 해보았다. 그러나 거기에는 몇 가지 주요 문제가 있다. (1) 이러한 덮개는 파도, 바람 보트에 의해 교란된다(이런 식으로 덮개를 한 호소는 위락용으로는 사용될 수 없다). (2) 이러한 덮개는 수온을 높이고 물에 녹아야 하는 공기 중의 산소를 차단하여 수중생물을 교란한다는 증거가 있으며, (3) 수온증가는 증발을 감소시키는 것이 아니라 오히려 촉진하는 결과를 초래하고, (4) 이런 접근방법은 매우 비싸다는 것이다. 이러한 막을 광범위하게 사용하기 전에 먼저 많은 조사가 필요하다.

점적관개

증발을 감소시키는 다른 한 가지 방법은 지하에 플라스틱 관망을 설치하여 식물의 뿌리에 직접 관개용수를 점적하는 것이다. 점적관개라고 불리는 이 접근방법은 전통적인 도랑관개보다 4분의 1의 수량만 있으면 된다. 과학자들 또한 물을 적게 쓰거나 발산을 덜 하는 새로운 변형농작물을 육종할 수 있을 것이다.

수질보전

물을 생활용수나 공업용수로 사용하기 위해서는 그 수질이 해당 물 용도에 적합해야 한다. 오염된 물은 수량이 아무리 많아도 사용할 수 없기 때문이다. 수질문제가 없다면 물을 두 번, 세 번 재사용 내지 재활용할 수 있게 되어 수량문제도 자연히 해결된다. 그러나 현실에서는 공장폐수, 생활하수, 축산폐수, 비점오염원 등 인위적, 자연적인 요인에 의해 물이 오염되기 때문에 정수를 하지 않고 자연 상태의 물을 그대로 사용할 수 있는 경우는 없다고 할 수 있다.

오염된 물의 정수

오염된 물을 정수하는 데는 기술적, 경제적 문제가 따른다. 오염물질에 따라서는 현재의 정수기술로는 그 제거가 어렵고, 기술적으로 제거가 가능하더라도 비용이 너무 많이 들어 문제가 되는 것이 있다. 이러한 문제를 해결하기 위해서는 경제성 있는 고도정수처리기술 개발이 수자원수급대책의 우선과제가 되어야 한다.

폐수처리

정수처리 외에 수질문제를 해결하는 보다 근본적인 방법은 수질오염원에서 오염물질을 제거한 후 방류하여 공공수역의 수질을 깨끗이 하는 것이다. 하수와 폐수를 정화하는 데도 역시 기술적, 경제적 문제가 따르며, 경제성 있는 고도 하·폐수처리기술 개발이 우선과제로 등장한다.

8.3.3 사용량접근방법

투입과 산출접근방법의 조합

사용량 접근방법은 다음 30년 간 우리의 환경위기에 관한 종합접근방법의 주요 부분이 될 것이다. 이 접근방법은 새로운 수자원의 확보, 오염방지 강화, 수자원의 절약 등이 포함된다. 우리나라에서 사용되는 수자원 중 상당한 양이 불필요하게 낭비되고 있다. 이러한 현상이 일어나는 것은 공기와 같이 물이 공짜로 취급되고 자기가 적당하다고 생각하는 대로 사용하기 때문이다.

물 절약의 실천

생명유지에 필수적인 물은 생산비용이 상대적으로 싸다. 가정이나 공장이 물을 낭비하기보다는 절약하기 위한 노력을 거의 하지 않는다는 것이 놀라울 것은 조금도 없다. 세계는 물 절약에 관한 한 이스라엘로부터 많은 것을 배웠다. 이스라엘은 1950년부터 1980년 사이에 산출 및 생산적 접근방법을 사용하여 물의 효용을 17%에서 95%로 증가시켰다.

물 절약과 재활용

장래 우리나라의 물 문제를 해결하기 위해 최우선적으로 추진해야할 과제 중 하나는 물 절약과 물의 재활용이다. 물 절약과 재활용은 앞에서 말한 수질문제와 수량문제를 동시에 해결할 수 있는 가장 효율적인 방법이다. 물 절약은 곧 수질오염물질 발생량의 감소를 의미하며, 발생량 감소는 공공수역에 대한 수질오염물질 부하의 감소를 의미한다. 뿐만 아니라 물 절약은 원수 취수량을 감소시켜 하천의 유량을 증대시킴으로써 그 자정능력을 향상시키게 된다. 물 절약은 정수비용의 절약을 의미함으로 경제적인 이득도 크다.

물 절약을 위한 행태변화 및 기술적 문제해결

생활용수의 절약은 생활습관 내지 행태 변화와 기술적인 문제해결이 전제가 되어야 가능하다. 일반 샤워기의 물 유출량은 분당 18L인데 비해 절수용 샤워기의 분당 물 유출량은 10L이고 한 사람의 평균 샤워시간을 3분이라고 하면 절수용 샤워기를 사용할 경우 1인당 1일 24L의 물을 절약할 수 있다. 샤워용수의 경우 샤워습관에 따라 물 사용량에 큰 차이가 난다. 앞의 경우, 샤워시간 내내 물을 틀어놓을 경우 30L가 소비되지만 몸 적시기→(샤워잠그기)→

비누칠하기→(샤워틀고)→헹구기의 순서로 샤워를 하면 샤워시간은 약 반으로 줄어들 수 있으므로 1인당 1일 39L의 물을 절약할 수 있다. 이러한 절수전략을 화장실, 세탁실 등에 사용하면 전체적으로는 현재 생활용수 사용량의 30%인 1인당 1일 90L 정도를 줄일 수 있다. 이 양을 전 국민에 대해 계산하면 생활용수 부문에서만 연간 약 16억㎥를 절약할 수 있을 것으로 추정된다.

중수도 등을 이용한 물의 재활용 및 재이용

물을 재활용 및 재이용하면 물 절약과 동일한 효과를 얻을 수 있다. 현재 우리나라의 중수도에 의한 물의 재활용 양은 2008년 113백만 ㎥에서 2017년 268백만 ㎥로 증가추세를 보이고 있으며, 하수처리수의 재이용 양은 2008년 361백만 ㎥에서 2017년 568백만 ㎥로 증가추세를 보이고 있다(2017 하수도통계).

샘이 마르면, 우리는 물의 가치를 알게 된다.
_ Benjamin Franklin, 1746.

수질오염

가장 좋은 치약으로 이를 닦고,
산업폐수로 너의 입을 가셔라.

Tom Lehrer

수질오염은 여러 가지 형태로 발견된다. 그것은 도시의 생활하수, 공장폐수, 농경지와 축산시설로부터 흘러나오는 비료 유출과 가축분뇨, 낙동강의 페놀오염, 제임스강의 케폰Kepone 살충제 오염사고, 산타바바라의 유류 누출사고, 세제거품으로 덮인 하천, 폭풍우에 땅으로부터 씻겨나간 침전물, 건설, 도로건설, 핵발전소의 방사성 폐기물, 발전소 및 산업공장의 열오염, 채광 행위로 인한 폐기물, 바다에 투기되는 하수 찌꺼기, 툴루즈 공급수의 석면오염, 뉴올리언스 음용수의 발암성 화학물질, 바다에 떠 있는 플라스틱 알갱이들, 그리고 각종 의약품의 복용을 통해 물로 들어가는 환경호르몬 등이다. 수질오염의 영향 중에는 음용수에 고약한 맛을 내는 것, 호소와 강에 냄새가 나는 것, 해수욕장이 오염되어 문을 닫는 것, 라인강의 물고기 죽음, 뉴욕시의 간염 발생, 네팔의 콜레라 발생, 브라질 상파울루의 죽은 강 등이다.

9.1 수질오염의 정의

수질오염이란 "지표수, 지하수 및 해수로 부패성물질, 유독물질, 부유물질 등이 유입되어 물의 물리화학적 변화가 일어남으로서 각종 용수로 사용할 수 없거나, 수서생물에 악영향을 초래하는 현상"이라고 정의된다. 좀 더 세밀하게 말하면 수질오염이란 "물이 천연적으로 가지고 있는 물리적, 화학적, 생물학적 또는 세균학적 특성이 상호 연관된 자연적, 인위적인 요인에 의하여 변화함으로써 물 이용상의 지장을 초래하거나, 환경의 변화를 야기하여 수중생물에 영향을 주는 상태로 변화하는 것"을 말한다.

천연적으로 가지고 있는 물의 특성은 증류수와 같이 물속에 어떤 물질도 들어 있지 않은 상태를 말하는 것이 아니고, 그 물만이 가지고 있는 자연적인 성질을 말하는 것이다. 어떤 물에 살고 있는 생물체는 그 수질특성에 적응되어 있기 때문에 인위적으로 그 수질특성에 변화를 일으키면, 관련된 생물체에도 영향이 미치게 된다. 지표수 환경을 변화시키는 원인이 "물질"에만 국한된 것이 아니고, 열로 인한 수온의 변화도 지표수 환경 변화의 요인이 된다. 이런 점에서 수질오염이라는 용어 대신 수질변화라는 용어를 사용할 수 있다(김동욱 외, 2005).

9.1.1 물의 특성

물의 물리적, 화학적, 생물학적 특성은 〈표 9-1〉과 같다.

〈표 9-1〉 물의 물리적, 화학적, 생물학적 특성

물의 특성		수질오염물질(변수)
물리적 특성		색깔, 탁도, 냄새, 온도, 고형물질(부유물질, 용해성)
화학적 특성	유기물질	BOD, COD, TOC, TOD, 탄화수소, 지방과 유분, 살충제, 페놀, 단백질, 계면활성제, 휘발성 유기화합물
	무기물질	염도, 경도, 알칼리, 염소화합물, 중금속, 질소화물, 수소이온농도(pH), 인화물, 우선오염물질, 황화물, 황산화물
	기체상물질	유화수소, 메탄, 산소
생물학적 특성	동물	동물(어류, 저서생물(benthos))
	식물	식물(이끼류)
	원생동물	아메바류(amoeba 또는 pseudomopoda), 편모충류(flagellates 또는 mastigophora), 섬모충류(ciliates 또는 cilophora), 포자충류(apicomplexa 또는 sporozoa)
	세균	대장균군, 콜레라, 장티푸스, 이질
	원시핵생물	바이러스(소아마비, 노로바이러스, 엔테로바이러스 등), 남조류

자료원: Metcalf and Eddy, 1991, p.57 / 류재근, 최신미생물학, 1978.

9.1.2 물의 용도

물은 사람이 생활용수, 공업용수, 농업용수, 위락용수 등의 용도로 사용하고 자연은 생태용수로 물을 사용한다. 수질오염은 어떤 물질이나 조건(열과 같은)이 물의 특성을 변화시켜 물이 특정기준을 만족하지 못하거나 물이 특정 목적에 사용되지 못할 정도가 된 것을 말한다. 이와 같이 수질오염은 오염물질의 성질뿐만 아니라 물의 용도에 따라 달라진다. 너무 오염되

어 먹지 못하는 물은 공업용수로는 사용가능할 것이다. 어업용으로는 너무 오염된 물이 항해 나 수력발전을 위해서는 사용이 가능하다. 물 오염을 구성하는 것이 무엇인지를 결정하는 데 는 우리는 가치판단이라는 논쟁 많은 문제에 부딪히게 된다.

9.2 수질오염물질

9.2.1 수질오염물질과 특정수질유해물질

물에 들어 있는 모든 물질이 수질오염물질은 아니며 수질오염의 정의에 부합하는 물질만 이 수질오염물질이다. 따라서 구체적인 수질오염물질은 국가에 따라 다를 뿐만 아니라 같은 나라에서도 지역에 따라, 시간의 흐름에 따라 달라진다. 우리나라의 경우에는 〈표 9-2〉에서 와 같이 53종의 "수질오염물질"이, 〈표 9-3〉에서와 같이 28종의 "특정수질유해물질"이 각각 규정되어 있다.

〈표 9-2〉 우리나라의 수질오염물질

1. 구리와 그 화합물	21. 인화합물	41. 1, 2-디클로로에탄
2. 납과 그 화합물	22. 주석과 그 화합물	42. 클로로포름
3. 니켈과 그 화합물	23. 질소화합물	43. 생태독성물질(물벼룩에 대한 독성을 나타내는 물질만 해당한다)
4. 총 대장균군	24. 철과 그 화합물	
5. 망간과 그 화합물	25. 카드뮴과 그 화합물	
6. 바륨화합물	26. 크롬과 그 화합물	44. 1, 4-다이옥산
7. 부유물질	27. 불소화합물	45. 디에틸헥실프탈레이트(DEHP)
8. 삭제 〈2019. 10. 17.〉	28. 페놀류	46. 염화비닐
9. 비소와 그 화합물	29. 페놀	47. 아크릴로니트릴
10. 산과 알칼리류	30. 펜타클로로페놀	48. 브로모포름
11. 색소	31. 황과 그 화합물	49. 퍼클로레이트
2. 세제류	32. 유기인 화합물	50. 아크릴아미드
13. 셀레늄과 그 화합물	33. 6가크롬 화합물	51. 나프탈렌
14. 수은과 그 화합물	34. 테트라클로로에틸렌	52. 폼알데하이드
15. 시안화합물	35. 트리클로로에틸렌	53. 에피클로로하이드린
16. 아연과 그 화합물	36. 폴리클로리네이티드 바이페닐	54. 톨루엔
17. 염소화합물	37. 벤젠	55. 자일렌
18. 유기물질	38. 사염화탄소	56. 스티렌
19. 삭제 〈2019. 10. 17.〉	39. 디클로로메탄	57. 비스(2-에틸헥실) 아디페이트
20. 유류(동·식물성을 포함한다)	40. 1, 1-디클로로에틸렌	58. 안티몬

자료원: 「물 환경보전법 시행규칙」 [별표2]

〈표 9-3〉 우리나라의 특정수질유해물질

1. 구리와 그 화합물	12. 폴리클로리네이티드 바이페닐	23. 아크릴로니트릴
2. 납과 그 화합물	13. 셀레늄과 그 화합물	24. 브로모포름
3. 비소와 그 화합물	14. 벤젠	25. 아크릴아미드
4. 수은과 그 화합물	15. 사염화탄소	26. 나프탈렌
5. 시안화합물	16. 디클로로메탄	27. 폼알데하이드
6. 유기인 화합물	17. 1, 1-디클로로에틸렌	28. 에피클로로하이드린
7. 6가크롬 화합물	18. 1, 2-디클로로에탄	29. 페놀
8. 카드뮴과 그 화합물	19. 클로로포름	30. 펜타클로로페놀
9. 테트라클로로에틸렌	20. 1, 4-다이옥산	31. 스티렌
10. 트리클로로에틸렌	21. 디에틸헥실프탈레이트(DEHP)	32. 비스(2-에틸헥실)아디페이트
11. 삭제 〈2016. 5. 20.〉	22. 염화비닐	33. 안티몬

자료원: 「물 환경보전법 시행규칙」 [별표3]

　　미국은 염소화합물 등 총 126종의 물질을 수질오염물질로 설정하고 있으며CWA, 1972, 미국의 수질청정법은 생물적산소요구량BOD5, 총 부유물질TSS, 수소이온농도pH, 대장균, 유분을 "전통적 수질오염물질"conventional water pollutants이라고 부른다.

　　수질오염물질은 일반적으로 (1) 생물학적 산소요구량(생활하수, 동물분뇨, 산업폐기물), (2) 병원성 미생물(박테리아, 기생충, 바이러스), (3) 무기화학물질 및 광물(산, 염기, 유독금속), (4) 유기화학물질(살충제, 플라스틱, 세제, 산업폐기물, 유분), (5) 식물 영양염류(질산염과 인산염), (6) 침전물(토양, 침니, 기타 토양침식으로 인한 고형물), (7) 방사능물질, (8) 열(산업 및 발전소 냉각수)의 8개 범주로 분류한다.

9.2.2 분해성 오염물질

　　수질오염물질은 분해 성(급속이든 지속이든)과 비분해성으로 구분될 수 있다. 급성분해오염물질은 그 부하량이 과다하지 않는 한, 자연적 화학순환과정에 의해 상당히 빨리 분해될 수 있다. 거기에는 생활하수, 기타 산소요구화학물질, 식물영양염류, 그리고 합성유기화학물질 등이 포함된다. 이러한 오염물질을 방지하기 위해 우리는 과부하를 예방해야 한다. 보통 이러한 오염물질들은 분해되어 무해하거나 덜 유해한 형태로 변하지만, 때에 따라서는 더 해로운 형태의 물질로 전환될 수도 있다. 예를 들어 산성물에 있는 미생물은 중간 정도로 해로운 금속수은과 유기수은화합물을 매우 유독한 유기메틸수은으로 전환시킨다(이홍근 외, 2005).

9.2.3 비분해성 오염물질

비분해오염물질은 자연의 정화과정에 의해서 분해되지 않는 오염물질을 말한다. 그러한 오염물질로는 금속(수은, 납, 비소와 같은 것), 금속염, 침전물, 합성유기화합물(플라스틱과 같은 것), 그리고 박테리아와 바이러스가 있다. 이들 오염물질들은 폐기물처리를 통해 제거하거나 환경에의 유입을 예방하는 방법으로 방지해야 한다.

9.2.4 지속분해성 오염물질

지속분해오염물질은 장시간 동안 자연에 남아 있지만 자연적인 과정에 의해 결국은 무해한 수준으로 분해되거나 환원된다. 그러한 예로서는 DDT, PCBs, 페놀, 구형 세제 등과 같은 합성유기화학물질과 방사성동위원소가 포함된다. 이 중 디디티와 같은 물질은 먹이사슬에서 확대되어 야생이나, 경우에 따라서는 사람에게까지 유해한 것이 될 수 있다. 이들 오염물질의 대부분이 폐기물처리방법으로 제거하기가 매우 어렵기 때문에 방지조치의 특성에 대해 강조되어야 할 것은 (1) 환경에의 배출을 예방하거나 최소화하고, (2) 농도가 안전수준 이하로 떨어질 때까지 장기적 보관, (3) 이러한 오염물질 중 위험하고 먹이사슬을 통한 생물적 확대가 가능한가를 결정하기 위한 조사 등이다.

9.2.5 무기화학물질과 유기화학물질

양적인 면에서 침전이 주요 수질오염문제이기는 하지만 다른 수질오염물질들도 미량으로 존재할 경우에도 동식물(인간 포함)에 심각한 위협이 될 수 있다. 생물체에 따라서는 유분, 살충제, 그리고 납이나 수은화합물과 같은 화학물질에 대한 내성이 낮은 것이 있다. 높은 내성을 가진 다른 생물체들은 오염물질의 농도가 먹이사슬에서 생물학적으로 농축되었을 때 영향을 받을 수 있다.

9.3 수질오염물질 발생원

9.3.1 인위적 발생원과 자연적 발생원

〈표 9-4〉에서와 같이 수질오염물질의 주요 발생원은 인위적인 발생원과 자연적인 발생원

〈표 9-4〉 수질오염물질 발생원

오염물질		발생원
생물학적 산소요구량(BOD)		자연유출수, 생활하수, 축산폐수, 산업폐수, 부패식물, 도시유출수 등
병원성 미생물		생활하수, 가축분뇨
무기화학물질		
	산	채광(석탄), 산업폐수
	염	자연유출수, 관개, 채광, 산업폐수, 유전폐수, 도시유출수, 도로제설약품
	납	유연휘발유, 살충제, 납 제련
	수은	자연증발 및 용해, 산업폐기물(살균제)
식물영양염류		자연유출수, 경지유출수, 생활하수, 광산폐수, 산업폐수, 부 적정 하수처리
침전물		자연 침식, 토양보존소홀, 경지유출수, 채광, 산림, 건설행위
방사성물질		자연발생원, 우라늄광산/처리장, 핵발전소, 핵실험
열		공장/발전소 냉각수
유기화학물질		
	유분	기계/자동차폐기물, 송유관 파손, 유전폭발, 자연누출, 유조선 사고
	살충제와 제초제	농업, 산림, 모기구제
	플라스틱	가정과 산업체
	세제(인)	가정과 산업체
	염소화합물	정수·살균소독, 제지산업

으로 구분할 수 있다. 인위적인 발생원은 사람의 생산과 소비활동에 따라 수질오염물질이 발생하는 발생원이다. 수질오염물질의 대표적인 인위적 발생원으로는 공장폐수, 생활하수, 축산폐수, 농약, 비료, 도시지역 우수유출수 등이 있다. 자연적인 발생원은 토양침식, 무기물질 및 자연유출수에 의한 유기물질의 용해, 운반 등이다. 수질오염은 자연유출수에 의한 결과일 수 있고, 토양층을 투과한 물에 녹아 있는 화학물질일 수도 있으며, 농업, 채광, 건설, 상업, 가정 및 사업장과 같은 인간행위가 원천인 경우도 있다.

9.3.2 점오염원과 비점오염원

수질오염원을 점오염원과 비점오염원으로 나누는 것이 편리한 경우가 많다.

점오염원이란 확인 가능한 점에서 발생한 폐기물의 배출을 말한다. 점오염원에는 (1) 하수처리장(오염물질을 모두 제거하지는 않는다), (2) 도시지역의 합류식 우수관거와 위생적 하수관

거에서 유출되는 강우유출수, (3) 산업공장, (4) 축산시설 등이 포함된다.

비점오염원은 토지유출, 대기세척으로부터 발생한 폐기물이 분산적으로 배출되어 확인과 통제가 매우 어려운 것을 말한다. 비점오염원으로서는 (1) 자연적, 인위적 요인에 의한 산불, 건설, 벌목, 농경 등에 의한 침전물의 유출, (2) 화학비료, 살충제, 농경지의 염화된 관개용수, (3) 도시지역 강우유출수, (4) 채광장과 폐광장에서 발생한 산acids, 광물, 침전물 등의 배수, (5) 유류나 기타 위험물질의 누출 등이 있다.

비점오염원 오염은 현재 주요 문제로 인식되고 있다. 비점오염원은 광범위하게 퍼져 있고, 확인하기 어려우며, 방지하기도 어렵다. 예를 들어, 농경지 발생 비점오염물질은 미국의 246개 유역 중 거의 68%에 영향을 미친다. 수질을 오염시키는 침전물과 유기물질의 98.7%가 비점오염원에서 발생한다. 1.2%가 점오염원인 산업폐수에서 발생하고 0.1%가 생활하수에서 발생한다.

9.4 수질오염문제

수질오염문제로는 (1) 유기물질오염, (2) 영양염류오염, (3) 병원성미생물오염, (4) 유기화합물오염, (5) 무기화합물오염, (6) 침전물오염, (7) 방사능오염, (8) 열오염 등이 있다.

9.4.1 유기물질오염

대부분의 수생생물은 생존을 위해 산소를 필요로 하며, 물속에 있는 산소량의 척도는 용존산소DO로 표현된다. 물의 포화용존산소는 8~15mg/L 수준이다. 어류는 생존을 위해 최소한 3 mg/L의 용존산소를 필요로 한다. 유기물질은 호기성 또는 혐기성 박테리아에 의해 분해될 때 유독가스를 배출하고, 물속의 산소를 소모하여 물을 썩게 함으로써 수중생태계를 파괴하고, 용수의 사용을 방해한다.

9.4.2 영양염류오염

영양염류인 인과 질소가 호소에 과다하게 유입되어 조류와 수생식물이 번성해서 유기물의 총량이 증가되는 현상을 부영양화 또는 '영양염류오염'이라고 한다. 영양염류의 주요 발생원은 생활하수와 축산폐수, 비료 성분이 포함된 농업용수 등의 유입이다. 식물의 생장에 필요한 영양소를 제공해 주는 염류로 암모니아, 질산염, 아질산염, 인산염 등이 있다. 녹조는 영양염류의 과다로 호수에 녹조류가 대량으로 번식하여 물빛이 녹색으로 변하는 현상을 말한다. 일단 물에 유입된 영양염류는 제거하지 않으면 수중생태계의 물질순환 구조 속에 계속해서 남아 있게 된다.

호소의 부영양화로 인한 악영향으로는 생물종에 대한 영향, 상수원수 등 용수장해, 조류독소에 의한 건강장해, 어류폐사, 경작방해, 불쾌감 유발 등이 있다. 영양염류가 유입되면 조류가 대량으로 번식하여 바다가 붉게 변하는데, 이러한 현상을 적조라고 한다. 적조가 발생하면 물속의 산소가 부족하게 되거나, 플랑크톤 자체의 독성 또는 플랑크톤의 외부를 감싸고 있는 점액질이 물고기의 아가미를 덮어 호흡을 방해함으로써 어패류가 죽거나 수질이 악화된다.

9.4.3 병원성미생물오염

병원성 미생물로는 수인성병원균(박테리아, 콜레라균, 이질간균, 장티푸스, 파라티푸스 등), 바이러스(간염, 소아마비), 원생생물(아메바성이질, 지아디아시스: 크립토스포리듐Cryptosporidium, 사람과 동물의 장관에 기생하는 원생동물인 람블편모충, 지아디아램블리아에 의한 질병) 등이 있다.

병원성 미생물에 의한 수질오염사건으로는 영국 런던의 브로드웨이broadway의 펌프운전사건(1849년)이 있다. 병원성 미생물의 발생원은 자연적인 것도 있으나 주로 생활하수나 축산폐수에서 발생한다고 할 수 있다. 대부분의 수인성 전염병은 염소소독으로 해결된다.

9.4.4 유기화합물오염

합성세제오염, 유류오염, 농약오염 등이 있다. 합성세제오염이란 합성세제에 함유된 인산성분으로 인한 부영양화와 수면에 생기는 거품이 공기 중의 산소의 용해를 방해하고 햇빛을 차단하여 수중생물에 나쁜 영향을 주는 것을 말한다. 합성제제의 개발은 1940년대부터 시작되었다. 1960년대에는 연성세제, 1970년대에 무린세제가 개발되었다. 우리나라는 1966년 합성세제를 처음 시판하였다.

석유 등 유류는 비중이 물보다 작아 수면에 유막을 형성하는데, 1cc의 기름은 약 $1,000\text{m}^2$의 유막을 형성한다. 유막이 형성되면 빛의 투과율 감소로 물속에 녹아 있는 산소의 양을 감소시켜 어패류의 호흡에 지장을 주며 기름 냄새가 어패류의 상품 가치를 하락시킨다. 하천

부근에서 세차를 하는 경우 수질 오염이 될 수 있기 때문에 이를 법적으로 규제하고 있다. 때로는 저수지 부근에서 유조차가 뒤집히거나 송유관에서 기름이 흘러 나와 기름이 저수지에 흘러들어 유류오염을 일으킨다.

곤충, 잡초, 쥐, 곰팡이 등을 제거하기 위한 화학물질, 즉 농약 중 유기염소계로는 DDTdichloro-diphenyl-trichloroethane(잔류성, 동식물에 쉽게 흡수), 알드린aldrin, 디엘드린dieldrin, 엔드린endrin 등이 있다. 유기인계로는 파라티온parathion, 말라티온malathion, 다이아-지논dia-zinon, 테프TEPP 등이 있으며, 이들에 의한 건강상의 영향은 떨림, 혼동, 말더듬이 있다. 카바메이트계 농약으로는 프로포술, 카바릴, 알디캅 등이 있으며 메스꺼움, 구토, 시력감퇴 등으로 인한 기절현상을 유발한다.

최근에 문제가 되고 있는 휘발성유기화합물로는 폴리염화비닐PVC; polyvinyl chloride 제조에 사용되는 염화비닐 등과 트리클로로에틸렌TCE; trichloroethylene가 있으며 전자부품, 제트엔진 또는 정화조 청소 등에 사용되는 용매, 열전달물질, 염화불화탄소CFCs; chlorofluorocarbons의 생산에 사용된다.

9.4.5 무기화합물오염

독성물질오염

독성물질은 사람이나 가축에 대한 독성이 심하여 아주 적은 양으로도 해를 끼치는 화학물질로서 우리나라에서 사용하고 있는 화학물질은 대략 1만여 종이나 되며, 계속 증가하는 추세를 보이고 있다. 유독물질의 발생원은 주로 산업폐수이며, 산업폐수 배출규제에 의해 오염을 방지하고 있다. 그러나 외국의 '총독성'WET규제방식과 같은 구체적인 규제방법은 없다.

중금속오염

중금속은 비중이 5 이상인 금속을 말하는 것으로 유독성 중금속으로는 알루미늄Al, 비소As, 베릴륨Be, 카드뮴Cd, 코발트Co, 크롬Cr, 구리Cu, 철Fe, 수은Hg, 망간Mn, 니켈Ni, 세레늄Se, 주석Sn, 납Pb, 아연Zn 등이 있다. 우리나라에서 오염물질로 설정한 중금속은 비소As, 카드뮴Cd, 크롬Cr, 구리Cu, 수은Hg, 납Pb 등이다. 중금속의 발생원은 지질적인 풍화, 광산, 도금산업, 전자, 비료, 정유, 철강업 등 공장의 산업폐수, 하수처리장, 도시쓰레기, 자동차, 빗물의 산성화로 인한 중금속 용출, 농업활동에 의한 농약 및 비료, 가축의 분뇨 등이다. 중금속은 대기 중에 입자 상태로 배출되어, 미세한 입자나 수은과 같이 증기압이 높은 중금속은 대기의 상층부까지 도달하여 대기의 순환과 관련된 운동에 의해 전 지구에 영향을 준다. 이러한 예는 사람이 살지 않는 극지방의 빙하 속에서 발견되는 높은 중금속의 함량을 보면 알 수 있다. 중금속의 해양유입경로를 보면 대부분 강이나 하천 또는 대기를 통해 유입한다. 산업 폐기물 또는 하수처리장의 슬러지를 직접 해양에 버림으로써 유입되기도 하며, 폐기물의 해상소각이나 해안의 간척매립 시 유입되기도 한다.

중금속은 자연에서 그 존재형태가 크게 달라지면서 독성이 커지는 경우가 있다. 미나마타만의 경우에도 무기수은으로 버린 것이 만의 퇴적물 속에서 박테리아의 작용에 의해 유기수은으로 변하여 독성이 1,000배나 강하게 되었다. 유기수은은 퇴적물 입자와의 결합력이 작아 많은 양이 물로 용출되어 먹이연쇄를 따라 인간에게 도달하게 된다. 중금속의 생태계순환 및 영향을 보면 해수 중의 중금속은 극미량으로 존재한다. 중금속 농도는 피피티ppt 내지 많을 경우 피피비ppb 정도이다. 바다로 유입된 중금속은 대부분 해양저 퇴적물이 된다. 퇴적물에 침전된 중금속은 바닥에 사는 저서생물의 먹이 활동에 의하여 생물체에 축적된다. '생물농축계수bioconcentration factor'란 해양생물 체내와 해수 중의 오염물질의 농도 비를 말한다.

9.4.6 열오염

열오염은 하천이나 호소, 해양의 수온에 영향을 주어 수중생태계에 영향을 준다. 주로 화력발전소냉각수로 쓰이는 바닷물이 바다로 배출되는 경우에 문제가 생긴다. 그 밖에도 공장에서 배출되는 산업폐수의 수온이 높은 경우에 하천에 영향을 미치게 된다.

9.5 수질오염의 영향

9.5.1 수질오염의 유형

수질오염과 기타 형태의 환경적 압박은 개별생물체, 개체군 및 생물적 군집과 생태계에 많은 해로운 영향을 미친다. 우리는 수질오염과 대기오염을 위험성의 크기를 기준으로 등위를 매길 수 있다. 〈표 9-5〉는 (1) 유형1: 불쾌감 및 심미적 혐오감(냄새, 맛, 보기 역겨운 것), (2)

유형2: 재산피해, (3) 유형3: 동식물 생활에 대한 피해, (4) 유형4: 인간건강에 대한 피해, (5) 유형5: 인간유전자 및 생식 피해, (6) 유형6: 주요 생태계 교란의 6개 유형의 수질오염 영향을 요약한 것이다.

〈표 9-5〉 수질오염영향의 유형별 체류시간, 영향지역 및 발생양태

오염물질	체류시간	영향지역	발생양태
유형1: 불쾌감 및 경관침해			
색깔(침전물, 산성광산폐수)	보통 짧음	지방, 지역	많은 곳에서 도달
냄새(페놀, 부영양화)	몇 주~수십 년	지방, 지역	공단인접 강, 호소
맛(유기화학물질, 침전물)	며칠	지방	몇 군데
유형2: 재산피해			
용해 염(부식)	다양	지방	몇 군데
흙탕물(침전물)	다양	지방, 지역	몇 군데
부동산/위락가치손실(냄새)	다양	지방, 지역	몇 군데
유형3: 동식물 피해			
영양염류(질소/인=부영양화, 과도한 식물성장)	수십 년	지방, 지역	공단인접 느린 강, 얕은 호소
열(물고기 폐사)	며칠(다양)	지방	드물게 발생
농약/기타화학물질(물고기폐사)	몇 주~몇 년	지방, 지역	드물게 발생
유형4: 인간건강 피해			
박테리아	며칠	지방, 지역, 범지구적	후진국에서는 보통, 선진국에서는 희귀
바이러스	며칠~몇 개월	지방, 지역, 범지구적	자주 발생
질산염	계속	지방, 지역, 범지구적	드물게 발생
산업 화학물질	몇 주~몇 년	지방, 지역	몇 군데
농약(먹이사슬에서)	며칠~몇 년	지방, 지역, 범지구적	잘 알려지지 않음
금속(수은, 납, 카드뮴)	몇 달~몇 년	지방, 지역	몇 군데
유형5: 인간 유전자 및 생식 피해			
농약	며칠~몇 년	지방, 지역	잘 알려지지 않음
산업 화학물질	몇 주~몇 년	지방, 지역	현재 발생
방사능물질	며칠~몇 년	지방, 지역, 범지구적	드물게 발생
유형6: 주요생태계 교란			
기름(정유된 것)	몇 달~몇 년	지방, 지역, 범지구적	드물게 발생
유리 화학물질	몇 달~몇 년	지방, 지역	드물게 발생
농약	몇 달~몇 년	지방, 지역, 범지구적	드물게 발생
침식	계속	지방, 지역, 범지구적	현재 발생
영양염류--질소/인	수십 년	지방, 지역, 범지구적	가끔 발생
열	다양	지방	드물게 발생

9.5.2 수질오염물질별 악영향 및 방지방법

주요 수질오염물질별 수질오염의 나쁜 영향과 방지방법은 〈표 9-6〉에서와 같다.

〈표 9-6〉 주요 수질오염물질별 악영향 및 방지방법

오염물질		영향	방지방법
생물학적 산소요구량 (BOD)		용존산소 고갈, 물고기 폐사, 물고기 이주, 식물파괴, 나쁜 냄새, 가축중독	하·폐수처리, 유출수 최소화
병원성 미생물		수인성 질병 발생, 가축질병 전염	하·폐수처리 유출수 최소화
무기화학물질			
	산	생물체폐사, 유해광물용해	광산밀폐, 폐수처리
	염	담수생물체폐사, 토양염분 축적, 생활용수/공업용수 부적합	폐수처리, 토양복원, 점적식 관개
	납	플랑크톤 및 인간에 유독	유연휘발유/살충제 사용금지
	수은	인간에게 맹독성(메틸수은)	폐수처리, 불요사용금지
식물영양염류		수화현상, 물고기폐사, 수중생태계 교란, 부영양화, 가축 유해, 나쁜 냄새	생활하수, 공장폐수 등 고도처리, 슬러지 환원, 토양침식방지
침전물		주요오염원, 수로, 항구, 저수지 침전, 어패류 감소, 자정 능력 감퇴	토양침식방지 노력 강화
방사성물질		발암, 유전자 결함	핵발전소 제한, 핵실험금지, 핵폐기물 처리 감독강화
열		용존산소 감퇴, 물고기 폐사, 수중생물 기생충, 질병, 화학유독물 취약, 수중생태계 조성 변화 및 교란	에너지 사용 및 폐기물 감축, 냉각지 활용, 폐열이용
유기화학물질			
	유분	생태계 교란, 경제/위락/경관피해, 맛/냄새 문제	유전, 수송, 보관 엄격규제, 유류 관리 철저
	살충제와 제초제	어패조포유류 독성, 인간지방조직 축적, 인간 독성, 유전생식결함, 발암성	사용량 감축, 사용금지
	플라스틱	물고기폐사	투기금지, 재활용
	세제(인)	부영양화, 물고기폐사, 냄새, 용존산소 고갈	사용금지, 하·폐수처리
	염소화합물	플랑크톤/어류에 치명적, 냄새, 맛, 발암성	하·폐수처리, 대체물질 개발

자료원: Metcalf and Eddy(1991)

9.6 수질환경보전목표

9.6.1 수질환경보전목적 및 목표

수질환경보전목적

「수질 및 수생태계 보전에 관한 법률」은 그 목적을 수질오염으로 인한 국민건강 및 환경상의 위해를 예방하고 하천·호소 등 공공수역의 수질을 적정하게 관리·보전함으로써 모든 국민이 건강하고 쾌적한 환경에서 생활할 수 있게 함을 목적으로 한다고 규정하고 있다(제1조).

수질환경정책의 목표는 헌법에 규정된 환경권을 수질환경 측면에서 구현하는 것으로 첫째는 상수원을 깨끗이 보전함으로써 국민건강을 보호하는 것이며, 둘째는 모든 하천의 수질을 수중생태계가 유지될 수 있는 수준으로 보전하고, 셋째는 하천과 물은 생활환경의 일부를 구성하는 요소이므로 물 환경(수변, 수체, 하저)을 쾌적하게 만들어 가까운 곳에서 국민들이 자연을 느낄 수 있도록 하는 것 등 세 가지 세부목표로 이를 구분한다.

수질환경보전목표

이러한 정책목표를 달성하기 위한 실천적 수질환경보전 목표로는 [그림 9-1]에서와 같이 자연적 수질환경기준, 정책적 수질환경기준, 배출허용기준, 배출허용총량기준 등으로 구분된다. 배출허용기준의 설정이 적합하지 않은 수질오염물질이나 특정수질유해물질, 또는 비점오염원에 대해서는 최적관리기준BMP, 최적설계기준BDS 등이 설정된다.

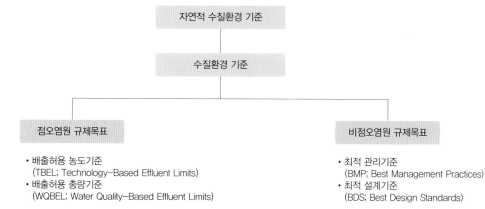

[그림 9-1] 수질환경보전목표

9.6.2 수질환경기준

우리나라 수질환경기준은 하천, 호소, 지하수, 해역에 대해 설정되어 있다. 설정항목은 하천, 호소 및 지하수에 대해서는 사람의 건강보호기준과 생활환경기준에 대해 설정되어 있고, 해역에 대해서는 생활환경기준, 생태기반해수수질기준 및 해양생태계보호기준에 대개 각각 설정되어 있다. 수질환경기준은 사람의 건강을 보호하고 생태계를 보전할 수 있는 정도의 물 속의 수질오염물질의 농도의 한계를 말한다. 우리나라의 수질환경기준은 〈표 9-7〉과 같다.

〈표 9-7〉 수질환경기준

가. 하천

1) 사람의 건강보호기준

항목	기준 값(mg/L)	항목	기준 값(mg/L)
카드뮴(Cd)	0.005 이하	1, 2-디클로로에탄	0.03 이하
비소(As)	0.05 이하	테트라클로로에틸렌(PCE)	0.04 이하
시안(CN)	불검출(검출한계 0.01)	디클로로메탄	0.02 이하
수은(Hg)	불검출(검출한계 0.001)	벤젠	0.01 이하
유기인	불검출(검출한계 0.0005)	클로로포름	0.08 이하
PCB	불검출(검출한계 0.0005)	디에틸헥실프탈레이트 (DEHP)	0.008 이하
납(Pb)	0.05 이하	안티몬	0.02 이하
6가 크롬 (Cr_6^+)	0.05 이하	1, 4-다이옥세인	0.05 이하
ABS	0.5 이하	포름알데히드	0.5 이하
사염화탄소	0.004 이하	헥사클로로벤젠	0.00004 이하

〈표 9-7〉(계속)

2) 생활환경기준

등급		상태 (캐릭터)	기준								
			수소 이온 농도 (pH)	생물 화학적 산소 요구량 (BOD) (mg/L)	화학적 산소 요구량 (COD) (mg/L)	총 유기 탄소량 (TOC) (mg/L)	부유 물질량 (SS) (mg/L)	용존 산소량 (DO) (mg/L)	총인 (T-P) (mg/L)	대장균 군 (군수/100mL)	
										총 대장균 군	분원성 대장균 군
매우 좋음	Ia		6.5~8.5	1 이하	2 이하	2 이하	25 이하	7.5 이상	0.02 이하	50 이하	10 이하
좋음	Ib		6.5~8.5	2 이하	4 이하	3 이하	25 이하	5.0 이상	0.04 이하	500 이하	100 이하
약간 좋음	II		6.5~8.5	3 이하	5 이하	4 이하	25 이하	5.0 이상	0.1 이하	1,000 이하	200 이하
보통	III		6.5~8.5	5 이하	7 이하	5 이하	25 이하	5.0 이상	0.2 이하	5,000 이하	1,000 이하
약간 나쁨	IV		6.0~8.5	8 이하	9 이하	6 이하	100 이하	2.0 이상	0.3 이하		
나쁨	V		6.0~8.5	10 이하	11 이하	8 이하	쓰레기 등이 떠 있지 않을 것	2.0 이상	0.5 이하		
매우 나쁨	VI			10 초과	11 초과	8 초과		2.0 미만	0.5 초과		

비고

1. 등급별 수질 및 수생태계 상태

가. 매우 좋음: 용존산소(溶存酸素)가 풍부하고 오염물질이 없는 청정상태의 생태계로 여과·살균 등 간단한 정수처리 후 생활용수로 사용할 수 있음.

나. 좋음: 용존산소가 많은 편이고 오염물질이 거의 없는 청정상태에 근접한 생태계로 여과·침전·살균 등 일반적인 정수처리 후 생활용수로 사용할 수 있음.

다. 약간 좋음: 약간의 오염물질은 있으나 용존산소가 많은 상태의 다소 좋은 생태계로 여

〈표 9-7〉 (계속)

과·침전·살균 등 일반적인 정수처리 후 생활용수 또는 수영용수로 사용할 수 있음.

라. 보통: 보통의 오염물질로 인하여 용존산소가 소모되는 일반 생태계로 여과, 침전, 활성탄 투입, 살균 등 고도의 정수처리 후 생활용수로 이용하거나 일반적 정수처리 후 공업용수로 사용할 수 있음.

마. 약간 나쁨: 상당량의 오염물질로 인하여 용존산소가 소모되는 생태계로 농업용수로 사용하거나 여과, 침전, 활성탄 투입, 살균 등 고도의 정수처리 후 공업용수로 사용할 수 있음.

바. 나쁨: 다량의 오염물질로 인하여 용존산소가 소모되는 생태계로 산책 등 국민의 일상생활에 불쾌감을 주지 않으며, 활성탄 투입, 역삼투압 공법 등 특수한 정수처리 후 공업용수로 사용할 수 있음.

사. 매우 나쁨: 용존산소가 거의 없는 오염된 물로 물고기가 살기 어려움.

아. 용수는 해당 등급보다 낮은 등급의 용도로 사용할 수 있음.

자. 수소이온농도$_{pH}$ 등 각 기준항목에 대한 오염도 현황, 용수처리방법 등을 종합적으로 검토하여 그에 맞는 처리방법에 따라 용수를 처리하는 경우에는 해당 등급보다 높은 등급의 용도로도 사용할 수 있음.

2. 상태(캐릭터) 도안

가. 모형 및 도안 요령

등급		도안 모형	도안 요령	색상		
				원	물방울	입
매우 좋음	Ia			검은색 (black, K) 15%	파란색(cyan, C) 90~100%, 빨간색(mazenta, M) 17~20%, 검은색(black, K) 5%	빨간색(mazenta, M) 60%, 노란색(yellow, Y) 100%
좋음	Ib				파란색(cyan, C) 80~85%, 노란색(yellow, Y) 40~43%, 빨간색(mazenta, M) 8%	빨간색(mazenta, M) 60%, 노란색(yellow, Y) 100%
약간 좋음	II				파란색(cyan, C) 45~57%, 노란색(yellow, Y) 85~96%, 검은색(black, K) 7%	

〈표 9-7〉 (계속)

등급		도안 모형	도안 요령	색상		
				원	물방울	입
보통	III			검은색 (black, K) 15%	파란색(cyan, C) 20%, 검은색(black, K) 30~42%	
약간 나쁨	IV				빨간색(mazenta, M) 30~35%, 노란색(yellow, Y) 100%, 검은색(black, K) 10%	
나쁨	V				빨간색(mazenta, M) 55~65%, 노란색(yellow, Y) 100%, 검은색(black, K) 10%	
매우 나쁨	VI				빨간색(mazenta, M) 90~100%, 노란색(yellow, Y) 100%, 검은색(black, K) 10%	

나. 도안 모형은 상하 또는 좌우로 형태를 왜곡하여 사용해서는 안 된다.

3. 수질 및 수생태계 상태별 생물학적 특성 이해 표

생물 등급	생물지표 종		서식지 및 생물 특성
	저서생물(底棲生物)	어류	
매우 좋음 ~ 좋음	옆새우, 가재, 뿔 하루살이, 민 하루살이, 강도래, 물 날도래, 광택 날도래, 띠무늬 우묵 날도래, 바수염 날도래	산천어, 금강모치, 열목어, 버들치 등 서식	- 물이 매우 맑으며, 유속은 빠른 편임. - 바닥은 주로 바위와 자갈로 구성됨. - 부착 조류(藻類)가 매우 적음.
좋음 ~ 보통	다슬기, 넓적 거머리, 강하루살이, 동양하루살이, 등줄하루살이, 등딱지하루살이, 물 삿갓벌레, 큰 줄 날도래	쉬리, 갈겨니, 은어, 쏘가리 등 서식	- 물이 맑으며, 유속은 약간 빠르거나 보통임. - 바닥은 주로 자갈과 모래로 구성. - 부착 조류가 약간 있음.
보통 ~ 약간 나쁨	물 달팽이, 턱 거머리, 물벌레, 밀잠자리	피라미, 끄리, 모래무지, 참붕어 등 서식	- 물이 약간 혼탁하며, 유속은 약간 느린 편임. - 바닥은 주로 잔자갈과 모래로 구성 - 부착 조류가 녹색을 띠며 많음.

〈표 9-7〉 (계속)

생물 등급	생물지표 종		서식지 및 생물 특성
	저서생물(底棲生物)	어류	
약간 나쁨 ~ 매우 나쁨	왼돌이 물 달팽이, 실지렁이, 붉은 깔따구, 나방파리, 꽃등에	붕어, 잉어, 미꾸라지, 메기 등 서식	− 물이 매우 혼탁하며, 유속은 느린 편임. − 바닥은 주로 모래와 실트로 구성되며, 대체로 검은색을 띰. − 부착조류가 갈색 혹은 회색을 띠며 매우 많음.

4. 화학적 산소요구량COD 기준은 2015년 12월 31일까지 적용한다.

나. 호소

1) 사람의 건강보호 기준: 가목1)과 같다.

2) 생활환경 기준

등급		상태 (캐릭터)	기준									
			수소 이온 농도 (pH)	화학적 산소 요구량 (COD) (mg/L)	총 유기 탄소량 (TOC) (mg/L)	부유 물질량 (SS) (mg/l)	용존 산소량 (DO) (mg/l)	총인 (T-P) (mg/L)	총질소 (T-N) (mg/L)	클로 로필-a (Chl-a) (mg/m³)	대장균군 (군수/100mL)	
											총 대장균군	분원성 대장균군
매우 좋음	Ia		6.5~ 8.5	2 이하	2 이하	1 이하	7.5 이상	0.01 이하	0.2 이하	5 이하	50 이하	10 이하
좋음	Ib		6.5~ 8.5	3 이하	3 이하	5 이하	5.0 이상	0.02 이하	0.3 이하	9 이하	500 이하	100 이하
약간 좋음	II		6.5~ 8.5	4 이하	4 이하	5 이하	5.0 이상	0.03 이하	0.4 이하	14 이하	1,000 이하	200 이하
보통	III		6.5~ 8.5	5 이하	5 이하	15 이하	5.0 이상	0.05 이하	0.6 이하	20 이하	5,000 이하	1,000 이하
약간 나쁨	IV		6.0~ 8.5	8 이하	6 이하	15 이하	2.0 이상	0.10 이하	1.0 이하	35 이하		
나쁨	V		6.0~ 8.5	10 이하	8 이하	*	2.0 이상	0.15 이하	1.5 이하	70 이하		
매우 나쁨	VI			10 초과	8 초과		2.0 미만	0.15 초과	1.5 초과	70 초과		

* 쓰레기 등이 떠 있지 않을 것

〈표 9-7〉(계속)

비고

1. 총인, 총질소의 경우 총인에 대한 총질소의 농도비율이 7 미만일 경우에는 총인의 기준을 적용하지 않으며, 그 비율이 16 이상일 경우에는 총질소의 기준을 적용하지 않는다.
2. 등급별 수질 및 수생태계 상태는 가목2) 비고 제1호와 같다.
3. 상태(캐릭터) 도안 모형 및 도안 요령은 가목2) 비고 제2호와 같다.
4. 화학적 산소요구량COD 기준은 2015년 12월 31일까지 적용한다.

다. 지하수

지하수 환경기준 항목 및 수질기준은 「먹는 물 관리법」 제5조 및 「수도법」 제26조에 따라 환경부령으로 정하는 수질기준을 적용한다. 다만, 환경부장관이 고시하는 지역 및 항목은 적용하지 않는다.

라. 해역

1) 생활환경

항목	수소이온농도 (pH)	총대장균군 (총대장균군수/100mL)	용매 추출유분 (mg/L)
기준	6.5 ~ 8.5	1,000 이하	0.01 이하

2) 생태기반 해수수질 기준

등급	수질평가 지수값(Water Quality Index)
Ⅰ(매우 좋음)	23 이하
Ⅱ(좋음)	24 ~ 33
Ⅲ(보통)	34 ~ 46
Ⅳ(나쁨)	47 ~ 59
Ⅴ(아주 나쁨)	60 이상

〈표 9-7〉(계속)

3) 해양생태계보호기준

(단위: μg/L)

중금속류	구리	납	아연	비소	카드뮴	크롬(6가)
단기 기준*	3.0	7.6	34	9.4	19	200
장기 기준**	1.2	1.6	11	3.4	2.2	2.8

*단기 기준: 1회성 관측값과 비교 적용
**장기 기준: 연간 평균값(최소 사계절 동안 조사한 자료)과 비교 적용

4) 사람의 건강보호

등급	항목	기준(mg/L)	항목	기준(mg/L)
모든 수역	6가 크롬(Cr_6^+)	0.05	파라티온	0.06
	비소(As)	0.05	말라티온	0.25
	카드뮴(Cd)	0.01	1.1.1-트리클로로에탄	0.1
	납(Pb)	0.05	테트라클로로에틸렌	0.01
	아연(Zn)	0.1	트리클로로에틸렌	0.03
	구리(Cu)	0.02	디클로로메탄	0.02
	시안(CN)	0.01	벤젠	0.01
	수은(Hg)	0.0005	페놀	0.005
	PCB	0.0005	음이온 계면활성제(ABS)	0.5
	다이아지논	0.02		

9.7 하천, 호소, 지하수 및 해양의 특성과 오염

9.7.1 하천의 특성과 오염

하천의 특성

담수생태계는 강, 하천과 같은 유수생태계와 호소나 연못과 같은 정수생태계로 나누어진다. 물의 움직임의 차이 때문에 강과 호소는 그들의 생태계 구조와 기능, 그리고 그들의 수질오염 문제도 상당히 다르다. 강은 흐르기 때문에 대부분의 강은 오염으로부터 회복이 상당히 빠르다. 특히 [그림 9-2]에서와 같이 생물적 산소요구량과 열오염의 경우에는 회복이 매우 빠르다.

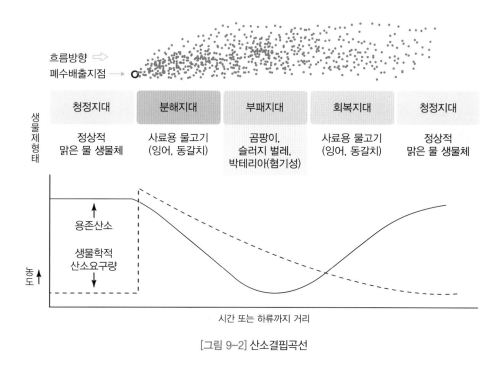

[그림 9-2] 산소결핍곡선

생물적 산소요구물질이 유입된 바로 아래 지역에서는 용존산소의 농도가 가파르게 떨어진다. 그러나 좀 더 하류로 내려가면 용존산소의 농도는 정상적인 수준으로 되돌아 올 수 있다. 산소결핍곡선의 깊이와 넓이, 그리고 강이 회복하는데 걸리는 시간과 거리는 강의 유량과 유속 그리고 유입되는 오염물질의 양에 달려 있다. 이러한 이유로 강들은 자정작용의 능력이 서로 다르다.

하천의 오염

강의 유속이 자연 상태에서 느리면 쉽게 과부하가 된다. 댐이나 가뭄 등으로 유속이 느려져도 비슷한 결과가 발생한다. 또는 여러 곳에서 오염물질이 유입될 경우에도 쉽게 오염된다. 전통적인 형태는 그것이 수백 수천의 강에서 계속적으로 반복된다는 것이다. 음용수는 도시 상류에서 취수하고 산업폐수 및 생활하수는 도시의 하류에 방류된다. 보통 강은 다음 오염물질이 유입되는 지점까지 회복할 충분한 거리와 시간이 없기 때문에 바다에 가까워질수록 오염이 심화되는 경향이 있다. 만약 어떤 도시가 상류가 아닌 하류에서 원수를 취수한다면 그 강의 수질은 극적으로 개선될 것이다.

또 하나의 문제는 농경지 유출수와 산업폐수로 인한 많은 양의 유독성, 비분해성 오염물질이 강으로 들어갈 때 발생한다. 저서생물과 물고기 모두 죽을 수 있다. 이들이 죽으면 유기물을 생분해하는 강의 능력이 손상되게 된다. 강물의 희석작용은 열오염, 유기물질, 그리고 급성독성화학물질을 효과적으로 처리할 수 있다. 그러나 단지 강물의 흐름이 적정하고 강이 이러한 오염물질로 과부화가 되지 않았을 경우다. 그러나 방사성동위원소, 중금속, 지속분해성 유기화학물질(DDT, PCBs 등 생물학적으로 확대 가능한 것), 기름, 슬러지, 기타 저서생물 파괴성 화학물질에 대해서는 희석과 자연분해가 비효과적이다.

하천의 미생물

강과 하천의 오염은 지역에 따라 다르다. 음용수와 수영용수의 좋은 지표가 되는 것은 분원성대장균 박테리아의 수다. 이들 장기 내 미생물은 사람과 동물의 분뇨에서 발견된다. 이들의 존재는 장티푸스나 콜레라, 이질, 그리고 다른 수인성 전염병 질병을 일으키는 박테리아의 존재를 의미한다. 분원성 대장균군의 숫자는 물 100mL당 박테리아 군의 숫자를 말한다. 수영용수 안전기준은 200을 넘지 않아야 한다. 200을 초과하는 분원성대장균군수는 심하게 오염된 강이나 하천에서 발견된다. 강은 복잡하고 종류가 다양하며, 이해하기 어려운 체제로 되어 있다. 강 오염을 감축하거나 예방하는 것은 강의 전 수역에 걸쳐 이루어져야 한다. 공장이나 도시가 있는 지역에 국한되어서는 안 된다.

9.7.2 호소의 특성과 오염

호소의 특성

강과는 대조적으로 호소는 흐름이 거의 없다. 강의 수세시간은 주 단위로 측정될 수 있다. 그러나 호소의 재충전시간은 1년~100년이다. 호소는 [그림 9-3]에서 보는 것과 같이 3개의 확연히 구별되는 지대로 구성된다. (1) 가장자리 가까이에 있는 연안대로서 뿌리를 가진 수중식물이 발견된다. (2) 천연대(표층수대)로, 이 지대를 통해 햇빛이 투과함으로써 광합성을 수행하는 작은 유영성 플랑크톤이 지배한다. (3) 심연대로서 햇빛이 투과하지 않는 깊은 물이다.

온대성 기후지역의 호소는 여름과 겨울 기간 중 온도가 각각 다른 것으로 층화하는 경향이 있다. 여름동안 표층수는 태양열에 의해 가열되면서 [그림 9-4]에서 보는 것과 같이 온수층이라고 불리는 상층부의 따뜻한 층이 냉수층이라고 불리는 차가운 물로 된, 밀도가 높은 바닥층 위에 뜨게 된다. 이 두 개의 층은 온도변화층이라고 불리는, 상당히 얇은 층에 의해 분

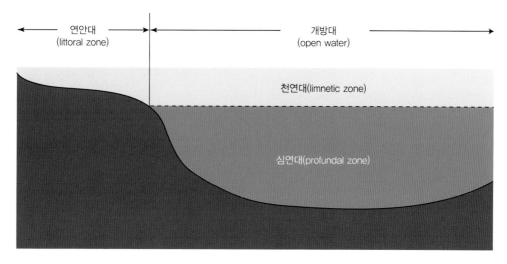

[그림 9-3] 호소의 주요 구역 구분

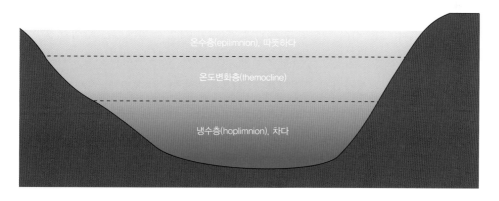

[그림 9-4] 온대지방 호소의 수온층(온수층, 냉수층, 온도변화층)

리되어 있다. 가을기간 동안 찬바람이 호소 표면을 스치면 호소 전체가 뒤집히게 된다. 이리하여 겨울에는 차가운 층이 따뜻한 층의 위에 있게 된다. 이러한 뒤집힘은 보통 봄에 일어난다. 이러한 움직임은 호소의 바닥층이 공기에 노출되게 됨으로써 용존산소를 저장하게 하여 생물체가 사용할 수 있게 한다.

호소의 부영양화 및 빈영양화

강과 같이 호소도 유독물질에 의한 물고기 폐사와 유류와 슬러지로 인한 저서생물 파괴의 문제가 있다. 유속이 매우 느린 호소는 강보다 난분해성이나 비분해성 화학물질에 대해 더 취약하다. 호소의 주요 오염문제는 농경이나 도시화 및 산업 활동으로 인한 폐기물과 유출수로부터 발생하는 영양염류(질산염과 인산염)에 의해 가속화되는 부영양화다. 영양염류 공급이 과잉이 된 호소를 부영양호소라고 부르며, 영양염류가 과소 공급된 호소를 빈영양호소라고 부른다.

자연적/문화적 부영양화

모든 호소는 주위로부터 자연적으로 유입되는 영양염류 때문에 '자연적' 부영양화의 과정을 겪는다. 많은 호소, 특히 도시나 농경지 가까이 있는 얕은 호소는 '문화적' 부영양화로 질식되어 있다. 문화적 부영양화란 인위적인 오염행위에 의해 부영양화가 일어나는 경우를 말한다.

수화현상

여름동안은 과잉영양공급으로 하부층의 용존산소가 고갈될 수 있다. 이것은 용존산소를 필요로 하는 고기와 다른 저서 생물종을 죽인다. 이러한 과정이 발생하는 과정을 살펴보자. 호소가 질산염과 인산염으로 과다 부하되었을 때, 연안대에 있는 뿌리식물(물 밤나무, 물 히아신스)과 천연대에 있는 유영광합성 플랑크톤 식물(특히 초록 및 청록조류)은 개체 수 폭발 또는 '수화' 현상을 일으킨다. 이런 현상은 조류가 호소의 표면을 거의 덮을 때까지 계속된다. 그러면 물은 마치 콩죽이나 초록 페인트와 같이 보인다. 어떤 수화현상은, 특히 청록조류는 물맛과 나쁜 냄새를 낸다. 청록조류와 연안지역에서 발생하는 편모의 생물종(적조)의 수화는 고기를 죽일 수 있다.

용존산소 고갈

수화현상은 낮 시간에는 광합성을 통해 물에 산소를 방출하여 용존산소의 농도를 높여준다. 그러나 그들이 죽어서 바닥에 떨어지면 그들을 분해하는 호기성 박테리아에 의해 저서층으로부터 산소를 빼앗게 된다. 송어, 기타 많은 종류의 물고기가 산소부족으로 죽게 되고, 농어나 매기 같은 오염수질 내성 물고기가 번창하게 된다. 물고기의 실제 수는 오히려 증가할 수도 있으나, 물고기 종류는 줄어든다.

또한 자연의 관점에서 보면 관련성이 없지만 사람들이 즐겨 잡아서 먹으려고 하는 물고기 종은 더 희귀해 진다. 얕은 호소나 또는 깊은 호소의 연안대에는 죽은 조류가 산소를 고갈시켜 표층에 사는 물고기를 죽인다. 만약 영양염류가 계속해서 유입된다면, 호소의 전체적인 화학물질 순환체제가 무너지게 된다. 그러면 물은 혼탁해지고 혐기성 박테리아가 호소를 차지하여 나쁜 냄새가 나는 황화수소와 기타 화학물질을 생성함으로써 거의 모든 동물이 사라진다.

9.7.3 지하수 오염

지표에 떨어진 강수가 지하를 투과하여 지하대수층에 이르는 과정에서 지하수는 자연적으로 여과되고 정화되어 대부분의 해로운 물질은 없어진다. 그러나 이러한 지하수자원은 강과 호소처럼 오염의 위협을 받고 있다. 지하수는 수은, 납, 비소, 여러 가지 비분해성이며 매우 난분해성인 폐기물, 그리고 인간의 폐기물로부터 나오는 바이러스에 오염될 수 있다.

9.7.4 하천과 호소의 열오염

엄청난 양의 가열된 물이 발전소와 산업공장으로부터 하천이나 호소 및 바다로 쏟아져 들어간다. 평균온도 상승은 그렇게 크지 않지만, 대부분의 뜨거운 물이 물고기 산란장소와 치어가 부화한 후 처음 몇 주를 보내는 장소로서 생태적으로 취약한 연안 가까이에 배출되는 경우가 있다.

임계영향

임계영향의 문제도 있다. 한 두 개의 발전소는 주어진 물을 사용해도 심각한 피해가 없을 수 있다. 그러나 이러한 사실은 다른 발전소를 지어도 된다는 그릇된 인상을 줄 수 있다. 그러다 보면 한 개 더 지은 발전소가 그 생태계의 임계수준을 초과하여 생태계를 완전히 교란할 수도 있다. 우리는 환경학자들이 많은 양의 가열된 물이 유입되는 생태계에 그렇게 관심이 많은 이유를 알 수 있을 것이다.

열오염에 대한 논쟁

그러나 우리는 여기서 다시 한 번 논쟁에 싸이게 된다. 〈표 9-8〉에서와 같이 어떤 사람들은 폐열을 수중생태계를 교란하고 피해를 줄 수 있는 가능성이 있는 수질오염이라고 하는 반면 다른 사람들은 가열된 물을 이로운 목적으로 사용하는 방안에 대해 이야기하면서 열오염 대신 '열 영양'이라고 말하기도 한다.

〈표 9-8〉 열오염의 바람직한 영향과 바람직하지 않은 영향

바람직하지 않은 영향	바람직한 영향
• 열 충격(열예민성 수중생물의 갑작스러운 폐사) • 발전소 운영초기에 고온수의 방류로 수중생물 폐사 • 수리를 위한 발전소 가동중단의 경우 수온저하로 새로운 열 생물 폐사가능	• 온수성 어종이 온수지역에 모여 들 경우에는 상업적 고기잡이 기간의 연장과 어획량 증가
• 기생충, 질병, 독성화학물질에 대한 취약성 증가	• 겨울 결빙면적의 감소
• 어류 회귀형태의 교란	• 따뜻한 물로 인한 위락 용수로서 적합성 증가
• 온도상승→생물체 산소소모량 증가→용존산소 감소	
• 열예민성 어류의 산란, 치어 생존율 저하	• 온수양식장을 만들어 매기, 새우, 가재, 잉어, 굴, 기타 식용 생물종 양어
• 생물종 구성의 변화(고온 수에 번식하는 생물종에 따라 이로울 수도, 해로울 수도 있음)	
• 먹이사슬 교란(낮은 먹이수준에서 플랑크톤과 같은 주요 생물종의 손실로 인한)	• 가열된 물을 이용하여 건물 난방, 온수공급, 제설용, 담수화 등에 사용, 그러나 발전소를 도시 인접지역에 건설해야 한다는 문제점이 있음.
• 봄, 가을 뒤집힘(turn over) 지연	
• 발전소 취수구에 빨려 들어간 작은 생물체의 사멸	
• 박테리아 등 미생물 소독을 위해 사용한 염소, 횡신동, 기타 화학물질로 인한 물고기 폐사 및 생태계 피해	

하천과 호소의 열오염 대책

엄청난 양의 뜨거운 물의 이용을 방해하는 것은 그 물을 배출하는 발전소의 위치 때문이다. 농경지나 수경재배 연못, 그리고 빌딩 등 물의 장거리 양수를 위해서는 에너지가 필요하고, 대부부의 열이 수송도중에 없어진다. 이런 이유로 최선의 길은 열오염을 가능한 한 많이 감축시키는 것이다. 우리는 이를 위해 몇 가지 대안을 가지고 있으며, 〈표 9-9〉에 요약되어 있는 것과 같다. 강과 호소의 과도한 열 부하를 방지하기 위해 많은 발전소들이 냉각용 연못, 운하 또는 냉각탑을 사용하고 있다. 아마도 진정한 질문은 우리자신들이 이 모든 전기를 실제로 필요로 하는가 하는 것이다.

〈표 9-9〉 하천과 호소의 열오염 대책

투입 접근방법	산출 접근방법
• 에너지사용 감축	• 가열된 물을 피해를 최소화하는 방법으로 물길을 돌림 (예를 들어, 취약한 해안지대를 피하는 것)
• 에너지낭비 감축	• 냉각지나 운하(땅 값이 싼 곳에 설치된)에 유입시켜 열 발산
• 주어진 수역을 사용하는 발전소와 공장 수 제한	• 증발(냉각탑) 또는 건식냉각탑을 이용한 전도 및 대류에 의한 열 분산. 그러나 냉각탑 높이와 크기 문제. 습식냉각탑은 연무 발생. 양자 모두 고비용이지만 냉각식이 습식보다 2~4배 더 비쌈.

9.7.5 해양오염

최후의 흡수원

바다는 자연폐기물과 인공폐기물의 최종처리장이다. [그림 9-5]에서와 같이 육지로부터 씻겨 내려간 것은 그것이 인위적이든 자연적 침식작용에 의한 것이든 끝에 가서는 바다에 이르게 된다. 가정이나 공장, 농경지에서 사용되어 오염된 물은 강으로 흘러들어가서 마침내는 바다로 흘러든다. 더욱이 폐기물이 바지선에 실려서 바다에 곧바로 투기되기도 한다. 그 결과 모든 해양오염의 대부분이 육지에 있는 오염원으로부터 발생된다.

다행스러운 것은 바닷물의 엄청난 양과 그들의 변함없는 혼합능력은 이러한 폐기물을 희석하여 해롭지 않은 수준으로 만든다. 다른 폐기물들은 해양생태계에서 자연의 화학적 순환에 의해 분해되어 재활용된다. 그러나 자원으로서 바다의 광대함은 속임수일 수도 있다. 바다가 오염물질을 정화하고 재순환할 수 있지만, 그런 그들의 능력은 제한적이다. 특히 연안 가까이에 배출되는 폐기물의 어마어마한 크기는 이 자연정화장치를 과부하시킬 수 있다. 더욱이 이러한 자연분해과정은 많은 플라스틱, 살충제, 그리고 기타 인간의 지능에 의해 창조된 합성화학물질을 금방 분해할 수 없다.

바다를 남용하는 방법

우리는 이 굉장한 자원이 인간행위에 의해 악화될 수 있다는 것을 천천히 배우고 있다. 우리가 바다를 남용하는 방법은 3가지가 있다. (1) 해양자원의 과도개발, (2) 바다를 폐기물 투기장으로 사용, (3) 유류에 의한 해양오염 등이다. 해양투기를 논의하기 전에 먼저 하나의 생태계로서 바다를 살펴보자.

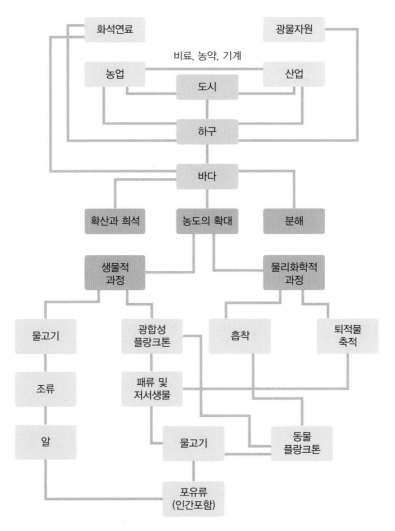

[그림 9-5] 최후의 흡수원(사람, 자원, 농업, 공업, 도시, 그리고 해양과의 관계)

해양생태계

바다는 [그림 9-6]에서와 같이 몇 개의 지대로 구분될 수 있다. 조간대 또는 천해대는 기수역이 포함되는데 거기에서 바다와 육지가 서로 만나며 대륙붕의 가장자리까지 연장된다. 이 지대는 총 바다면적의 10%정도를 차지하는 것으로 모든 해양생물의 90%를 가지고 있다.

이 얕은 지역의 물을 햇빛이 투과하여 엄청난 규모의 광합성플랑크톤의 광합성이 일어날 수 있게 하는 곳이다. 플랑크톤이란 바다의 풀로서 유영하는 식물이다. 이 식물은 동물플랑크톤과 조개와 같은 저서섭생(또는 저서성) 무척추동물을 먹여 살리고, 다시 큰 물고기에게 먹

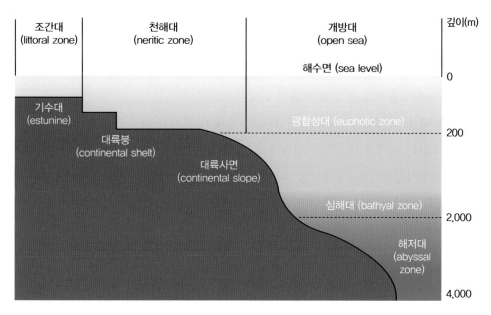

[그림 9–6] 해양생태계의 구분

히고, 그 물고기를 우리가 먹는 것이다. 우리가 대륙붕에서 좀 더 바깥으로 나가면, 개방대로 들어가게 된다. 개방대에는 영양염류가 거의 없기 때문에 천해대에 비해 상대적으로 생물이 적다. 이와 같이 바다의 90%는 '생태적 사막'이라고 생각할 수 있다.

개방대는 3개의 수직지대로 나누어진다. 햇빛 투과가 가능한 층, 천해대 또는 광합성대로서 여기서 바다 식물에 의해 광합성이 일어난다. 광합성대 아래에는 심해대가 있는데, 여기서는 참치나 고래와 같은 대형 생물체가 유영한다. 그러나 사람에게 중요한 대부분의 해양생물종은 대륙붕이나 용승하는 바다흐름이 해저로부터 영양염류를 쓸어 올리는 곳에서 발견된다. 마지막으로 우리는 바다의 밑바닥인 해저대에 다다르게 된다(손민호 외 역, 2004).

해양투기

우리에게 식량, 주거, 그리고 위락장소를 제공하는 가장 중요한 수역은 기수역과 얕은 대륙붕 수역임은 분명하다. 그러나 이러한 수역들은 우리의 오염행위로 인한 피해를 정면으로 받고 있다. 바다에 투기된 쓰레기는 해양생물을 죽이고 과도한 조류의 성장을 자극하며 용존산소를 고갈시킨다. 난분해성 및 비분해성 살충제와 금속폐기물은 미량이 존재할 경우에도 해양생물을 죽이거나 피해를 줄 수 있다. 예를 들어, 0.1ppm 농도의 구리는 부드러운 껍질을 가진 조개 생물종에게는 치명적이다. 독성화학물질과 생물적 확대를 하는 물질들은 해양생태계의 다양성을 감소시킬 수 있다. 해양생태계의 단순화는 먹이사슬을 단축하고 대부분이 대형물고기인 최상위 육식동물을 멸종시킨다. 이렇게 더 단순화된 군집은 갑작스러운 유류누출이나 농약유출과 같은 위협에 대해 더욱 취약하다.

1972년 해양오염방지를 위한 작은 희망의 불빛이 비치기 시작하였다. 주요 해양 국가들을 모두 포함한 91개국 대표들이 런던에 모여 해양투기방지협정에 서명한 것이다. 대상물질은 고준위 방사성폐기물, 생물학적·화학적 전쟁용 물질, 여러 종류의 기름, 살충제, 비분해성 플라스틱, 수은 그리고 카드뮴 등이었다. 비소, 납, 불소, 시안화물, 아연, 그리고 다른 금속 폐기물은 허가를 받아 투기하도록 하였다. 그 협정은 해저광물탐사와 해저광물개발과 관련된 폐기물 발생은 포함되지 않았으며, 결국 바다로 들어가는 폐기물을 하천이나 강에 투기하는 것에 대해서도 적용되지 않았다. 그러한 약점에도 불구하고, 그 협정은 역사적인 국제적 족적을 남기게 되었다.

해양유류오염

매년 많은 양의 유류가 바다에 유입된다. 이러한 유류는 [그림 9-7]에서 보는 것과 같이 그 발생원이 다양하다. 연간 유입량의 대부분이 인간의 행위로 인한 것이다.

원유형태와 정유형태 2가지다. 연간 유류 누출량의 반 이상은 (1) 강과 도시 유출수로 대부분 기계와 자동차 기관에서 발생한 윤활유 처리에서 발생하고, (2) 국제유조선에서 발생하는 것으로, 원유나 정유의 상적 및 하적 등 유조선 운행과정에서 발생하는 것과 기름으로 오염된 안정수의 배출 등이다.

유류오염과 해양생태계

유류오염이 해양생태계에 미치는 영향에 대해서는 상당한 논쟁과 불확실성, 그리고 서로 상반되는 증거들이 있다. 그러나 유류누출량이 증가하면 심각하고 해로운 영향의 가능성이 높아진다는 데는 모두 동의한다. 유류누출의 영향을 예측하는 것이 매우 어려운 이유는 누출된 유류의 종류(원유, 정유), 누출량, 누출 장소와 해안까지의 거리, 연중 누출시기, 날씨, 조류, 그리고 파도의 작용 등 여러 가지 요인에 의해 영향의 정도가 결정되기 때문이다.

원유와 정유는 한 개의 화학물질이 아니고 광범위한 성질을 가진 수백 가지 화학물질의 집

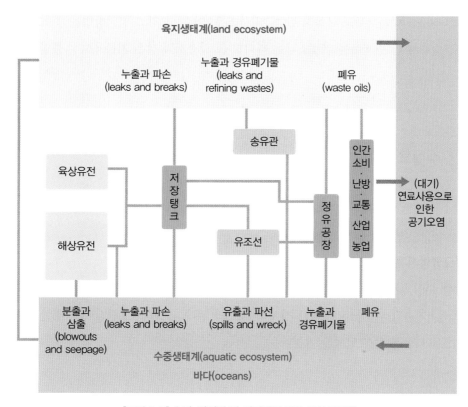

[그림 9-7] 수권, 암석권 및 대기권의 주요 유류오염원

합체다. 특히 애벌레 상태에서 많은 수중생물체가 즉시 죽는 주요 이유는 낮은 비등점과 방향족 탄화수소 때문이다. 다행스러운 것은 이러한 고도로 유독한 화학물질은 하루 이틀 사이에 모두 대기 중으로 증발하여 없어진다는 것이다. 그러나 일부 화학물질은 수면 위에 남아 있으면서 부유성 타르와 같은 구형체로 되는데, 이것은 테니스공만큼 큰 것도 있고, 한편 다른 화학물질은 바다 밑으로 가라앉기도 한다. 이 중 많은 화학물질이 해양미생물에 의해 분해되지만, 이러한 자연적인 분해과정은 매우 느리고(특히 추운 극지방의 수역), 많은 양의 용존산소를 소모하며 독성화학물질에 대해서는 가장 효과가 작은 것으로 나타났다.

해양 조류 중, 특히 잠수성 조류는 그들의 정상적인 신체과정을 방해하거나 그들의 날개가 가진 자연적 방수성질을 파괴할 때 죽게 된다. 유류성분 중에는 어패류의 지방조직에 침투하여 기름 냄새를 풍기게 함으로써 사람이 먹을 수 없게 하기도 한다. 이들 화학물질 중에는 잘 알려진 발암물질인 3,4벤조피렌도 있다. 석유화학물질 중에는 수중생물체의 행태에 미묘한 변화를 유발하는 것도 있다. 예를 들어, 왕새우와 물고기 중에는 먹이 찾는 능력, 위험 피하는 방법, 적을 피하는 본능, 서식지 발견, 의사소통, 이주, 그리고 번식방법을 잊어버리는 것이 있다. 수면에 뜬 번쩍이는 기름조각은 디디티 등 살충제와 같은 기름용해성 물질을 농축시킬 수도 있다.

9.8 수질오염방지

9.8.1 수질오염방지 원칙과 방법

수질오염방지계획수립원칙

특정한 수질, 대기, 토양오염물질을 방지하는 것은 단순한 과정이 아니다. 그것은 여러 가지 과학적, 기술적, 경제적, 그리고 정치적 요소와 관계가 있다. 오염방지를 위한 이상적인 계획수립은 다음과 같은 단계를 거친다.

1. 측정체제: 지방적, 지역적, 국가적, 지구적 차원의 측정체제를 구축하여 오염물질과 그 배출원을 확인한다. 현재 사용 중인 이학학적 측정체제와 함께 생태계와 생물체의 생태적, 생물적 측정체제에 강조점을 둔다.

2. 오염물질 측정: 공기, 물, 토양 및 사람을 포함한 동식물에 있는 모든 오염물질의 거동, 형태변화, 농도, 생물적 확대, 지속시간 등을 측정한다.

3. 상승적 상호작용 유무 결정: 각각의 오염물질과 다른 화학물질과의 상승적 상호작용 유무를 결정한다.

4. 임계수준 발견: 장단기 해로운 영향이 발생하기 전에 생물체나 생태계 전체가 인내할 수 있는 오염물질의 농도를 발견한다.

5. 환경기준 설정: 각각의 오염물질에 대해 불쾌감, 재산피해, 동식물 위해, 인간 건강 위해, 인간유전자 손상, 그리고 지방적, 지역적, 국가적, 지구적 차원에서 화학물질 순환과 에너지 흐름을 방해하여 생태계를 교란하는지를 결정한다.

6. 비용효과분석: 오염물질 배출원의 사용가치와 사용으로 인한 해로운 영향을 비교하기 위해 비용효과분석을 실시하고, 오염물질의 농도를 무해한 농도까지 낮추는데 필요한 돈이

얼마인지를 결정한다.

7. 장단기 정성적 목표설정: 오염방지계획(예를 들어, 수영용수 수질기준, 건강한 사람이 발병하지 않는 수준의 대기정화대책, 생태계 안정성 보전)의 장단기 정성적 목표를 설정한다. 이들 목표 설정에는 바람직한 것과 정치적, 경제적으로 타당한 것 사이에 적정선의 타협이 있어야 한다.

8. 정량적 환경기준 설정: 정성적 장단기 대기환경기준 및 수질환경기준을 공기와 물, 토양 및 식량에서 허용할 수 있는 정량적 최대허용치로 전환한다. 이 기준들은 지역에 따라 달라지고 배출허용기준이 정해져 있을 때 이행가능하다.

9. 배출허용기준 설정: 배출원별, 오염물질별로 배출할 수 있는 오염물질량을 정하는 배출허용기준을 설정한다. 이 기준들 역시 지역에 따라 인구밀도, 날씨와 기후, 산업의 종류, 그리고 다른 요소들에 따라 달라진다.

10. 제도 정비: 필요한 법률을 제정하고 각각의 기준을 이행강제하며, 서로 충돌하는 정치적, 경제적 이익을 조정한다. 이러한 법들은 오염이 아닌 오염자를 표적으로 해야 하며, 재제는 오염행위를 저지하기에 충분해야하지만, 너무 느슨하거나 너무 엄격하여 광범위한 경제적, 개인적 부정의를 유발하지 않도록 한다.

11. 측정 및 감시: 환경기준과 배출허용기준이 법적으로 설정되면, 지방적, 지역적, 국가적 그리고 지구적 차원의 측정감시체제가 설치되어 공기, 물, 토양 및 생물체의 오염물질 농도를 신속, 정확하게 측정할 수 있어야 한다.

12. 장단기 추진계획 수립: 오염물질의 농도를 해로운 수준 이하로 감축, 유지하기 위해 필요한 기술, 법률, 환경세, 그리고 경제적 유인 등을 사용하는 통합적인 장단중기 오염방지계획을 발전시킨다.

13. 투입 등 접근법 사용: 가능할 때는 언제나, 보통 더 비싸고 어려운 산출 접근법보다는 투입, 생산 공정, 운영, 그리고 대체적 오염방지 방법의 사용을 시도해야 한다. 또한, 하수처리장 방류수와 같은 화학물질을 대기나 하천 또는 토양에 투기하는 대신, 토양과 같이 유용하게 사용될 수 있는 곳으로 순환시킨다.

14. 교육, 홍보 강화: 오염방지계획을 이행하기 위해 필요한 자금과 일반대중의 지지를 끌어내기 위해 효과적인 시민교육과 인식교육 계획을 제도화한다.

수질오염방지방법

〈표 9-10〉에 특정 종류의 오염을 방지하기 위한 일반적인 접근방법이 요약되어 있다. 방금 설명한 14개의 원칙과 〈표 9-6〉의 오염방지방법들은 거의 모든 형태의 수질오염을 방지하는데 사용할 수 있다. 우리는 가끔 공기, 물, 토양오염을 따로 떼어서 생각하지만, 그들은 서로 연결되어 있기 때문에 통합적인 계획을 수립하여 방지해야 한다.

〈표 9-10〉 수질오염방지 방법

투입법	운영관리법	생산법	산출법
• 물에 오염물질 유입 방지, 감축(토양 보존 수단을 사용하여 유출 방지) • 오염물질 발생 이 적은 투입물질 선택 (천연가스, 기화 석탄, 저 황유) • 사용 전 오염물질 제 거(탈황) • 생태계자연능력 개 선으로 오염물질 분해 및 희석(강중폭기)	• 공정을 변경하여 오염물질 제거, 감축 (저 공해엔진) • 공정효율을 개선하여 자원 낭비 방지로 오염물질 감축	• 생산과 소비 감축 으로 생산율 감축(가 격, 조세, 오염세, 배급 등 방법) • 덜 해로운 대체품으로 이동(대중교통, 재이용 용기 등) • 인구안정, 인구분포 조정	• 배출원에서 오염물 질 제거(배기관, 굴뚝 등) • 배출 오염물질 제거, 농도 제한 • 오염물질을 덜 해로운 형태로 전환(메틸 수은을 무기수은으로 전환) • 피해를 최소화하는 배출장소와 시간 선택

그렇게 하지 않으면, 우리는 단지 하나의 오염물질을 지구 생태계의 한 부분으로부터 다른 부분으로 전가하여 오염문제를 다른 문제와 타협하는데 불과하다. 오염방지계획은 인구, 자원사용, 토지이용 계획과 신중히 통합되어야 한다.

지금 설명한 이상적인 계획은 물론, 상당한 어려움과 불확실성 없이는 제도화될 수 없다. 예를 들어, 오염물질의 복잡성과 거의 알려진 것이 없다는 것 및 상호작용 때문에 특정 질병이나 생태계적 영향을 유발하는 정확한 기준이나 특정 오염물질의 농도를 설정하는 것은 영원히 불가능할지도 모른다. 그러나 우리가 허용 가능한 오염물질 농도를 결정할 수 없다는 것이 우리가 더 나은 정보를 얻을 때 조정할 수 있는 잠정적인 농도를 설정하지 말아야 한다는 것을 의미하는 것은 아니다.

오염에 관한 우리들의 과학적, 기술적 지식에는 상당한 괴리가 있지만, 우리는 현재 위험하다고 생각되는 대기 및 수질오염물질의 대부분을 단기적으로는 어느 정도 방지할 수 있다. 종종 정치적, 경제적인 것이 주요 문제가 될 수 있다. 즉, 생태적 건강위험을 경제적, 사회적 이익과 균형을 취하게 하는 것이다. 더 나아가서 비용, 위험성, 이익을 구성하는 것이 무엇인지 설정되어야 한다.

오염방지의 한 가지 위험스러운 면은 가장 분명하고 어렵게 하는 형태의 오염, 예를 들면, 매연이나 악취와 같은 공기오염과 수질오염이 완전히 제거되었을 때 환경문제에 대한 정치적 압력이 감소한다는 것이다. 우리는 거짓된 안전감에 빠지면 안 된다. 우리는 어떤 오염물질이 수용 가능한 농도보다 높아지지 않게 하기 위해, 보이지는 않지만 더 위험한 오염물질을 방지하기 위해 필요한 조치를 지연시켜서는 안 된다. 이러한 이유로, 모든 오염방지계획은 사람들을 교육하여 인간건강과 생태계에 가장 위험한 오염은 보이지 않는 것이 많다는 것을 인식하게 해야 한다. 다음은 수질오염방지의 기술적, 생태적, 경제적 그리고 정치적인 면에 대해 좀 더 자세히 살펴보기로 한다.

9.8.2 토양보존

토양보존방법

토양침식은 수질오염의 가장 큰 오염원 중의 하나이기 때문에 토양보존은 하천의 침전물을 줄이는 가장 효과적인 방법이다. 토양손실을 줄이는 것은 토양의 비옥도를 유지하는 가장 중요한 요소이기도 하다. 토양은 기술적으로는 재생가능자원이기는 하지만 우리나라에서 경작지 단위면적 당 평균 침식률은 토양이 다시 생성되는 양보다 3배나 크다. 〈표 9-11〉에 요약되어 있는 것과 같이 토양침식을 방지하기 위해 많은 방법이 사용될 수 있다.

〈표 9-11〉 토양보존 방법

방법	설명
• 갈지 않는 농업	• 기존식생/전작 잔재물이 있는 그대로 파종(토양침식 95% 감소)
• 최소 갈이 농업	• 신속 발아를 위한 깊이 정도 갈이, 전작 잔재물과 검불 등 보존
• 등고선 경작	• 물의 흐름을 막기 위해 등고선에 따라 경작
• 줄 경작	• 밀생식물(풀과 클로버)
• 단지경작	• 평평한 테라스 모양 계단경작으로 급경사 유출 감축
• 윤작 및 지표작물	• 밀생작물 심기 및 휴경 시 밀생지표 식생 심기로 토양 침식방지
• 개울 복원	• 패인 개울에 속성초본 식재 및 차단 댐 설치로 토양 침식방지
• 바람막이 식생	• 바람직각방향으로 바람차단 관목과 나무 식재로 토양 풍식방지
• 한계 토지	• 한계경지 경작 금지로 한계토지에 대한 압박 감축
• 토지분류 및 구획	• 토지를 경작적합성과 토지이용구획 및 통제로 토양 침식감축

자료원: 김동욱 외(2005)

토양침식 원인

토양침식이 발생하는 원인 중 하나는 많은 농부들이 토양보존보다는 단기적인 생산량 증대에만 더 관심이 있었기 때문이다. 높은 생산량을 유지하기 위한 비싼 비료와 농약의 집중적이고 점증적인 사용은 토양의 자연적인 비옥도와 생산성이 놀라운 속도로 고갈되고 있다는 사실을 숨기는데 불과할 따름이다. 토양침식이 크게 줄지 않으면 비점오염원으로부터의 침전물이 수질오염의 주요 원인이 될 것이다. 산림지에 성행하는 고랭지채소 경작방식은 우리나라의 대표적인 악성 토양침식의 예다. 2006년 여름 강우로 시작된 소양호 하류수역의 부유물질 오염을 해결하기 위해서는 수조 원의 비용이 소요될 전망이다.

9.8.3 하수처리

액체상 폐기물을 처리하는 2개의 주요 방법은 하천에 그냥 버리거나 하수처리시설로 정화한 후 하천에 버리는 것이다. 하천의 자정능력보다 폐기물의 양이 많아질 때는 하수처리시설로 정화해서 하천에 버려야 한다.

1, 2, 3차 하수처리

생활하수가 처리장에 도착하게 되면, 처리장의 구조와 원하는 정화정도에 따라 여러 수준의 처리, 또는 정화단계를 거치게 된다. 〈표 9–12〉와 [그림 9–8]은 제1차, 제2차 및 제3차 생활하수 처리방법을 요약한 것이다. 생활하수나 폐수처리장은 기본적으로 물리화학적 생물정화과정에 의해 매우 깨끗하거나 비교적 깨끗한 물을 만들어 내는 곳이다.

2차 처리 생활하수처리장을 건설하는 것은 수질오염방지를 위한 중요한 걸음이다. 특히 유기물질, 부유물질, 그리고 박테리아 오염을 방지하기 위해 2차 처리는 매우 중요하다. 그러나 이 방법에는 기술적인 문제가 있다. 유기물질을 박테리아로 분해하면 2가지 주요 생산물인 질산염과 인산염이 발생한다. 이들은 식물의 영양염류로 사용된다. 이러한 처리수가 호소나 느린 하천으로 유입되면 과부화가 되어 수화현상과 산소고갈현상을 촉발할 수 있다. 더욱이 하수처리장 고체상 슬러지는 바다와 대기를 오염시키며, 지하수를 오염시킬 수 있다.

〈표 9-12〉하수처리방법

〈제1차 처리〉

1차 처리는 기계적인 과정으로 스크린을 사용해서 직경이 큰 협잡물(돌, 막대기, 걸레 같은 것)을 걸러내고, 침전 조에서 부유물질을 슬러지 형태로 침전시켜 제거한다. 이 두 개의 공정에서 고형물질의 60%가 제거되고, 유기물질의 3분의 1정도를 제거한다. 부유물질의 제거 속도를 높이기 위해 화학물질을 투여하기도 하는데 이 과정을 응집이라고 부른다. 이 과정에서 대부분의 박테리아와 부유물질이 가라앉는다.

〈제2차 처리〉

생물적인 과정으로 박테리아를 사용해서 폐기물을 분해하는 것이다. 이 방법은 점적 식 여과장치를(하수는 자갈층을 통과하면서 박테리아에 의해 분해됨) 통해 유기물이 90%까지 제거되며, 활성슬러지과정(생활하수 슬러지는 포기에 의한 산소공급으로 박테리아 분해를 도움)을 통해 처리하기도 한다. 점적식 여과장치나 포기 조를 거친 폐수는 침전조로 보내지고, 거기서 대부분의 부유물질이 슬러지형태로 침전되어 걸러진다. 제1차 처리와 제2차 처리 공정을 거친 폐수에는 아직도 10~15%의 유기물, 10%의 부유물질, 50%의 질소물질(대부분 질산염), 70%의 인 물질, 95%의 용해성 염(유독성 중금속, 납, 수은 등), 그리고 기본적으로 생명력이 강한 모든 방사성 동위원소와 용해성, 난분해성 유기물질이 남는다.

〈제3차 처리〉

제1, 2차 처리과정을 거치고도 여전히 남아 있는 오염물질의 양을 감축시키기 위해 사용하는 하나의 일련의 전문적인 화학적, 물리적 과정을 말한다. 현재는 제3차 처리 방법이 비교적 많이 사용되고 있다. 비용이 많이 든다는 단점이 있다. 건설비용은 2배, 운영비는 4배 정도 비싸다. 비용의 대부분은 에너지 비용과 물자비용이다. 제3차 처리 과정은 다음과 같은 3개로 이루어진다.

1. 침전(응집–침전): 부유물질 및 인 화합물의 제거
2. 흡착(활성탄소 사용): 용해성 유기화합물 제거
3. 역삼투 또는 전기삼투: 용해성 유기물질 및 무기물질을 원래수준으로 감축

〈살균〉

세 가지 처리형태의 한 가지 공정으로 모두 사용하는데, 물의 색깔이나 냄새 제거, 박테리아와 바이러스 제거를 위해 사용된다. 소독제로는 염소가 가장 널리 사용되는데, 음용수에서는 발암성 물질의 생성이 문제가 된다. 좀 더 효과적이고 덜 해로운 새로운 t소독방법으로는 초음파에너지를 물리적으로 사용하는 자외선 살균법, 산화작용을 이용하는 오존법 등이 현재 사용되고 있다. 결점은 돈이 많이 든다는 것이다. 좀 싼 방법은 침전시간을 늘려, 염소첨가량을 줄이고, 활성탄소의 사용량을 줄이는 것이다.

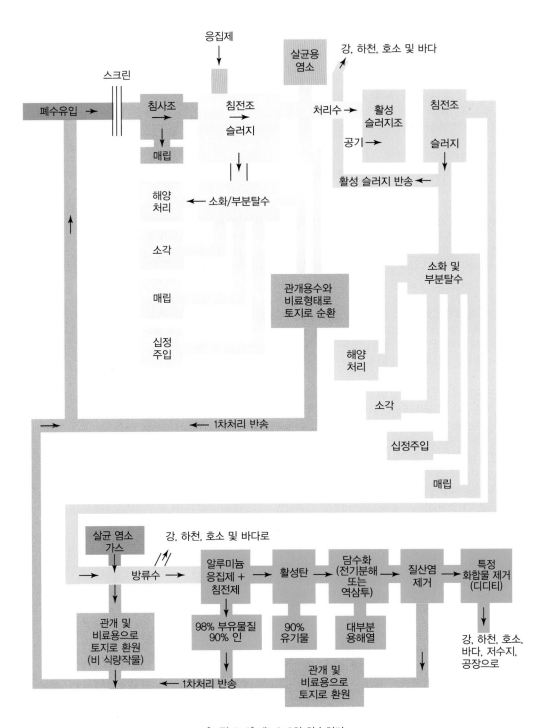

[그림 9-8] 제1, 2, 3차 하수처리

생활하수의 재활용

질산염과 인산염이 풍부한 생활하수 방류수로 수중생태계를 과부하시키지 않고 식물 영양 염류를 비료로서 토지나 수중경작 연못으로 되돌려 보내는 방법도 있다. [그림 9-9]에서 보는 것과 같이 자연을 흉내 낸, 지속가능지구 접근방법을 사용하는 폐기물관리로 식물 영양염 류 폐기물을 순환시킬 필요가 있다.

생활하수를 자원으로 사용하기 위한 5가지 주요 방법은 (1) 2차 처리수를 농업용수 공급과 농경지, 산림, 공원, 노천광산 비옥화에 사용하고, 양어장과 하구에서 어패류를 기르며, (2) 고체슬러지를 경작지, 산림, 공원 및 노천광산의 비료로 사용하고, (3) 처리되지 않은 생활하 수를 토지나 양어장에 직접 사용하여 토양을 기름지게 하고 자연적인 과정에서 하수가 처리 되게 하며, (4) 하수처리장슬러지를 생체가스공장으로 수집, 운반하여 천연가스를 생산하게 하여 연료로 사용하게 하고, (5) 생활하수의 양을 감축함으로써 물을 절약하고, 물 없는 화장 실로 전환하는 것 등이 있다.

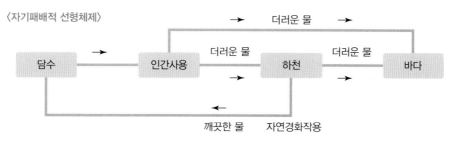

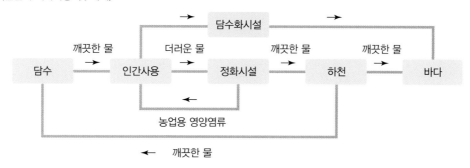

[그림 9-9] 물 사용과 오염방지에 있어 현재의 자기패배적인 선형체제와 순환적 지속가능지구체제

우리가 물을 오염시키는 이유는 기본적으로 종이나 펄프공장이 아니다. 그 이유는 인간의 사회적인 면 때문이다. 정부개혁을 지원하는 우리들의 의지, 최선의 자격을 갖춘 사람에게 공무를 맡기고, 가장 재능 있는 사람이 계속 공무를 담당하게 하며, 인간중심의 지혜로운 사회개혁으로부터 진화된, 그리고 영감을 주는 법률이 진화하도록 감시를 하는 것이다.
_ Stewart L. Udall

고형폐기물

자기 똥을 3년 동안 먹지 않으면 사람은 살 수 없다

김영원

부유한 국가의 국민총생산이 증가하면 그에 따른 폐기물도 증가한다. 일반적으로 "폐기물이라 함은 사람의 생산 및 소비활동으로 인해 발생하는 것으로 환경에 유입되어 환경오염을 일으키는 물질"을 말한다. 폐기물을 그 상태에 따라 액상폐기물, 기체상폐기물 및 고형폐기물로 구분할 수 있다. 고형폐기물이란 어떤 것이든 쓸모없고 원하지 않거나 버려진 물질로서 액체나 기체가 아닌 것을 말한다. 그것은 어제의 신문지나 쓰레기우편물, 오늘 먹은 저녁식탁에서 나온 음식조각이나 끌어 모은 낙엽과 깎은 풀, 재사용되지 않은 유리병과 깡통, 낡은 가전제품과 가구, 폐기처분된 자동차, 동물의 분뇨, 농사잔재물, 음식가공물찌꺼기, 하수처리슬러지, 석탄발전소의 비산재, 광산쓰레기와 산업쓰레기, 그리고 기타 많은 종류의 버려진 물질의 모음을 말한다.

　자원가치가 풍부한 이러한 폐기물을 투기, 매립, 또는 소각하는 것은 지구의 유한한 광물자원과 에너지자원을 탕진하고 엄청난 경제적 손해를 초래하는 일이다. 물론 일부 유해폐기물은 격리, 보관되어야 하지만 우리가 버리는 대부분의 물건들을 고형폐기물로 볼 것이 아니라 우리들이 재활용하거나 재이용할 필요가 있는 낭비된 자원으로 보아야 한다. 대부분의 경우(과대포장과 같은) 그것은 당초 우리가 사용하지 말았어야 할 물질이다. 여기서 우리는 고형폐기물에 대해 무엇을 해야 할 것인가 하는 문제에 초점을 맞추고 가정과 사무실, 그리고 상업시설에서 배출되는 도시쓰레기와 산업체에서 발생하는 독성폐기물 및 유해폐기물에 논의의 중점을 둔다.

10.1 폐기물의 분류

폐기물을 여러 가지 기준에 의해 분류할 수 있다. [그림 10-1]에서와 같이 폐기물을 그 발생장소를 기준으로 생활폐기물과 사업장폐기물로 나누고, 사업장 폐기물을 발생장소를 기준으로 시설계폐기물과 건설폐기물로 나눈다. 폐기물을 1차적인 유해성을 기준으로 일반폐기물과 지정폐기물로 나누고, 지정폐기물 중 일부를 의료폐기물로 구분한다. 또, 가연성을 기준으로 가연성폐기물과 불연성폐기물로 나눈다(환경통계연감, 2013).

감염성 기준	일반폐기물	의료	지정	일반폐기물
성질 기준	일반폐기물	지정폐기물		일반폐기물
발생장소 기준2	생활폐기물	시설계폐기물		건설폐기물
발생장소 기준1	생활폐기물	사업장폐기물		
가연성 기준	가연성 폐기물	불연성 폐기물		가연성 폐기물
구분	폐기물			

[그림 10-1] 고형폐기물의 분류

10.1.1 폐기물, 생활폐기물 및 사업장폐기물

"폐기물"이란 쓰레기, 연소재(燃燒滓), 슬러지(오니(汚泥)), 폐유(廢油), 폐산(廢酸), 폐알칼리 및 동물의 사체(死體) 등으로서 사람의 생활이나 사업 활동에 필요하지 아니하게 된 물질을 말한다. "생활폐기물"이란 사업장폐기물 외의 폐기물을 말한다. "사업장폐기물"이란 「대기환경보전법」, 「물환경보전법」 또는 「소음·진동 관리법」에 따라 배출시설을 설치·운영하는 사업장 등에서 발생하는 폐기물을 말한다.

10.1.2 지정폐기물과 일반폐기물

"지정폐기물"이란 사업장폐기물 중 폐유·폐산 등 주변 환경을 오염시킬 수 있거나 의료폐기물(醫療廢棄物) 등 인체에 위해(危害)를 줄 수 있는 해로운 물질을 말한다. 일반폐기물이란 지정폐기물 이외의 폐기물을 말한다.

10.1.3 의료폐기물

"의료폐기물"이란 보건·의료기관, 동물병원, 시험·검사기관 등에서 배출되는 폐기물 중 인체에 감염 등 위해를 줄 우려가 있는 폐기물과 인체 조직 등 적출물(摘出物), 실험동물의 사체 등 보건·환경보호 상 특별한 관리가 필요하다고 인정되는 폐기물을 말한다.

10.2 폐기물의 발생

10.2.1 폐기물 발생원 및 발생량

폐기물 발생원

폐기물은 농업, 산림업, 광업, 건설업, 공업 등 사람의 생산 활동과 생산물의 소비활동에 의해 발생한다. 농업으로부터 발생하는 농업폐기물, 산림업으로부터 발생하는 산림폐기물, 광업으로부터 발생하는 자갈과 모래 및 광재더미 등 광업폐기물, 건설업으로부터 발생하는 건설폐기물, 제조업 등으로부터 발생하는 배출시설계폐기물, 소비활동으로부터 발생하는 생활폐기물 등이 있다. 여기서는 생활폐기물과 배출시설계폐기물 및 건설폐기물인 사업장폐기물에 대해서만 살펴보기로 한다.

폐기물 발생량

우리나라의 생활폐기물과 사업장폐기물의 일평균발생량은 2008년 359,298톤에서 2017년 414,626톤으로 15.4% 증가했다(〈표 10-1〉).

〈표 10-1〉 생활폐기물 및 사업장폐기물 발생량(2008~2017)

구분	계 (톤/일)	생활폐기물 (톤/일)	사업장폐기물(톤/일)		
			소계	배출시설계	건설
2008년	359,298	52,072	307,226	130,777	176,449
2009년	357,861	50,906	306,955	123,604	183,351
2010년	365,154	49,159	315,995	137,875	178,120
2011년	373,312	48,934	324,378	137,961	186,417
2012년	382,009	48,990	333,019	146,390	186,629
2013년	380,709	48,728	331,981	148,443	183,538
2014년	388,486	49,915	338,571	153,189	185,382
2015년	404,812	51,247	353,565	155,305	198,260
2016년	415,345	53,772	361,573	162,129	199,444
2017년	414,626	53,490	361,136	164,874	196,262

10.2.2 생활폐기물의 발생

생활폐기물의 성상

생활폐기물은 가연성 물질과 불연성 물질로 구성된다. 가연성 물질로는 음식물류, 종이류, 나무류, 고무피혁류, 합성수지류, 플라스틱류 등이 있으며, 불연성 물질로는 유리류, 금속류, 토사류 등이 있다.

생활폐기물 연도별 발생량

우리나라의 생활폐기물 일평균발생량은 2008년 52,072톤에서 2009년 50,906톤, 2013년 48,728톤 등으로 감소하다가, 2017년 53,490톤으로 증가하였다. 2008~2017년 기간 중 평균 발생량은 50,721톤이었다([그림 10-2]).

생활폐기물 성상별 발생량

우리나라의 2017년 생활폐기물 일평균발생량은 53,490톤이었다. 그 중 음식물류폐기물의 일평균발생량이 15,904톤으로 가장 많았고, 종이류, 플라스틱류, 금속류, 유리류, 합성수지

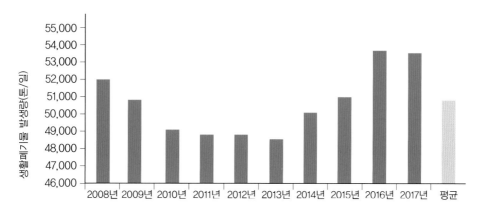

[그림 10-2] 생활폐기물 발생량 추이(2008~2017)

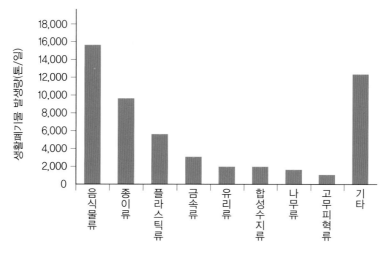

[그림 10-3] 생활폐기물 성상별 발생량(2017)

류, 나무류, 고무피혁류 등이 그 뒤를 이었다([그림 10-3]).

10.2.3 사업장폐기물의 발생

사업장폐기물의 성상

사업장폐기물은 사업장배출시설계폐기물과 건설폐기물로 구분된다. 사업장배출시설계폐기물 중 불연성 폐기물로는 광재, 연소재분진류, 금속류, 주물사모래류, 폐석회, 폐석고 등이 있고, 가연성 폐기물로는 종이류, 목재류, 폐합성고분자화합물, 동식물성잔재류, 슬러지류 등이 있다. 건설폐기물 중 건설폐재류로는 폐콘크리트, 폐아스팔트, 폐벽돌, 폐블럭, 폐기와 등이 있고, 불연성 폐기물로는 건설슬러지, 폐금속류, 폐유리 등이 있으며, 가연성 폐기물로는 폐목재, 폐합성수지, 폐섬유, 폐벽지 등이 있다.

사업장폐기물 발생량

우리나라의 사업장폐기물은 2008년 307,226톤에서 2017년 361,136톤으로 17.5%로 각각 증가했다. 같은 기간 중 사업장폐기물 중 배출시설계폐기물은 130,777톤에서 164,874톤으로 26.1%, 건설폐기물은 176,449톤에서 196,292톤으로 11.2%로 각각 증가했다([그림 10-4]).

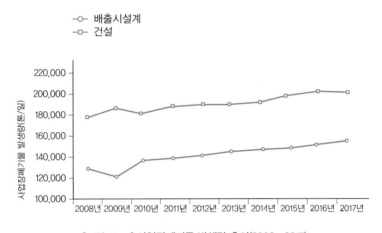

[그림 10-4] 사업장폐기물 발생량 추이(2008~2017)

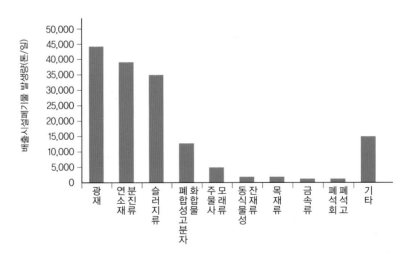

[그림 10-5] 사업장배출시설계폐기물 성상별 발생량(2017)

사업장배출시설계폐기물 성상별 발생량

2017년 사업장배출시설계폐기물의 일평균발생량은 164,874톤으로 그 중 광재가 44,549톤으로 제일 많이 발생했으며, 연소재분진류 39,248톤, 슬러지류 36,083톤, 폐합성고분자화합물 13,038톤, 주물사모래류 5,089톤, 동식물성잔재류 3,203톤 등이 그 뒤를 따랐다. 그 중 광재, 연소재분진류, 슬러지류 및 폐합성고분자화합물의 네 가지 폐기물이 전체 발생량의 80% 이상을 차지하였다([그림 10-5]).

10.3 폐기물의 처리

10.3.1 폐기물 처리방법

폐기물의 처리방법은 일반적으로 매립, 소각, 및 재활용으로 구분할 수 있다. 폐기물의 최선의 처리방법은 재활용이며 차선의 방법은 소각, 매립 등의 방법으로 환경에 대한 악영향을 최소화하는 것이다.

폐기물 재활용

폐기물재활용에는 폐기물의 재사용이 포함된다. 폐기물의 재활용은 물질자원과 에너지자원의 절약으로 자연에 대한 인간의 압박을 최소화할 수 있는 가장 친환경적인 폐기물처리방법이다. 폐기물 재활용은 자원순환사회의 가장 핵심적인 가치이다.

폐기물 소각

폐기물 소각은 기술적, 경제적 등의 이유로 재활용이 불가능한 폐기물을 처리하는 차선의 친환경적인 폐기물처리방법이다. 폐기물의 소각은 자연으로 돌아가는 폐기물의 양을 줄일 뿐만 아니라, 폐기물에 포함된 유해성분이나 유해생물체를 제거할 수 있게 해준다.

폐기물의 매립

폐기물의 매립은 최후의 폐기물처리방법이다. 매립의 대상이 되는 폐기물은 재활용이나 소각이 어려운 폐기물이다. 폐기물 매립은 매립지의 확보라는 어려움이 있다. 특히, 우리나라와 같은 좁은 국토를 가진 경우에는 가능하면 매립 대상 폐기물의 양을 줄이는 노력이 필요하다. 폐기물의 매립방법은 (1) 노천처리, (2) 단순매립, (3) 위생매립 및 (4) 안전매립으로 나눈다.

노천처리는 일정한 장소를 정하여 생활폐기물을 단순히 모아두는 방법으로, 복토를 하지 않기 때문에 넝마주이나 청소동물의 침입, 심미적 문제, 질병발생, 대기오염, 수질오염 문제 등이 발생한다. 단순매립은 생활폐기물을 땅에 그냥 묻는 방법인데, 유출수나 침출수에 의한 지표수나 지하수 오염 가능성을 거의 고려하지 않은 방법이다. 단순매립은 청소동물의 침입, 심미적 문제, 질병발생, 그리고 대기오염문제를 줄이기 위해 중간 중간 복토를 한다. 사실상 단순매립은 노천처리의 약간 개선된 형태라고 보면 된다.

위생매립은 유출수나 침출수에 의한 수질오염을 최소화하기 위한 방법으로, 폐기물을 얇은 층으로 펴서 다진 다음 신선한 흙으로 덮어 해충의 침입과 심미적 문제, 질병발생, 대기오염, 그리고 수질오염 문제를 최소화하는 방법이다. 안전매립은 위험한 고형폐기물이나 액상 폐기물을 용기에 담아 매립하여 보관하는 방법을 말한다. 안전매립장은 접근이 제한되고 감시가 계속되며 폐기물의 지하수 침출이 발생할 수 없는 지질층 위에 위치하게 된다.

폐기물 처리방법 추세

폐기물처리방법은 매립에서 소각, 그리고 재활용으로 발전해가는 추세를 보이고 있다. 폐기물매립은 초기단계의 폐기물처리방법으로 폐기물의 노천투기로 인한 보건 상의 문제를 해결하기 위한 것이다. 매립은 단순매립에서 위생매립으로, 그리고 안전매립으로 발전해왔다.

폐기물소각처리는 폐기물매립으로 인한 환경적인 문제와 매립용 토지 확보의 어려움 등의 문제를 해결하고, 환경에 최종적으로 배출되는 폐기물의 양을 줄이며, 유해물질과 유해생물체를 제거하여 보건과 환경에 대한 위해를 제거해 준다.

폐기물재활용은 가장 바람직한 폐기물처리방법으로, 자원과 에너지를 절약한다는 점에서 이상적인 폐기물처리방법이라고 할 수 있다. 그러나 폐기물재활용의 문제점은 기술성과 경제성이다. 기술성은 폐기물을 유용한 자원으로 재생하는 기술을 말하는 것으로, 그러한 기술의 개발은 현실적으로 상당히 어렵다. 경제성은 폐기물을 재활용하기 위해 들어가는 비용과 재활용제품의 시장가격의 차이다. 재활용비용에는 폐기물 수거, 운반비용 등도 포함된다.

10.3.2 폐기물의 처리량

폐기물 처리방법별 폐기물처리량

우리나라 생활폐기물 및 사업장폐기물의 일평균 매립, 소각, 및 재활용량은 2008년 각각 37,784톤, 20,451톤 및 295,863톤에서 2017년 각각 35,302톤, 24,038톤 및 358,271톤으로, 매립처리량은 감소한 반면, 소각 및 재활용량은 증가했다([그림 10-6]).

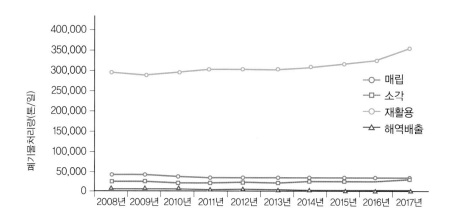

[그림 10-6] 우리나라 폐기물처리방법별 처리량 추이(2008~2017)

폐기물 처리방법 변화추세

생활폐기물과 사업장폐기물 처리의 일반적인 추세는 재활용률과 소각률이 증가하고, 매립률이 감소하고 있는 것으로 나타나고 있다. 2008년의 폐기물의 재활용, 소각 및 매립률은 각각 81.7%, 5.5% 및 10.8%이었으나, 2017년의 폐기물의 재활용, 소각 및 매립률은 각각 86.4%, 5.8% 및 7.8%이었다(〈표 10-2〉).

폐기물 재활용량

생활폐기물과 사업장폐기물의 재활용량은 절대적, 상대적으로 증가 추세를 보이고 있다. 2008년 일평균재활용량은 295,863톤이었으나 2017년에는 358,271톤으로 21% 증가하였다 ([그림 10-6]). 2008~2017년 기간 중 전체 재활용량에서 건설폐기물, 배출시설계폐기물 및 생활폐기물이 차지하는 평균비율은 각각 57%. 34% 및 9%이었다([그림 10-7], 〈표 10-3〉).

〈표 10-2〉 폐기물 처리방법 변화추세

구분	재활용	소각	매립	해역배출
2008년	81.7	5.5	10.8	1.9
2009년	81.2	5.5	11.4	1.9
2010년	82.8	5.7	9.7	1.9
2011년	83.2	5.9	9.4	1.5
2012년	83.6	6.3	9.3	0.8
2013년	83.9	6.0	9.4	0.7
2014년	84.8	5.8	9.1	0.4
2015년	85.3	5.9	8.7	0.2
2016년	85.7	5.8	8.4	0.0
2017년	86.4	5.8	7.8	0.0

폐기물 소각량

생활폐기물과 사업장폐기물의 소각량은 절대적, 상대적으로 증가 추세를 보이고 있다. 2008년 일평균소각량은 20,451톤이었으나 2017년에는 24,038톤으로 17.5% 증가하였다. 2008~2017년 기간 중 전체 소각량에서 건설폐기물, 배출시설계폐기물 및 생활폐기물이 차지하는 평균비율은 각각 5%, 40% 및 55%이었다.

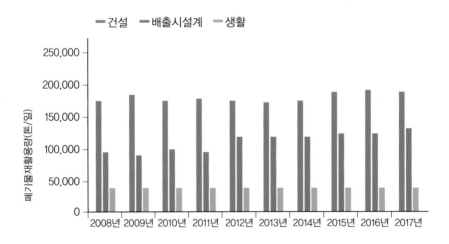

[그림 10-7] 우리나라 건설폐기물, 배출시설계폐기물 및 생활폐기물 재활용량 추이(2008~2017)

〈표 10-3〉 전체 폐기물재활용량에 대한 건설폐기물, 배출시설계폐기물 및 생활폐기물의 비율

구분	건설폐기물	배출시설계폐기물	생활폐기물
2008년	58.2	31.3	10.5
2009년	61.3	28.1	10.6
2010년	57.5	32.7	9.8
2011년	58.5	32.2	9.3
2012년	56.3	34.7	9.0
2013년	56.0	35.0	9.0
2014년	55.1	35.9	8.9
2015년	56.0	35.2	8.8
2016년	54.9	36.0	9.1
2017년	53.7	37.1	9.2
평균	56.8	33.8	9.4

폐기물 매립량

생활폐기물과 사업장폐기물의 매립량은 절대적, 상대적으로 감소 추세를 보이고 있다. 2008년 일평균매립량은 37,784톤이었으나 2017년에는 35,302톤으로 7% 감소하였다. 2008~2017년 기간 중 전체 매립량에서 건설폐기물, 배출시설계폐기물 및 생활폐기물이 차지하는 평균 비율은 각각 9%, 68% 및 23%이었다([그림 10-8]).

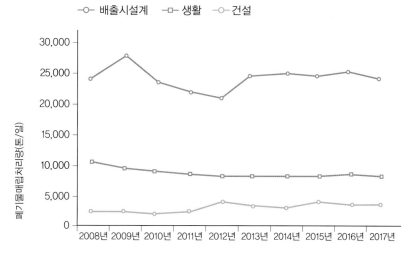

[그림 10-8] 우리나라 건설폐기물, 배출시설계폐기물 및 생활폐기물 매립량 추이(2008~2017)

10.4 생활폐기물의 수집 및 처리

10.4.1 생활폐기물 수집 및 처리의 중요성

도시쓰레기로 불리기도 하는 생활폐기물은 우리나라 전체 고형폐기물 발생량의 작은 부분에 불과하지만 생활폐기물을 중요시하는 이유는 첫째, 생활폐기물은 고도인구밀집지역에서 집중적으로 발생하고 공중보건에 큰 영향을 미친다는 점, 둘째, 생활폐기물은 재활용가치가 높다는 점, 그리고 셋째, 생활폐기물을 적정하게 처리하기 어렵다는 점이다.

10.4.2 생활폐기물 수집방법의 개선

생활폐기물은 도시의 광범위한 지역에서 발생하기 때문에 그 수집이 매우 어렵다. 생활폐기물의 수집을 위해서는 효율적인 생활폐기물 수집체제를 갖추어야 한다.

쓰레기압축트럭과 쓰레기분쇄기의 개발

일반적으로 폐기물처리에 있어 수집 및 운반비용이 전체 비용의 50% 이상을 차지하기 때문에 인건비를 줄이는 새로운 수집방법이 많이 개발되어 왔다. 그 중 한 가지가 쓰레기압축트럭의 개발이다. 압축트럭은 쓰레기를 수집할 때 유압기를 사용하여 쓰레기를 압축하여 부피를 줄이는 쓰레기 수집 및 운반차량이다. 압축트럭의 값이 일반트럭보다 비싸기는 하지만 용량이 커지고 인건비가 줄어들면서 전체적으로 쓰레기처리비용을 절약하게 되었다.

생태적으로 건전한 수집방법

이러한 이점들에도 불구하고 쓰레기압축기와 가정의 '쓰레기분쇄기'는 생태적으로는 건전한 수집방법이 아니다. 혼합된 쓰레기를 압축하면 매립지가 미래의 도시 광산이 될 경우 발굴, 분리, 재활용하기가 어렵고 비용이 많이 들게 된다. 가정용 음식물쓰레기 분쇄기는 수집대상 쓰레기의 부피를 줄이지만 그 또한 생태적 관점에서 바람직하지 않다. 음식물 및 유기성 폐기물이 분쇄되어 하수처리장으로 씻겨 들어간 후 수역에 유입되는 것보다는 가능하면 퇴비화해서 토양으로 환원하는 것이 더 좋다.

고질라트럭

쓰레기 수집의 돌파구는 짚 앞에 비치된 대형쓰레기수거용기를 들어 올릴 수 있는 긴팔을 가진 '고질라 트럭'이다. 이 트럭의 가격은 보통 트럭보다는 무척 비싸지만 몇 년만 지나면 그보다 더 많은 돈을 절약할 수 있다. 고질라트럭은 운전사 1명이면 된다. 이에 비해 보통트럭은 3명의 인원이 필요하다Miller Jr. G. T., 1982.

공기식 쓰레기 수집체제

고질라트럭조차 스웨덴의 많은 병원이나 아파트, 집단주택지에서 사용되고 있는 공기식 쓰레기수거체제에는 미치지는 못한다. 주민이 쓰레기를 낙하통로에 버리면 진공상태의 기송관이 이 쓰레기를 빨아들여 중앙소각로로 이송하고, 이송된 쓰레기는 거기서 소각된다. 여기서 발생한 열은 보도와 도로의 눈과 얼음을 녹이고 전력을 생산하며, 주위의 건물과 주택의 난방에 사용된다. 유리와 금속은 선별되어 재활용된다. 세계에서 가장 큰 기송관식 쓰레기처리체제는 플로리다 주의 디즈니월드 단지에 있다.

10.4.3 생활폐기물의 처리

생활폐기물 처리방법별 장단점

생활폐기물의 처리방법은 기본적으로 재활용, 소각 및 매립이다. 〈표 10-4〉에서와 같이 재활용에는 유기성폐기물의 퇴비화 등이 포함되며, 매립에는 쓰레기투기, 노천매립 등도 포함된다.

〈표 10-4〉 생활폐기물처리방법별 장단점

처리방법	장점	단점
쓰레기투기	• 관리용이 • 시설비용 전무	• 흉물 • 청소비용과다 • 자원낭비
노천처리	• 관리용이 • 싼 초기비용 • 단기간 내 시설완공 • 모든 종류 폐기물 매립 가능	• 흉물 • 해충서식 • 악취 • 소각 시 대기오염 • 침출수/유출수 수질오염 • 늪지/습지매립 • 자원낭비 • 주민반대로 장소선정 곤란

〈표 10-4〉 (계속)

처리방법	장점	단점
위생매립	• 관리용이 • 싼 초기비용 • 단기간 내 시설완공 • 해충 • 심미적 문제 • 질병 • 대기오염 • 수질오염 문제 해결 • 메탄가스 연료화 • 모든 종류 폐기물 매립가능 • 한계토지로 이용	• 노천처리 가능성 • 넓은 토지 필요 • 주민반대로 장소 선정 곤란 • 자원낭비 • 침출수 수질오염 • 지반침하, 메탄가스 폭발 • 복토확보 곤란 • 폐기물 장거리 운반 곤란 및 운반에너지 낭비
소각	• 악취 및 감염성 물질 제거 • 폐기물부피감축(80%) • 매립지 수명 연장 • 토지절약 • 물질재활용 및 폐열 활용	• 높은 초기투자 비용 • 높은 운영비용 • 높은 유지 및 보수비용 • 숙련된 운영자 필요, 잔재물 처리 • 대기오염 • 미세먼지오염 • 자원낭비
퇴비화	• 판매가능 퇴비생산 • 적정선의 운영비용 • 질병유발박테리아 사멸	• 유기성 폐기물에만 해당 • 폐기물분리필요 • 판매시장 제한
재활용 공장	• 높은 공중 수용성 • 대기 및 수질오염 유발 선무 • 자원낭비 감축 • 매립지 수명 연장 • 재활용 수입 창출 • 공장설치 장소 발견용이	• 높은 초기투자 • 높은 운영비용 • 증명되지 않은 재활용 기술 • 재활용 시장 필요 • 유지, 수선비용 • 숙련기술자 필요 • 대기오염유발 가능

생활폐기물 처리방법별 처리 추이

2008년 일평균 생활폐기물 발생량 52,072톤의 처리방법별 처리비율은 재활용, 소각 및 매립이 각각 59.8%, 19.9% 및 20.3%이었다. 그러나 2017년 일평균 생활폐기물 발생량 53,490톤의 처리방법별 처리비율은 재활용, 소각 및 매립이 각각 61.6%, 24.9% 및 13.5%로, 매립비율이 감소하고 재활용 및 소각비율이 증가하였다([그림 10-9]).

2008~2017년 기간 중 생활폐기물처리방법별 처리비율의 평균치는 매립, 소각 및 재활용이 각각 16%, 24% 및 60%로 나타났다. 생활폐기물의 성상별 구성비가 중단기적으로 큰 변화가 없다고 가정하면, 재활용률은 60% 수준을 유지하고, 매립비율이 줄어들고 소각비율이

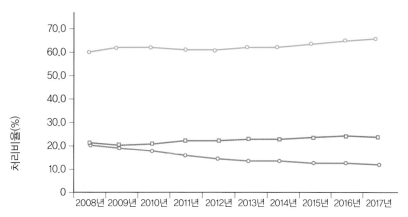

[그림 10-9] 우리나라 생활폐기물 처리방법별 처리비율(2008~2017)

늘어날 것으로 예상할 수 있다.

10.4.4 생활폐기물 처리방법의 개선

열분해

생활폐기물 처리방법 중 하나는 생활폐기물의 열분해방법이다. 열분해란 무산소 상태에서 폐기물질을 고온으로 분해하는 방법이다. 그러면 폐기물은 석유, 유기성 고체, 숯, 메탄과 같은 가스, 그리고 무기성 물질로 변한다. 이들 중 일부는 연료로 팔려 높은 고정투자 비용과 운영비용의 일부를 충당할 수 있다. 그러나 이 방법은 많은 양의 에너지를 소비하고 비싼 방지시설을 설치하지 않으면 대기오염을 유발시킬 수 있다.

생 분해 용기 개발

생 분해가 가능한 용기의 개발이다. 생 분해가 가능한 용기는 생활폐기물이 되었을 때 자연에 의한 분해가 가능하다. 가장 이상적인 식품용기는 그 내용물과 함께 모두 먹을 수 있는 것이다. 아이스크림 용기, 타코껍질, 사과껍질, 또는 프렛젤로 만든 맥주용기와 같은 것들이다. 과학자들은 미생물에 의해 생물학적으로 즉시 분해되는 플라스틱이나 햇빛이나 비에 노출되었을 때 분해되는 물질의 개발을 위해 노력하고 있다.

오염전가 방지

폐기물 처리로 발생하는 화학물질이 다시 더 나쁜 수질오염이나 대기오염 등을 유발하지는 않는지 조심스럽게 시험하여 확인해야 한다. 모든 물질은 형태는 변하지만 어디엔가는 있기 때문이다.

10.5 생활폐기물의 자원화

10.5.1 자원순환사회

폐품수집

개발도상국의 가난한 사람들은 오래전부터 거의 모든 것을 재활용할 필요가 있다는 것을 인식하고 있었다. 버려진 유리, 종이, 플라스틱, 헝겊조각, 깡통, 뼈 그리고 기타 물질들은 2개 부류의 사람들에 의해 수집된다. (1) 도시빈민들로서 그들은 이들 물건을 의복과 오두막집, 그리고 기타 생존필요품으로 사용한다. (2) 자원회수사업을 하는 사람들로서 공장에 팔거나 다른 사업자에게 재활용 원료로 판매하다. 불행하게도 대부분의 산업화 국가에서는 아직도 아주 작은 양의 폐기물만을 재활용하고 있다.

자원처리에서 자원회수로

자원회수보다는 자원처리를 강조하던 선진국들의 관점이 변화하기 시작하고 있다는 신호가 감지되고 있다. 자원순환사회에 있어 산업국가에서 발생하는 대부분의 쓰레기와 자투리, 즉 제2차 물질들은 제1차 물질자원이 될 것이며 처녀자연자원이 도리어 예비용 또는 제2차 물질자원이 될 것이다.

10.5.2 생활폐기물 재활용

고도기술접근법

중대규모 도시들의 위생매립장소가 줄어듦에 따라 그들은 도시전체에서 발생하는 혼합쓰레기를 유용한 물질과 에너지로 재활용할 수 있는 일련의 대규모 자원회수공장을 건설하는

데 관심을 가지고 있다. 이와 같은 고도기술접근법에서는 수집트럭이나 압축공기관은 생활폐기물을 고도로 자동화된 자원회수공장(재활용공장)으로 수송한다. 공장에서 잘게 자른 생활폐기물은 자동적으로 분리되어 유리, 철, 알루미늄, 그리고 다른 가치 있는 물질들이 회수된다. 나머지 종이, 플라스틱, 그리고 기타 가연성 폐기물을 연료로 사용하여 증기와 온수, 또는 전기가 생산되며, 우리는 이들을 근접지역의 건물이나 공장에 팔거나 열분해에 의해 고체, 액체, 또는 가스연료로 전환하여 판매할 수도 있다. 철, 강철, 그리고 기타 철 금속은 전자기에 의해 추출되며, 종이와 플라스틱 등 가벼운 물질은 공기에 의해 분리되고, 유리, 음식물쓰레기, 알루미늄, 그리고 기타 비철금속은 기계적 선별이나 부선에 의해 분리 추출된다.

유기성폐기물의 자원화

우리는 음식물쓰레기나 풀잎, 나뭇잎, 그리고 기타 유기성 폐기물을 태우거나 동물먹이로 판매할 수 있고, 또는 퇴비화 하여 토양비료로 재활용할 수도 있다.

무기성폐기물의 자원화

또한 우리는 회수된 유리, 철, 그리고 알루미늄을 1차 제조공장에 팔거나 새로운 물질로 전환하여 재활용할 수 있다. 예를 들어, 우리는 유리는 유리공장에서 다시 녹여 유리섬유 단열재로 가공하거나 재활용 고무와 혼합하여 고속도로 포장재로 사용할 수 있다. 우리는 소각로 잔재물과 대기오염방지를 위해 제거한 입자상 물질들을 매립물질로 사용하여 토지복원, 콘크리트 블록, 벽돌, 또는 기타 건축자재로 사용할 수 있다.

종이연료 재활용의 문제점

종이를 연료로 사용하여 에너지를 회수하는 것은 생태적으로는 문제가 있다. 첫째, 종이를 수집, 운반하여 소각로에서 태울 때 소요되는 에너지는 종이에서 나오는 에너지의 양보다 크다. 둘째, 종이를 재활용하면 에너지와 나무 양자를 모두 절약할 수 있다. 셋째, 소각로의 설치, 운영비가 워낙 비싸기 때문에 순 에너지 손실이 생각보다 훨씬 크다. 물질과 에너지 회수를 위한 새로운 고도기술 접근방법은 유망하기는 하지만 많은 문제를 가지고 있다. 그와 같은 자원회수공장을 건설하는 비용과 운영비용이 만만치 않고 미세먼지로 인한 대기오염, 재활용품이나 재활용제품 시장의 불안정 등이다.

10.5.3 생활폐기물의 발생원 분리배출

발생원분리수거

우리나라에서 회수되는 대부분의 물질들은 발생원에서 분리·수거되어 재활용된다. 이러한 간단하고 소규모적 접근방법은 가정과 사업장에서 종이나 유리, 금속, 그리고 음식물쓰레기와 같은 재활용 가능한 물질을 분리수거용기에 배출하는 방법이다. 그러면 시청의 칸막이트럭과 개인수집운반자 및 고물상 또는 자발적 재활용 또는 봉사단체가 분리된 폐기물을 가져간다. 필요한 경우 재활용가능폐기물을 세척한 후 고물상, 퇴비공장(유기성 음식물 등), 또는 제조공장에 판매한다.

투입접근방법

폐기물은 각 소비자에 의해 분리·배출되어 자원재활용공장으로 보내진다. 우리나라에서는 전국의 모든 도시가 분리·배출하고 있다. 각 가정과 사업장은 쓰레기를 3가지 용기(유리, 금속, 종이)에 분리·배출하도록 하고 있는데 이것은 그렇게 어려운 일이 아니다. 이것은 쓰레기처리비용을 절감하여 세금을 절감하는 효과가 있다. 한 조사연구 결과에 의하면 모든 고형폐기물을 발생원에서 분리·배출하는 데 걸리는 시간은 일주일에 30분 정도라는 것이다. 이에 대해 혼합쓰레기를 그대로 매립하거나 자원회수공장에서 처리하면 낭비를 촉진하는 것이 된다.

고도기술접근방법의 비판

분리배출을 옹호하는 사람들은 고도기술접근방법이 종이의 재활용을 방해하고 회수가능용기보다는 쓰고 버리는 깡통의 사용을 조장한다고 주장한다. 경제적이기 위해서는 대규모 자원회수공장에는 다량의 재활용품 공급이 항상 가능해야 한다. 우리는 환경적으로는 종이를 재활용하고 재활용 또는 재이용용기를 장려해야 한다. 실제로 대규모 자원회수공장 옹호자들은 회수불가능 깡통과 병의 사용을 억제하고 종이의 재활용을 촉진하는 법에 반대하고 있는데, 그 이유는 그러한 폐기물이 혼합폐기물에서 빠지면 대규모 자원회수공장의 이윤이 낮아지기 때문이다.

10.6 소량폐기물사회

고형폐기물 재활용률 75% 목표

〈표 10-5〉에서와 같이 재활용은 물질자원과 에너지자원의 사용을 감축함으로써 대기오염, 수질오염, 그리고 고형폐기물의 발생을 감소시킬 수 있다. 그런 의미에서 고도기술접근방법과 발생원분리배출방법에 의해 고형폐기물의 재활용률을 최소한 75% 이상 높이는 것이 중요한 국가적 목표가 될 수 있다. 그리고 우리는 한 번 쓰고 버리는 물건을 더 많이 만들고 그들을 더 빨리 재활용하면 된다는 속임수에 넘어가서는 안 된다. 그것은 유한한 물질자원을 낭비하는 것이고 너무 많은 비용이 들며 유한한 에너지자원을 소진하는 것이기 때문이다.

〈표 10-5〉 신규원료 대비 재활용에 의한 에너지절약

물질	에너지 절약비율(%)	물질	에너지 절약비율(%)
알루미늄	97	강철(100% 자투리)	47
플라스틱(폴리에틸렌)	97	신문지	23
구리	88–95	유리용기	8

자원낭비 최소화

국가 자원 및 고형폐기물관리계획의 좀 더 근본적인 목표는 자원의 낭비를 최소화하는 것이 되어야 한다. 자원의 낭비를 최소화하는 방법은 (1) 제품 당 자원사용량의 감축(예를 들어, 소형차와 더 얇은 용기), (2) 1인당 자원사용량의 감축(예를 들어, 가정 당 승용차 감축), (3) 제품내구연한의 증가(예를 들면, 내구연한이 긴 승용차, 타이어, 그리고 가전제품), 그리고 (4) 한 번 쓰고 버리는 물건(예를 들면, 알루미늄 음료수 용기와 회수불가능 병) 대신 원래 형태로 재사용할 수 있는 대체제품에 의한 재사용제품의 증가(예를 들면, 회수가능 유리병의 재충전 사용) 등이다.

10.6.1 단위제품 및 1인당 자원사용량의 감축

자원사용량 감축으로 에너지 절약 및 환경오염 감축

우리는 제품제조에 사용되는 자원의 양을 최소화할 수 있도록 제품설계를 함으로써 많은

양의 자원을 절약할 수 있다. 예를 들어, 우리가 땜납 3편 강철 캔을 2편 사출 캔으로 대체하면 강철 사용량을 25~30%까지 절약할 수 있고, 상당량의 용수와 350만 명이 연간 필요로 하는 전력을 절약할 수 있으며, 대기오염, 수질오염, 광산폐기물 발생량 및 도시폐기물 발생량을 감축할 수 있다.

작은 용기보다 큰 용기사용

우리는 큰 용기가 작은 용기보다 더 많은 자원을 사용한다고 생각할 수 있다. 그러나 대부분 제품의 경우 큰 포장용기를 사용하면 제품 단위무게 또는 단위부피당 사용되는 포장용기 재료의 양은 적어진다. 예를 들어, 207cc짜리 회수가능 유리용기는 947cc짜리 그것보다 탄산음료 1cc 당 2배나 많은 유리 물질과 에너지를 사용하고, 50% 더 많은 대기오염, 수질오염, 그리고 고형폐기물을 발생시킨다.

가벼운 자동차 설계

만약 우리가 현재의 자동차를 좀 더 작고 가볍게 설계하면 에너지자원과 물질자원의 사용량을 크게 줄여 대기오염, 수질오염, 폐기물발생, 그리고 토지교란을 크게 줄일 수 있을 것이다. 만약 우리가 모든 자동차의 중량을 955kg으로 줄인다면 우리나라 전체적으로 연간 수백만 톤의 물질자원을 절약할 수 있을 것이다. 동시에 연료절약으로 상당한 양의 에너지자원을 절약할 수 있다.

1인당 제품소비량 감축

우리나라 중산층과 상류층의 많은 사람들이 1인당 제품소비량을 줄인다면 더 큰 자원의 절약이 가능할 것이다. 우리는 우리의 생활양식을 분석하여 어떤 물품이 우리 생활의 질을 실제로 높이는 것인지 알아야 할 필요가 있다.

10.6.2 내구기간이 긴 제품의 설계
의도적 단명제품 생산

조기노후화제품이 주로 생산, 소비되는 대량소비사회에서는 많은 제품들이 소비자(좀 더 정확하게는 사용자)의 제품월부금 지불이 끝날 때 수명이 다하도록 만들어진 것처럼 보인다. 표준화된 부품과 간단한 공구로 쉽게 수선할 수 있고 좀 더 오래가는 제품을 설계하는 것이 불필요한 자원의 낭비를 줄이는 것이다. 예를 들어, 매년 변화하는 자동차모델과 의상은 그 제품들의 품질을 향상시키기 위한 것이 아니다. 그것은 아직도 멀쩡한 제품을 구형화하거나 유행 밖으로 밀어내어 새 상품을 구매하게 하려는 음흉한 계획에 불과하다.

재생타이어 사용으로 물질과 에너지자원 절약

만약 모든 자동차의 타이어를 한 번만 재생해서 사용한다면 합성고무에 대한 수요는 3분의 1이 줄어들고 폐기물은 반으로 줄어들며, 상당한 양의 에너지를 절약할 수 있을 것이다. 재생타이어는 전형적으로 새 타이어의 평균 60%의 수명을 가진다. 만약 모든 차가 재생타이어를 한 번 씩만 더 사용한다면 우리나라는 막대한 양의 석유와 고무를 절약할 수 있고, 폐기물처리비용을 절약할 수 있다.

10.6.3 제품의 재사용
재사용 불가능한 용기의 사용 확대 경향

제품을 재가공하거나 재조립하지 않고 그 원래의 형태로 여러 차례 반복해서 사용한다는 점에서 재사용은 재활용과 다르다. 쓰고 버리는 깡통이나 회수 불가능한 유리용기 대신 회수 가능한 음료용기의 사용은 재사용의 중요한 예다. 불행하게도 우리나라에서의 경향은 재사용 불가능한 용기의 사용이 재사용 가능한 용기의 사용을 압도하고 있는 상황이다. 재충전 가능 예치금 대상 용기의 시장 범위는 제조공장과 제병공장에서부터 제품배달 트럭이 제품을 실어다 주고 빈병을 회수할 수 있는 거리로 한정된다. 그러나 쓰고 버리는 용기를 사용하면 대기업은 전국 어디에나 그들의 제품을 판매할 수 있게 됨으로 재사용 불가능한 용기를 사용하게 된다.

재활용보다 훨씬 자원 절약적인 제품 재사용

그러나 재사용 가능한 유리병을 다시 사용하면 훨씬 적은 물질과 에너지자원이면 된다. 버려진 철 캔과 유리병, 그리고 버려진 알루미늄 캔을 재활용하는 데는 잃어버리거나 부서질 때까지 19회 정도 재사용할 수 있는 유리병을 사용할 때 비해 각각 3배와 3.6배나 많은 에너지자원이 소비된다. 유리병과 알루미늄 캔을 재활용하는 데는 재충전 유리병을 사용하는 것보다 각각 3.2배, 3.8배나 더 많은 에너지자원이 필요하게 된다.

1회용음료용기 사용금지

1회용음료용기에서 재충전용기로 옮겨가는 데는 2가지 주요 접근방법이 있다. 하나는 덴마크의 예처럼 재충전 불가능한 음료용기 사용을 금지하는 것으로 음료용기를 표준화해서 어떤 제병업자도 재충전할 수 있도록 하는 것이다. 두 번째 접근방법은 스웨덴과 노르웨이, 그리고 미국의 몇 개 주에서 채택된 접근 방법인데 모든 음료수 병과 캔에 대해 예치금을 예치하게 하여 1회용 용기의 사용을 억제하는 것이다. 미국 오리건 주는 최초로 공병회수법 (1972)을 제정하여 모든 음료수 용기에 대한 예치금 예치를 의무화하였다.

10.6.4 소량폐기물사회 만들기

소량폐기물사회 계획안

우리가 현재의 선형적, 1회용품사용체제에서 물질과 에너지자원의 사용과 낭비를 막고 폐기물을 자원으로 전환하는 체제로 전환하지 않으면 고형폐기물과 자원낭비 문제는 해결되지 않을 것이다. 〈표 10-6〉은 우리나라가 소량폐기물사회를 이룩하는데 도움이 될 수 있는 계획을 열거하고 있다.

복합적 접근방법

우리가 현재 낭비하고 있는 광물자원을 절약하고 회수하는 계획은 어떤 것이든 반드시 여러 가지 접근방법을 복합적으로 혼합사용해야 한다. 그러나 중요한 점은 이러한 사실을 시민들에게 알려 정치적으로 관여하게 될 때 이러한 계획이 실제로 이행될 수 있다는 것이다.

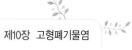

〈표 10-6〉소량폐기물사회를 이룩하기 위한 계획안

1. 여러 가지 재정적 수단을 동원하여 자원 절약과 재활용 및 재사용을 촉진한다.	다. 모든 정부기관으로 하여금 재활용 제품을 구매하도록 한다.
가. 1차 산업에 대한 모든 보조금, 감가상각비, 세금감면 등을 금지한다.	라. 재활용품을 사용하는 제조자에게 세금감면의 혜택을 준다.
나. 모든 용기에 예치금을 부과하고, 모든 회수 불가능한 용기사용을 금한다.	마. 퇴비와 동물폐기물 비료의 사용을 촉진하기 위해 인조비료에 과세한다.
다. 모든 제품의 가격에 처리비 혹은 재활용 비용을 반영하도록 한다.	바. 고도기술자원회수공장에 대해 재정적 지원 또는 세금감면의 혜택을 준다.
라. 자원절약 또는 내구제품에 대해 세금감면 혜택을 부여한다.	3. 모든 매립지를 위생매립지로 개선하고 늪지와 만, 그리고 하구의 폐기물매립지화를 엄격히 제한한다.
마. 제품별 포장규격 설정 및 과대포장에 대해 세금을 부과한다.	4. 위험폐기물의 최종처리와 중간처리를 규정한 현행 법률을 보완하고 위험폐기물로 인한 지하수나 지표수 오염을 방지하기 위해 필요한 조치를 한다.
바. 자원절약목표가 달성되지 않을 경우 모든 신규원료에 대해 채취세를 부과한다.	
사. 가전제품수리비에 대해 세금감면의 혜택을 준다.	5. 모든 제조업자들에게 적절한 최종 처리 방법을 모든 제품에 표시하게 하고 소각이나 매립 시 발생하거나 형성될 가능성이 있는 독성물질의 존재를 분명하게 적어둔다.
2. 다음과 같은 수단을 사용하여 물질자원 재활용율을 최소 50%, 최대 75%로 높인다.	
가. 모든 가정과 사업장이 쓰레기분리배출을 한다.	6. 이러한 소량폐기물자원계획은 인구 억제, 에너지자원 절약, 토지이용 제한, 그리고 오염방지계획과 적절히 통합되어야 한다.
나. 모든 제품에 재활용물질의 양과 형을 나타내는 표시를 한다.	

"자연에는 낭비가 없다. 따라서 자연에는 폐기물이란 것은 없다."
　_ 무명인

자연적 토지이용

우리는 토지가 우리에게 속한 상품으로 취급하면서 토지를 남용한다.
우리가 토지를 우리에게 속한 공동체로 볼 때 우리는 토지를
사랑과 존경심을 가지고 그것을 사용할 수 있다.

Aldo Leopold, 《Sand County Almanic》

지구상의 토지는 사람의 간섭이 전혀 없는 야생지역과 사람의 간섭이 극에 달한 도시지역, 그리고 인간의 접근을 제한적으로 허용하는 중간지역이 있다. 야생지역으로는 인간의 접근이 금지된 천연산림과 하구 및 습지 등이 있고 중간지역으로는 공원, 인공산림 등이 있다. 그리고 야생생물은 야생지역의 필수적인 구성요소다. 이 장에서는 토지사용윤리, 야생지역의 지정 및 보호, 야생생물 보호, 공원의 지정 및 관리 등을 차례로 살펴본다. 도시적 토지이용에 대해서는 제12장에서 자세히 논의한다.

11.1 토지윤리

11.1.1 토지사용방법

우리나라 토지의 구성

2017년 현재 우리나라의 국토면적은 100,364㎢이다. 토지의 지목별 구성 비율을 보면 임야 63.6%, 농경지 19.4%, 하천 6%, 대지 4.1%, 도로 3.2%, 기타 3.7%이었다([그림 11-1]).

지구의 육지면적 148,430천㎢ 중 토지의 대부분은 너무 춥거나 건조하며 너무 덥거나 물이 너무 많고 사람이 살기에는 너무 높고 험한 곳이 많다. 그러나 그러한 토지라고 쓸모가 없는 것은 아니다. 토지는 동물과 식물의 생존을 유지하고 공기와 물을 정화하는데 도움을 주며 우리들이 버린 폐기물을 흡수하고 우리에게 위락과 야생의 경험을 제공하며 생태보전지역과 자연공부를 위한 실험실로서의 역할을 한다.

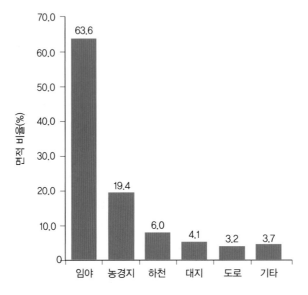

[그림 11-1] 우리나라 지목별 토지면적 비율(2017)

3가지 범주의 토지자원

일반적으로 사람이 직접 사용하는 토지자원은 3가지 주요 범주로 분류된다. 경작지, 목초지 및 삼림지이다. 사막지대, 동토대, 늪, 소택지, 그리고 기타 형태의 토지는 사람이 거의 사용하지 않는 토지이다. 세계 어느 곳에서나 토지는 사용되면서 변화한다. 이러한 변화는 종종 우리에게 단기적으로 이익이 되기도 한다. 우리는 생태계를 단순화하면서 증가한 인구를 먹이기 위해 식량작물을 재배하고 한 때 황폐했던 넓은 면적의 토지를 생명력 있고 더 생산적인 토지로 만들어 왔다.

과도경작과 과도방목으로 인한 토양침식

그러나 토지가 변하면 생태적으로 해로울 수도 있다. 농작물을 재배하기 위해 생태계를 단순화하는 것은 농작물 생산력을 높일 수는 있으나 토지를 해충이나 질병, 그리고 기후변화에 대해 취약하게 만든다. 귀중한 토양은 과도방목과 과도경작으로 인해 수백만 정보의 토지가 침식되면서 생산적인 토지가 황무지와 사막으로 변한다.

산림훼손과 광산개발

산림은 재생성자원이지만 그들을 다시 조림하려는 노력 없이 연료용과 건축용으로 벌채되고 있다. 광물자원과 연료자원에 대한 늘어나는 수요를 충족시키기 위해 우리는 광대한 면적의 땅을 노천 채굴하는 과정에서 종종 그로 인한 토지훼손과 교란된 생태계를 그대로 방치하는 경우가 있다.

토지이용의 연관성

토지는 유한하고 취약한 자원이지만, 만약 토지를 남용하지만 않는다면 토지가 제공하는 용역은 영원하고 재생가능하다. 세계 인구가 증가하고 생태에 대한 인식이 깊어짐에 따라, 우리는 모든 형태의 토지와 토지이용이 서로 연관되어 있음을 깨닫기 시작하고 있다. 예를 들어, 도시지역은 지구표면 중 아주 작은 면적을 차지하고 있는데 불과하지만 자력으로 유지되는 생태계가 아니라는데 문제점이 있다.

토지사용윤리지침

도시는 광대한 농경지, 목초지, 유역, 산림, 하구, 그리고 다른 생태계의 도움을 받아야만 존립할 수 있다. 너무나 많은 재생성산림과 농경지를 비재생성 도시지역으로 전환하면 결국은 도시지역의 존립 자체를 위협하게 된다. 다행스러운 것은 점점 더 많은 사람들이 이러한 상호 관련된 토지사용과 수요를 고려한 생태적 토지사용계획의 수립을 요구하고 있다는 것이다. 그러나 생태적 토지사용계획 그 자체로는 충분하지 않다. 우리들의 계획은 반드시 '토지사용윤리지침'을 따라야 한다.

11.1.2 토지사용윤리
3가지 토지사용윤리

토지사용방법에 관한 의견은 일반적으로 3가지 범주로 분류된다. 즉, '경제윤리', '보존윤리' 및 '생태윤리'다. 경제윤리, 또는 '쓰고 보자.'는 윤리는 마지막 한 조각의 땅까지 모두 개발하여 토지소유자로 하여금 최대의 이익을 얻도록 해야 한다는 것이다. 소유권과 이익에 최대의 중점을 둔다. 보존주의자의 '털끝 하나 건드리지 말라.'는 보존윤리는 많은 부분의 땅을 자연 그대로 보존해야 한다는 것이다. 토지의 아름다움과 건강을 보존하는 보호자로서의 역할을 강조한다.

생태 윤리

생태윤리 또는 '지속가능지구윤리'는 가능한 한 많은 토지의 자력적인 재생능력을 보존한다는 목표를 달성하기 위해 모든 경제적, 생태적, 사회적 요소를 장·단기적 관점에서 고려해야 한다는 것이다. 이 윤리는 토지를 사랑과 존경으로 대하며, 토지에 대한 인간의 필요와 다른 모든 생물종의 필요 간에 균형을 이루고, 1차적인 목적은 세계 생태계의 완전성과 안정성, 그리고 아름다움을 보존하는 것이 되어야 함을 강조한다.

생태윤리는 경제적 목표와 보존론자의 관점 사이의 충돌의 균형추 역할을 시도하며, 그것은 우리가 살아있는 토지생태계의 주인이 아닌, 단지 그 구성원에 불과함을 인식하도록 요구한다. 생태윤리는 지속가능지구세계관을 바탕으로 하고 있으며, 그러한 세계관은 에너지 제2법칙의 효과를 인식하고 있다는 말이 된다. 즉, 우리가 세계를 더 많이 명령하고 통제하려고 할수록 우리는 더 많은 무질서(엔트로피)를 환경에 만들어 내게 된다는 것이다.

균형 잡힌 다각적 토지사용

'쓰고 보자.' 또는 '털끝 하나 건드리지 말라.'는 철학을 채택하는 사람은 거의 없다. 그 대신, 주고받기나 타협의 필요성을 인정하는 사람들은 토지의 '균형 잡힌 다각적 사용'을 요구한다. 경제윤리와 보존윤리를 조합한 윤리다. 첫눈에 이 윤리는 생태윤리와 같다는 것을 알 수 있다. 그러나 실제로 균형 잡힌 다각적 사용 접근방법은 종종 경제윤리와 닮은 점이 있다. 그것은 한편으로는 기업이익 집단의 정치적 영향 때문이고, 다른 한편으로는 생태적 자력 재생능력, 깨끗한 공기, 맑은 물, 그리고 자연의 아름다움에 대해 화폐적 가치를 부여하는 것이 어렵기 때문이다. 다각적 사용 접근방법은 경우에 따라서는 좋은 생태적 토지관리가 '지배적 사용'을 불러 온다는 것을 인식하지 못하기도 한다. 이 경우, 어떤 지역이 특정의 하나의 목적으로만 사용되도록 지정되는 경우가 있다Barlowe R., 1972.

11.2 야생지역

11.2.1 야생지역의 지정 필요성

야생지역에 대한 무지

야생지역 지정과 야생생물종 보존을 반대하는 자들은 몇몇 자연을 사랑하는 사람들의 배타적인 사용을 위해 숲을 폐쇄하려고 하는 환경론자들을 비난한다. 그들은 지나가는 비둘기, 날지 못하는 새, 두루미, 기타 외래 생물종이 우리 생태계에 남아 있든 말든 실제로 달라지는 것은 아무 것도 없다고 주장한다. 그러한 견해는 모든 생물종을 연결하는 생명의 그물과 자연환경보전지역과 생물종을 보존하는 중요한 이유에 대한 무지의 소치다.

인간의 휴식처로서 야생지역

자연환경보호를 위한 한 가지 주장은 자연의 웅장한 아름다움, 다양성을 경험할 수 있으며, 깨끗한 공기를 숨쉬고, 맑은 물을 마시며, 그리고 복잡한 일상사로부터 멀리 떠날 수 있는 그러한 장소가 우리에게 필요하다.

생물다양성 보전

어떤 사람들은 윤리적, 종교적 배경에서 우리가 다른 어떤 형태의 생물체를 멸종시킬 권리를 가지지 못했다고 주장한다. 또 다른 사람들은 야생지역과 생물종을 보존해야 하는 이유를 생물학적인 것과 생태학적인 것에서 찾는다. 야생지역을 보존함으로써 우리는 생태적 완충수단 또는 예비수단으로서 다양한 생태계와 생물종을 유지할 수 있다. 어떤 생물종이 멸종하면 생태계는 한 기능을 상실하게 되고, 결과적으로 그들의 생물적 다양성은 감소된다. 이러한 생태적인 단순화는 발견되었을 때는 너무 늦어 치유할 수 없는 해로운 영향을 가져올 수 있다. 야생지역은 생태실험실의 역할도 한다. 거기서 우리는 지구상에 생명을 유지시키는 자연적 과정을 공부할 수 있다. 방해받지 않은 자연 그대로의 생태계를 연구함으로써 우리는 우리가 지금 사용하고 있는 생태계의 생태적 피해를 예방하고 치유하는 방법을 배울 수 있다.

유전자 저장소

야생지역은 다양한 유전물질을 가진 동식물의 유전자저장소라고 할 수 있다. 어떤 생물종이 한 번 파괴되면 그러한 유전자 정보는 영원이 없어진다. 우리는 그러한 유전적 정보가 어느 날 우리에게 또는 다른 생물종에게 얼마나 귀중한 것이 될지 예측할 수 없다. 말라리아 치료약인 키니네를 만드는데 쓰이는 기니나무가 그러한 사실을 누가 알기 전에 모조리 베어 없어졌다면 어떤 일이 일어날까? 만약 코브라의 독이 심장병 치료약으로 사용될 수 있다는 것이 알려지기 전에 모든 코브라가 죽어 없어졌다면 어떤 일이 일어날까?

더 많은 야생지역의 보존

여기서 실제로 중요한 질문은 우리가 야생지역을 보존하는 이유가 무엇이냐는 것이 아니고 어떻게 더 많이 보존할 수 있느냐 하는 문제다. 그러나 자연은 대체할 수 없는 것이기 때문에 최선의 방법은 생물종이 다양한, 넓은 장소를 보호하는 것이다. 도로우Henry D. Thoreau의 말을 들어보자. '야생지역에 세계의 보존이 있다.'

11.2.2 야생지역보존체제
우리나라의 생태 · 경관보전지역, 습지보호지역 및 특정도서지역

야생지역에서 우리는 보존윤리가 실제로 현실화한 순수한 예 중 하나를 발견할 수 있다. 우리나라의 경우 1989년부터 지정되기 시작한 '생태경관보전지역'은 현재 22개이며, 그 면적은 192㎢(전 국토의 0.19%)이다. 또한 1999년부터 지정되기 시작한 '습지보호지역'은 현재 9개이며, 그 면적은 81㎢(전 국토의 0.08%)이고 2000년부터 지정되기 시작한 특정도서지역은 현재 153개에 이른다. 관련법으로는 1991 자연환경보전법, 1999 독도등도서지역의생태계보전에관한특별법, 1999 습지보전법이 있다(환경부, 2005).

미국의 국가야생지역보호체제

미국의회는 1964년 '야생지역보호법'을 제정하면서 '국가야생지역보호체제'NWPS를 만들었다. 이 법은 연방정부 소유의 주요 습지를 미개발 상태로 영원히 존치하도록 규정하고 있다. 여기서 '야생지역이란 토지와 그 토지에 살고 있는 생물군집이 인간에 의해 방해받지 않는 지역과 인간 자신은 지나가는 방문객에 지나지 않는 곳'이라고 정의된다. 도로건설, 벌목, 상업행위, 인간의 구조물 설치, 그리고 자동차 통행 등이 모두 금지된 곳이다. 방목은 법이 통과되기 전에 이미 있었던 지역에 대해서만 허용된다.

정치적인 타협의 산물로 기존의 채광행위는 허용되지만 새로운 채광행위는 허용되지 않는다. 야생지역은 인간에게는 낚시, 걷기, 배젓기, 그리고 지역에 따라서는 사냥과 승마에 대해서만 허용된다. 그러나 이 모든 행위는 엄격하게 규제된다. 그럼에도 불구하고 걷기와 야영에 대한 관심이 크게 높아짐에 따라 야생지역에 해를 주지 않는 최대 숫자의 관광객이 얼마나 될 것인지에 대한 질문이 제기되었다. 여기에 대한 대답은 어렵다. 그 이유는 자연생태계는 그 수용능력이 생태계에 따라 크게 달라지기 때문이다.

11.2.3 산림지역

산림의 남용

산림을 그냥 내버려두면 위락, 채광, 연료, 목재, 그리고 제지 등 여러 가지 목적으로 심하게 남용되게 된다. 앞으로 석유공급이 줄어들면 오늘날 사용하고 있는 천연가스나 석유 대신 나무를 사용하여 메틸알코올을 만들어 자동차 연료로 사용하고, 플라스틱과 농약, 의약품, 그리고 기타 석유화학제품을 만들게 될 것이다. 다행스러운 것은 산림은 잘 관리하고 과잉채취하지 않으면 재생되는 자원이라는 것이다. 산림은 종류가 다양하고 생물종과 그 환경에 따라 재생산에는 20-300년이 걸린다.

산림의 주요 기능

산림은 다른 중요한 기능을 가지고 있기도 하다. 두보Rene' Dubos는 "산림은 자연의 위대한 치료약이다."라고 말했다. 산림은 바람, 기온, 습도, 강우 등에 영향을 주어 기후조절을 돕고, 산비탈의 토양이 침식되거나 사막으로 모래가 불려 날아가는 것을 막아준다. 산림은 물, 산소, 탄소 및 질소의 지구적 순환을 돕는다. 산림은 물을 흡수, 함유하고 천천히 방출함으로써 침식과 홍수를 방지하고, 우물과 하천 그리고 지하수층을 다시 채워준다.

산림은 경작지의 표토층을 보호하고 강과 댐 저수지로 들어가는 침전물의 양을 줄여준다. 산림은 야생생물의 서식지와 가축의 목초지를 제공하며 대기오염물질과 소음을 흡수하고 지구가 남긴 유전자 다양성 은행의 대부분을 채우고 있는 다양한 생물체의 집으로서의 역할을 하며 고독과 아름다움을 제공하면서 인간의 정신을 기름지게 한다. 내쉬Ogden Nash는 다음과 같이 말했다. "나는 한 그루의 나무와 같이 사랑스러운 간판을 결코 볼 수 없을 것이다." 이와 같은 온갖 중요한 기능은 자력유지가능을 바탕으로 우리에게 한 푼의 비용도 부과함이 없이 태양에너지만으로 제공된다.

2가지 산림훼손 요소

불행하게도 인류는 산림을 잘 돌보지 못했다. 지금까지의 인류의 행위로 당초의 산림면적이 반 이상 줄어들었다. 목재생산을 위한 벌목이 산림벌채에 기여해 왔으나 2가지 가장 중요한 요소는 농경과 연료용 나무를 얻기 위한 토지의 식생표피 제거였다.

세계의 산림

현재 세계 토지의 약 3분의 1이 산림지로 분류된다. 중동지방의 대부분, 북아프리카, 아시아대륙, 중앙아메리카, 그리고 남미의 안데스 지방은 나무가 없는 지역이다. 인도는 국토면적의 18%, 중국은 단 9%만이 산림지다. 〈표 11−1〉은 세계의 인적미답의 산림과 사람이 사용하는 개방된 산림의 분포를 나타낸 것이다. 남아 있는 산림지 면적이 가장 큰 4개국은 구소련, 브라질, 캐나다, 그리고 미국이다. 2000년 세계의 폐쇄산림지면적은 1980년보다 20% 이상 줄어들었다. 그 결과 대규모의 홍수, 가뭄, 토양영양분의 손실, 강과 댐의 침전, 지하수 고갈, 식량생산량 감소로 이어지며 지구의 기후에 변화를 가져왔다.

〈표 11−1〉 세계의 폐쇄산림과 개방임지의 면적

지역	면적 (100만km²)	백분율(%)	지역	면적 (100만km²)	백분율(%)
세계전체	42.4	32	북아메리카	6.5	34
라틴아메리카	9.6	47	아시아(구소련 제외)	5.1	19
구소련	9.2	41	오세아니아와 호주	1.9	22
아프리카	8.3	27	유럽(구소련 제외)	1.8	36

열대우림의 상실

세계 산림의 가장 큰 손실은 세계의 열대습윤산림인 열대우림과 열대습윤활엽림이다. 열대우림은 세계에서 가장 다양하고 생산성이 높으며 가장 잘 알려진 육지생태계다. 열대림 손

실의 주요 직접적인 원인은 그 크기를 기준으로 (1) 농경과 목축을 위한 토지식생의 제거, (2) 연료용 나무의 벌채, (3) 산업용 목재생산의 순이다. 그러나 이러한 생태적 비극의 간접적인 원인은 가난, 토지소유의 불평등, 증가하는 실업, 그리고 산림면적이 넓은 후진국의 빠른 인구증가다. 이렇게 보면 세계의 열대습윤림의 파괴는 궁극적으로는 식량생산, 인구증가와 자원사용의 증가와 관련이 되어 있다.

세계의 땔나무 위기

세계의 산림파괴를 불러오는 주요 요소 중 하나는 세계의 땔나무 위기다. 선진국에서는 연료위기가 석유위기 및 핵에너지의 장점과 단점에 관한 논의에 집중되어 있지만, 후진국은 아직도 나무땔감시대에 살고 있다. 상당부분의 개발도상국 인구가 아직 나무땔감을 주요 에너지로 사용하고 있다.

산림보호

미국의 경우 처음 유럽이주자들이 미국에 왔을 때 그들은 풍요한 산림의 축복을 받은 신천지를 발견하였다. 그러나 20세기 초엽에 그들은 당초의 3분의 1이나 되는 산림이 사라진 것을 발견했다. 목재생산을 위한 이러한 너무나 이른 시간 안에 처녀림을 훼손함으로써 남은 것은 벌거숭이 산등성이, 걷잡을 수 없는 토양침식, 진흙탕 하천, 그리고 홍수뿐이었다.

1891년 미국하원은 옐로우스톤 국립공원을 둘러싸고 있는 옐로우스톤 목재생산보존지를 최초의 '연방산림유보지'로 지정하였다. 그 후 추가적인 산림유보지 지정이 있었으며, 1905년에 하원은 미국산림청을 창설하여 산림을 관리하고 보호하도록 하였다.

상업목적 산림관리

농업이 경지를 경작하는 것과 같이 육림은 산림을 경작하는 것이다. 산림을 수확하는 방법으로는 선택벌채와 전면벌채가 있다. 선택벌채 또는 솎음벌채에서는 성숙한 나무가 산림 전체에 흩어져 있기 때문에 몇 년 만에 한 번 씩 벌채를 하고 어린 나무는 그대로 남겨두는 방법이다. 이렇게 되면 산림은 나이가 다른 나무들로 이루어지게 되고 특히 수종이 다르고 나이가 다른 숲을 가꾸는데 좋은 방법이다. 또한 이 방법은 산림의 자연적 모습을 크게 바꾸지 않는다. 이 방법은 산림을 여러 가지 용도로 사용하거나 성숙생태계에서 발견되는 생태다양성을 보존하려는 사람들이 선호하는 방법이다.

그러나 선택벌채는 가장 바람직한 생물종만이 제거되고 상업적으로 가장 바람직하지 않은 수종만 남아있어 다시 싹이 트게 된다는 점에서 해로울 수 있다. 상업적으로 가장 적합한 수종은 태양열을 받아 잘 자라며 경제적인 이유로 재배되어 똑같은 나이에 벌채된다. 이러한 나무들은 보통 전면벌채나 은신벌채 방법에 의해 수확된다. 전면벌채란 한 지역에 있는 나무를 모두 제거하는 벌채를 말한다. 벌채가 잘 되었을 때는 벌채로 인한 잔재물이나 쓰레기를 제거하여 소각하고 그 지역을 다시 파종하면 새로운 목재작물 모두가 똑같은 수령을 가지게 되어 수십 년 후에 전면벌채가 또다시 가능하게 된다.

다목적 산림관리 방안

우리는 우리의 목재수요를 어떻게 충족시킬 수 있을 것인가? 그리고 동시에 산림을 어떻게 재생시키고 다른 용도를 위해 산림을 어떻게 보존할 수 있을까? 다음은 이러한 상충되는 목적을 달성하기 위한 제언이다.

1. 산림관리를 개선하고 개인소유의 비상업산림지의 생산력을 촉진한다. 개인 소유 산림의 대부분의 산림이 빈약하고 관리되지 않고 있으며 산림이 함부로 벌채되고 있다. 개인소유 산림지의 관리개선 방법들로는 협력적 전문관리, 산림지대여, 중앙정부 및 지방정부의 산림관리자금 대출, 무료기술자문, 조기벌채억제, 목재벌채기준강화, 임도설치, 재조림의무화, 수질과 토양보호 등이 있다.
2. 상업적 국공유림의 목재생산성을 향상시킨다.
3. 살충제와 제초제의 사용보다는 통합적 해충관리 방법, 조사연구 강화, 질병과 해충 및 화재와 가뭄에 강한 속성수의 개발 등에 의해 파괴적인 산불과 산림질병 및 해충을 퇴치한다.
4. 목재생산으로부터 목제제품의 생산, 유통, 소비의 각 단계에 이르기까지 목재의 낭비를 방지함으로써 목재에 대한 수요를 줄인다.
5. 국가토지이용계획과 연계하여 국공사유림의 생태적으로 건전한 사용을 위한 정책을 수립한다.

11.3 하구 및 습지

11.3.1 하구지역의 중요성

연안습지와 내륙담수습지

하구지역과 습지는 가장 중요하면서도 가장 이해가 안 되어 있고 가장 남용되고 있는 자연 자원이다. 하구는 연안을 따라 형성된, 얇고 취약한 지대로 담수 하천과 강이 소금기가 있는 바닷물과 만나 섞이는 지역이다. 연안습지는 얕은 대륙붕으로 보통 습기가 있거나 물에 잠기며 담수와 해수의 접촉면까지 뻗히는 지역이다. 연안습지는 늪지, 만, 석호, 조간대, 그리고 맹그로브 소택지 등으로 구성된 복잡한 미궁과 같다. 연안습지와 하구를 합쳐서 '하구지역'이라고 부른다. 연안염수습지 너머에는 '내륙담수습지'라는 것이 있는데, 그것은 늪지, 소택지 및 수렁 등과 같은 것으로 구성된다.

하구지역의 높은 생산성

경제적 토지윤리에 따르면 이 황폐하고 모기가 들끓는 하구지역은 가치 없는 땅으로서 배수나 준설, 매립 등에 의해 없애버리거나 생활하수나 산업폐수 처리장으로 사용되는 것이 좋다. 그러나 하구지역은 쓸모없는 것이 아니라 모든 생태계 중에서도 가장 생산성이 높은 땅이다.

이러한 높은 생산성은 대부분의 하구지역이 바다로 흘러들어가는 강의 맨 끝에 위치해 있기 때문이다. 그 결과 하구지역은 강에 의해 육지로부터 씻겨 나온 영양분이 풍부한 모래와 유기물을 받아서 잡아두고, 이러한 영양분을 사용해서 광합성플랑크톤이나 늪지나 바다풀과 같은 식물과 유기쇄설물을 먹는 생물들이 엄청나게 번식하도록 하기 때문이다.

좋은 서식지인 하구지역

하구, 늪지 그리고 소택지에서 자라는 식물들(대부분이 풀)은 사람들이 사용하기에는 그리 쓸모가 있는 것은 아니지만 그들이 제공하는 영양이 풍부한 서식지는 인간에게 생명을 유지시켜주는 단백질원이 되는 조개류와 상업용, 낚시용 염수물고기의 매우 중요한 먹이 공급원이 되고, 집과 산란장소를 제공해 준다는 점에서 매우 중요하다.

200,000명 인구의 생계수단

상업용, 낚시용 해수어류, 조개, 굴, 게, 새우 및 가재의 65%는 하구지역에서 생산된다. 하구, 늪, 소택지의 매립이나 기타 그 생산성을 해치는 것은 중요한 단백질원을 파괴하는 것이고, 수조 원의 상업적 어업산업에 종사하는 200,000명의 생계에 영향을 미친다. 그러나 논쟁거리가 되고 있는 한 가설에 의하면 만약 하구가 사라진다면 하구생물종은 다른 생태계적 지위에서 생존하는 방법을 배워 살아남을 것이라는 가정을 하고 있다. 이것은 사실일 수도 있다. 하구생물종이 혹독한 하구지역 환경에서 살아남으려면 온도나 염도, 그리고 높은 농도의 부유물질에 대한 내성이 필요하기 때문이다.

조류의 서식지인 하구지역

그 밖에 하구지역은 어류를 먹이로 하는 조류에게 먹이 터와 은신처를 제공해 준다. 이러한 조류 중에는 섭금류(백로, 두루미, 해오라기, 따오기), 포식류(물수리, 매, 대머리독수리), 기타 물새(가마우지, 펠리컨)가 있다. 하구지역에서 쉬는 철새(오리, 거위, 도요새, 뜸부기류)도 있다. 나아가서, 하구지역과 인접 사구는 두 개의 가장 중요한 자연적 홍수방지 장치다. 하구지역은 폭풍으로 인해 발생하는 거친 파도를 막고 흡수하며, 인간의 해안주거지를 보호하는데 도움을 주는 거대한 해면 같은 역할을 한다.

2겹의 사구

자연적인 조건 아래서는 해안 바로 뒤에 있는 지역은 두 겹의 사구에 의해 보호를 받는다. 이 사구들은 바다귀리 풀과 기타 풀 및 관목 숲에 의해 서로 단단히 묶여 있다. 비용이 들지 않으면서도 효과적인 홍수방지를 위해 [그림 11-2]에서와 같이 건물은 이들 1차사구와 2차사구 뒤에 위치해야 한다. 해안으로 난 보도는 두 사구 위를 지나도록 만든다. 이러한 방법으로 사구와 사구를 붙잡아 주는 풀이 보호되게 된다.

사구제거의 폭풍피해

해안개발이 이들 보호기능을 가진 사구들을 제거하거나 1차사구 뒤에 건물을 지으면 작은 허리케인이나 폭풍이 와서 오두막집이나 주택, 건물 등을 쓸어가 버릴 수 있다. 사람들은 이것을 자연적 재앙이라고 말하면서 그들은 집을 짓기 위해 보험금 지급을 요구하고 은행대출

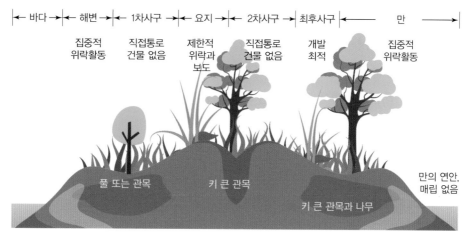

[그림 11-2] 제1, 2차 사구(홍수피해 방지)

을 받고 다음 재앙이 오기를 다시 기다리는 것이다. 그 결과, 정부의 재난부서와 국가홍수방지보험계획에서 재원을 조달하여 또다시 파괴될 것이 거의 확실한 집을 다시 짓는 것이다.

하수처리장인 하구지역

만약 그들이 과부하만 되지 않는다면, 하구와 습지는 연안 수역에 유입되는 많은 양의 오염물질을 제거함으로써 중요하고 비용이 들지 않는 기능을 제공한다.

11.3.2 하구지역의 이용

하구지역은 우리나라 전 국토면적의 2.4%에 불과하지만 그 이용도는 매우 높다. 하구지역은 위락장소, 야생생물 서식지, 그리고 경관의 아름다움을 제공할 뿐만 아니라, 주택용지, 산업용지(특히 정유공장 및 핵발전소), 운하, 항구, 유조선기항지, 석유 및 천연가스 채굴시설의 설치장소, 그리고 해저광물 개발 등 그 수요가 매우 크다. 이들 지역은 모텔, 호텔, 콘도, 이동주택공원, 사업시설, 그리고 사람들로 하여금 이렇게 귀한 형태의 땅으로부터 시상을 떠올리고 즐거움을 맛보며 그것이 주는 이익을 경험하려는 사람들을 만족시키기 위한 해안의 산책길 등이 인파로 붐빌 때가 많다.

11.3.3 하구지역의 관리

하구지역의 사용을 둘러싸고 경제윤리와 보존윤리 사이의 공방이 뜨겁다. 하구지역을 보호하면서 적정한 수준의 이용을 허용하는 것은 어려운 과제다. 첫째, 하구생태계의 종류는 다양하다. 하나의 하구생태계를 보호하기 위한 계획은 다른 하구생태계에는 적용되지 않을 수 도 있다. 둘째, 생태적으로 건전한 계획이라 할지라도 1차적으로는 경제적인 목적으로 하구지 역을 이용하려는 엄청난 경제적, 정치적 압력이 있다. 셋째, 연안도시, 군 그리고 도의 상충되 는 목표 때문에 하구지역의 계획적인 토지이용과 보호대책에 대한 계획이 방해를 받는다.

11.4 자연공원의 지정 및 관리

11.4.1 자연공원체제
공원의 다양한 구성요소

국립공원, 도립공원 및 군립공원은 보존용지로서 야생지역보다는 인간에 의해 훨씬 더 많 이 사용되고 있다. 그 이유는 공원이 야생지역보다 보통 덜 취약하기 때문이다. 공원은 그 크 기, 지형, 용도, 그리고 목적이 서로 많이 다르다. 조그만 도시 안에 있는 공원으로부터 그 근처에 있는 군립공원, 또 그 근처에 있는 지리산과 같은 큰 국립공원이 있다. 대부분의 사람 들은 공원이라고 하면 숲으로 이루어진 지역이라고 생각한다. 그러나 공원에는 사막, 해안, 동물원, 공공해변, 기념조각상, 그리고 역사적 유적지 등 다양한 지역이 포함된다.

우리나라 공원체제

우리나라 자연공원체제는 1967년 지리산국립공원 지정을 시작으로 현재 국립공원 20개소, 도립공원 22개소, 군립공원 29개소 등 총 71개소로 전국토의 7.5%(총면적 7,529㎢)를 차지하 고 있다. 이 중 육지면적은 4,815㎢(전국토의 4.8%)이며 해면면적 2,714㎢(전국토의 2.7%)이다.

미국의 공원체제

미국의 국립공원체제는 1872년 세계 최초의 국립공원인 옐로스톤이 만들어지면서 이룩되 었다. 국립공원체제의 목적은 경관, 역사적 중요성, 야생생물자원, 그리고 위락가치 등으로 독특한 성질을 가지고 있다고 생각되는 공공용지 중 자연적인 지역을 보존하는 것이다. 국립공원은 주립공원이나 지방공원에서 보통 발견될 수 없는 대규모의 장관을 제공하고 제한적인 인간과의 접촉만을 허용함으로써 서로 공존할 수 있는 야생생물을 보존하며 자연환경지역을 위한 완충지대 역할을 하기도 한다. 1916년에 국립공원관리국이 창설되어 국립공원 전체를 관리하게 되었다. 야영, 낚시, 그리고 도로 차량통행은 허용되지만 사냥, 벌채, 채광, 그리고 비도로 차량통행은 금지된다.

1872년 이래 국립공원은 확대되어 그 면적이 302,000㎢가 되었고 37개 공원에 285개 기념비, 그리고 역사 유적지, 위락지역, 인접 자연환경지역, 국립해수욕장, 그리고 호소연안이 있다. 알라스카와 미국 서부의 대부분의 주요 대형 공원은 아름다움이 장관을 연출하는 큰 산이 많은 지역에 있다. 미국의 국립공원의 개념은 매우 성공적이었기 때문에 지금은 100개 국 이상이 공원체제를 채택하고 있다.

11.4.2 자연공원에 대한 압박

과다한 탐방객

국립공원과 도립공원의 주요 문제는 그들이 '너무 성공적'이라는 것이다. 소득증가, 여가시간 증가, 기동력 확대 등으로 인해 공원 방문객은 공원을 거의 메울 지경이 되었다. 2005년 국립공원 탐방객 수는 22,940천 명으로 증가했다. 이러한 추세는 계속될 것이며 이미 과부하가 걸린 공원에 압박을 더 증가시키는 결과를 가져올 것이다. 방문객 수가 하늘 높이 치솟는 한편 공원예산은 줄어들어 공원편익제공과 유지 및 장비 확보에 있어서 눈에 뜨일 만큼 사정이 악화되었다. 공원면적을 늘리려는 계획과 공원개량사업은 연기되고 있다.

도시화한 자연공원

여름휴가 절정기에 사람들의 일대 습격으로 어떤 공원은 도시를 방불케 하여 방문객들이 오히려 공원에서 도망가려고 하는 경우까지 발생한다. 많은 공원들이 자동차 등으로 붐비고 오솔길을 달리는 오토바이, 소음, 교통혼잡, 쓰레기, 오염, 자연파괴 행위 등으로 몸살을 앓고 있다. 야영장은 예약이 필요하며, 야영객은 2, 3일을 기다려서야 야영지를 얻을 수 있다. 사람에 따라서는 공원이 제공하는 것을 즐기기도 한다. 배낭족들은 보통 걸어 다니기 때문에 수많은 배낭족들이 밟고 지나간 취약한 오솔길은 가루가 되고 만다. 공원에 따라서는 오솔길은 다니는 사람이 너무 많아 국립공원관리소는 토양침식을 막기 위해 포장을 할 수밖에 없었다.

공원의 도시적 개발

방문객들이 주는 압력만이 유일한 문제는 아니다. 어떤 사람들은 공원을 개발하여 고도로 개발된 위락단지나 집회단지로 만들어 호화판 호텔과 환상의 음식점, 골프장, 스키 촌, 그리고 다른 위락 및 재미있는 놀이시설을 갖추려고 한다.

11.4.3 자연공원의 관리

8가지 관리방법

자연공원을 가능한 한 자연 상태로 유지하면서도 공원을 위락목적으로 사용하도록 하는 방법이다. 다음은 이러한, 서로 충돌하는 요구를 만족시키는 방법을 제시한 것이다_{Conservation Foundation, 1972}.

1. 주요 도시 인근, 특히 국립공원이 적은 지역에 있는 주의 인근에 위락시설 및 야영시설을 설치하는 것이다. 이렇게 되면 야영하기 위해 멀리 국립공원까지 가지 않을 것이기 때문에 국립공원에 대한 압박이 완화된다. 1971년 의회는 뉴욕과 샌프란시스코 등에 2개의 도시주변 국립공원지역을 설치하고, 대중교통수단을 이러한 도시의 인접공원지역까지 연결하여 시내 거주자로 하여금 접근이 가능하도록 하였다.

2. 야영지에 대한 예약제도를 시행하고, 도보객과 등산객 할당제를 시행하여 허가증을 발급하고 휴식년제를 실시하여 회복기간을 준다. 이러한 대책은 이미 많이 시행되고 있으며 자동차나 이동주택 등을 가져오는 사람에게는 입장료를 엄청나게 많이 받는다.

3. 호텔이나, 트레일러 주택, 그리고 기타 시설들을 공원 밖으로 이전한다.

4. 붐비는 국립공원지역에서는 자동차나 모터가 달린 운반기구의 통행을 금지하거나 엄격히 제한한다. 대신 조용하고 오염이 적으며 환승주차장으로부터 전기나 부탄가스로 움직이는 운반기구를 사용하여 방문객을 운반한다.

5. 야외 위락용으로 사용되는 토지를 사거나 기부하도록 개인토지소유자들을 유인하기 위해 조세혜택이나 기타 보상수단을 사용한다. 미국에서 야외 위락용지의 절반은 사유지다. 민간 환경단체가 토지를 매입하여 신탁 용지로 보유하고 있으면 동작이 느린 주나 연방정부 기관이 그것을 사들이는 것이다.

6. 국립공원과 주립공원의 매입비용을 크게 증가시키는 것이다. 미국의 경우 국립공원의 매

입비용은 그 규모가 매우 작다.

7. 국가토지사용계획과 관련하여 국립, 주립 및 지방공원을 위한 생태적으로 건전한 정책을 수립한다.

8. 유엔의 세계유산재단 설립을 지원하여 국립공원 개념을 지구적 차원으로 확장한다.

11.5 야생생물

11.5.1 멸종, 절멸, 그리고 희귀종 및 멸종위기종

생물적 멸종

어떤 생물종은 기후변화, 다른 생물종과의 경쟁, 기타 환경변화에 적응하지만 다른 생물종은 그렇지 못한 경우가 있다. 환경에 적응하지 못하는 생물종은 결국 사라져 생물적으로 멸종되고 만다. 지구에서 생명이 시작된 이래 5억 종의 동식물 중, 오늘날 남아 있는 것은 2백만 종 ~4백만 종에 불과하다. 이것은 80~90%의 생물종이 멸종되었다는 것을 의미한다.

생물적 절멸

생물종의 멸종은 자연적 진화과정의 일부이기는 하지만 인간행위에 의해 그 과정이 크게 빨라지고 있다. 이러한 인간관련 멸종은 종종 생물적 멸종이라고 불린다. 생물적 멸종은 전형적으로 몇 가지 단계를 거친다. 첫째, 생물종은 지역적으로 절멸될 수 있다. 어떤 지역으로부터 생물종이 사라지는 것이다. 다음은 생태적으로 절멸될 수 있는데, 개체수가 너무 적어 그들의 서식지가 있는 생태계에 의미 있는 영향을 가지기 어렵게 된 것을 말한다. 만약, 번식하여 개체수를 충분히 늘릴 수 있도록 하는 특별한 보호대책이 없으면 생태적으로 절멸된 생물종은 결국 생물적으로 멸종되고 만다.

세계 열대습윤림과 기타 야생생물 서식지의 가속적인 파괴와 오염 때문에 최근 20년 간 500,000종의 곤충, 식물 및 동물이 생물적으로 멸종된 것으로 추산된다. 여기에는 매우 널리 알려진 고래, 호랑이, 콘도르 등뿐만 아니라 이름 없는 식물종과 다음 세대의 기적의 의약품이나 식량의 유전자를 가진 것도 포함된다.

11.5.2 절멸의 원인

중요성 순서

절멸의 원인을 중요성이 높은 것부터 낮은 것 순으로 늘어놓으면, [그림 11-3]에서와 같이 (1) 서식지 교란 및 파괴, (2) 상업적 사냥, (3) 경쟁 생물종 또는 포식생물종의 도입, (4) 위락 목적 사냥, (5) 가축과 농작물 보호를 위한 해충과 포식자 방지, (6) 식량을 위한 사냥, (7) 애완동물, 의료연구용 동물채취 및 동물원 동물용 생물표본 수집, (8) 오염 등이다. 대부분의 생물종이 멸종되는 것은 단일 원인에 의한 것이 아니고 여러 가지 요인이 복합적으로 작용하여 일어난다_{Miller Jr. G. T., 1982}.

서식지의 파괴 및 훼손

야생생물의 멸종과 멸종위협의 가장 중요한 원인은 서식지의 파괴 및 훼손이다. 이러한 파괴 및 훼손은 도끼, 동력톱, 불도저, 트랙터 등의 도움을 받아 급속도로 광범위하게 일어난다. 이 범주 하나만도 현재 멸종위기 생물종의 약 30%를 차지한다. 다른 요인들을 합하면 아프리카, 아시아 및 라틴 아메리카의 열대습윤림에 있는 모든 멸종위기종의 3분의 2를 차지한다.

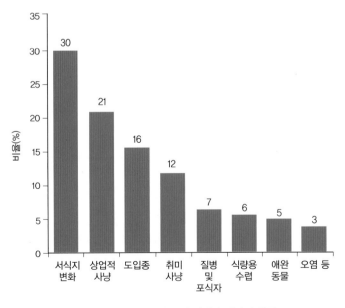

[그림 11-3] 생물종 멸종 및 절멸의 인위적 원인

11.5.3 멸종위기종의 특성

좋은 이유로 멸종위기종의 재난은 계속 강조되어야 한다. 그러나 생물종에 따라서는 다른 생물종보다 멸종에 덜 취약한 것이 있다. 취약생물종의 몇 가지 특성은 〈표 11-2〉에서와 같다.

〈표 11-2〉 절멸 또는 멸종에 취약한 생물종의 특성

특성	생물종의 예
자연적 요소	
크고 눈에 잘 뜨임	사자, 뱅골 호랑이, 코끼리, 청고래, 북미 들소
낮은 번식율	청고래, 북극곰, 콘도르, 비둘기, 인간
제한되거나 취약한 서식지	오랑우탄, 두루미
특별 산란장소	청거북
먹이의 특수성	딱따구리, 솔개, 청고래
인간관련 요소	
오염과 농약에 대한 취약성	펠리컨, 물수리, 대머리독수리
위락목적 사냥대상 동물	두루미, 비둘기, 곰, 코끼리, 호랑이, 사자
경제적 가치	청고래, 미국악어, 표범, 앵무새, 오랑우탄
식량, 가축, 게임동물 포식자	사자, 늑대

11.5.4 야생생물 보호 및 관리

야생생물 보호를 위한 세계적 노력

야생생물종과 그 서식지를 보호하는 이유는 이미 논의하였다. 다행스럽게도 야생생물 보호 및 관리는 경제적, 정치적인 압력에도 불구하고 세계적으로 돌파구를 만들어 왔다. 국제자연보전연맹IUCN, 조류보존국제위원회ICBA, 그리고 세계야생생물기금WWF은 전 세계적인 노력을 주도하였다.

야생생물 보호를 위한 국가적 노력

야생생물보존사업은 유럽과 미국이 세계의 선도적인 역할을 해왔다. 우리나라는 최근 야

생동물보호법을 따로 제정하는 등 야생생물보호노력을 강화하고 있다. 세계에서 가장 큰 야생생물 서식지체제가 미국에 있다. 주정부와 민간단체들은 수백 개의 야생생물 피난처를 만들었으며 정부에 '어류 및 야생생물 보호국'을 설치하였다. 국립야생생물피난처는 야생생물, 특히 철새와 멸종위기종에게 산란장소를 보호하고 제공하는 것이다.

우리가 우리의 아이들을 사랑한다면, 우리는 애정 어린 보살핌으로 지구를 사랑하여 그것을 다양하고 아름답게 아이들에게 물려줌으로서, 따뜻한 봄날 앞으로 10,000년 이상 풀의 바다에서 평화를 느끼고, 꽃 사이를 날아다니는 벌을 관찰할 수 있으며, 하늘에서는 도요새의 지저귐을 들으면서 살아있는 즐거움을 발견할 수 있다.
_ Hugh H. Iltis

도시적 토지이용

현대도시는 고용, 교육, 그리고 문화의 중심지다.
그러나 도시는 빈곤, 비행, 범죄,
매음, 알코올중독, 그리고 약품남용의 중심지이기도 하다.
하나의 법칙으로,
도시는 공간이 협소하고, 햇빛이 적으며,
신선한 공기가 부족하고,
초록색이 부족하며, 그리고 소음이 심하다.

Georg Borgstrom

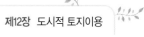

도시지역은 인간에 의해 가장 심한 간섭을 받는 토지다. 도시지역이란 인구가 밀집한 지역을 말한다. 도시지역은 그 주민들에게 편익을 제공하는 동시에 비용을 요구한다. 도시를 하나의 생태계라고 말할 수 있을까? 도시는 주위 생태계로부터 물질자원과 에너지자원을 얻고 대신 주위 생태계에 폐기물을 배출한다. 도시가 존립하기 위해 필요한 에너지자원의 대부분이 교통에 사용되며, 도시가 배출하는 폐기물 중 가장 심각한 것 중 하나가 운반기구 및 난방연료의 연소로 인한 대기오염물질의 배출이다. 도시의 토지이용은 물질자원과 에너지자원의 수요를 줄이고 폐기물의 발생량을 줄일 수 있는 방식이어야 한다.

12.1 기본개념

12.1.1 도시, 도시화 및 도시성장

우리는 '도시', '도시화', 그리고 '도시성장'이라는 개념을 구분할 필요가 있다. 도시지역 또는 도시란 인구 20,000명 이상이 밀집된 지역을 말한다. 도시화란 총 인구 중 도시지역에 밀집된 인구의 비율을 말하고, 도시성장이란 도시인구의 크기의 증가를 말한다.

12.1.2 대도시권, 비대도시권 및 도시구역

대도시권

대도시권이란 인구 50,000명 이상의 도시로서 그 도시의 경제적, 사회적 생활의 불가분의 일부가 되어 있는 인접지역을 가지고 있는 도시를 말한다.

비대도시권

비대도시권이란 인구 50,000명 이상의 도시와는 경제적, 사회적 생활에 있어 아무런 관계가 없는 사람들이 살고 있는 지역을 말한다. 비대도시권은 인구 50,000명 미만의 한 개 또는 여러 개의 독립된 도시들로 구성될 수도 있고, 도시가 없는 시골지역일 수도 있다.

도시구역

대도시권이 여러 개 합쳐져서 '도시구역' 또는 '거대도시'를 형성할 수 있다. 도시구역이란 인구 100만 명 이상의 대도시지역이 합쳐진 것으로 지역적으로는 지형적인 장애물에 의해서만 분리되어 있을 뿐이다. 우리나라의 경우 서울과 인천에 이르는 경인지역은 인구 15백만 명을 수용하는 5개 대도시권으로 구성되어 있다.

12.1.3 우리나라의 도시지역과 농촌지역 구분

면부(농촌지역)

농촌지역 또는 시골지역이란 20,000명 미만의 인구가 살고 있는 지역으로 대부분의 주민들의 직업이 1차 산업인 농업, 어업, 축산업 등인 지역을 말한다. 2017년 기준 전국 17개 시도에 1,189개의 면이 설치되어 있다.

읍부(도시지역)

읍지역이란 20,000명 이상의 인구가 밀집해 살고 있는 지역을 말한다. 2017년 기준 우리나라에는 전국 17개 시도에 224개의 읍이 설치되어 있다.

시부(도시지역)

시지역이란 50,000명 이상의 인구가 밀집해 살고 있는 지역을 말한다. 2017년 기준 우리나라에는 8개 특·광역시와 77개 시 등 총 85개의 시가 있으며, 특별시, 광역시, 특별자치시, 도 및 특별자치도에 2,087개의 동이 설치되어 있다.

12.2 도시화 추세

12.2.1 세계의 도시화 추세

세계 도시인구는 1900년 0%에서 2005년 도시인구 50%로 증가

20세기가 막 시작될 무렵에는 지구상의 거의 모든 인구가 시골에 살고 있었다. 그러나 1950년에는 세계인구 중 30%가 도시화되었고, 1980년에는 40%의 인구가 읍이나 시 지역에 살고 있었으며, 2005년에는 50%의 인구가 도시화지역에 살고 있었다. 2020년에는 세계인구의 56%가 도시지역에 살 것으로 예상되며, 2040년에는 세계인구의 66%가 도시지역에 살 것으로 예상된다([그림 12-1]).

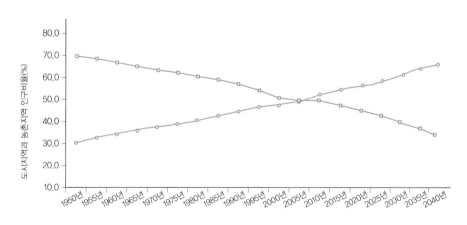

[그림 12-1] 세계 도시인구와 농촌인구의 변화추이(1950~2040)

개도국 도시인구와 선진국 도시인구

1975년의 개도국 도시인구가 선진국 도시인구와 같아졌고, 2010년에는 개도국의 도시인구가 선진국의 도시인구의 2배를 넘어섰다. 이러한 현상은 개도국의 급격한 인구증가와 도시지역 이주로 인해 발생하였다. 2010년 개도국의 도시인구는 25억 명으로 전 세계 도시지역 인구의 3분의 2를 차지하였다. 그 중 인도와 중국이 도시성장의 60%를 차지하였다. 2020년 개도국의 도시인구는 32억 명으로 증가할 것으로 예상되며, 2030년에는 36억 명으로, 2050년에는 46억 명으로 증가할 것으로 각각 예상된다([그림 12-2]).

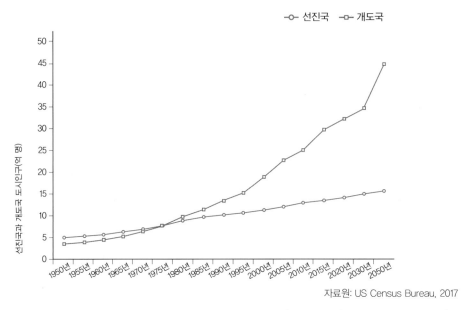

자료원: US Census Bureau, 2017

[그림 12-2] 선진국과 개도국의 도시인구 변화추이(1950~2050)

도시인구 증가

도시계획학자인 독시아디스C. A. Doxiadis는 도시인구의 증가추세가 끝없이 계속된다면 도시들은 물리적인 장애에 부딪힐 때까지 계속해서 확장되어 마침내는 200억 명이나 300억 명의 인구를 가진 세계도시가 될 것이라고 말했다. 이러한 인구는 현재의 3배~5배나 큰 수치다. 이 수치가 의미하는 것은 바로 비참함과 절망이다.

오늘날 적어도 개발도상국의 도시인구 중 3분의 1 이상이 빈민가와 달동네에 살고 있다. 개발도상국의 대도시지역 인구는 5년~7년 만에 2배로 증가한다. 이들과 같이 이미 거대한 빈곤의 중심지가 된 도시에 인구가 증가한 결과 빈곤과 질병 등으로 인한 고통은 상상을 초월하게 되었다.

12.2.2 우리나라의 도시화 추세

우리나라 도시인구 증가

우리나라 전체 인구 중 도시인구는 1940년 10%, 1950년 21.4%, 1960년 27.7%, 1970년 40.7%, 1976년 49.7%, 1980년 56.7%, 1990년 73.8%, 2000년 79.6%, 그리고 2010년 81.9%로 증가하였다. 2050년에는 우리나라 전체 인구의 86.4%가 도시지역에 거주할 것으로 전망

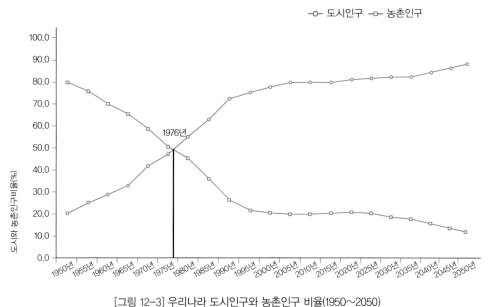

[그림 12-3] 우리나라 도시인구와 농촌인구 비율(1950~2050)

된다([그림 12-3]).

우리나라 도시지역의 면적

우리나라의 도시지역 면적은 2007년 국토전체면적의 3.6%인 3,638㎢에서 2018년에는 국토전체면적의 4.6%인 4,645㎢로, 2007년 대비 1,007㎢가 증가하였다([그림 12-4]). 이것은 서울시 면적의 약 1.7배에 달하는 면적이다. 그 중 주택개발면적이 52.8%를 차지했고, 공장용

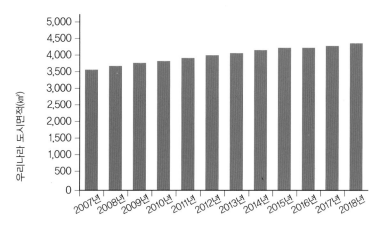

[그림 12-4] 우리나라 도시면적의 증가(2007~2018)

지가 33.7%를 차지했다.

12.3 도시의 편익과 비용

12.3.1 도시의 편익
경제적 중심지

인류역사를 보면 사람들은 일을 찾기 위해 도시로 몰려들었다는 것을 알 수 있다. 도시는 다양한 기술과 재능을 가진 사람들이 모여 공장을 세워 사람들이 필요로 하는 수많은 상품들을 제조할 수 있는 장소가 된다.

물리적, 사회적 중심지

그러나 도시는 경제적인 중심지만은 아니다. 도시는 물리적, 사회적 중심지이기도하다. 좋은 일자리를 얻어 생활이 윤택한 사람들은 도시생활을 찬미한다. 도시는 그들에게 믿을 수 없을 정도의 다양한 재화와 용역을 제공할 뿐만 아니라 흥미롭고 다양한 사회적, 문화적 활동의 기회를 제공하는 삶의 장소를 제공한다. 더욱이 이러한 사회적, 문화적 활동은 도시지역에서 멀리 떨어져 사는 사람들의 생활을 윤택하게 하기도 한다.

12.3.2 도시의 비용
대기오염, 수질오염, 농장/산림지역/습지/하구를 파괴

도시는 가난, 범죄, 부적정한 교통과 주거, 비위생적 환경, 열악한 정신적, 물리적 보건위생, 인종갈등, 소음, 대기오염, 수질오염, 폐기물 등 광범위한 사회적, 환경적 문제가 집중되는 지역이기도 하다. 이러한 문제들이 도시에만 특유한 것은 아니지만 도시가 그러한 문제를 심화시킨다는 것은 틀림없는 사실이다. 도시는 도시경계선 밖의 인근 주민과 토지에 해로운 영향을 끼치기도 한다. 도시가 팽창하면서 대기와 수질을 오염시키고 농장과 산림지역, 습지와 하구를 집어삼키는 것이다(〈표 12-1〉).

〈표 12-1〉 도시성장과 도시화의 문제점

도시 내부	도시 외부
• 부적정한 생활용수 공급 • 부적정한 에너지 공급 • 부적정한 주거사정 • 위락기회 및 열린 공간 부족 • 부적정한 교통수단 • 홍수와 지진으로 인한 피해 • 대기오염 • 수질오염 • 폐기물발생 • 기후변화 • 전염병 발생 위험 • 소음 • 혼잡 • 가난 • 범죄 • 인종차별 • 정신적 고통과 약물남용	• 농경지 상실 • 야생지역 • 산림 • 공원, 하구 및 야생생물에 대한 위협 • 살충제 및 제초제 사용 • 생태계 단순화

12.3.3 개발도상국의 도시문제

도시: 빈곤과 고통의 함정

선진국에 있어 도시화와 도시성장은 전통적으로 산업화와 현대화의 지수가 되어왔다. 산업혁명이 진전됨에 따라 사람들은 취업기회를 얻기 위해 도시로 몰려들었다. 오늘날 개발도상국에 있어 사람들은 도시로 끌려들어간다기보다는 떠밀려 들어간다고 봐야 한다. 인구증가와 일자리 감소로 인한 시골지역의 과잉인구는 수백만 명의 인구를 시골지역에서 도시지역으로 밀어 넣고 있으나, 그들은 거기서도 일자리를 찾지 못하고 있다. 이와 같이 급격히 증가하고 있는 도시빈민들에게 도시는 경제적인 기회와 문화적 다양성을 제공하는 오아시스가 아니라 빈곤과 고통의 함정이 되고 있다. 그들은 거리에 나 앉거나 칠레의 칼람파스(버섯도시), 브라질의 화벨라스, 튜니지아의 구비빌레스, 페루의 바리아다스, 그리고 터키의 게세킨두('해질 무렵과 새벽에 지어진' 것을 의미)와 같은 빈민가로 내몰리게 되었다.

인간개미집

이와 같은 인간개미집의 이름은 다양하지만 거기에 사는 사람들은 모두 가난에 찌들려 먹을 것과 땔 것을 찾아 헤매고, 좁아터진 집에 살면서 노출된 하수도를 사용하며, 정수처리가 되지 않은 오염된 물을 마시고, 소화기 질병과 기타 전염병의 위협에 시달리지만 학교와 병원에 대한 접근기회는 거의 없다. 모순되는 것은 이러한 서비스가 많이 제공되면 더 많은 시골인구가 도시로 유입되기 때문에 상황이 거의 개선되지 않는다는 것이다.

시골자원을 삼키는 도시

과거에는 도시가 재화와 용역을 시골지역에 제공하고 시골지역은 식량과 에너지, 그리고 광물자원을 제공하는 상호교환에 의해 서로가 도움을 주고받았다. 그러나 오늘날에는 이러한 교환이 도시와 도시 사이에서 더 많이 이루어지고 있다. 개발도상국에 있어서 많은 도시들은 시골지역에서 생산되는 자원을 삼키고 그 대신 지불하는 것은 거의 없다.

도시가 주는 희망

그러나 개발도상국에 있어 도시성장이 재앙적인 측면만을 가지는 것은 아니다. 도시가 충분한 일자리를 제공하지는 못하지만 일반적으로 도시는 시골지역보다 주민에게 더 많은 일자리를 제공한다. 도시가 주는 공포감에도 불구하고 달동네 사람들은 믿을 수 없을 정도의 계산과 인내심, 그리고 희망을 가지고 현실 생활에 매달린다. 그들 대부분은 도시가 그들과 그들의 아이들에게 좀 더 나은 삶의 단 하나의 기회를 제공할 수 있다는 믿음을 가지고 있다. 도시주민들은 아이들을 좀 더 적게 가지려는 경향이 있기 때문에 가족계획과 인구 억제 계획의 손쉬운 대상이 될 수 있다. 장기적으로 이것은 인구증가를 방지하여 침체된 경제를 구하는데 도움이 될 수도 있다.

12.3.4 개발도상국의 도시화에 대한 대책
4가지 믿음

개발도상국의 도시지역 및 시골지역 문제는 가장 복잡하고 세계적인 경제적, 정치적, 사회적, 그리고 생태적인 도전이 되고 있다. 세계 모든 국가의 정부들은 도시경제를 발전시키는 것이 이들 문제를 해결할 수 있다고 믿는 경향이 있으며, 이는 선진부국들의 인구동태적 모델을 따르려는 시도이기도 하다. 이러한 믿음은 4가지 가정에 그 바탕을 두고 있다. (1) 인구 증가는 향후 30년 이내에 억제될 것이며, (2) 녹색혁명에 의해 도시민이 먹을 식량이 충분히 확보되고, (3) 값싼 에너지 공급으로 에너지 집약적인 도시의 발전이 가능하게 되며, (4) 도시의 급격한 산업화는 충분한 일자리를 제공할 것이라는 것이다.

4가지 믿음의 배신

불행하게도 최근의 동향을 보면 이들 가정 중 어느 것도 타당성이 없어 보인다. 개발도상 국가의 인구증가율은 경미할 정도의 감소세를 보이고 있고, 농지의 식량생산력은 토양침식과 연료용 벌목, 그리고 기타 남용으로 인해 감소하고 있으며, 거의 모든 개발도상국에 있어 에너지 값은 비싸고, 선진국의 국민총생산 대비 개발도상국 원조액이 감소하고 있다.

농촌경제성장

도시경제성장에 중점을 두는 대신 농촌경제성장에 중점이 두어져야 한다. 이러한 노력에는 인공조림, 수자원공급원 개발, 태양에너지 개발, 인구 억제, 향상된 공중보건과 교육제도, 대지주 대신 가족단위 토지소유제도, 대기업보다는 소규모 농업경영자 및 기업에 대한 대출 등이 포함된다. 선진부국은 농산물과 경공업 제품의 무역장벽을 없애고, 개발도상국의 농촌경제 발전을 위해 그들의 해외원조를 늘려야 한다.

이러한 노력들은 사람들을 도시에서 농촌으로 되돌아가게 하고 가난한 개인과 국가들이 자력으로 그들 자신의 식량을 생산할 수 있게 하며, 값비싸고 희소한 에너지자원의 사용을 줄일 수 있게 한다. '가난한 나라들이 식량, 빈곤, 물, 에너지, 그리고 주거 등 관련된 문제를 스스로 해결할 수 있도록 도와주는 지침적 원칙은 그들 자신이 그들을 도울 수 있도록 도와 주는 것이 되어야 한다.'

도시개발

도시지역에 대해서는 국가가 달동네 주민들에게 식량과 안전한 물, 그리고 위생적인 하수처리, 교육 그리고 의료를 제공해야 한다. 화려한 주택건설사업 대신 정부는 빈민가 주민들에게 그들 자신의 설계에 따라 집을 짓거나 개축할 수 있도록 건축자재를 공급해야 한다.

12.3 도시생태계와 자연생태계

12.4.1 도시생태계

도시도 하나의 생태계?

많은 생태학자와 도시전문가들은 도시와 도시구역을 생태계로 취급한다. 일부 생태학자들은 도시가 자연생태계의 몇 가지 특성을 가지고 있기는 하지만 진정한 의미의 생태계는 아니라고 주장한다. 이와 같은 이견은 우리가 생태계를 어떻게 정의하는가에 상당부분 달려있다. 제4장 제1절에서 우리는 생태계란 상호작용하는 동물과 식물 및 그들이 생활하는 무생물적 환경으로 이루어진 하나의 공동체라고 정의했다. 기술적으로 보면 도시는 이러한 정의의 요건을 만족하고 있지만 자연생태계와 도시생태계 사이에는 몇 가지 중요한 차이점들이 있다.

생산자가 없는 도시생태계

자연생태계와는 달리 도시는 생산자(초록식물)가 풍부하지 않아 그 주민들을 먹여 살릴 수 없다. 도시에는 몇 그루의 나무와 잔디, 공원들이 있지만 이들이 인간의 식량이 될 수는 없다. 어느 무명의 현인은 '도시는 사람들이 나무를 잘라내고 거기에 거리의 이름을 붙이는 곳이다.'라고 말했다. 어떤 도시는 관목과 풀을 잘라내고 거기를 플라스틱 나무와 인공잔디로 대신 덮기조차 한다. 이것은 매우 불행한 일이다. 도시의 식물과 풀, 그리고 나무는 대기오염물질을 흡수하고 산소를 방출하며 나뭇잎으로부터의 증발에 의해 대기온도를 낮추어 주고 소음작용을 하고, 인공적인 환경으로 인해 자연으로부터 단절된 도시주민의 중요한 심리적인 욕구를 충족시켜 주는 역할을 한다. 도시에 생산자가 없다는 것은 태양에너지의 낭비가 심하다는 것을 말하는 것으로, 자연생태계가 광합성으로 태양에너지를 모두 사용하는 것과 극명한 대조를 이룬다.

소비자가 없는 도시생태계

도시에는 도시민들이 먹을 동물도 소비자도 없다. 충분한 생산자와 소비자가 없으면 도시생태계는 그 생존을 전 세계에 걸쳐 있는 외부의 식물성장 생태계로부터 들어오는 식량에 의존할 수밖에 없다.

자원공급과 폐기물 처리의 외부의존

[그림 12-5] 및 [그림 12-6]에서와 같이 도시는 깨끗한 공기, 맑은 물, 광물자원, 에너지 자원 등 모든 것을 외부에 의존할 수밖에 없다.

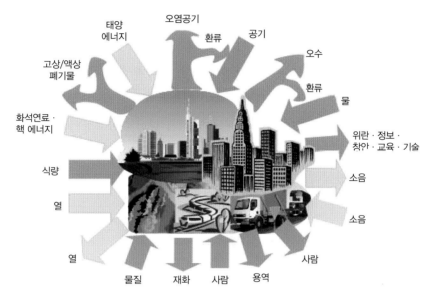

[그림 12-5] 도시의 주요 물질 및 에너지의 투입과 산출(Miller Jr. G. T., 1982)

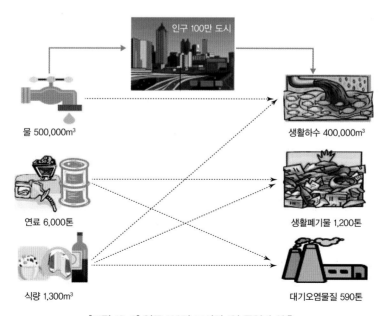

[그림 12-6] 인구 100만 도시의 1일 투입과 산출

　　동시에 도시는 온갖 배설물을 쏟아낸다. 기체상, 액체상, 고체상의 폐기물, 폐열 등이다. 도시주민들의 생존을 위해 방대한 양의 물질과 에너지가 투입되면 제2에너지법칙에 의해 엔트로피, 즉 오염도가 높아진다. 엔트로피 과잉부하로 전체 도시생태계가 파괴되기 시작하면 도시를 유지, 보수하고 도시의 건강보호를 위해 더 많은 돈과 에너지의 투입이 필요하게 된다. 이것은 다시 더 많은 환경적 무질서를 창조하게 되고 고품질에너지자원의 고갈을 더 빨리 촉진하게 된다. 예를 들어 대부분이 도시지역에 있는 우리나라의 건축물을 건설하고 유지하는 데 우리는 우리나라에서 매년 생산되는 모든 전력의 절반 이상을 사용하고 있다.

　　이와 같은 물질과 에너지의 투입과 산출이 없으면 도시는 붕괴되고 만다. 전력 공급과 물 공급이 몇 시간만 중단되어도 아파트에서는 난리가 나고 대중교통이 마비되는 등 도시는 생지옥이 되고 만다. 미래의 에너지와 물질자원의 부족은 도시들로 하여금 물질자원의 좀 더 효율적인 사용, 태양에너지의 이용, 물질자원과 에너지자원 흐름 속도의 감축 등을 강제하게 될 것이다.

12.4.2 도시 서식지, 생태적 지위 및 공간적 구조

인류생물종 개체의 생태적 지위

　　비유적으로 우리는 서식지와 생태적 지위 및 공간적 구조라는 생태계의 특성을 도시생태계에 적용할 수 있다. 하나의 도시는 인류라는 우점생물종이 생활하고 일하는 서식지를 가지고 있다. 이들 서식지 점유자들은 다양한 구조적, 기능적 역할, 또는 생태적 지위를 가지고 있기도 하다. 하나의 자연생태계에서 우리는 많은 상이한 생물종이 각각 다른 역할 또는 생태적 지위를 점유하고 있는 것을 발견할 수 있다. 대조적으로 도시생태계는 하나의 주요 생물종이 있으며 이 생물종의 개체들이 많은 생태적 지위를 점유하고 있다.

3가지 모델의 도시 공간구조

　　자연생태계와 같이 도시들은 인식이 가능할 정도의 공간적, 물리적 구조를 가지고 있다. 도시는 단순히 건물이나 도로 그리고 사람들이 아무렇게나 모여 있는 것이 아니다. 공간적 짜임새를 보면 생산지구, 상업지구, 주택지구, 교육지구 및 위락지구 등으로 되어 있다. 도시를 공간구조를 기준으로 3가지 고전적 모델인 동심원모델, 부문모델, 그리고 다핵모델로 분류할 수 있다.

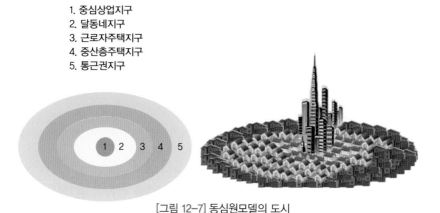

1. 중심상업지구
2. 달동네지구
3. 근로자주택지구
4. 중산층주택지구
5. 통근권지구
1
2
3
4
5

[그림 12-7] 동심원모델의 도시

❶
❷
❸
❹
❺
❻
❼
❷
❸
❼ 핵심지구
❹ 교육 · 위락지구
❻ 공업지구
❶ 고급주택지구
❺ 교통지구
❷ 중급주택지구
❸ 저급주택지구

[그림 12-8] 부문모델의 도시

동심원모델

[그림 12-7]과 같이 동심원을 닮은 도시는 그 중심에서부터 동심원을 그리면서 밖으로 뻗어나간다. 중심지역에 있는 공업지구와 상업지구는 주택지구로 둘러싸이게 되는데 밖으로 나갈수록 환경은 개선된다. 이들 지역들은 정태적이 아니다.

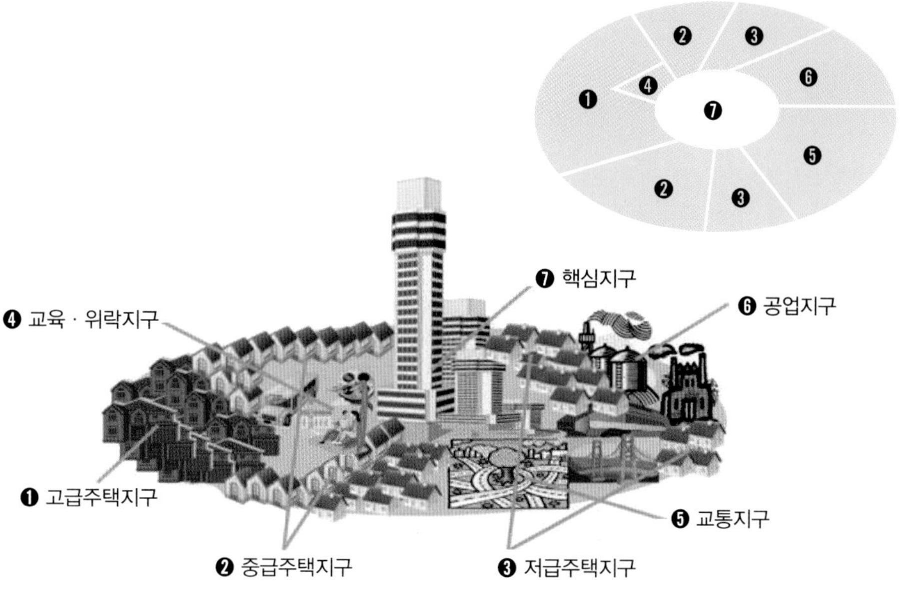

부문모델

도시가 성장하면 도시 전체가 밖으로 퍼져나간다. 부문모델을 닮은 도시는 [그림 12-8]과 같이 파이모양을 한 쐐기나 부문들로 이루어진 체제로 도시중심에서 주요 간선 도로를 따라 고가, 중가 및 저가의 주택지구들이 떨어져 있을 때 형성된다.

다핵모델

다핵모델에서는 [그림 12-9]와 같이 여러 개의 독립된 도시중심들이 발전되어 하나의 거대도시를 만드는 경우다. 어떤 도시도 이와 같은 3가지 모델에 정확히 일치하지는 않지만 이 모델들을 이용하여 대상이 되는 도시의 주요 구조적 특성을 확인할 수는 있다. 만약 우리가 어떤 도시의 상공을 날거나 방문한다면 이들 모델 중 어느 것이 그 도시의 공간적 형태를 가장 잘 나타내는지를 알 수 있을 것이다.

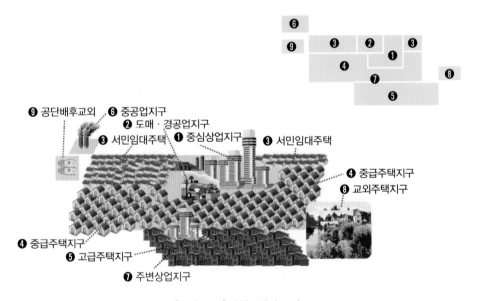

[그림 12-9] 다핵모델의 도시

12.4.3 도시생태계의 천이와 다양성

경제적, 사회적 천이

자연생태계는 환경변화에 대응하여 진화하면서 변화하는 경향이 있다. 이러한 현상이 생태적 천이라고 불리는 것이다. 도시체제도 경제적, 사회적 변화에 대응해 나가는 경향이 있

다. 비유적으로 우리는 이러한 도시발전을 경제적, 사회적 천이라고 말할 수 있다.

미숙도시체제와 성숙도시체제

2차 천이과정을 겪고 있는 생물공동체와 같이 하나의 도시도 토양표피인 식생이 제거되었을 때 하나의 미숙개척생태계가 시작된다. 교란되지 않은 자연생태계가 생물적 성숙생태계로 진화해가듯이 하나의 도시도 경제적, 사회적으로 성숙되고 다양하며 안정된 체제로 진화할 수 있다. 〈표 12-2〉는 미숙도시체제와 성숙도시체제의 특질을 비교한 것이다.

도시진화의 초기단계

〈표 12-2〉를 보면 도시진화의 초기단계는 높은 생산성(필요한 구조물의 건설과 생산)과 빈약한 서비스, 물질과 에너지자원의 비효율적 사용, 빈약한 공동체 조직, 소규모 구조물의 급속한 외부확산 등으로 특징지어진다. 이와는 대조적으로 성숙한 도시는 업종의 다양성이 크고, 물질과 에너지자원이 효율적으로 사용되며, 대규모 고층구조물과 소규모 저층구조물의 적정한 혼합에 의해 매우 잘 짜인 도시로 진화하는 경향이 있다.

성숙단계에 도달한 도시?

불행하게도 오늘날 세계의 주요 도시들 중 〈표 12-2〉에서와 같은 성숙단계에 도달한 도시는 하나도 없어 보인다. 생산성이나 경제성장만을 강조하는 오늘날의 대부분의 도시들은 방대한 양의 물질과 에너지자원을 낭비하면서 오염(엔트로피) 수준을 높이는 미숙생태계의 형태를 벗어나지 못하고 있다. 당장의 생존이 좀 더 건강한 환경의 유지와 희소하고 값비싼 물질자원과 에너지자원의 좀 더 효율적 사용에 달려있는 상황에서 이러한 일이 벌어지고 있는 것이다.

〈표 12-2〉 미숙도시체제와 성숙도시체제의 특성

특성	미숙도시 체제	성숙도시 체제
구조		
구조적 다양성	낮음(소규모 저층구조물)	높음(대규모 고층구조물과 소규모 저층구조물)
생산성	높고 급속히 증가	중간정도로 안정적
사업다양성	낮음(구조물건설과 이윤 창출을 위한 생산만을 강조)	높음(1차, 2차, 3차 산업의 다양한 조합)

〈표 12-2〉 (계속)

특성		미숙도시 체제	성숙도시 체제
구조			
	인구증가	소규모로 급격히 증가	중대규모로 안정적 증가
	공간적 다양성	분산	밀집
	공간적 효율	낮음	높음
에너지 흐름			
	경제성장율	높음	낮음
	에너지효율	낮음	높음
	공동체조직	낮음	높음
물질순환			
	체제물질순환율	높음	낮음에서 중간정도
	물질재순환량	낮음	높음

도시병의 치료

많은 도시병과 생태적 병을 치료하는 해결책은 (1) 모든 희생을 감수하고 맹목적으로 경제성장만을 추구할 것이 아니라 물질자원과 에너지자원을 사용하여 기존도시의 구조를 혁신하고 공동체 내의 상호연결성을 발전시키며, (2) 1차산업과 2차산업 및 3차산업의 적절한 조합에 의해 경제적 안정성을 촉진하고, (3) 유기성 폐기물을 재활용 또는 재이용하는 방법으로 전력생산을 위한 연료, 정원이나 교외지역의 토양에 비료 등으로 사용하며, (4) 금속이나 종이 또는 물과 같은 무기성 자원을 재활용하고, (5) 물질과 에너지절약에 힘을 기울여 물질자원과 에너지자원의 낭비를 감축하며, (6) 도시의 짜임새를 좀 더 조밀하게 함으로써(그러나 적정한 수준의 계획된 열린 공간 확보 필요) 공간적 효율성을 높여 물질자원과 에너지자원의 낭비를 줄이고, (7) 도시팽창으로 인한 에너지 낭비적인 승용차의 광범위한 사용 대신 대중교통과 자전거, 그리고 도보 교통에 중점을 두어야 하며, (8) 교육적, 예술적, 그리고 위락적 기회를 적절히 조합하여 제공함으로써 인간의 창의력을 십분 개발하도록 촉진하고, (9) 좀 더 나은 공동체조직을 개발하여 산업과 상업, 농업 및 서비스 업종 간 그리고 인종별, 연령별, 그리고 사회계층 간 의사소통통로를 열어 반목과 갈등, 착취와 부정의를 예방함으로써 도시적 성숙성을 발전시키는 것이다.

도시서비스의 붕괴

도시지역이 계속해서 퍼져나감에 따라 도시는 불안정해지고 도시가 제공하는 서비스, 특히 중심도시가 제공하는 서비스는 붕괴될 수 있다. 이러한 일이 일어날 수 있는 한 가지 방법을 보자. 도시성장의 초기단계에서는 주택, 산업, 그리고 고용은 급속히 증가한다. 최초의 도시중심지의 주택이 낡아지기 시작하면 중산층 및 상류층 인구는 도시중심지 외곽의 새로운 원형지역이나 쐐기지역, 또는 핵심지역에 주택을 짓게 된다. 경제성장과 경제적 다양성을 이룩하기 위해서는 전문적인 기술이 필요하기 때문에 도시중심지에 남게 된 비전문 기술 인력들은 일자리를 찾기가 어렵게 된다. 실업자가 증가하면 복지비용과 주택, 그리고 기타 사회적 비용이 발생한다. 더 많은 가난한 사람들이 이러한 혜택을 받기 위해 도시중심지로 모여든다.

이러한 새로운 재정적 부담을 흡수할 만한 새로운 조세수입이 없기 때문에 정부는 영업세와 재산세를 올리게 된다. 그러면 더 많은 지주와 사업자들이 고율의 세금을 피해 도시를 빠져나가게 된다. 그 결과는 악화된 교육환경과 서비스, 대중교통수단 사용자의 감소, 범죄의 증가, 사회적 긴장 등으로 나타난다. 도시중심지의 실업률과 세금은 계속해서 올라가고, 더 많은 사람들과 사업자가 도시를 떠나는 악순환이 계속된다.

12.4.4 불완전 생태계로서의 도시

도시는 외부의존 비효율적, 미숙생태계

우리는 도시체제가 기본적으로는 자연생태계와 비슷하다는 것을 알았다. 그러나 도시체제는 물질자원과 에너지자원을 낭비하는 인위적이고 미숙하며 비효율적인 생태계이다. 또한 도시는 물질자원과 에너지자원의 투입과 배출을 외부지역에 의존하기 때문에 도시는 자기지속적이 아니다. 로스자크Theodore Roszak의 말을 빌리면 도시는 다음과 같은 곳이다.

초특급 도시… 이미 넓디넓게 퍼진 도시의 경계선을 넘어 수천 마일에 이르는 곳까지 영향의 촉수를 뻗는다. 그것은 모든 오지의 땅과 야생지역을 그의 기술적 신진대사의 대상으로 삼는다. 그것은 시골인구를 그들의 땅에서 내몰고 그 자리에 방대한 산업영농 복합단지를 만든다. 도시의 자본과 기술은 불도저와 유정개발시설의 포효소리가 되어 주위 사람들을 괴롭힌다. 그것은 도로를 뚫고 통신시설을 깐다. 가장 야생의 경관지역을 관통하는 전기선과 수도관을 설치하기도 한다. 그것은 폐기물을 모든 강, 호소, 그리고 바다에 쏟아 붇거나, 사막지역에 트럭으로 운반하여 아무렇게나 버린다. 세계는 도시의 쓰레기통이 되고 있다.

자기 지속적 도시체제?

도시체제는 (1) 농경지, 산림지, 광산, 유역(물), 그리고 도시의 투입물을 공급할 수 있는 기타 지역 및 (2) 도시가 배출하는 방대한 양의 폐기물을 흡수할 수 있는 공기, 강, 해양, 그리고 토양 등이 그 도시의 경계선 안에 포함되어 있을 경우에만 도시체제는 자기 지속적이라고 할 수 있다. 이러한 사실이 우리에게 일깨워주는 것은 '세계의 어떤 도시도, 그 도시가 좀 더 생태적으로 성숙하게 되더라도 완전히 자기지속적일 수 없다.'는 것이다.

12.5 도시의 교통수단

12.5.1 교통수단의 선택

3가지 도시교통수단

도시사람들의 교통수단을 크게 3가지 형태로 구분할 수 있다. 개인교통수단(개인용 승용차, 택시, 오토바이, 모터자전거, 보도 등), 대중교통수단(철도, 지하철, 지상철, 버스 등), 그리고 보조교통수단(자가용합승, 소형버스합승, 택시합승, 전화호출 체제 등)이다. 〈표 12-3〉에서와 같이 각 형태마다 나름의 장점과 단점을 가지고 있다.

〈표 12-3〉 도시교통수단의 주요 형태

형태	장점	단점
개인교통수단		
자동차와 택시	이동의 자유, 편리성, 안락감	많은 토지소요, 물질자원과 에너지자원 낭비, 대기오염, 도시팽창, 구매유지비용 증가
오토바이와 모터자전거	이동의 자유, 편리성, 자동차보다 싼 비용 및 적은 자원낭비, 소규모 토지사용, 비오염성	날씨, 소음, 대기오염에 취약, 운송인원 제한(1, 2인), 교통사고 위험

〈표 12-3〉 (계속)

형태	장점	단점
자전거	이동의 자유, 편리성, 염가, 운동, 자원절약, 토지소요경미, 비오염성	날씨, 소음, 대기오염에 취약, 운송인원 제한(1, 2인), 교통사고 위험
도보와 달리기	이동의 자유, 단거리에 편리, 비용전무, 운동, 자원절약, 토지소요경미, 비오염성	장거리 곤란, 날씨, 소음, 대기오염에 취약
대중교통수단		
철도와 지하철	대량승객수송, 승용차보다 빠르고 안전, 비용적절, 자원절약, 적정한 토지소요, 대기오염 감소	자본 및 운영투자 과다, 인구밀집지역에서만 경제적 타당성, 문전서비스 결여, 붐비고 시끄러움
전기버스와 지상전철	대량승객수송, 승용차보다 빠르고 안전, 비용적절, 자원절약, 적정한 토지소요, 대기오염 감소, 지하철/철도보다 싼 비용	자본 및 운영투자 과다, 인구밀집지역에서만 경제적 타당성, 문전서비스 결여, 붐비고 시끄러움
버스	대량승객수송, 승용차보다 빠르고 안전, 비용적절, 자원절약, 적정한 토지소요, 대기오염 감소, 철도보다 싼 비용	좀 비싼 자본 및 운영투자, 문전서비스 결여, 배차시간 위반, 붐비고 시끄러움, 대기오염
보조교통수단		
승용차합승과 소형버스합승	적은 수의 승객 운반, 돈 절약, 자원낭비 방지, 사회적 사교기회 제공	상당히 불편, 도시팽창촉진, 많은 토지소요, 대기오염, 자원낭비
전화호출체제	중소규모 승객수송, 승용차보다 안전, 비용저렴, 문전 서비스제공, 자원절약, 토지소요절감	운영비용 상당, 장기대기시간, 붐비고 시끄러울 가능성, 대기오염

12.5.2 자동차의 도시환경 영향

도시팽창의 주범인 자동차

거의 무한대의 기동력을 제공하는 자동차는 우리나라 대부분의 도시를 특징짓는 도시팽창의 하나의 주요 요소가 되고 있다. 대부분의 교외거주 인구와 비대도시권에 거주하는 사람들은 넓은 지역에 흩어져 있는 직장, 학교, 시장 등에 가기 위해 개인 승용차에 거의 완전히 의존하고 있다. 표준적인 한국인에게 승용차는 개인비밀을 보호하고 이동의 자유를 제공하며 신분의 상징이 되기도 한다. 2005년 우리나라의 자동차는 약 16백만 대였다.

자동차산업의 경제적 영향

자동차는 많은 이점을 가지고 있다. 더욱이, 우리나라 경제에서 자동차 산업이나 연관 산업(석유, 강철, 고무, 합성수지, 고속도로 건설 등)이 차지하는 비중이 상당히 크다. 자동차 산업군은 모든 에너지사용량이나 국민총생산 등에서 큰 비중을 차지한다. '선진국에서 승용차는 사람이 되어가고 있다.'라는 말은 놀라운 일이 아니다.

자동차의 환경영향

이러한 장점들에도 불구하고 자동차는 직간접적인 대기오염, 물 오염, 토양오염 등을 유발한다. 직접적인 오염으로는 매연이나 미세먼지, 오존, 광화학스모그 등 대기오염이나 산성비로 인한 물 오염이나 토양오염이 있다. 간접적인 오염으로는 주유소의 휘발성유기화합물 발생, 자동차수리공장에서 발생하는 각종 오염물질 등을 예로 들 수 있다.

12.5.3 자전거와 모터자전거

8km 이하 거리는 자전거로 이동

다리 힘으로 움직이는 자전거가 도시에서 승용차를 대신하지는 못할 것이지만 그 사용은 크게 늘어날 수 있을 것이다. 자전거는 화석연료를 전혀 사용하지 않을 뿐만 아니라 자원사용량도 극히 적고, 8km 이하의 거리를 이동하는 데는 아주 효율적이다. 도시교통에 있어 8km 이하 거리의 이동이 전체의 상당부분을 차지한다.

자전거 전용도로의 설치

자전거 이용을 늘리기 위해 정부는 자전거도로를 만들어야 한다. 자전거전용도로 건설 증가와 자전거 안전보관을 위한 자전거 정치시설 등을 많이 설치하면 자전거 이동 인구가 획기적으로 늘어날 수 있다.

미국 캘리포니아의 데이비스Davis 시의 경우 모범이 될만한 일을 했다. 인구 35,000명의 이 도시는 28,000대의 자전거가 있으며, 광폭의 자전거 전용도로가 곳곳에 설치되어 있고, 거리에 따라서는 자동차 진입이 금지된 곳도 있다. 그 결과, 자전거가 데이비스 시의 모든 교통량의 4분의 1을 감당하게 되었다.

12.5.4 대중교통수단

대중교통이용자의 증가와 이점

1955년 우리나라 대중교통인구는 연간 1억2천만 명이었으나(연평균 인구 1인당 5.8회 이용) 2000년 버스, 철도, 지하철 등 우리나라 대중교통인구는 약 100억 명(연평균 인구 1인당 200회

이용)이었다.

버스나 철도와 같은 대중교통수단을 사용하면 물질자원과 에너지자원을 절약할 수 있을 뿐만 아니라 그 사용으로 인한 환경오염을 크게 줄일 수 있다.

대중교통수단의 문제점

이와 같은 대중교통수단의 사회적인 이점에도 불구하고 대중교통수단의 이용자를 늘리기 위한 국가정책은 많은 어려움을 겪어왔다. 대중교통수단의 일반적인 문제점으로는 이용자의 입장에서는 접근, 대기시간 등 이용의 편리성과 요금 등 경제성이 주로 문제가 되고, 운영자의 입장에서는 경영수지가 문제가 된다. 이용자의 입장에서는 집 앞까지 대중교통수단이 접근하는 것이 좋고, 운영자의 입장에서는 인구가 밀집할수록 채산성이 높아진다.

12.5.5 보조교통수단

보조교통수단에는 합승승용차, 소형승합버스, 전화호출제도 등이 있다. 보조교통수단이란 개인용 자동차와 대중교통수단의 장점을 결합하려는 시도이다. 합승승용차와 소형승합버스는 대형고용주가 관심을 가지고 노력할 때 가장 성공적일 수 있다.

전화호출제도

전화호출제도는 이용자가 중앙교환대에 전화를 걸면 소형버스나 조세감면의 혜택을 받는 택시가 노선을 따라 운행하면서 전화이용자를 그의 문전에서 태우고 가는 것으로, 보통 호출 후 20분~50분이 소요된다. 이러한 제도들은 운영비가 꽤 비싸지만 대규모 대중교통수단과 비교할 때 선택의 여지가 있는 것들이다. 이 제도들은 빈민층과 청년층, 노년층, 그리고 장애인들에게 제공할 수 있는 교통수단으로 가장 좋은 방법 중 하나다.

또 하나, 값싸고 더욱 간단한 전화호출 방법은 세금을 사용하여 택시요금을 보조하는 것이다. 여기서 시는 세금을 사용하여 택시회사에 요금의 일부를 보조하는 것이다. 어떤 시는 승객이 거의 없는 버스노선을 감축하거나 폐지하는 방법으로 이러한 보조금을 상쇄하기도 한다.

소형승합버스제도

멕시코 시나 카라카스, 그리고 카이로와 같은 대규모 소형승합버스 선단을 가지고 있는 시에서는 택시나 소형승합버스가 고정노선을 따라 운행하다가 승객의 요구에 의해 승하차하는 방식으로 운행하고 있는데 이들이 하루에 수백만 명의 승객을 실어 나른다. 이러한 생각은 선진국이 후진국에서 배워야 할 것 중 하나다.

12.5.6 자동차사용의 억제

9가지 자동차사용 억제대책

도시에서 자동차 사용을 줄이기 위한 제안으로는 (1) 도시 안팎으로 통하는 새로운 고속도로 건설의 거부, (2) 첨두교통시간대에는 도로의 일정부분을 버스나 전차, 자전거 및 합승승용차를 위한 전용도로로 사용(런던, 파리, 워싱턴에서 사용 중), (3) 첨두교통시간대에는 고율의 도로 및 교량통행료 징수, (4) 3명 이상 승차한 승용차에 대한 도로 및 교량통행료 감면, (5) 주차구역 과세로 주차료의 인상, (6) 도시중심지의 주차구역 폐지, (7) 승용차 출퇴근자에 대한 고율의 세금 또는 수수료 징수, (8) 출퇴근시간 교통혼잡을 줄이기 위한 시차출근, (9) 거리에 따라 또는 일정지역에 대해서는 전체적으로 자동차 통행을 금지하는 것 등이 있을 수 있다.

싱가포르와 유럽의 경우

이들 접근방법 중 몇 개를 적절하게 조합하면 승용차 사용을 크게 줄일 수 있다. 싱가포르는 도심 진입 승용차의 월간통근수수료와 일일주차요금을 인상한 결과 도심지 진입 승용차의 수가 대폭 감소한 것을 발견했다. 그 결과 아침출근 시간의 교통량은 절반 이하로 준 반면 버스승객이 크게 증가한 것으로 나타났다. 몇몇 유럽 국가들도 승용차 도심지 진입을 금지하여 도시중심의 교통 혼잡을 줄여 도시중심지가 다시 살아날 수 있게 하였다. 우리나라는 현재 도심 진입 차량에 대한 통행료부과제도와 요일제 자동차에 대한 세금감면 등의 제도를 사용하여 자동차사용억제 노력을 하고 있다.

12.5.7 자동차의 개선

확산된 도시지역의 주요 교통수단

대중교통수단이나 보조교통수단의 사용을 증가시키려는 시도에도 불구하고 개인승용차는 오늘날 광범위하게 확산된 도시지역의 제1차적인 교통수단이 되어 있음은 확실하다. 이러한 지역들은 버스나 기타 대중교통수단 친화적이 아니기 때문에 주요 교통수단은 자동차 밖에 없다. 그리고 우리나라 사람들이 자동차에 대한 그들의 사랑을 포기할 리도 만무하다. 설령 자동차로부터 다른 교통수단으로 대규모의 이동이 가능하더라도 거대 자동차산업과 연관 산업의 붕괴로 인한 경제적 영향은 국가 전체경제를 뒤집어 놓아 수백만 명의 인구에게 실업과 경제적 고통을 안겨줄 것이다.

자원낭비 및 환경오염 최소화

우리는 우리의 생활에서 자동차를 몰아낼 수 없기 때문에 자동차로 인한 물질과 에너지자원의 낭비 및 오염을 최소화하는 방법을 찾는 것에 차선의 목표를 두어야 한다. 그 방법들 중에는 (1) 기존의 내연기관을 개선하여 연비를 높이고 오염물질 배출을 줄이며, (2) 합성수지와 경금속 소재를 많이 사용하여 차량중량을 낮추고, (3) 냉방기나 자동변속기 같이 연료 다소비 장치의 사용을 억제하는 것 등이 포함된다.

12.5.8 도시교통계획의 방법
4가지 도시교통계획 목표

도시교통계획의 4가지 주요 목표는 (1) 도시지역에 살고 있는 빈민층과 노년층, 청년층, 그리고 장애인들에 대해 값싸고 효율적인 교통수단을 제공하는 것, (2) 교외 통근자가 도심을 효율적으로 출입할 수 있도록 하는 것, (3) 물질자원과 에너지자원, 그리고 토지자원을 보존하는 것, (4) 오염을 감축하는 것 등이다.

첫째 목표를 달성하기 위한 최선의 방법은 세금을 투입하여 보조교통수단과 버스전용고속차선을 늘려나가는 것이다. 둘째 목표는 고속도로와 대중교통 서비스를 개선함으로써 달성될 수 있다. 셋째 및 넷째 목표는 고연비 저공해 자동차의 개발, 교통흐름의 개선, 자동차사용의 감축, 자전거 사용의 장려, 그리고 팽창도시가 아닌, 밀집도시의 건설에 의해 달성될 수 있다.

12.6 토지이용계획과 토지이용억제

12.6.1 종합적 토지이용계획의 필요성

인구, 식량, 물, 오염, 그리고 자원소비 등 물고 물리는 문제들은 모두 토지이용형태와 관계가 있다. 지방적, 지역적, 국가적 차원에서 경제적, 정치적, 사회적, 윤리적, 그리고 생태적 목표를 하나로 통합하는 토이이용계획은 우리나라에서 가장 긴급히 필요한 것 중 하나다. 종합적인 토지이용계획이 우리나라의 모든 사회적, 경제적, 환경적 문제를 해결할 수는 없을지 몰라도 그것이 없으면 이러한 문제들이 더욱 악화될 수 있다.

4개의 주요 생태계형태

생태적 토지이용계획의 기본적인 문제는 4개의 주요 생태계형태 간 균형을 이룩하는 것이다. 4개 주요 생태계형태란 (1) 자연그대로의 자연생태계(야생지역, 사막 및 산지), (2) 인위적 다용도 생태계(공원, 하구, 그리고 조림지), (3) 인위적인 생산목적 생태계(농장, 목장, 그리고 노천광산), 그리고 (4) 인위적 도시생태계(도시와 읍 지역)를 말한다.

경제윤리와 보존윤리의 충돌

우리는 이 문제의 근저에서 경제윤리와 보존윤리 간의 충돌을 발견할 수 있다. 이러한 갈등을 해소하기 위해 우리는 몇 가지 주요 문제를 다루어야 한다. 얼마나 많은 자연그대로의 자연생태계를 남겨두어야 할까? 우리는 어떻게 주요 농경지를 도시팽창으로부터 보호할 수 있을까? 우리는 도시팽창을 촉진해야 하는가 아니면 좀 더 밀집도시를 만들어야 하는가? 우리는 어떻게 인간의 필요를 충족하면서도 생태적으로 건전한 도시를 만들 수 있을까?

12.6.2 팽창도시와 밀집도시

탈도시화의 장점

가난한 나라의 주된 문제는 시골인구가 도시로 몰려드는 것을 막는 것이다. 그러나 선진국의 문제는 도시팽창을 둔화시켜 사람들이 도시로부터 교외로 이동하는 것을 완화시키는 것이다. 도시팽창과 탈도시화에 대한 찬반이 우리나라에서는 복잡한 논쟁의 대상이 되고 있다.

일자리 제공이 가능한 한 교외확산, 탈도시화, 그리고 도시규모 억제는 여러 가지 이점이 있다. 교외나 시골지역으로의 인구 이동은 이주자의 생활의 질을 높이고 도시에 대해서는 소음, 인구혼잡, 교통혼잡, 그리고 대기오염과 수질오염을 줄여준다.

탈도시화의 단점

그러나 교외확산 또는 탈도시화는 여러 가지 문제를 일으키고 도시로 하여금 생태적으로 성숙할 수 없도록 방해한다. 그들은 중심도시로부터 일자리와 재정적 지원을 빼앗아 간다. 그 결과 가난한 사람들의 생활의 질은 더욱 낮아진다. 사람들이 넓은 지역으로 흩어지면 더 많은 토지를 사용하게 되고 산림, 공원, 하구, 야생지역, 야생동식물, 그리고 농경지에 더 많은 압박을 가하게 된다.

밀집도시와 팽창도시

단독주택과 승용차를 강조하는 팽창도시는 밀집도시보다 더 많은 물질자원과 에너지자원을 소비한다. 팽창도시는 대중교통수단의 보급을 방해한다. 미국의 환경위원회와 환경보호청을 위해 준비한 한 연구보고서에 의하면 팽창도시와 6층짜리 고밀도주택단지를 비교한 결과 (1) 고밀도주택단지가 팽창도시보다 토지사용량은 75%가 작아 공원과 위락공간이 더 넓어졌으며, (2) 승용차 수요 감소로 대기오염도는 45%가 줄었고, (3) 승용차 사용감소로 에너지 사용량이 44% 감소했으며, (4) 건축물 건축, 하수도, 도로, 그리고 기타 공공시설이 밀집형으로 건설되었기 때문에 전체 주택단지 건설비가 44% 줄어들었다Miller Jr. G. T..

12.6.3 우리나라 토지이용정책의 주요 원칙
토지이용계획원칙

토지이용은 이와 같이 복잡한 문제이기 때문에 단 하나의 최선의 접근방법은 없다. 그것은 혼합된 여러 가지 접근방법을 필요로 하며, 거기에는 교외팽창과 도시화의 억제, 중규모의 새 도시 설계, 기존도시의 재 인간화, 효과적인 성장 억제, 시골지역의 재활, 생산적 생태계의 보호, 다용도 생태계 및 자연생태계의 보호 등이 포함된다. 〈표 12-4〉는 향후 30년 간 우리가 바탕을 두어야 할 토이이용계획의 원칙을 제시하고 있다.

〈표 12-4〉 **토지이용계획을 위한 원칙**

1. 생태적, 체제분석적 방법 모두를 사용하여 지방적, 지역적 및 국가적 차원의 종합토지이용계획을 수립한다.
2. 자동차사용 감축, 냉난방을 위한 태양 및 풍력에너지 사용, 주요자원의 재활용, 주택건물마을도시 설계에서 물질과 에너지자원절약들을 강조한다.
3. 인구자원환경부에 국토이용관리계획기구를 설치하여 국토이용계획 수립, 지방 및 지역 토지이용계획 수립 지원, 식량자원에너지인구환경문제와 토지이용계획을 통합하도록 한다.
4. 대기유역, 물 유역 및 생태지역 단위로 지방정부를 묶어 지역계획체제를 만든다.
5. 경제성장을 상수로 하지 말고 필요에 따라 억제할 수 있는 변수로 본다.
6. 교통을 성장억제와 성장방향 결정의 주요 도구로 삼아 계획하고 활용한다. 1950년대의 고속도로체제 개발 결정이 광대한 로스앤젤레스 도시 팽창의 원인이다.
7. 경우에 따라서는 소도시를 중규모도시로 넓히는 것이 필요하다.
8. 매년 국민총생산의 일정비율을 따로 떼어 도심재개발에 투자한다.
9. 자동차사용감축과 자원재활용적 생태계획법을 사용하여 도시주변에는 위성과 같은 '새로운 도심'을, 도시중심에는 '새로운 도시도심'을 건설한다.
10. 지방, 지역 및 국가재원을 투자하여 넓은 열린 공간을 확보하여 보전함으로써 도시성장을 억제하여 초록공간과 위락, 그리고 토지와 물을 보존한다.
11. 기존 도시지역 안에 있는 작은 열린 공간을 가능한 많이 매수하여 활용한다.
12. 천편일률적인 도시재개발계획에 의해 동리의 모든 건물을 한 번에 쓸어버릴 것이 아니라 새로운 건물과 오래된 건물이 공존하도록 한다.
13. 대도시 안과 밖에 더 많은 공원을 설치한다. 너무 붐비는 국립공원에서는 차량 통행을 제한하고 탐방객을 제한한다.
14. 생태계보전지역 등 생태지역의 개발을 금지한다.

12.6.4 토지이용계획 기법

4가지 토지이용계획 기법

도시계획 및 토지이용계획 주요 방법에는 4가지가 있다. (1) 외삽법, (2) 위기반응법, (3) 체제분석 및 모델링, 그리고 (4) 생태계획법이다. 외삽법이 가장 널리 사용되는 접근방법이기는 하지만 가장 비효과적이기도 하다.

외삽법

외삽법은 기존추세를 미래에 투영하는 것이기 때문에 1, 2년 정도의 추정은 할 수 있지만 기간이 길어지면 전연 맞지 않을 수도 있다.

위기반응법

위기반응법은 널리 사용되기는 하지만 비효과적인 방법이다. 장기계획은 거의 세워지지 않고 문제가 위험해질 경우에만 조직을 만들고 계획을 수립하는 방법이다.

체제분석과 모델링

체제분석과 모델링은 도시와 토지를 모의하는 방법이다. 자료수집과 목표설정, 여러 가지 가정을 바탕으로 한 수학적 모델의 작성, 컴퓨터를 사용한 여러 모델의 추정 및 비교 등이다. 목표에 대한 공감대가 형성되고 그 비중이 정해지면 컴퓨터기법을 사용하여 최적계획을 찾아낼 수 있다.

새로운 생태계획법

최근에는 좀 더 흥미로운 새로운 생태적 접근방법이 개발되고 있다. 가장 잘 알려진 계획 전문가는 맥하르그Ian L. McHarg이다. 그의 기본주제는 토지를 현명하게 사용한다는 것이다. 즉, 우리는 자연에 기슬리기 보다는 자연과 함께 일해야 한다는 것이다. 자연은 우리에게 아무런 대가도 요구하지 않고 우리에게 많은 유용한 기능을 해준다. 산림은 물 흐름을 억제하여 큰 홍수를 방지해준다. 늪과 하구, 그리고 기타 습지들은 어패류, 그리고 야생생물에게 번식장소를 제공하며 자연의 폐기물처리공장의 역할을 한다. 지하의 지리적 지층들은 우리들을 위해 음용수를 저장해주고, 지표토양은 남용되지 않는 한 우리들에게 언제고 식량을 계속해서 생산해 준다.

이와 같이, 자연과 함께 일한다는 것은 (1) 최고 비옥도의 농경지는 보전되어야 하고, (2) 주택이나 농장은 침식에 취약한 언덕이나 가치가 큰 습지나 범람원에 만들어져서는 안 되며, (3) 지표수 인근지역의 개발은 수량유지와 수질보전을 위해 규제되어야 하고, (4) 지하대수층 수위 위의 토지사용은 엄격히 규제되어야 하며, (5) 성숙된 임지는 보호되어 수자원을 공급할 수 있는 유역으로서의 역할을 할 수 있게 하고, 홍수를 방지하며, 소음을 흡수하고 대기오염을 방지할 수 있도록 하며, (6) 모든 토지이용계획에서 사회 전체적 필요와 공중참여는 필수적인 한 부분이 되어야 한다는 것을 말한다.

6단계 생태적 토지이용계획

맥하르그와 그 밖의 전문가들이 주장하는 생태적 토지이용계획의 이상적인 형태는 다음과 같은 6단계로 이루어진다.

1. 환경적 자료와 사회적 자료를 대대적으로 조사, 수집, 분석한다.

2. 여러 가지 목표들과 목표들 사이의 상대적 중요성을 결정한다.

3. 개별지도와 복합지도를 만든다.

4. 종합계획을 만든다.

5. 종합계획을 평가한다.

6. 종합계획을 추진한다.

12.6.5 토지이용억제

토지이용억제방법

토지이용계획은 효과적으로 추진되지 않으면 단지 먼지만 뒤집어쓰고 있는 죽은 계획에 지나지 않게 된다. 토지이용억제를 위한 많은 방법들이 토지이용계획을 추진하기 위해 사용되고 있다. 거기에는 (1) 토지가 일정한 목적과 일정한 방법으로만 사용될 수 있도록 구획하는 방법, (2) 정부나 개인재단에 의해 토지의 매수, (3) 개발지역권 제한, 또는 특정 방법의 토지사용권 매수, (4) 농경지, 열린 공간, 또는 기타 목적으로 토지를 보전하기 위한 우선세금평가제도 도입, (5) 토지개발을 억제하기 위한 토지판매수익에 대한 과세, (6) 일정 토지에 대한 제한된 숫자의 개발권 부여, (7) 건축허가, 하수관 연결, 도로연결 그리고 기타 서비스 제공을 제한하여 토지이용 증가 억제, (8) 모든 정부사업에 대한 환경영향평가를 통한 해로운 사업의 지연 또는 중단 등의 방법이 있다.

> 도시는 생태적인 기형물이 아니다. 오히려 도시는 현대기술문명이 가장 강력한 영향력을 가지고 발현하는 문제나 기회를 동시에 가지고 있는 장소다.
> _ Peter Self

비재생성광물자원

우리는 우리가 필요로 하는 것은 무엇이나 슈퍼마켓이나 길가 약국에서 얻을
수 있는 것으로 믿고 있는 것처럼 보인다. 우리의 모든 물건의 원천은 육지와 바다다.
우리는 이들 원천들을 존중해야 한다는 것을 이해하지 못하고 있다.

Thor Heyerdahl

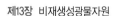

우리는 부유한 국가들이 물질과 에너지자원을 고도로 소비하는 시대에 살고 있다. 현대 산업 국가들은 알루미늄, 크롬, 철, 구리, 납, 수은, 아연, 코발트, 그리고 기타 광물들에 의지하고 있다. 기타 광물들로는 모래, 자갈, 돌, 그리고 진흙이 있고, 석탄, 석유, 천연가스, 우라늄, 그리고 기타 에너지자원도 있다. 이 장에서는 비연료 광물자원에 대해 살펴본다.

13.1 인구, 기술, 그리고 자원

13.1.1 다시 J 곡선

비재생성광물자원

철, 구리, 그리고 아연과 같은 비재생성광물의 고갈은 인구와 경제성장을 제한할 것인가? 1980년부터 2020년까지의 기간 중 세계는 그 전까지 인류역사 전체를 통해서 전 인류가 사용한 물질자원 총량의 3배에서 4배의 물질을 사용할 것으로 전망된다. 이러한 비재생성자원의 공급은 얼마나 더 오래 지속될 것인가? 이 질문에 대한 답을 결정하는 주요 요소 중 하나는 선진국들의 엄청난 자원사용비율이다. 선진국들은 그들의 현재의 생활수준을 달성하기 위해 지난 15년 간 인류역사 전체를 통해서 전 인류가 사용한 모든 광물자원과 화석연료를 사용했다. 만약 전 세계인구가 금속광물을 갑자기 미국인구의 현재비율로 사용한다면, 철은 32배, 구리는 51배, 납은 88배, 알루미늄은 26배, 그리고 아연은 21배 증가할 것이다.

미국의 자원 과다사용

세계인구의 5%를 차지하는 미국의 경우, 2018년의 미국인 1인당 직간접의 비연료 광물자원사용량은 평균 19.5톤이었다. 그 중 절반이 고형폐기물로 버려지며, 그 양은 연간 31억 톤에 달한다. 나머지 물질의 대부분은 수 년간 순환하다가 결국에는 대기오염물질과 수질오염물질로 변할 것이다. 1979년 미국에서 발생한 폐기물 중 8%만 재활용 또는 재사용되었다. 자원의 이러한 사용과 폐기물의 발생은 개발도상국의 자원사용과 폐기물 발생과 좋은 대조를 이룬다. 2000년 개도국의 인구는 세계인구의 78%를 차지했지만 전 세계 자원의 23%를 사용하는데 그쳤다.

13.1.2 자원, 인구, 기술 및 경제와의 관계

자연자원과 인구

우리는 자연자원 공급과 인구 간의 관계를 아주 간단한 등식으로 표현할 수 있다. 그 결과는 세계인구 1인당 사용가능한 자원평균량을 보여준다.

$$인구\ 1인당\ 사용가능한\ 자원평균량 = 자원총량/인구$$

유한한 자원공급과 증가하는 인구로 사용가능한 자원평균량은 감소한다. 1인당 사용가능한 자원평균량이 증가하거나 현 수준을 유지하는 유일한 해결방법은 인구증가를 억제하는 것이다.

자원총량과 매장량

그러나 지금의 상황은 그렇게 간단하지만은 않다. 거기에는 고려해야 할 다른 중요한 요소들이 있다. 어떤 것은 그 상황에 도움이 되지만, 다른 것은 성황을 더 악화시키기도 한다. 우리는 가끔 사용가능한 자원총량에 대해 신문이나 방송의 주장에 의해 오도될 수 있다. 보통 그러한 주장들은 자원매장량의 추정치이며, 자원총량이나 공급총량이 아니다. 자원(또는 자원총량)이라는 용어는 지구상에 존재하는 특정 물질의 총량을 말하는 것이고, 매장량이라는 용어는 현재의 기술과 가격으로 채굴할 수 있는 알려진 장소에 있는 특정 물질의 총량을 말한다. 공급총량의 대부분은 그 품위가 너무 낮아 그 물질의 가치보다 채굴 비용이 더 높기 때문

에 채굴할 수 없다. 그러나 매장량은 새로운 공급처의 발견이나, 낮은 품위 물질 채굴의 경제성을 향상시키는 기술의 개발, 그리고 낮은 품위 물질 채굴의 경제성을 향상시키는 가격 상승 등에 의해 증가할 수 있다. 그러면 좀 더 광범위하게 사용되는 우리의 간단한 등식은 다음과 같이 고쳐 쓸 수 있다.

인구 1인당 사용가능한 자원평균량 = 매장량/인구

자원공급의 수명은 재활용과 재사용, 내구성이 긴 제품의 설계, 그리고 대체물질의 발견에 의해서도 증가할 수 있다. 특정 자원의 매장량이 감소하면 가격은 상승한다. 그 결과, 재활용과 재사용은 경제적으로 타당성이 더 커지고, 소비자들은 내구성이 긴 제품들을 요구한다. 자원부족과 가격상승은 대체자원의 발견을 위한 노력을 자극할 수도 있다. 이와 같이 위 등식에서 매장량 변수는 아주 단순하다. 매장량 변수에는 몇 개의 추가적인 요소들이 포함되어 있다. 그 요소들은 새로운 발견, 가격, 채굴기술, 재활용과 재사용, 제품의 수명, 에너지공급 가능성(채굴 및 가공 또는 재활용을 위한), 그리고 자원 대체물질이다.

위 등식의 분모 역시 매우 간단하다. 인구증가 외에 1인당 자원사용량의 증가와 인구밀도의 증가는 자원을 좀 더 빨리 고갈시키게 된다. 그 위에 어떤 기술은 자원의 고갈을 가속화하고, 또 다른 기술은 더 많은 오염과 더 큰 환경적 교란을 가져오는 대체물질을 개발하기도 한다. 나아가 사용가능한 자원평균량은 단위자원 당 비용에 의해 영향을 받는다. 사용가능한 자원이 있는 경우에도 비용이 높아질수록 한 사람이 살 수 있는 자원의 양은 더 작아진다. 이와 같이 당초 등식의 분수는 인구규모, 인구밀도, 1인당 자원사용량, 그리고 단위자원 당 비용을 포함해야 한다. 위의 두 개의 등식이 우리의 자원상황의 복잡성의 많은 부분을 무시한 것은 분명하다. 실제로 사용가능한 자원의 공급에 영향을 미치는 몇 가지 요소들에 대해 좀 더 자세히 살펴보기로 한다.

13.2 자원은 고갈되고 있는가?

13.2.1 환경적 논쟁: 낙관론자 대 비관론자

금속과 광물자원의 미래 사용가능성이 주요 논쟁의 주제가 되고 있다. 과거 미국의 경험에 의하면 자원은 풍부한 것이며, 희소하지 않다는 것이다. 이와 같이 주요 자원은 결코 고갈되는 일이 없다고 믿는 고정관념의 경향이 있다. 그 결과 전문가들 사이에는 자원의 사용가능성에 있어서의 요소들 간의 중요성과 그 요소들이 미래에 어떻게 변할 것인지에 대해 의견들이 일치하지 않고 있다.

기술적 낙관론자

"풍요의 뿔"(또는 반대론자들에 의해 "기술적 낙관론자"라고 불리는)이라고 불리는 집단의 사람들은 우리는 필요한 금속 및 광물이 절대 고갈되지 않으리라고 믿는다. 그들의 입장은 자원의 매장량은 무한히 증가할 것이라는 경제적인 생각을 바탕으로 한다. 자원의 희소성은 가격을 상승시키고, 그러면 낮은 품위의 매장광물의 채굴을 가능하게 하며, 새로운 매장광물과 대체물질의 탐사를 자극한다는 것이다. 이 집단의 사람들은 또한 현대의 기술은 항상 낮은 품위의 매장광물의 채굴방법을 찾을 수 있으며, 자원대체물질의 개발을 가능하게 한다고 믿는다.

신-맬서스주의자

이에 반대하는 집단의 사람들은 신-맬서스주의자(또는 그들의 반대자들에 의해 "암울하고 숙명적인 비관론자"라고 불리는)라고 하는 사람들로, 금속과 광물의 사용가능한 공급량은 유한한 것이라고 믿고, 가까운 장래에 주요 물질들의 부족현상이 발생할 것이며, 주요 광물의 대량 사용으로 인한 환경적 부작용으로 인해 적정한 공급이 이루어지더라도 광물자원의 사용이 제한될 것이라고 믿는다. 그들은 기본적으로 생태적 입장을 취하면서, 자원의 재활용, 재사용, 자원의 보존, 1인당 평균자원사용량의 감축, 그리고 인구성장의 완화를 강조한다. 이들 반대사상 학파의 주요 견해가 〈표 13-1〉에 요약되어 있다.

〈표 13-1〉 광물자원의 미래 사용가능성에 대한 견해

낙관론(풍요론자)	비관론(신-맬서스주의자)
과거처럼 매장량은 무한히 증가할 수 있다. 그리고 우리는 아직 성장의 한계로부터는 멀리 떨어져 있다.	유한한 지구상에서 매장량은 무한히 증가할 수 없다. 우리가 성장의 한계에 접근하고 있다는 신호가 증가하고 있다.
희소성은 가격을 상승시키고, 그것은 주요원료물질의 공급 증가로 이어진다.	가격에 관계없이 지구상에 자원이 사라지면 그것을 얻을 수 없다. 더욱이 원료물질의 비용이 소비제품의 총비용에서 차지하는 비중이 작기 때문에 재화의 시장가격이 대부분의 원료물질의 수급을 효과적으로 통제할 수 없다.
가격상승은 새로운 광물자원의 발견을 촉진한다.	대부분의 주요 자원의 지속적인 대규모 발견은 가능성이 작고, 광물탐사와 환경정화비용은 크게 증가하며, 1980년부터 1990년 사이에 1,000억 달러~1조 달러가 소요된다.
해양은 방대하고 미지의 주요 자원의 공급량을 가지고 있다.	몇 가지 예외를 제외하면, 해양자원은 너무 희박하게 분포되어 있고, 채취비용이 그 가격에 비해 너무 비싸다.
가격상승은 새롭고 더 효율적인 채광기술의 개발을 촉진한다.	모든 기술에는 한계가 있고, 저품위의 광물을 채굴하는데 필요한 새로운 기술(핵폭파와 같은)은 심각한 환경파괴를 일으킬 수 있다. 또한, 채굴기술의 개발은 특허권의 보호를 받지 못하기 때문에 개인기업이 채광기술 개발의 유인을 가지지 못한다.
인간의 천재성과 기술은 희소자원의 대체물질을 발견할 수 있다.	주요 물질에 따라서는 대체물질이 없을 수 있다. 대체물질 중에는 에너지가 너무 많이 들기 때문에 경제적으로 불가능할 수 있고, 어떤 대체물질은 엄청난 환경파괴를 일으킬 수 있다.
가격상승은 재활용과 재사용을 촉진한다.	일반적으로 재활용과 재사용의 증가는 매우 중요하지만, 그에 필요한 에너지에 의해 제한을 받는다. 어떤 광물은 너무 넓게 분산되어 있어 원료광물을 채굴하는 것보다 더 많은 에너지를 필요로 한다.
가격상승과 값싼 에너지의 무한한 공급은 점점 더 낮은 품위의 주요 광물의 채굴의 경제성을 높인다.	에너지공급은 무한하지도 않고, 값싸지도 않다. 미래의 에너지가격 상승은 저품위 원광의 채굴을 제한할 것이다. 저품위 광물의 채굴가능성에 대한 생각도 광물이 지각에서 발견되는 방법에 대한 순진하고 부정확한 견해를 바탕으로 하고 있다. 철, 구리, 아연과 같은 광물들은 그 품위의 범위가 너무 넓다. 그러나 대부분의 광물 중에서 아주 높은 품위나 아주 낮은 품위로 발견되는 것은 그렇게 많지 않다. 그러한 광물을 대량으로 채굴하는 것은 경제성이 없거나, 환경적으로도 심각한 문제가 될 수 있다.
채광과 자원사용으로 인한 환경문제는 과장되었거나, 통제할 수 있다.	자원사용으로 인한 많은 환경영향이 매우 심각하고 공급이 가능한 경우에도 그 사용이 제한될 수 있다. 많은 영향을 통제할 수는 있지만, 경우에 따라서는 비용 때문에 자원사용량을 늘리는 것이 비경제적일 수 있다.
세계인구는 향후 수십 년 안에 안정될 것이며, 자원에 대한 수요가 줄어들 것이다.	세계인구가 제때에 안정되어 주요 광물의 심각한 부족을 막을 가능성이 없다. 세계인구가 안정될 경우에도 부의 증가는 더 많은 자원을 필요로 할 것이다.

13.2.2 경제학과 자원공급

자유경쟁시장의 자원공급의 한계

표준경제학이론에 따르면, 경쟁적 자유시장은 모든 시장상품의 공급과 수요를 결정한다. 어떤 자원이 희소해지면 가격이 상승하고, 공급과잉이 되면 가격은 하락한다. 이것은 아주 좋은 생각이다. 그러나 그것은 가끔은 현실세계와는 거의 동떨어진 것이기도 하다. 특히 광물의 경우에는 몇 가지 이유로 더욱 그렇다.

첫째, 공개적이고 경쟁적인 시장 대신에 산업계와 정부가 원료물질과 생산품에 대해 공급, 수요, 그리고 가격에 대한 통제를 점점 더 강화하고 있다. 둘째, 비연료 광물자원의 비용은 재화와 용역 전체비용 중 차지하는 비율이 매우 작다는 것이다. 따라서 자동차나 세탁기 등과 같은 제품 생산의 증가는 비연료 광물 원료물질의 가격에 거의 영향을 미치지 않는다. 이러한 현상이 일어나는 주된 원인은 광물자원의 가격이 급격히 상승했음에도 불구하고 원료물질의 1인당평균비용이 그전과 같거나 오히려 낮아졌기 때문이다. 이러한 비연료 자원의 가격은 선진국들에 의한 시장통제와 낮은 채광임차료, 그리고 채광의 환경비용이 광물가격에 포함되지 않았기 때문에 인위적으로 낮게 되었던 것이다. 그러나 1975년 이후에는 원료물질이 다소 상승하기 시작했다. 채굴비용과 환경보호비용이 급격히 증가했고, 낮은 채광임차료의 계약기간이 끝났기 때문이다. 셋째, 지구에 있는 모든 자원의 공급총량은 제한되어 있다. 우리가 지불하는 금액에 상관없이 지구상에 그 자원이 없으면 우리는 그 자원을 얻을 수 없다. 넷째, 채굴과 가공에 너무 많은 에너지와 돈이 들어가기 때문에 미래에 자원의 공급은 제한될 수밖에 없다.

광물생산과 에너지수요

1950년과 1980년 사이에 미국의 광물생산은 50%가 증가하였다. 그러나 그러한 광물을 탐사, 채굴, 그리고 가공하기 위해 필요한 에너지양은 600%가 증가하였다. 1979년 미국에서 사용된 에너지총량의 약 16%가 광물과 물질의 채굴 및 가공에 소비되었다. 에너지가격의 상승에 따라 광물자원의 채굴 및 가공비용도 증가하였다. 미국의 금속광물산업의 1980년과 1990년 기간 중 자본 필요량은 1,000억 달러에서 1조 달러로 추정되었다. 이러한 막대한 양의 자본투자와 값싼 에너지가 주요 광물 공급량의 지속적인 증대를 감당할 수 있을 것으로 보이지 않는다.

13.2.3 새로운 발견

매장광물 탐사를 위한 막대한 투자

새로운 발견이 현재의 대부분의 광물의 매장량을 늘릴 것이라는 것은 의심의 여지가 없다. 그러나 자원의 탐사, 성공과 실패의 과정에는 굴착 또는 굴진을 위한 막대한 투자가 필요하다. 우리는 현재 괘도인공위성(랜드샛과 같은)에 장착된 원격탐사카메라를 사용하여 지구전체에 대해 육지, 산림, 광물, 에너지, 그리고 수자원을 조사하고 있다. 개도국의 미 탐사지역에서 새로운 풍부한 매장광물이 발견될 가능성도 있다. 그러나 선진국들과 많은 개도국들 중에는 가장 풍부하고 가장 접근이 쉬운 매장광물은 이미 모두 발견되었다. 남아있는 대부분의 매장광물은 발견하고 채굴하기가 더 어렵고 일반적으로 품위도 더 낮다. 우리는 점점 감소하는 자원을 얻기 위해 점점 더 많은 돈을 지출해야 한다. 설상가상으로 대부분의 광물들이 새로운 매장광물이 발견되는 것보다 지금 더 빨리 사용되고 있다.

광물채굴과 야생지역 보호

값진 야생지역과 산림지역을 보존하려는 환경론자들의 압력 때문에 광물생산업자들이 원하는 만큼 충분이 채굴하지 못하고 있기도 하다. 1980년부터 미국의 경우 공공소유 토지의 약 65% 지역에서 채광이 금지되었다. 환경규제와 안전규제도 광물채굴과 가공비용을 크게 증가시키고 있다. 예를 들어, 1970년과 1980년 사이 미국의 8개 아연 용해공장이 문을 닫았다. 그 이유는 그 소유자들이 더욱 엄격해진 환경규제 비용을 감당할 수 없었기 때문이었다. 그 결과 미국의 아연 수입량은 같은 기간 동안 25%에서 62%로 증가하였다. 그렇다면 문제는 우리가 새로운 매장광물을 발견하는 것이 아니라 우리가 세계 전체의 증가하는 수요를 충족할 수 있을 만큼 충분히 감당할 수 있는 새로운 공급량을 찾을 수 있는가 하는 것이다.

해양광물 채취의 문제점

해양에 대해서는 어떠한가? 해양은 몇몇 사람들이 말한 것처럼 막대한 양의 광물과 에너지 자원을 가지고 있는가? [그림 13-1]에서 보는 것처럼 해양의 가능한 자원은 3개 지역에 위치하고 있다. (1) 바닷물, (2) 얕은 대륙붕과 사면에 있는 퇴적물과 매장량, 그리고 (3) 심해바닥의 퇴적물과 단괴이다.

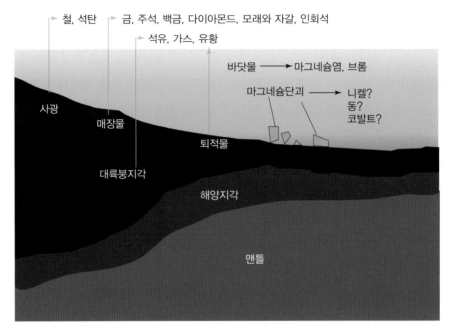

[그림 13-1] 해양광물자원의 위치

얕은 수심의 근해의 매장물과 퇴적물은 이미 중요한 석유, 천연가스, 모래, 자갈 및 기타 10개 광물의 공급원천이 되고 있다. 이 자원들은 공급량이나 채광기술에 의한 제한을 받지 않을지는 모르지만, 그 자원을 발견하고 채굴하는데 필요한 에너지 비용의 증가, 기름 누출과 유출로 인한 생태적 부작용의 발생 가능성, 바다의 식량자원에 대한 광범위한 준설과 채굴의 심각한 영향의 가능성, 그리고 이러한 자원에 대한 소유권을 둘러싼 국가들 간의 정치적 논쟁 등에 의해 제한을 받을 수 있다.

해저광물채굴의 타당성에 대한 예비탐사조차도 어렵게 하는 심각한 정치적인 문제들 중에는 해결이 가능한 것도 있다. 1968년부터 160개 국가들이 해양자원의 개발을 규제하는 해양조약법의 체결을 위해 노력하였다. 1980년 유엔해양법회의는 회원국들에 의한 비준을 위해 조약 초안을 승인하였다. 그 조약초안은 해안 국가들은 그들의 해안대륙붕으로부터 320㎞까지의 광물자원에 대한 관할권을 인정하고 있다. 그 조약초안은 산업화국가들로부터 갹출한 10억 달러의 차입금으로 국제해저관리기구를 설치하여 개인기업들에 의한 해양자원의 채취 허가와 생산량을 통제하는 책임을 부여하였다. 유엔이 설립한 회사도 그 자신 해저광물을 채취하여 그 이윤을 개발도상의 해안 국가들에게 분배하기도 한다. 개인회사들은 최신해양채광기술을 유엔설립회사에게 팔도록 하고 있기도 하다. 그 결과 1981년까지도 그 조약의 최종적인 세부사항에 관한 논쟁이 있었다.

언뜻 보기에 엄청난 양의 바닷물은 무한정의 광물자원의 원천인 것으로 보인다. 그러나 바닷물에서 발견되는 92종의 원소들 중 대부분은 그 농도가 매우 낮다. 단지 마그네슘, 브롬, 그리고 식탁에 오르는 소금만이 현재의 가격과 기술로 경제적으로 추출할 수 있는 충분한 양이 있다. 그밖에 몇몇 광물들은 언젠가는 경제적으로 추출이 가능하겠지만, 기타 대부분의 주요 금속은 그 농도가 극히 낮다. 이와 같은 분산 때문에 그 광물을 회수하는데 드는 에너지와 돈은 그들의 현재의 가치보다 훨씬 크다(제2에너지법칙의 적용). 예를 들어, 미국의 연간 아연 소비량의 0.003%를 바닷물에서 얻기 위해서는 델라웨어강과 허드슨강의 물을 합친 양의 물을 처리해야 한다!

심해저 채광이 우리의 광물문제를 해결할 것이라는 생각은 하나의 미신이다. 심해저바닥에 있는 유일하게 알려진 광물은 망간단괴들로서 전 세계 해저에 불균일하게 분포되어 있는 것으로 알려져 있다. 이러한 감자크기의 바위덩어리는 주로 망간, 철, 구리, 니켈, 코발트, 몰리브덴, 그리고 바나듐으로 구성되어 있다. 추출기술이 개선된다면 이 단괴들은 실제로 가치가 있을 수 있다. 그것은 망간(강철을 만드는데 사용되는) 때문이 아니고, 구리(전선 제조에 사용)와 니켈, 코발트(양쪽 모두 강철합금 제조) 때문이다. 미국(일본, 프랑스, 독일, 그리고 러시아와 함께)은 특히 이러한 매장량에 관심을 가지고 있었다. 미국은 1980년에 망간의 97%, 코발트의 93%, 그리고 구리의 20%를 수입했기 때문이었다. 그 큰 이유는 국내의 높은 품위의 광석 매장량이 고갈되었기 때문이었다. 그러나 많은 환경론자들은 해저 채광을 반대한다. 거대한 진공청소기로 해저로부터 단괴를 빨아올리면 바다바닥의 생물체를 파괴할 수 있고, 바다바닥의 침전물을 교란하여 바다를 오염시키며, 민감한 해양생태계를 교란할 수 있다는 것을 두려워하기 때문이다.

13.2.4 채광기술의 개선과 낮은 품위 매장광물 채굴
채광기술의 진보

채광기술의 진보는 큰 비용의 증가 없이 낮은 품위 매장광물의 채굴을 경제적으로 가능하게 한다는 것은 의문의 여지가 없다. 대규모 토목기계의 개발은, 특히 노천채광을 위해서는 매우 중요한 진보가 되고 있다. 하나의 극적인 성공이야기에 구리에 관한 것이 있다. 채광이 가능한 구리의 한계 품위는 1900년 이후 10분의 1로 감소했으며, 채광역사 전체의 기간 동안에는 250분의 1로 줄었다. 문제는 계속해서 품위가 낮아지는 금속의 채굴이 계속해서 가능할 것인가?이다. 종국적으로는 우리는 지리적, 에너지, 그리고 환경적 한계에 부딪히게 된다. 지각에서 대량으로 발견되는 금속은 6개에 불과하다. 철, 알루미늄, 마그네슘, 망간, 크롬, 그리고 티타늄이다. 구리, 주석, 납, 아연, 우라늄, 니켈, 텅스텐, 그리고 수은과 같은 기타 널리 사용되는 금속들은 지리학적으로 희소하다. 그 광물들은 보통 낮은 품위로 발견되며, 대부분의 경우 이들 매장광물은 지구 전체에 널리 분포되어 있지 않다. 단지 철, 구리, 그리고 알루미늄만이 널리 분포되어 있으며, 고품위에서 저품위로 거의 고른 범위로 매장되어 있는 것이 발견된다. 이와 같이 점점 낮아지는 품위의 대부분의 광물을 채굴하는 것은 너무 비용이 많이 들어간다. 그것은 금전적인 면뿐만 아니라 에너지 사용, 토지교란, 그리고 대기 및 수질오염 면에서도 그렇다. 이것은 제2에너지법칙 때문이다. 결국 우리는 낮은 품위의 광물을 회수하기 위해 그것을 파내고, 운반하고, 부수고, 가공하고, 그리고 폐기물을 버리기 위해 필요한 에너지 비용을 지출해야 한다. 널리 흩어져 있는 물질을 한 곳에 모으려면 많은 양의 에너지(그리고 돈)가 필요하다.

제한요소인 에너지

기술적 낙관론자의 견해 중에서 기본적인 가정 중의 하나는 값싼 에너지의 소진되지 않은 공급원천이다. 다음에서 살펴보겠지만, 이러한 가정은 성립될 가능성이 거의 없으며, 에너지가 자원 획득에 있어 하나의 제한요소가 될 수 있다. 예를 들어, 강철, 알루미늄, 플라스틱, 시멘트, 그리고 휘발유의 가공에만 1979년 미국에서 사용된 에너지총량의 10% 이상을 차지했다. 모든 형태의 에너지가 점점 더 비싸지고 있다. 다른 하나의 제한요소는 물이다. 대부분의 광물을 채취, 가공하는 데는 많은 양의 물이 필요하다. 주요 광물이 매장되어 있는 많은 지역들이 물이 부족하다.

13.2.5 대체물질
기술적 낙관론자들의 주장

기술적 낙관론자들은 광물 공급이 고갈되면 기술에 의해 그들의 대체물이 발견될 것이라고 주장한다. 그들은 플라스틱이나 고강도 섬유들, 또는 지각에서 가장 풍부한 6개의 금속들

(철, 알루미늄, 마그네슘, 망간, 크롬, 그리고 티타늄)이 대부분의 희귀 금속들을 대체할 수 있다고 주장한다. 예를 들어, 오늘날의 자동차에는 플라스틱이 구리, 납, 주석, 그리고 아연을 점점 더 많이 대체하고 있다. 알루미늄과 티타늄은 목적에 따라 강철을 대체하고 있으며, 알루미늄은 전선에서 구리를 대체할 수 있다(화재위험이 있기는 하지만). 대체재가 발견될 수 없는 경우에도 기술적 낙관론자들은 어떤 광물도 그렇게 필수적인 것은 아니기 때문에 그 고갈로 인해 대규모의 참사가 발생하지는 않는다고 주장한다.

대체물질의 문제점

희소자원에 대한 대체재를 발견하는 것은 극히 중요하지만, 그 발견에는 상당한 어려움이 있다. 첫째, 대체재의 발견에 실패할 경우 주요 물질을 더 이상 사용할 수 없을 때 발생히는 조정기간 동안 심각한 경제적인 어려움을 겪을 수 있다. 둘째, 가능한 대체재를 발견하여 그들을 복잡한 제조공정에 사용하기 위한 상태로 만들기 위해서는 주의 깊게 개발된 조사연구와 개발계획이 필요하고, 많은 돈이 들어가며, 긴 소요시간이 필요하다. 셋째, 많은 대체물질을 만드는 데는 원료물질을 가공하는데 필요한 에너지보다 더 많은 에너지를 필요로 한다.

넷째, 물질 중에는 그 물질 고유의 성질이 있어서 다른 물질로 대체할 수 없거나 대체할 수 있는 경우에도 그 질이 훨씬 떨어질 수 있다. 예를 들어, 헬륨은 다른 어떤 기체나 액체보다도 저온에서 액체상태로 남아있다. 전기초전도체에서 매우 낮은 온도로 낮추거나 에너지의 생산과 이송을 위한 미래 기술에 대한 것으로는 헬륨 대체물질로 알려진 것이 없다. 고강도의 물질이 필요한 고층건물과 댐에 사용되는 강철을 대체할 수 있는 물질은 지금까지 알려진 것이 없다. 알루미늄은 구리보다 전기전도율이 낮다. 크롬(녹슬지 않는 강철에 사용), 백금(산업촉매로 사용), 금(전기접촉제로 사용), 코발트(자석에 사용), 은(많은 사진용으로 사용), 그리고 망간(기포제거 강철 제조에 사용)의 대체물질들도 그 질이 떨어진다.

다섯째, 경우에 따라서는 대체가능한 물질 자체가 상당히 희소할 수 있다. 몰리브덴과 텅스텐(모든 금속 중에서 용해점이 가장 높다)의 경우가 그렇다. 최신기술 축전지에서 수은의 대체물질로 제시되는 카드뮴과 은 역시 희소자원이다. 여섯째, 미래 기술 중에는 그 자체가 대체물질이 알려지지 않은 희소성 자원에 의존하는 것이 있을 수 있다. 전통적인 핵분열 에너지는 사용가능한 우라늄의 부족으로 제한을 받을 수 있다. 이러한 원자로를 자체적으로 플루토늄 연료를 만드는 증식로로 대체하는 것은 환경을 위태롭게 하고, 거기서 생산된 플루토늄으로 원자폭탄을 쉽게 만들 수 있다는 사실이다. 플루토늄이 아닌 토륨을 사용한 좀 더 안전한 증식로의 사용은 토륨의 공급부족에 의해 제한을 받을 수 있다. 핵융합로가 계속해서 개발된다면 희소자원인 베릴륨, 니오븀, 납, 헬륨, 그리고 크롬에 대한 수요가 가중될 것이다. 그리고 태양광으로부터 전기를 생산하는 효율적인 태양전지의 개발은 많은 양의 희소성 자원인 갈륨을 필요로 한다.

13.2.6 재활용

기술적 낙관주의자들과 신-맬서스주의자들

기술적 낙관주의자들과 신-맬서스주의자들 모두 재활용의 중요성에 대해서는 의견이 일치한다. 재활용은 원료자원의 수요를 줄이고, 고형폐기물의 부피를 감소시키며, 종종 에너지를 절약하고, 오염을 줄이고, 토지교란을 줄인다. 예를 들어, 마그네슘 재활용에 의한 에너지 절약은 98.5%이며, 알루미늄은 96%에서 97%, 구리는 88%에서 95%, 강철은 47%, 종이와 고무는 23%에서 30%, 그리고 유리는 8%의 에너지를 절약한다.

미국의 재활용

미국에서 매년 버려지는 종이의 반만 재활용된다면, 약 1억5천만 그루의 나무가 절약되고, 매년 약 1,000만 명의 주민에게 주거용 전기를 충분히 공급할 수 있을 정도로 전기를 절약할 수 있을 것이다. 연간 버려지는 600억 개의 맥주병과 탄산음료 용기를 회수가 가능한 용기로 대체하면, 1,100만 명에게 주거용 전기를 공급할 수 있는 충분한 에너지가 절약될 것이다. 그리고 원광석으로부터 강철을 제조하는 것과 비교해서 고철은 원료철광석과 석탄광석을 절약함으로서, 84%의 에너지, 40%의 물, 그리고 97%의 희귀한 원료물질을 절약하며, 대기오염의 90%, 수질오염의 76%를 각각 감축한다.

"폐기물은 잘못된 장소에 있는 자원이다", "재활용 사회", "도시폐기물은 도시 광석이다", "쓰레기는 현금이다", 그리고 "쓰레기는 우리의 유일하게 증가하는 자원이다"라는 것이 현재 세계 전체에 메아리치는 외침이다. 그럼에도 불구하고, 미국은 현재 거의 재활용을 하지 않고 있다. 그 대신, 미국은 수십억 달러의 자원가치가 있는 쓰레기를 매년 수십억 달러를 들여서 버리고, 태우고, 또는 매립한다. 1979년에는 미국의 모든 생활 및 상업쓰레기 중 단 8%만 재활용되었다. 알루미늄만 10% 재활용되었고, 기타 모든 금속쓰레기는 알루미늄을 합쳐서

4.7% 재활용하는데 그쳤다. 그리고 고무 5%, 유리 3%, 그리고 플라스틱은 거의 재활용된 것이 없었다. 그러나 미국은 종이쓰레기를 최소한 35% 재활용할 수 있고(제2차세계대전 중에 했던 것처럼), 일본이 현재 하고 있는 것처럼 50%까지 재활용할 수 있을 것이다.

대규모 자원회수공장

우리의 고형폐기물에 대한 진정한 해답은, 또는 좀 더 정확하게는 우리가 낭비하는 고형물질은 소규모의 재활용시설이 아닌, 대규모의 자원회수공장이라는 것이다. 이러한 공장은 가연성 쓰레기를 소각하여 에너지를 얻고, 불연성 쓰레기로부터는 유용한 물질을 회수하는 것이다. 1980년까지 21개소의 도시자원회수공장이 가동하고 있었으며, 40개의 공장이 건설 중이거나, 시설개선계획을 세우고 있었다. 그리고 54개 도시들이 그러한 공장건설의 타당성을 검토하고 있었다. 이러한 공장들의 전국적인 망이 형성된다면, 1990년에는 미국의 모든 생활폐기물과 상업폐기물의 약 26%(1980년 현재 8%에 대해)가 재활용될 수 있을 것이다. 1970년에 제정된「고형폐기물처리법」과 1976년에 제정된「자원보존 및 회수법」은 이러한 목표 달성을 위한 중요한 노력이었다. 1976년 법은 유해폐기물의 규제를 요구하고, 노천투기를 금지하며, 자원회수를 위한 조사연구와 시범공장을 위해 기금을 제공하고, 그리고 주정부와 지역정부, 그리고 지방기관에 폐기물처리, 자원회수 및 자원보존을 위해 재정적, 기술적 지원을 제공하고 있다.

재활용의 한계

미국은 왜 폐기물의 더 많은 부분을 회수하여 재활용할 수 없을까? 몇몇 경제적, 정치적, 그리고 과학적인 요소들이 재활용의 제한요인이 된다. 첫째, 과거에 싼 원자재가 풍부했을 때 제조공정에서 오직 원자재만 사용하는 것을 선호했기 때문이었다. 예를 들어, 지난 20년 간 미국의 철강회사들은 고철을 사용할 수 있는 반사로에서 고철을 거의 사용할 수 없는 순산소전로로 교체했다. 그 결과 1980년에는 미국에서 생산된 철강총량의 10% 미만만이 재활용 고철로 생산되었다. 이와는 대조적으로 일본과 독일의 철강공장은 제2차세계대전 이후에 건설된 것으로, 많은 양의 고철을 사용할 수 있는 전기로를 사용하고 있다. 둘째, 미국에서는 세금으로 걷어 들인 수십억 달러를 세금감면과 자원고갈 충당금의 형태로 대규모의 1차 채광과 에너지자원 산업에 보조금으로 지급함으로써 그들로 하여금 땅속의 세계 자원을 가능한 한

빨리 채취하도록 독려하고 있다. 예를 들어, 이러한 보조금 지급은 비연료광물의 생산을 위해 매년 3억7,500만 달러에 달한다. 지금까지 미국은 폐기물로부터 자원을 회수하고 재사용하는 재활용 및 2차물질산업에 대해서는 한 푼의 보조금도 주지 않았다.

셋째, 대부분의 경우 미국에서 재활용물질의 비용은 원재료물질의 비용과 같거나 더 높다. 그것은 몇 가지 요소들에 기인한다. (1) 방금 말한 세금우대정책, (2) 고철의 철도 및 자동차 수송비용이 원재료보다 보통 50%에서 100% 더 비싸다는 것(특히 유리와 종이), (3) 재활용품에 대한 대규모 시장의 부재, (4) 혼합 폐기물로부터 물질을 회수하는데 필요한 높은 인건비, (5) 제품가격에 폐기물 처리비용을 포함시킬 수 없는 것 등이다. 넷째, 현대의 많은 제품들은 여러 가지 물질들의 혼합물이기 때문에 재활용을 위해 물질을 선별하는 것은 너무 비용이 많이 들고 에너지 소비가 너무 크다는 것이다. 버려진 자동차에 있는 복합적인 금속들이 거의 재활용되지 못하는 주된 이유가 바로 이것이다.

다섯째, 제2에너지법칙이 재활용에 물리적 한계가 된다. 모든 물질의 재활용에는 에너지가 필요하지만, 에너지는 재활용할 수 없다는 것이다. 결국 재활용의 한계는 필요한 에너지 비용과 오염물질의 발생이다. 고철을 다시 녹이는 경우 보통 대부분의 경우 원료물질을 채굴하여 가공하는데 필요한 에너지보다는 적은 에너지가 들어간다. 그렇기는 하지만, 광범위하게 흩어져 있는 고철을 수집하고, 운반하며, 그리고 재용해하는데 필요한 비용은 원료물질을 채굴하여 가공하는데 사용되는 에너지의 양보다 크다. 예를 들어, 생태적으로 민감한 시민이 한 차 가득히 병, 캔, 그리고 신문지를 수집하기 위해 차를 몰고, 그것을 싣고 재활용센터에 운반한 다음 집으로 운전해 간다고 생각해보자. 이러한 과정은 아마도 더 많은 에너지를 낭비하고, 더 많은 오염을 생산하며, 같은 양의 원료물질의 채취와 가공보다 더 많은 자원을 고갈시킨다.

13.2.7 재사용과 자원보존
재사용과 재활용의 구별

자원회수와 재활용은 중요하지만 우리는 재활용(자원을 수집, 재용해하는 것)과 재사용(어떤 제품을 그대로 몇 번이고 다시 사용하는 것)의 용어를 구별해야 한다. 재사용이 아닌, 유리병과 같은 물건의 재활용을 장려하는 것은 실제로 환경적 거짓말이다. 버려진 유리병을 부수어서 재용해하는 데 필요한 에너지의 양은 회수 가능한 재사용 유리병보다 3배 이상의 에너지가 필요하다. 회수 불가능한 유리병을 금지하고 대신 회수가능한 병을 사용하는 것은 생태적으로 훨씬 낫다. 다행스럽게도, 1980년 오리곤, 아이오와, 델라웨어, 버몬트, 매인, 미시건, 그리고 코네티컷의 7개 주는 맥주와 탄산음료 용기에 대한 예치금제도를 실시하여 쓰고 버리는 병과 캔의 사용을 금지하거나 감축하였다.

자원보존이라는 목표

모든 자원과 폐기물관리계획의 가장 중요한 목표 중의 하나는 자원보존이 되어야 한다. 현대 산업국가에 있어서 일방-통행 체제는 그 체제를 통해서 더 많은 물질의 흐름에 바탕을 둔 것으로, 이러한 광범위하게 흩어진 고형폐기물의 회수에는 거의 관심을 두지 않는다. 불필요한 자원낭비의 두드러진 하나의 예는 제품의 과대포장이다. 미국에서 제품포장을 위해 유리물질의 65%, 플라스틱의 25%, 종이의 22%, 그리고 나무의 15%가 매년 사용된다. 이것은 미국인 1인당 연평균 281kg의 포장물질을 사용하는 것이 된다. 여러분은 불필요한 포장을 한 제품(블라우스나 셔츠)이나 또는 두 겹, 세 겹으로 포장한 식료품을 얼마나 자주 발견하는가? 미국에서 종이포장을 반으로 줄이면 나무를 절약할 뿐만 아니라 매년 2,000만 명에게 주택용 전기를 공급할 충분한 에너지를 절약할 수도 있다.

지속가능지구 또는 생태적 체제

우리들의 현재의 일방통행 체제 대신에 우리는 물질과 에너지 총량을 감축하는 지속가능지구, 또는 생태적 체제에 의존해야 한다. 그 감축방법은 (1) 단위 당 물질과 에너지자원을 적게 사용하는 제품의 설계 및 사용(예를 들어, 소형자동차의 사용, 과대포장의 제거), (2) 가구 또는 개인당 연간 사용하는 제품 수의 감축(예를 들어, 가구당 자동차 수의 감축), 그리고 (3) 내구연한이 긴 제품의 개발 및 사용(예들 들면, 내구연한이 긴 자동차, 타이어, 그리고 가전제품)이다. 미국에서 사용되고 있는 현재의 쓰고 버리는 자원체제, 자원회수 및 재활용체제, 그리고 지속가능 지구자원체제 간의 비교가 〈표 13-2〉에 설명되어 있다.

〈표 13-2〉 물질자원 처리의 3가지 체제

항목	버리는 체제	자원회수 및 재활용체제	지속가능 지구자원체제
유리병	투기/매립	분쇄/재용해/재제조/건자재	모든 회수불능용기 금지/모든 용기 재사용(재용해 및 재활용 불능 쓰레기)
2중금속 "주석" 캔	투기/매립	분류/재용해	생산 제한 또는 금지/회수가능용기 사용
알루미늄 캔	투기/매립	분류/재용해	생산 제한 또는 금지/회수가능용기 사용
자동차	투기	분류/재용해	분류/재용해/내구연한 15년 이하, 중량 818㎏ 이상, 주행거리 13㎞/L 이하 과세
금속 물질	투기	분류/재용해	분류/재용해/내구연한 15년 이하 과세
타이어	투기/매립	분쇄/재경화/도로용/열·전기 생산 소각	재생사용/64,400㎞ 이하 내구제품 과세
종이	투기/매립	열 생산 소각	퇴비/재활용/버리는 것 과세/과대포장 금지
플라스틱	투기/매립	열·전기 생산 소각	생산제한/회수가능유리병으로 대체/버리는 것 과세
정원폐기물	투기/매립	열·전기 생산 소각	퇴비/동물사료

13.2.8 자원사용의 생태적 영향

자원부족보다는 생태적 영향

향후 50년 간 우리가 당면한 가장 큰 문제는 세계자원의 심각한 부족이 아니고 지금과 같은 자원의 대량소비로 인한 생태계에 대한 영향일 수 있다. 제2에너지법칙 때문에 모든 에너지 또는 광물자원의 사용은 다양한 형태의 토지교란과 대기, 물, 그리고 토양오염을 유발하게 된다([그림 13-2]).

지구온난화 문제

어떤 형태의 토지교란은 원상회복이 될 수 있고, 어떤 형태의 오염은 방지될 수 있지만, 그러기 위해서는 에너지(에너지 사용은 더 많은 오염을 발생시킨다)와 돈이 필요하다. 무한한 에너지 공급과 돈, 그리고 매우 향상된 오염방지가 가능하다고 할지라도, 우리는 끊임없이 증가하는 수요를 충당하기 위해 채광하고, 사용하며, 그리고 재활용할 수는 없다. 에너지는 제2에너지법칙에 의해 일단 사용되어 변형이 되면 자동적으로 낮은 품위의 열로 희석된다. 인간 활동

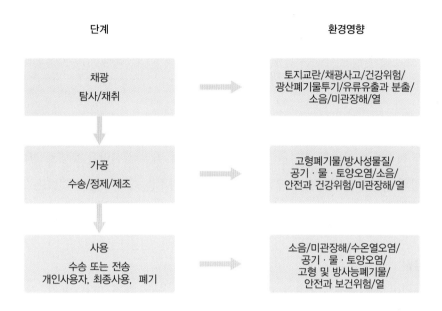

단계		환경영향
채광 탐사/채취	➡	토지교란/채광사고/건강위험/ 광산폐기물투기/유류유출과 분출/ 소음/미관장해/열
가공 수송/정제/제조	➡	고형폐기물/방사성물질/ 공기·물·토양오염/소음/ 안전과 건강위험/미관장해/열
사용 수송 또는 전송 개인사용자, 최종사용, 폐기	➡	소음/미관장해/수온열오염/ 공기·물·토양오염/ 고형 및 방사능폐기물/ 안전과 보건위험/열

[그림 13-2] 자원사용의 환경영향

으로 인한 이러한 희석열의 발생량이 우주공간으로 돌아가는 열보다 많아지면 지구의 대기는 가열되기 시작하고 심각한 생태적 영향을 일으키게 된다. 이와 같이 저품위 희석열은 인간 활동을 제한하는 궁극적인 오염물질이 된다.

13.3 주요 자원들: 세계의 상황

13.3.1 자원의 추정

확인된 자원

특정 자원의 사용가능한 양을 확실하게 추정하는 것은 매우 어렵다. 앞에서 언급한 것처럼 우리는 매장량과 자원총량을 주의 깊게 구별해야 한다. 그러나 그 구별 문제는 생각보다 더 복잡하다. 미국 지질조사연구소는 자원을 그 유무의 상대적인 확실성과 채광 및 가공의 경제적인 타당성에 따라 분류한다. 자원은 광의로는 확인자원과 미확인자원으로 분류한다. 확인자원은 광물을 함유한 특정물체로서 그 존재와 위치가 알려진 것을 말한다. 이러한 광물의 범주는 매장량(또는 경제적 자원)과 비경제적 자원으로 세분된다. 확인 자원 중 매장량은 현재의 가격과 기술로 개발했을 때 경제성이 있는 것을 말하고, 비경제적 자원은 현재의 가격과 기술로 개발했을 때 경제성이 없는 것을 말한다.

매장량과 비경제적 자원의 추정

매장량과 비경제적 자원의 추정은 암석표본의 분석과 지질적 전망을 토대로 한다. 이러한 측정과 전망의 확실성은 다양하기 때문에 이들 2개의 범주는 다시 측정된 것(또는 증명된), 바람직한 것(또는 확률이 있는), 그리고 추정한 것(또는 가능한)으로 세분된다.

미발견자원

미발견자원이란 존재하는 것으로 믿어지지만 그것이 있는 특정 위치, 품질, 그리고 양이 알려지지 않은 자원을 말한다. 그들을 가설적 자원 또는 이론적 자원이라고도 부른다. 가설적 자원은 과거에 발견된 적이 있는 매장자원이 있던 지역에 있을 것으로 합리적 기대가 가능한 매장자원을 말한다. 이론적 자원은 자원에 대한 조사나 실험이 없었던 지역에 있을 것으로 생각되는 매장자원을 말한다. 실제로 발견이 되면, 가설적 자원과 이론적 자원은 매장량(경제적 자원) 또는 비경제적 자원으로 재분류된다. 이러한 분류방법으로부터 우리는 자원의 공급가능량에 대한 많은, 서로 충돌되는 추정치들이 있을 수 있다는 것을 알 수 있다. 신문이나 논문 등에서 발견되는 추정치들은 종종 어느 범주를 사용하는지 구체화하지 않는 경우가 있다.

13.3.2 고갈곡선 및 고갈비율 추정

확인된 자원

우리는 주어진 비재생성 자원이 얼마나 오래 지속될 수 있을 지를 어떻게 결정할 수 있을까? 그에 대한 전망은 2개 범위의 주요 가정들을 토대로 한다. (1) 기존(또는 미래)의 수용 가능한 가격과 기존(또는 개선된) 기술 수준에서 실제 또는 가능한 공급 기간, 그리고 (2) 연간 사용되는 자원의 양이다. 가정의 범위가 달라지면 결과도 달리 나오는 것은 당연하다. 어떤 자원도 완전히 고갈되지 않는다는 것은 거의 확실하다. 그보다는 심도가 깊어지고 품위가 떨어지는 매장광물을 채굴하는 비용을 궁극적으로는 감당할 수 없다는 점이다. 일반적으로, 고갈 시기는 알려져 있거나 다양한 가정에 따라 추정된 공급량의 일정부분(일반적으로 80%)을 소진하는데 걸리는 시간이라고 정의된다.

고갈시기 추정 접근방식

고갈시기 추정을 위한 가장 유용한 접근방식은 최선의 활용 가능한 자료와 분명하게 정의된 일단의 가정을 토대로 한 몇 개의 고갈곡선 또는 고갈비율추정을 전망하는 것이다([그림 13-3]). 곡선 A는 우리의 현재의 채광, 사용 및 자원의 쓰고 버리는 과정을 나타낸 것이다. 곡선 B는 효율적인 재활용과 개선된 채광기술에 의해 연장될 수 있는 자원공급량의 고갈시기를 나타낸다. 곡선 C는 광범위한 재활용과 재사용, 개선된 채광기술, 그리고 1인당 소비량의 감축 등을 조합하여 시행할 경우의 고갈시기는 훨씬 더 늘어날 수 있다. 물론 자원 대체물질이 발견되면, 이들 모든 곡선이 무효가 되고, 그 새로운 자원에 대해 일단의 새로운 곡선이 그려질 것이다.

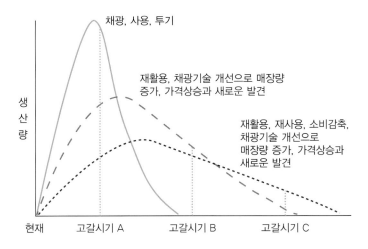

[그림 13-3] 비재생성자원의 고갈곡선, 서로 다른 일단의 가정을 토대로 매장량의 80%가 소진되는 시기

정태적 및 지수적 매장량지수

어떤 자원의 알려진 세계 매장량이 현재의 소비비율로 매장량의 80%까지 소진되는데 걸리는 추정 햇수를 정태적 매장량지수라고 한다. 그러나 일반적으로 소비율은 매년 일정한 비율, 일반적으로 2~3% 정도 상승하는 것으로 가정한다. 그러므로 좀 더 현실적인 전망은 지수적 매장량 지수이다. 매년 주어진 비율로 상승하는 소비비율로 알려진 매장량의 80%까지 소진

되는데 걸리는 추정 햇수이다.

세계자원 80% 고갈시기 전망

우리는 정태적 매장량 또는 지수적 매장량과 추가적인 가정들을 조합함에 의해 좀 더 낙관적인 전망을 할 수 있다. 예를 들어, 재활용은 기존의 매장량을 늘리고, 개량된 채광기술, 가격상승, 그리고 신규 매장량 발견은 기존의 매장량을 말하자면, 2배 이상 늘릴 수 있고, 또는 재활용, 재사용, 그리고 자원사용의 감축으로 기존 매장량을 늘리고, 개량된 채광기술, 가격상승, 그리고 새로운 매장량의 발견으로 5배 이상 자원의 고갈시기를 늘릴 수 있다. [그림 13-4]는 2개 범주의 가정들을 바탕으로 16개 주요 광물에 대해 세계 매장량의 80% 고갈시기를 보여주고 있다. 진한 부분의 전망은 각 광물의 세계 사용량이 매년 2.5%씩 증가하고, 우리의 현재의 채광, 사용 및 쓰고 버리는 것을 그대로 지속한다는 것을 가정한 것이다. 두 번째 옅은 부분은 좀 더 낙관적인 전망을 보여주고 있다. 이는 세계 자원 사용량은 매년 2.5%씩 증가하고, 재활용의 증가, 채광기술의 개량, 그리고 향후 30년 간 주요 광물자원의 신규매장량 발견 등에 의해 사용가능한 매장량이 5배 이상 증가할 것이라고 가정한 것이다. [그림 13-4]에서 매장량이 5배나 늘어났지만, 주석, 텅스텐, 구리, 납, 아연, 은, 수은, 그리고 금은 2000년과 2040년 사이에 고갈되고, 몰리브덴과 망간, 알루미늄, 백금, 그리고 니켈은 2060년과

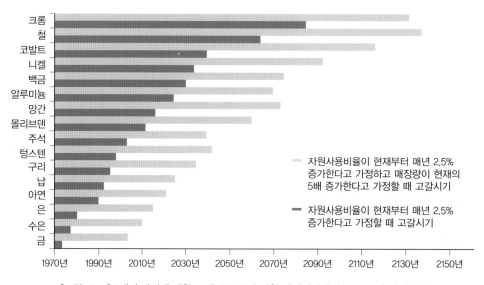

[그림 13-4] 2개의 가정에 대한 16개 주요 금속자원 세계매장량의 80% 고갈 예상시기

2090년 사이에 고갈될 것으로 보인다.

[그림 13-3]과 [그림 13-4]는 기술적 낙관주의자들과 신-맬서스주의자들 사이에 왜 그렇게 많은 논쟁이 있는지를 보여준다. 기술적 낙관주의자들은 모든 자원들은 [그림 13-3]의 곡선 B 또는 곡선 C의 형태로 고갈되거나 만약 고갈현상이 발생한다면 대체물질을 발견하면 될 것이라고 믿는다. 이와는 대조적으로, 신-맬서스주의자들은 우리가 지속가능지구 접근방식으로 전환하여 [그림 13-3]의 곡선 A가 아닌 곡선 C를 따라가지 않으면, [그림 13-3]의 곡선 A로 나타나는 형태를 따라갈 것이라고 믿는다.

우리는 어떤 범주의 곡선들을 사용해야 할까? 우리는 우리의 선택을 돕기 위해 다음의 지침을 사용할 수 있다. (1) 모든 곡선과 추정 고갈시기는 특정한 가정들을 토대로 하고 있다. 그들은 우리에게 무엇이 일어날지를 말해주는 것이 아니고 무엇이 일어날 수 있는지를 말해줄 수 있을 뿐이다. (2) 각각의 추정을 하기 위해 사용된 특정한 가정들이 무엇인지 알아본다. (3) 어떤 것이 가장 합리적인지를 알기 위해 그 가정들(그리고 그들이 토대로 한 가능한 자료가 어디에 있는지)을 평가한다.

어떤 자원이 급속한 고갈의 위험에 처해있지 않을 경우에도 제2에너지법칙은 인구증가의 억제와 자원의 재활용, 재사용 및 자원보존에 의해 자원사용량을 급격히 줄일 필요가 있음을 우리에게 보여준다. 그렇게 하지 않으면, 비용에 관계없이 성장에 중독된 경제체제를 통해 더 많은 원료광물과 재활용광물을 운반하는데 더 많은 에너지를 사용하게 되면 환경에 축적된 무질서가 지구의 생명유지 체제를 압도할 수 있다.

13.4 주요 자원들: 미국의 상황

13.4.1 수입의존의 증가

선진국이 지배하는 광물자원

어떤 사람들은 세계의 자원문제를 선진국들이 개발도상국들로부터 불공정하게 싼 값으로 원료물질을 획득하려는 시도로 본다. 그러나 이러한 견해는 몇몇 예외를 제외하고, 세계 광물자원 공급량의 대부분이 선진국에서 발견되고 있다는 사실을 간과한 것이다. 러시아, 미국,

캐나다, 오스트레일리아, 그리고 남아프리카의 5개의 국들이 세계전제소비 광물 가치의 98%를 차지하는 20종의 광물의 대부분을 공급하고 있다. 그 주요 예외들로서는 남아메리카와 아프리카의 동, 동남아시아의 주석과 텅스텐, 캐리비안 국가의 알루미늄 광석(보크사이트), 그리고 자이레의 코발트 등이다.

선진국의 수입의존

현재 미국은 러시아를 제외하고 다른 어느 나라보다도 주요 금속과 광물에 대해 더 많이 자급자족하고 있다. 미국의 경우에는 소비량이 많고 다른 나라들로부터 더 싼 자원공급이 가능하기 때문에 미국은 러시아, 중국, 캐나다, 그리고 아프리카와 남아메리카의 자원부국으로부터 더 많은 광물을 수입하게 되는 것이다. 1950년 미국은 12종의 주요 산업 비연료 광물 중 4종의 광물의 50%만 수입했다. 1979년에는 이 12종 중 7종에 대해 50% 이상 수입했다. 1985년에는 수입목록이 9종으로 증가했고, 2000년에는 이러한 모든 중요한 금속에 대해 50% 이상 수입했다. 다른 선진국들은 더욱 더 수입 의존적이다. 1979년 일본과 서유럽국가들은 12종의 광물 모두 50% 이상 수입했으며, 그 중 6종에 대해서는 100% 수입에 의존했다.

미국의 광물 수입과 생산

1978년 미국은 비연료 광물 수입에 약 240억 달러를 지출했으며, 2000년에는 600억 달러 이상을 지출했다. 미국이 현재 그렇게 많은 금속과 광물을 수입한다는 사실은 잘못된 것일 수 있다. 크롬, 주석, 백금, 금, 그리고 팔라듐을 제외한 대부분의 광물에 대해 향후 수십 년 간 수요에 충당할 충분한 자원(그러나 알려진 매장량은 충분하지 않다)을 가지고 있다. 많은 경우 미국은 이러한 광물들이 희소해서가 아니라 품위가 낮은 자국의 매장광물보다 품위가 높은 외국의 매장광물의 채취비용이 더 싸기 때문이다. 미국의 경제성이 낮은 매장광물은 차후 그 희소성으로 가격이 상승할 때 사용할 수 있다. 그러나 미국지질조사소는 대부분의 주요광물의 알려진 매장량은 100년 이상 미국의 수요를 만족시키지 못할 것이라고 추정한다.

13.4.2 수입의존은 좋은 것인가 또는 나쁜 것인가?
수입의존의 단점

어떤 사람들은 미국이 주요 광물을 다른 나라에 의존하는 것은 경제적 안보(만약 가격이 급격히 증가하면)와 군사적 안보(중요한 자원의 공급이 중단되거나 심하게 제한되면)를 위협한다고 주장한다. 예를 들어, 1978년 이웃 앙골라로부터 쿠바 훈련 부대가 자이레 사바 주를 침입했다. 그 결과 코발트 광산 생산이 중단되고 코발트의 가격이 6배 이상 상승했다. 미국 또는 다른 수입 국가들이 특히 이러한 경우에 취약하다. (1) 어떤 자원의 세계 공급량이 한 국가에 의해 지배될 때이다. 텅스텐(중국), 수은(스페인), 그리고 팔라듐(러시아) 등의 경우와 같다. (2) 어떤 자원의 대부분의 세계적인 공급량을 가지고 있는 일단의 국가들이 동맹하여 카르텔을 형성하여 가격을 올릴 경우가 있다. 구리, 주석, 보크사이트, 그리고 철광석 카르텔과 같은 것들이다(이것은 OPEC의 모델을 본뜬 것이다). 그리고 (3) 철, 크롬, 그리고 망간과 같은 대체물질이 즉시 활용할 수 없을 때이다. 세계평화에 대한 위협도 선진국 간의 주요자원의 희소공급에 대한 충돌 때문에 발생할 수 있다. 그러나 다른 사람들은 다음과 같이 주장한다.

수입의존의 장점

그러나 어떤 사람들은 다음과 같이 주장한다. (1) 비연료 자원 카르텔에 참여한 국가들은 아주 넓은 지리적, 정치적 차이점을 가지고 있기 때문에 가격을 올리는 것은 석유수출국기구 OPEC처럼 성공적일 수 없다는 것, (2) 직접 소비되는 석유와는 달리, 원료물질은 완성제품의 가격에 기여하는 부분이 작고, 원료물질의 가격상승은 상대적으로 작은 영향을 미치며, 그리고 (3) 국가들의 상호의존성은 세계평화를 위한 안정적인 힘이 될 수 있다. 상호충돌은 군사적인 행동이 아닌 협상에 의해 다루어지는 것이 더 가능성이 크기 때문이다.

13.4.3 금속과 광물자원을 위한 계획의 제시
계획수립의 접근방식

금속과 광물자원을 위한 미국 또는 세계의 모든 계획은 다음 접근방식들의 복합물이어야 한다. (1) 새로운 광상의 발견, 광석으로부터 광물 추출의 효율성 향상, 그리고 희소광물의 대체재의 발견을 위한 주요하고 진행 중인 계획, (2) 채광기술의 개량, (3) 크게 증가한 자원회수, 재활용, 재사용, 그리고 자원보존(〈표 13-2〉 참조), (4) 인구성장의 통제, (5) 주요 물질의 비축 시설 건설, 그리고 (6) 세계무역협정의 체결과 생산 국가들이 그들의 자원에 대해 정당한 가격을 받을 수 있도록 감시하는 유엔자연자원기구의 설립 등이다. 이들 제안된 원칙들은 향후 50년 간 비연료 금속과 광물자원을 관리하고 보존하기 위한 세부적인 계획 수립에 사용되어야 한다.

자원사용과 환경보호

배출되는 고형폐기물을 폐기물이 아닌 낭비된 고형물질로서 취급하려는 미국정부의 노력이 증가하고 있는 것은 고무적이다. 이러한 노력은 무엇이 이루어질 수 있으며, 우리가 당면해야할 몇 가지 중요한 질문에 대해 우리를 상기시킨다. 어떤 자원이 최소의 환경영향을 가지는가? 우리는 자원 사용의 영향을 어떻게 최소화할 수 있는가? 그리고 우리는 자원의 낭비를 어떻게 감축할 수 있는가?

> 고형폐기물 우리가 너무 어리석어 사용하지 않는 유일한 원료물질이다.
> _Arthur C. Clarke

에너지자원

전등 하나를 꺼라. 그러면 여러분은 어둠에 잠긴 집의 정적 속에서
수천 개의 강들의 감사의 속삭임을 들을 수 있다.

Clear Creek

에너지는 물질과 함께 인간을 포함한 지구상의 모든 생명체가 생존을 유지하는 데 필수적인 자원이다. 원시인간사회에서는 태양열에 의한 재생성에너지만으로도 에너지수요를 감당할 수 있었기 때문에 인류에게 에너지문제는 없었다. 그러나 인류의 수가 증가하고 1인당 에너지사용량이 증가함에 따라 태양열에 의한 재생에너지만으로 그 에너지수요를 충족할 수 없게 되자, 석유, 석탄, 천연가스 등 화석연료와 원자력에너지 등을 보조에너지로 개발하여 사용하여 왔다. 그러나 화석연료의 공급량은 유한하기 때문에 언젠가는 고갈될 것이고, 그렇게 되면 인류문명은 하루아침에 지구상에서 사라질 수도 있다. 이러한 에너지위기를 극복할 수 있는 방법은 무엇인가? 에너지문제의 궁극적인 해결책은 태양열과 같은 재생에너지를 개발하여 인류의 에너지수요를 충족시키는 길 밖에 없다. 그러면 오늘날과 같은 방대한 에너지수요를 재생에너지자원 개발로 충족할 수 있을까? 오늘날 에너지위기에 대한 해결책은 바로 여기에 있다고 할 수 있다.

우리가 현재의 비재생성에너지시대에서 재생에너지시대로 옮겨가기 위해서는 재생에너지 기술 개발에 많은 시간과 자원을 투입해야 한다. 비재생성에너지시대가 언제 끝날지 모르기 때문에 우리는 서둘러 재생에너지시대에 대한 준비를 해야 한다. 우리는 비재생성에너지를 절약함으로써 재생에너지시대로 옮겨가는데 필요한 시간을 벌어야 한다.

14.1 에너지자원의 종류

에너지자원은 〈표 14-1〉에서와 같이 재생성에너지, 비재생성에너지 및 유도에너지로 분류될 수 있다. 비재생성에너지자원의 한계는 활용가능한 양이 얼마냐 하는 것이다. 활용가능한 양이란 탐사 및 가공의 기술적 가능성, 비용의 경제성, 그리고 환경영향의 수용성 등에 적합한 것을 말한다. 재생성에너지자원의 공급은 이론적으로는 한계가 없다. 그러나 재생성에너지자원은 비용과 사용률이라는 제한요소가 있다. 나무와 같은 재생성에너지자원이 재충전하는 것보다 더 빨리 사용된다면 그 자원은 고갈되어 모든 실제적인 목적을 위해서는 비재생성에너지자원이 되고 만다.

〈표 14-1〉 에너지자원의 분류

비재생성에너지자원	재생성에너지자원	유도체에너지자원
화석연료 • 석유 • 천연가스 • 석탄 • 혈암유 • 타르모래 핵연료 • 전통적인 핵분열 연료 • 증식핵분열 연료 • 핵융합 연료 지열에너지	에너지 절약 • 태양광/태양열에너지 • 수력에너지 • 해양온도층화에너지 • 풍력에너지 • 생체에너지 • 지열에너지 • 조력에너지	합성천연가스(SNG) • 합성천연가스 • 합성석유 및 알코올 • 생체연료 • 수소가스 • 도시쓰레기

14.1.1 비재생성에너지자원

비재생성에너지자원의 대표적인 것으로는 화석연료, 핵연료, 지열에너지 등이 있다. 화석연료란 석유, 석탄, 천연가스, 혈암유, 타르모래 등을 말한다. 핵연료는 핵분열연료, 핵증식연료 및 핵융합연료로 구분된다. 지열에너지는 땅속의 용암에 의해 데워진 지하수의 증기를 이용한 에너지다.

화석연료

화석연료는 수백만 년 전 간접적인 태양에너지가 모인 것이라고 할 수 있다. 액체상태의 석유는 가장 중요한 화석연료 중의 하나다. 대부분의 석유는 지하에 존재한다. 최초의 유정은 1859년 펜실베이니아 북서부에 있는 드레이크 유정이었다. 그 후 19세기 말에 미국과 러시아에서 석유 정제가 시작되었으며, 중동, 러시아, 미국 등이 최대 석유 생산국이다. 원유는 정제과정을 거쳐 휘발유, 중유, 경유, 윤활유, 석유화학제품 등의 형태로 사용된다. 2018년까지 확인된 세계의 석유매장량은 3,229억 톤이다.

석탄은 지질시대에 식물이 땅속에 묻혀 열과 압력을 받아 탄화되어 생성된 에너지광물이다. 석탄은 그 생성시기에 따라 토탄, 갈탄, 아역청탄, 유연탄 및 무연탄으로 구분된다. 석탄은 주요 화석연료의 하나이며, 기체로 전환하여 연료로 사용하기도 한다. 천연가스의 가격이 상승함에 따라 1970년 후반부터 석탄을 액화시키는 다양한 기술이 개발되고 있다. 2018년까지 확인된 세계의 석탄매장량은 4,813억 석유톤_toe이다.

천연가스는 원유 등과 함께 발생하는 주요한 화석연료이다. 천연가스는 메탄, 프로판, 부탄, 펜탄과 기체상태의 탄화수소로 존재한다. 천연가스는 정제과정을 거쳐 기체상태로 수송하거나 저온으로 냉각시켜 액체상태로 수송한다. 천연가스는 원유가 부족해짐에 따라 1960년대 말, 1970년대 초부터 선진 공업 국가들의 주요 에너지원으로 등장했다. 2018년까지 확인된 세계의 천연가스매장량은 1,913억 석유톤_toe이다.

혈암유란 고형 탄화수소가 함유된 바위에서 증류한 석유와 같은 물질을 말한다. 원유와 비슷하지만 불포화성분이 많고, 혈암 속의 유모의 성상에 따라 산소, 질소, 황화합물들이 섞여 있을 수 있어 복잡한 정제과정을 필요로 한다. 타르모래란 석유와 같은 물질과 진하게 혼합된 모래를 말한다. 유사 또는 오일샌드라고도 불리는 것으로 모래와 휘발성분이 없어진 석유가 섞인 아스팔트 상을 이루고 있는 것으로, 캐나다와 베네수엘라 등지에 집중적으로 분포되어 있다. 지표에 고체 또는 반고체 상태로 노출되어 있으며, 이를 열처리를 통해 정제하면 중질유를 추출할 수 있다. 그러나 비용이 많이 드는 단점이 있다.

핵연료

핵연료에는 우라늄과 토륨을 사용하는 재래식 핵분열연료, 우라늄과 토륨을 사용하는 증식로핵분열연료 및 듀테륨과 리튬을 사용하는 핵융합연료가 있다. 핵분열이란 우라늄이나 플루토늄과 같은 원자핵이 중성자를 흡수하여 극도로 불안정해지면 순간적으로 분열하면서 더 많은 중성자를 방출하고 그렇게 방출된 중성자는 또 다른 원자핵을 분열시켜 연쇄반응을 일으킨다. 이러한 연쇄반응의 과정에서 많은 에너지를 발생시킨다.

증식로핵분열이란 그 자체가 소비하는 것보다 더 많은 핵분열물질을 생산할 수 있는 원자로의 일종이다. 증식로는 중성자의 효율이 매우 높아 우라늄이나 토륨과 같은 농축물질로부터 그들이 사용하는 분열물질보다 더 많이 생산하기 때문에 소비보다 생산량이 더 많아질 수 있다. 증식로는 처음에는 그 경제성이 경수로보다 우수하기 때문에 선호되었으나, 1960년 이후부터는 우라늄 매장량이 많이 발견되어 그에 대한 관심이 줄어들었다. 그리고 우라늄의 새로운 농축기술의 개발로 우라늄 연료비용이 줄었다.

핵융합이란 두 개 이상의 원자핵이 결합하여 한 개 이상의 다른 원자핵과 원자보다 작은 입자(중성자 또는 양자)를 형성하는 반응을 말한다. 반응물질들과 생성물질들 간의 질량의 차이는 에너지의 형태로 방출 또는 흡수된다. 이러한 질량의 차이는 반응 전후의 원자핵 간의 원자의 "결합에너지"의 차이 때문에 발생한다. 핵융합은 활동적인 항성이나 "주계열" 항성, 기타 큰 항성들에게 에너지를 발생시키는 작용이다.

지열에너지

지구내부에 갇혀 있는 열저장소를 말한다. 지하저장소에 갇혀 있는 고온의 열에너지는 비재생성자원이다. 지구내부로부터 느리고 완만한 열의 흐름은 재생가능한 자원이지만 많은 양을 추출하여 사용할 수는 없다.

14.1.2 재생성에너지자원

재생성에너지자원으로는 태양에너지, 수력에너지, 풍력에너지, 조력에너지, 해양온도차에너지 등이 있다. 태양에너지는 직접태양에너지와 생체에너지로 구분된다.

직접태양에너지

태양에너지를 태양열에너지와 태양전지에서 전기에너지로 전환하는 태양광에너지로 구분한다. 태양전지는 실리콘, 갈륨비소, 황화카드뮴과 같은 소재로 만든 반도체에 태양광을 조사하면 광자를 흡수하여 1쌍의 전자와 양공이 생긴다. 이때 전자와 양공이 이동하여 외부회로를 통해 전류가 발생한다. 태양전지는 광기전력효과를 응용하여 태양에너지를 전기에너지로 직접 바꾸는 장치다.

수력에너지

수력발전에너지로 간접적인 태양에너지다. 수력발전은 위치에너지를 전기에너지로 변환하는 과정에서 얻는 에너지다. 수력발전은 낙차를 얻는 방법을 기준으로 댐식, 수로식, 댐수로식 및 유역변경식이 있고, 유량을 얻는 방법을 기준으로 유입식, 조정지식, 저수지식, 양수식 및 조력식 발전이 있다.

풍력에너지

바람의 힘을 이용해서 발전기를 돌려 전기에너지를 생산하는 발전방법이다. 수십 W 규모의 초소형부터 수백만 W의 초대형까지 다양한 풍력발전기가 개발되어 전기생산에 이용되고 있다. 1990년대부터 덴마크와 독일 등지에서 급속히 발전하여 전 세계적으로 보급되고 있다.

조력에너지

조수 간만의 차를 이용해서 전기를 생산하는 발전방식이다. 수력발전과 유사한 방식으로 바다에 댐을 쌓아 만조 때는 물을 가두어놓고 간조 때 물을 내보내어서 발전하는 것이 일반적인 발전 방식이다. 최초의 조력발전소는 1966년에 발전을 시작한 프랑스의 람스발전소로 용량은 240 MW였다.

해양온도차발전

해양의 표층의 온도와 수백 m 깊이의 해수 온도차를 이용한 발전 방식이다. 해수는 수심에 따라 온도가 변화하는데, 표층과 수백 m 깊이에서의 온도 차이는 약 10~20℃가 차이가 난다. 표층수의 열로 암모니아나 프론 등 비점이 낮은 액체를 기체로 만들어 터빈을 돌리고, 사용된 기체는 다시 심층수로 보내 액화시켜 바닷물로 되돌려 놓는 방식이다.

14.1.3 유도체에너지자원

유도체에너지자원은 재생성 또는 비재생성물질자원을 분해, 합성 또는 가공하는 방법에 의해 생산된 에너지자원을 말한다. 유도체에너지자원으로는 합성천연가스, 합성석유 및 알코올, 수소가스, 생활폐기물 등이 있다.

합성천연가스

천연가스와 달리 인공적으로 만든 가스이다. 석탄에 고열을 가하면 고체, 액체, 기체 순서로 변하는데, 이렇게 만들어진 합성가스는 천연가스를 대체할 수 있다.

합성석유 및 알코올

쓰레기 자체가 바로 플라스마 분자로 변환되어 이산화탄소나 중금속 재가 나오지 않는다. 여기서 발생한 쓰레기 플라스마 분자를 이용하면 합성가스를 같은 공장에서 동시에 만들 수 있고, 이 합성가스로 바로 발전을 할 수 있다.

생체연료

에너지원 중에서 생체에너지는 농작물이나 목재 등을 원료로 하여 알코올과 같은 가연성의 연료를 생산하여 에너지원으로 사용한다. 생체에너지의 장점은 필요에 따라 생산량을 조정할 수 있고, 저장이 가능하며, 사용과 취급이 편리한 액체상태의 연료를 얻을 수 있다는 점이다. 식물이나 유기성 폐기물로부터 생산되는 알코올이나 천연가스다.

수소가스

석탄의 가스화나, 전기, 열 또는 태양광을 사용하여 물을 분해하여 얻는다. 수소가스는 산소와 결합하여 전기자동차의 연료로 사용될 수 있다.

도시쓰레기

소각으로 발생하는 열을 주거지역의 난방용 등으로 사용하거나 발전용으로 사용한다.

14.2 세계의 에너지수요와 공급

14.2.1 세계의 에너지수요
인구 1인당 에너지사용량의 증가

원시적인 생존수준에서의 에너지 사용은 [그림 14-1]에서와 같이 우리가 먹는 음식에서 얻는, 하루 약 2,000kcal정도이다. 인간의 문명진화 단계에 따라 음식에너지로 변환된 직접 태양에너지를 보충하기 위한 에너지 수요량이 급격히 증가하여 왔다. 동물에너지, 땔나무에 너지, 화석연료에너지와 최근에는 핵분열에너지 및 핵융합에너지 등이 개발되어 왔다.

오늘날 대부분의 신업국가에서 1인당 에너지 사용량은 1일 125,000kcal 정도로, 원시시대 에너지 사용 수준의 63배에 달한다. 미국의 경우 1인당 평균 에너지소비량은 이보다 두 배나 많은 250,000kcal 정도다. 생존수준 에너지 소비량의 125배에 달한다. 이것은 미국사람 1인 이 매일 직접 또는 간접으로 42kg 상당의 석탄을 사용한다는 계산으로, 연간 15톤의 석탄을 소비하는 셈이다. 이것은 327백만 명의 미국인이 매일 409억 명의 생존수준 에너지를 사용 하고 있다는 것으로, 현재 세계인구의 5.3배의 생존수준 에너지다.

문명단계	1인당 1일 평균 에너지사용량(kcal)		
현대산업사회	(미국)		250,000
현대산업사회	(기타 선진국)	120,000	1인당 연간 15톤의 석탄소비
초기산업사회	60,000		
후기농경사회	20,000		
초기농경사회	12,000		
수렵채취사회	5,000		
원시사회	2,000	생존수준 에너지 사용량	

[그림 14-1] 인류문명진화단계별 1인당 1일 평균 에너지사용량

세계 에너지수요 전망

세계의 원유환산에너지(석유톤, TOE)의 에너지수요 및 전망을 보면 [그림 14-2]에서 보는 것과 같이 1990년 87억 톤에서 2040년 190억 톤으로 50년 사이에 에너지 수요량이 118% 증가하는 것으로 전망된다. 그 중 OECD국들의 에너지 수요는 1990년 46억 톤에서 2040년 70억 톤으로 52% 증가하는데 대해 비OECD국의 에너지 수요는 1990년 38억 톤에서 2040년 120억 톤으로 200% 증가하는 것으로 전망된다. 특히, 중국은 1990년 7억 톤에서 2030년 23억 톤으로 216% 증가할 것으로 전망된다(미국에너지정보청, 2013).

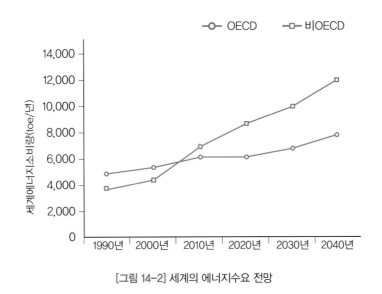

[그림 14-2] 세계의 에너지수요 전망

14.2.2 세계의 에너지공급

땔나무에서 화석연료로 전환

1850년경에는 직접태양에너지를 보충하는 주요 연료가 땔나무였고, 지금도 가난한 나라 인구의 90%가 땔나무를 사용하고 있다. 그러나 오늘날 사용되고 있는 에너지의 90%가 화석연료(석유, 석탄, 천연가스 등)이다. 1850년 이래 새로운 에너지공급원으로의 이동은 주로 선진국에서 몇 개의 단계로 나누어 진행되었다. [그림 14-3]에서와 같이 선진국의 보충적 에너지원은 처음에는 땔나무, 다음은 석탄, 그 다음은 천연가스와 석탄이 일부분을 차지하는 가운데 석유로 옮아갔다.

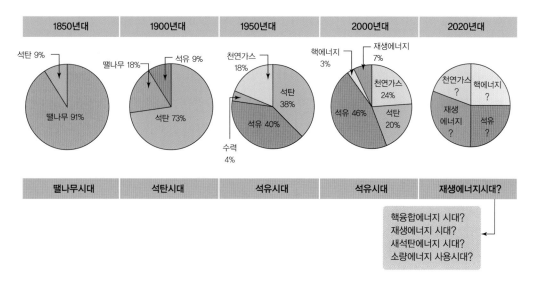

[그림 14-3] 세계 주요 에너지공급원의 변천(미국에너지정보원, 2006)

석탄에서 석유로 전환

여기서 석탄에서 석유로 전환된 것은 석탄 공급량이 부족해서가 아니었다. 그 이유는 다른 데 있었다. (1) 석유(그리고 천연가스)는 채취, 운반 및 사용하기에 더 청정하고 용이하며, 그리고 안전하다는 것, (2) 비용이나 편익에 있어 별 장점이 없는데도 불구하고 석탄대신 석유나 천연가스를 사용하도록 새로운 산업공정이 설계되었다는 것이다. 더욱이 석유는 가솔린으로 전환되어 선진국의 자동차 의존 문명을 부채질하는데 사용될 수 있었다는 것이다.

1850년 땔나무, 1900년 석탄, 1950년 석탄과 석유, 2000년 석유

1850년 선진국에서 사용된 에너지의 91%가 재생성에너지 공급원인 땔나무였다. 그러나 1950년에는 총 에너지공급량의 96%가 화석연료에 의해 공급되었다. 1850년부터 1950년의 100년간은 인류가 재생성에너지 공급원인 땔나무로부터 비재생성에너지 공급원인 화석연료 시대로 이동한 시대였다는 것을 알 수 있다. 1950년 이후에는 화석연료에 대한 의존도를 줄이기 위해 원자력에너지와 재생에너지의 개발에 주의를 기울이고 있다.

석탄, 석유 및 천연가스 매장량과 가채연수

〈표 14-2〉에서와 같이 2018년 현재 석탄, 석유 및 천연가스의 세계 매장량은 석유톤toe 기

준으로 각각 4,813억 톤, 3,229억 톤 및 1,913억 톤 등 총 9,955억 톤이다. 그리고 석탄, 석유 및 천연가스의 가채연수는 각각 134년, 50년 및 60년이다. 그러나 석탄, 석유 및 천연가스 한 가지만을 채굴하여 세계의 에너지 수요를 충당할 경우 2018년 세계 에너지소비량을 기준으로 할 경우 석탄, 석유, 천연가스 및 우라늄의 가채연수는 각각 34.7년, 23.3년, 13.8년 및 3.9년으로 총 75.7년에 불과하다. 매년 세계 에너지소비량이 2.5%씩 증가한다고 가정할 경우 모든 화석연료의 가채연수는 향후 40년에 불과하다. 그러나 고속증식로를 사용할 경우 우라늄의 매장량은 현재 기준 세계에너지 수요량을 197년 간 공급할 수 있다.

〈표 14-2〉 화석에너지자원 매장량 및 가채연수(2018년)

구분	단위	매장량	TOE환산 (백만 톤)	현행수준 가채연수	세계전체 가채연수
석탄	백만 톤	1,035,012	481,281	134	34.7
석유	억 배럴	23,930	322,942	50	23.3
천연가스	조m³	220	191,304	60	13.8
우라늄1*	톤	5,469,000	54,700	91	3.9
계	–		995,527	–	75.7
우라늄2**	톤	5,469,000	2,735,000	4,558	197
계	–		3,730,527	–	269

* 재래식 원자로 ** 고속증식로

석탄은 알려진 매장량을 근거로 하면 세계에서 가장 풍부한 화석연료다. 현재 세계의 석탄 매장량은 10조 톤으로 추정되고 있다. 이를 원유로 환산하면 5조 톤 정도이지만 기술적, 경제적으로 채취 가능한 양을 1조 톤으로 추정할 경우 세계 에너지를 70년 간 공급할 수 있는 양이다. 연료로서 사용되는 석탄의 문제점은 채광, 운반, 사용이 불편할 뿐만 아니라 석탄연소로 인해 아황산가스 등 많은 오염물질이 발생한다는 것이다. 1900년대 석탄시대에서 1950년대 석유시대로 옮겨간 이유도 채광, 운반, 사용이 편리할 뿐만 아니라 석유가 석탄에 비해 상대적으로 '청정'한 연료였기 때문이다. 석탄매장량도 유한하기는 하지만 앞으로 석유자원이 고갈되고 재생에너지시대로 옮겨가는 과정에서 원자력에너지와 함께 한시적인 대체에너지로 석탄의 역할을 기대해 볼 수도 있다.

석유의 2018년 세계 에너지소비량은 원유로 환산하여 139억 톤이었으며 2025년의 세계 에너지소비량은 연간 156억 톤으로 전망된다. 지금까지 알려진 세계 석유매장량은 2조3,930

억 배럴(3,229억 toe) 정도다. 세계 석유매장량의 17%를 차지하는 사우디아라비아의 석유매장량 2,977억 배럴은 2018년 세계 소비량으로 소비하면 3.4년을 버틸 수 있는 양이고, 세계 전체 석유매장량으로는 23.2년 정도 버틸 수 있는 양이다. 미국에서 지금까지 발견된 것 중 가장 큰 석유매장량을 가진 알라스카 북부사면의 석유매장량으로 세계전체는 8개월, 미국만으로는 8.6년 정도를 버틸 수 있을 뿐이다. 영국 북해유전은 세계전체를 약 1년 정도 지탱할 수 있는 매장량을 가지고 있을 뿐이다. 우리가 현재의 비율로 석유를 소비한다고 가정할 경우 매 3.4년마다 사우디아라비아 석유매장량과 같은 양을 가진 석유매장지를 찾아내야 한다. 현재 세계전체 석유매장량과 같은 크기의 석유매장량을 더 찾아낸다고 할지라고 그 양으로는 앞으로 50년을 버티기 힘들 것이다.

14.3 에너지위기와 대책

14.3.1 에너지위기

에너지위기의 정의

엄격히 말하면 우리에게 에너지고갈이란 결코 일어나지 않는다. 그러나 수용 가능한 환경영향과 적정가격으로 유용하고 농축된 에너지를 얻을 수 있을 경우에 한해 우리는 그 에너지를 요리나 난방, 교통을 위해 사용할 수 있다. 이와 같이 '에너지위기'라는 말은 에너지 부족, 파멸적인 에너지가격의 상승, 또는 에너지의 과다사용으로 인한 오염과 환경파괴가 인간의 건강과 복지 및 생태권의 다양성과 지속가능성을 위협하는 상태를 말한다.

4가지 에너지위기

(1) 식량과 연료에너지 부족위기, (2) 환경오염에너지위기, (3) 석유에너지부족위기, 및 (4) 환경파괴에너지위기 등 4개의 서로 밀접하게 연관된 현재와 미래의 에너지위기를 구별할 수 있다.

식량과 연료에너지 부족위기는 인간생존에 필요한 기본에너지의 공급부족을 말한다. 후진국에너지위기라고 할 수 있다. 환경오염에너지위기는 현재의 에너지위기다. 과도한 화석연료의 사용으로 환경오염이 인간의 건강과 생태계의 존립을 위협하는 상황을 말한다. 2010년부터 2030년까지의 기간은 석유에너지위기다. 세계 각국은 석유확보를 위한 분쟁에 휘말릴 수도 있다. 그리고 만약 적정한 수준의 재생성에너지공급원이 개발되지 않으면 2030년부터 2060년까지는 석유자원의 고갈현상으로 환경파괴에너지위기가 될 것이다.

14.3.2 에너지위기의 원인

에너지사용량의 증가

[그림 14-1] 및 [그림 14-2]에서 보는 것과 같이 1인당 에너지사용량은 생존수준의 에너지사용량에서 시작하여 오늘날은 그 수십 배~백여 배에 달하는 양의 에너지를 사용하고 있다. 1950년 이래 에너지사용량이 급격히 증가하였다. 1990~2025년 기간 중 에너지사용량의 평균 증가율은 1.8%에 달할 것으로 예측되고 있다. 이러한 수치는 인구증가와 1인당 에너지사용량의 증가라는 2가지 요인에 기인한 것이다.

화석연료 과도의존

오늘날 세계에너지위기의 주요 원인 중 하나는 화석연료에 대한 과도한 의존이다. 화석연료에 대한 과도한 의존의 원인은 (1) 상대적으로 높은 에너지순수생산량과 낮은 채취비용, 및 (2) 풍부하고 값싼 화석연료와 우라늄 공급이 언제나 가능할 것이라는 잘못된 믿음이다. 에너지의 낭비나 환경오염을 줄이거나 대체에너지를 찾으려는 노력 대신 소비자들은 상대적으로 싼 가격으로 구매할 수 있는 에너지를 널리 사용하기 마련이다. 다른 말로 하면 선진국들은 건전한 상식에 의한 행동을 함으로써 현재의 곤경에 처하게 되었다고 할 수 있다. 석유는 값싸고, 언제든지 얻을 수 있고, 수송과 난방용으로 매우 편리하고, 그리고 운반이 용이하기 때문에 점점 더 많이 사용되게 되었다. 그 결과 이제 우리는 석유에너지 시대의 종말을 맞이하고 있다.

에너지의 낭비

전형적으로 40~75%의 에너지가 사용과정에서 제2에너지법칙에 의해 저온폐기열로 자동적으로 열화된다. 그러나 생활의 질을 훼손하지 않고 우리는 1인당 에너지사용량을 25~50%까지 줄일 수 있다는 강력한 증거가 있다. 에너지전문가인 로빈스Amory Lovins에 의하면 생활수준을 저하시키지 않고 에너지 사용량의 90%를 감축할 수 있다고 한다. 또 다른 에너지전문가 홀드렌John Holdren은 다음과 같이 말한다. "우리는 더 이상 시장에서 건물까지 맥주 6병을 사가지고 오기 위해 2,300kg 무게의 차를 0.8km 운전하고, 여름에는 과도 냉방, 겨울에는 과도 난방이 된 건물에서 맥주를 홀짝거리고 알루미늄 맥주 캔을 아무렇게나 던져버림으로써 맥주 6병에 1.3L에 해당하는 가솔린을 낭비하는 사회가 되어서는 안 된다."

우리는 직간접으로 에너지를 낭비하고 있다. 우리는 자동차, 냉난방, 생산시설에서 많은 에너지를 낭비하고 있다. 우리는 물자를 낭비함으로써 그 물자를 생산하기 위한 에너지를 낭비하고 있다. 우리는 단열이 잘 되지 않은 건축물을 지음으로써 에너지를 낭비하고 있다. 에너지가격에 환경적, 보건적, 그리고 사회적 비용을 반영하지 않고, 에너지가격 규제를 위한 정부의 보조금지원정책 등 인위적인 에너지저가정책으로 에너지사용과 낭비를 부채질하고 있다.

대체에너지 개발 무관심

우리나라에서 대체에너지로 가장 대표적인 것은 수력에너지와 생체에너지다. 태양에너지, 풍력에너지, 조력에너지, 지열에너지 등은 아직 개발단계에 머무르고 있다. 이러한 대체에너지를 모두 합해도 아직은 우리나라 전체 에너지수요량의 5% 수준을 맴돌고 있다.

14.3.3 에너지위기의 극복

지속가능지구에너지시대로의 이동

오늘의 에너지위기는 세계 전체적으로는 환경오염위기라고 할 수 있다. 개발도상국은 식량생산과 땔나무 획득으로 인해 환경을 파괴하고 있으나, 선진국들은 화석연료의 과다한 사용으로 환경오염을 일으키고 있다. 현재 우리가 시급히 필요로 하는 것은 에너지절약과 환경적으로 수용 가능한 에너지공급원의 개발로 특징지어지는 새로운 지속가능지구에너지시대로 옮겨가기 위해 주의 깊게 통합된 단기 및 중장기계획을 수립하는 것이다. 새로운 지속가능지구에너지시대로의 무리 없는 이동이 오늘날 세계가 당면하고 있는 가장 중요하고, 복합적이며, 어려운 문제 중의 하나다.

비재생성자원의 활용

지속가능지구에너지시대로의 이동에 있어 가장 중요한 비재생성자원은 시간이다. 석유나 천연가스와 같은 화석연료, 그리고 우라늄광은 그러한 이동을 위해 우리에게 몇 년의 시간을 벌어줄 수 있다. 우리는 태양에너지, 풍력에너지, 그리고 생체에너지와 같은 재생성에너지를 비재생성에너지와 더 많이 섞어서 사용하거나 선진국들이 생활에 큰 불편 없이 1인당 에너지 사용량과 낭비를 줄이는 방법에 의해 그러한 시간을 벌 수 있다. 지난 200년간의 에너지변천사를 보면 새로운 에너지 공급원과 생활양식으로 변천하는데 50년~100년이 걸린다는 것을 알 수 있다. 이렇게 보면 우리는 지금 바로 시작해야 새로운 에너지시대로 이동하는데 충분한 시간을 가지게 된다.

에너지위기 극복을 위한 과제

세계가 새로운 지속가능지구에너지시대로 성공적으로 이동해 갈 수 있느냐를 알기 위해 우리는 다음과 같은 몇 가지 질문에 대한 해답을 찾아볼 필요가 있다.

1. 우리들은 얼마나 많은 양의 에너지를 사용하고 있으며 낭비하고 있고 우리가 진실로 필요로 하고 있는 각 종류의 에너지의 양은 얼마나 될까?
2. 우리들의 현재 및 미래의 대체에너지에는 무엇이 있는가? 각 대체에너지를 개발하기 위해 걸리는 시간은 얼마인가? 그 에너지의 수명은 얼마인가? 순수 에너지의 양은 얼마이고 상대적 비용, 그리고 환경적 영향은?
3. 세계 에너지 사용량의 50%를 사용하는 선진국의 에너지낭비를 어떻게 감축할 수 있을까?
4. 에너지전환을 위한 단기, 중기 및 장기계획의 주요 원칙들은 무엇인가?

좋든 싫든 다가오는 시대에는 이들과 관련된 문제들이 우리들의 생활을 지배하게 될 것은 의심의 여지가 없다. 여기서 우리는 이들 문제들을 조사하면서 제2, 제3, 그리고 제4의 에너지위기를 강조할 것이다. 여기서 우리는 에너지의 사용과 낭비, 그리고 대체에너지를 평가하는데 도움이 되는 몇 개의 에너지 관련 개념을 검토해 보고, 우리나라의 에너지전환계획 수립에 사용할 수 있는 몇 가지 주요 원칙을 제시하고자 한다. 우리는 대체에너지에 대해서도 좀 더 자세히 검토할 것이다.

14.4 에너지의 개념

14.4.1 에너지의 질과 흐름

에너지의 질 소비

우리는 에너지를 창조하거나 파괴할 수 없으므로 우리는 결코 실제로는 에너지를 소비할 수 없다. 대신 우리는 '에너지의 질', 즉 우리들을 위해 유용한 일을 할 수 있는 형태의 에너지의 능력을 소비하는 것이다. 에너지 제2법칙에 의하면 우리가 어떤 형태의 에너지를 사용할 때 우리는 자동적으로 그것을 저품질에너지 또는 덜 유용한 형태의 에너지, 보통 저온열에너지로 저질화하여 환경으로 흘려보낸다. 〈표 14-3〉에서 보는 것과 같이 에너지형태가 달라지면 그들의 에너지 질도 달라진다.

고품질에너지와 저품질에너지

고품질에너지(전기, 석유, 휘발유, 햇빛, 바람, 우라늄, 그리고 고온열에너지 등과 같은)는 농축되어 있다. 이와는 대조적으로 저품질에너지(저온열에너지와 같은)는 분산 또는 희석되어 있다. 에너지형태의 유용성을 결정하는 주요 요소의 하나가 양이 아닌 질이라는 점을 주목할 필요가 있다. 1칼로리의 실내온도의 희석된 열이나 희석된 태양에너지는 일을 거의 할 수 없다. 예를 들어, 대서양에는 사우디아라비아의 석유에 있는 것보다도 더 많은 양의 열이 있으나 그 열은 너무 희석되어 있기 때문에 일을 할 수 없다.

고품질태양에너지의 분산

농축된 태양에너지는 고품질에너지이기 때문에 5,500℃의 고온을 낼 수 있는 능력을 가지고 있다. 구름 낀 날 햇빛의 경우에도 1,200℃의 고온을 낼 수 있다. 보통의 햇빛이 금속을 녹이거나 옷을 태우지 않는 이유는 분당 또는 시간당 지구에 도달하는 전체 태양에너지의 양은 엄청나지만 비교적 작은 양의 고품질에너지가 분당 또는 시간당 지구의 단위면적에 도달하기 때문이다. 따라서 태양열로 무슨 일을 하기 위한 고온을 얻기 위해서는 거울이나 볼록거울 등을 이용하여 태양열을 좁은 면적에 집중시켜야 한다.

〈표 14-3〉 에너지형태에 따른 에너지의 질

에너지의 형태	에너지의 질	
	상대가치	평균 에너지양(kcal/kg)
전기	매우 높음	–
초고온 열(2,500℃ 이상)	매우 높음	–
핵분열(우라늄)	매우 높음	139,000,000
핵융합(중수소)	매우 높음	24,000,000
농축태양광	매우 높음	–
농축풍력(고속흐름)	매우 높음	–
고온 열(1,000℃~2,500℃)	높음	–
수소가스(연료용)	높음	30,000
천연가스(메탄)	높음	13,000
합성천연가스(SNG, 석탄이용)	높음	13,000
가솔린(정제석유)	높음	10,500
석유(원유)	높음	10,300
액화천연가스(LNG)	높음	10,300
석탄(유무연탄)	높음	7,000
합성석유(석탄이용)	높음	8,900
태양광(보통)	높음	–
농축지열	중간	–
수력(고속흐름)	중간	–
중온 열(100℃~1,000℃)	중간	–
가축 분뇨	중간	4,000
땔나무 및 농사 잔재물	중간	3,300
분리수거 쓰레기	중간	2,900
석유혈암	중간	1,100
타르 샌드	중간	1,100
이탄	중간	950
희석지열에너지	낮음	–
저온 열(100℃ 이하)	낮음	–

고품질풍력에너지

풍력에너지 역시 고품질에너지를 가지고 있지만 유용한 일을 하기 위해서는 주어진 면적에 대해 상당히 높은 비율로 흘러야 한다.

고품질에너지 생산을 위한 다른 고품질에너지 사용

이와 같이 태양에너지나 풍력에너지와 같은 재생성에너지의 전체적인 유용성은 그 에너지의 질과 단위시간당 지구의 상당히 작은 면적에 도달하는 고품질에너지의 양에 의해 결정된다. 불행하게도 최고품질형태의 에너지(고온의 열에너지, 전기, 수소가스, 농축태양광선, 합성석유, 합성천연가스)의 대부분은 자연적으로 생성되지 않는다. 우리는 그들을 생산하고, 농축시키고, 그들의 질을 높이기 위해서는 다른 고품질에너지(화석연료 또는 핵연료)를 사용해야 한다.

고품질에너지의 낭비

저 품질에너지 내지 중간품질에너지를 필요로 하는 일을 하기 위해 고품질에너지를 사용하는 것은 낭비적인 것이다. 이와 같이, '에너지낭비를 줄이는 한 가지 중요한 방법은 손쉽게 얻을 수 있는 에너지로서 그 일에 가장 적합한 품질의 에너지를 공급하는 것이다.' 고품질의 전기에너지가 진실로 필요한 경우는 전등이나 모터, 그리고 전기제품을 사용하거나 광석에서 금속(알루미늄 같은 것)을 추출할 경우 등 몇몇 특수한 일에만 사용되어야 한다.

전기에너지를 기타의 다른 일(난방이나 전기자동차 등)에 사용하는 것은 전기를 생산하는데 사용된 돈과 에너지자원(1차적으로 화석연료와 우라늄)을 낭비하는 것이다. 예를 들어, 고품질 전기에너지를 사용하여 실내온도를 20℃로 데우거나 60℃의 온수를 만드는 것은 극도로 낭비적이다. 먼저, 발전소에서 고품질의 화석연료나 핵에너지가 수천 ℃에 이르는 고품질열에너지로 전환되면서 자동적으로 환경에 열을 잃게 되는데 이것을 '열에너지세금'heat tax이라고 하며, 이것은 제2에너지법칙의 결과다.

남은 고품질열에너지는 물을 증기로 전환시켜 터빈을 돌려 고품질의 전기에너지를 생산하며 이때 다시 열손실이 발생한다. 더 품질이 낮은 에너지나 열은 전기가 가정으로 송전될 때 상실된다. 가정에서 고품질의 전기에너지가 도로 저질의 열에너지로 전환되면서 집을 데우거나 물을 데운다. 에너지 전문가 로빈슨의 말을 빌리면, '이것은 버터를 자르기 위해 전기톱을 사용하는 것과 같다'는 것이다.

전력생산을 위한 고품질에너지의 낭비

우리나라는 고품질에너지인 전력생산을 위해 우리나라 전체에너지 사용량의 40.4%를 사용하고 있으며, 그 열효율은 50.4%에 불과하다. 다시 말하면, 우리나라는 전력생산을 위해 석탄, 석유, 천연가스, 원자력 등 고품질 에너지의 20.4%를 낭비하고 있다는 말이 된다. 2017년 기준 우리나라 사용 전력총량은 504,927GWh이었다. 그 중 17.8%가 가정 및 공공용이었고, 27.4%가 상업용 등이었다. 나머지 54.8%는 산업용이었다. 산업용 중에는 제조업이 51.3%를 차지했다(〈표 14-4〉).

〈표 14-4〉 우리나라의 부분별 전력사용량 및 비율(2017년)

구분	계	가정 및 공공용	상업용 등	산업용		
				소계	제조업	기타
사용량(GWh)	504,927	90,122	138,133	276,672	258,945	17,727
비율(%)	100.0	17.8	27.4	54.8	51.3	3.5

14.4.2 제1에너지법칙효율

극대효율 에너지전환장치의 사용

에너지 낭비를 줄이고 돈을 절약하는 방법(최소한 장기적으로) 중 다른 하나는 극대에너지효율을 가진 에너지전환장치(조명, 난방장치, 또는 자동차엔진)를 사용하는 것이다. 우리는 2가지 형태의 에너지효율을 정의할 수 있다. 하나는 제1에너지법칙에 바탕을 둔 것이고 다른 하나는 제2에너지법칙에 바탕을 둔 것이다.

제1에너지법칙효율

제1에너지법칙효율은 에너지전환장치나 공정에 투입된 총에너지에 대한 유용한 에너지산출량의 비를 말한다. 정상적으로는 이러한 에너지 비율에 100을 곱하면 그 효율은 다음과 같이 백분율로 표현된다.

$$제1에너지법칙효율(\%) = \frac{유용한\ 에너지(또는\ 일)의\ 산출량}{총에너지(또는\ 일)\ 투입량} \times 100$$

우리가 열을 사용해서 유용한 일을 하면 언제나 제1에너지법칙효율은 100%보다 작게 되며, 그 이유는 제2에너지법칙에 의한 자동적 열손실과 에너지전환장치의 불완전성과 불필요한 낭비 때문이다. 그러나 전기에너지가 열을 생산하거나 기계적인 일을 하기 위해 사용될 때 제1에너지법칙효율은 전기모터에 대해서는 100% 가까이 될 수 있으며, 열을 단순히 밖에서 실내로 옮기는 일을 하는 열펌프의 경우에는 300% 가까이 높을 수도 있다.

에너지가격과 에너지전환장치의 가격

기술개선으로 많은 에너지전환장치의 에너지효율이 크게 증가하였지만 아직도 개선의 여지는 많이 남아 있다. 에너지가격이 쌀 때는 싼 에너지전환장치를 사용함으로써 경비를 오히려 줄일 수 있다. 예를 들어, 백열등의 효율은 5%에 불과하여 100kcal의 에너지를 넣으면 95%는 저질열에너지로 열화되고 단 5%만 조명효과를 낸다. 이를 다음과 같은 식으로 표현할 수 있다. 이에 대해 형광전구는 22%의 제1에너지법칙효율을 가지고 있다. 우리나라의 경우 조명용으로 백열등 대신 형광등을 사용하면 매일 약 50,000배럴에 상당하는 에너지를 절약할 수 있다.

$$\frac{\text{백열전구의}}{\text{제1에너지법칙효율(\%)}} = \frac{\text{5kcal의 빛 에너지}}{\text{100kcal의 전기에너지}} \times 100 = 5\%$$

14.4.3 제2에너지법칙효율

제1에너지법칙효율은 제2에너지법칙에 의한 자동적 에너지손실과 낭비적이거나 불완전한 에너지체제로 인한 에너지손실을 구별하지 못한다. 에너지손실과 낭비를 좀 더 잘 알기 위해 우리는 제2에너지법칙효율을 사용할 수 있다. 그것은 어떤 일을 하는데 필요한 최소량의 유용한 에너지와 실제로 투입된 유용한 에너지량의 비율로 표시된다. 이 비율은 제2에너지법칙에 따라 이론적으로 가능한 것에 대해 어떤 에너지전환장치나 체제의 전환비율이 떨어지느냐 하는 것을 나타낸다.

$$\text{제2에너지법칙효율(\%)} = \frac{\text{어떤 일에 필요한 유용한 에너지(또는 일)의 최소량}}{\text{유용한 에너지(또는 일)의 실재량}} \times 100$$

〈표 14-5〉는 여러 가지 에너지체제의 제2에너지법칙효율의 추산치를 나타낸 것이다. 전체적인 제2에너지법칙효율은 3~15% 정도로, 85~95%는 상실되거나 낭비된다는 것을 말한다. 다시 말하면 에너지체제의 제2에너지법칙효율은 개선의 여지가 엄청나다는 것이다.

〈표 14-5〉에너지체제의 추정 제2에너지법칙효율

에너지 체제	제2에너지 법칙효율(%)	에너지 체제	제2에너지 법칙효율(%)
공간난방		냉동	4
• 열펌프	9	자동차	8~10
• 화덕	5~6	발전소	33
• 전기저항기(곤로 등)	2.5	제철소	23
온수		알루미늄생산	13
• 가스	3	정유공장	9
• 전기	1.5	합계평균	10~15
냉방	4.5		

14.4.4 순수유용에너지

깨어질 수 없는 자연법칙인 2개의 에너지법칙이 우리에게 말하는 것은 진실로 문제가 되는 에너지는 순수유용에너지이지 총합유용에너지가 아니라는 것이다. 순수유용에너지란 자연에서 발견되는 총합유용에너지에서 탐사, 채굴, 가공, 그리로 에너지품질개선에 소요된 에너지, 환경적, 안전성 기준에 맞추기 위해 사용한 에너지, 수송용 에너지, 제2에너지법칙에 의한 에너지손실, 비효율적인 에너지전환장치 사용으로 인한 에너지손실 등을 제한 에너지의 양을 말한다. 그것은 다음과 같은 식으로 표현된다.

$$\begin{matrix} \text{순수} \\ \text{유용에너지} \end{matrix} = \begin{matrix} \text{총} \\ \text{유용에너지} \end{matrix} - \begin{matrix} \text{에너지 탐사, 가공,} \\ \text{개선, 수송에 필요한} \\ \text{유용한 에너지} \end{matrix} - \begin{matrix} \text{손실 및 낭비에너지} \end{matrix}$$

순수유용에너지는 순이익과 같은 개념이다. 우리가 운영하는 사업의 연간 수입이 100,000달러라고 하고 운영비를 90,000달러라고 하면 순이익은 10,000달러가 된다. 만약 운영비가 110,000달러면 10,000달러의 순손실이 발생한다. 이와 같은 분석을 에너지사용에도 적용할 수 있다. [그림 14-4]에서 보는 것과 같이 남아 있는 고품질의 화석연료를 발견하여 사용하기 위해서는 더 많은 화석연료를 사용해야 한다. 요약하면, 2개의 에너지법칙을 사용하여 에너지의 낭비를 줄이고 에너지 선택을 평가하기 위한 6개의 원칙을 개발할 수 있다.

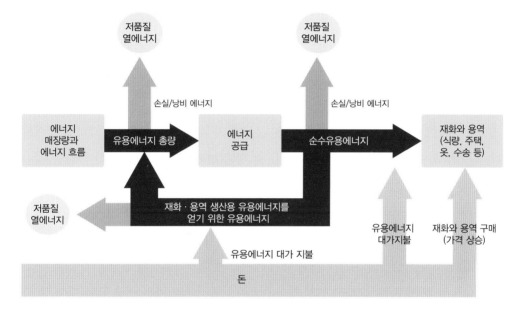

[그림 14-4] 순수유용에너지와 돈(Miller Jr. G. T., 1982)

1. 어떤 일에 가장 적합한 품질의 에너지를 사용하되 그 중에서도 가장 값싼 비용으로 얻을 수 있는 에너지를 사용한다. 고품질에너지는 그것이 꼭 필요한 경우에만 사용한다.
2. '엘씨비용'을 바탕으로 경제적으로 타당성이 있을 경우, 더 에너지 효율적인 공정 또는 제품으로 전환함으로써 제2에너지법칙에 의해 허용된 에너지 효율을 극대화할 수 있다.
3. 경제적으로 타당할 경우 에너지이동사슬을 가능하면 짧게 하고 에너지 이전 경로에서 외부로 흘러나가기 전에 발생한 폐열을 사용할 수 있도록 한다.
4. 모든 에너지전환장치(자동차, 주택, 가전제품 등)를 구매할 경우 초기비용이 아닌 엘씨비용을 사용하여 구매여부를 결정한다.

5. 단열, 적정한 밝기로 조정된 조명기구, 태양과 바람의 장점을 이용한 빌딩, 그리고 가정과 빌딩의 갈라진 틈 메우기 등 잘 알려진 방법을 사용하여 에너지 효율을 개선한다.

6. 에너지 선택 평가를 함에 있어서는 사용가능한 총에너지가 아닌, 그것으로부터 얻을 수 있는 순수유용에너지를 고려한다.

14.5 대체에너지

14.5.1 총체적 평가
3가지 시간계획과 수용 가능한 환경적 영향

가능한 대체에너지를 평가함에 있어서 우리는 3가지 시간계획 아래서 생각하고 계획해야 한다. 단기(2020~2030년), 중기(2030~2040년) 및 장기(2040~2050년)를 말한다. 제1단계는 필요한 에너지종류(열에너지와 전기에너지 등)와 종류별 에너지 공급필요량을 정하는 일이다. 그 다음 우리는 수용 가능한 환경적 영향의 범위 내에서 최저비용으로 필요한 종류의 에너지를 필요한 양만큼 공급할 수 있는 여러 가지 대체에너지들의 적정한 조합을 알아야 한다.

이와 같이 우리는 정해진 시간적 한계 내에서 각각의 대체에너지의 공급총 가능량, 순수유용에너지의 양, 개발비용, 그리고 전체 에너지체제가 환경에 미치는 영향 등에 대해 알 필요가 있다. 〈표 14-6〉은 대체에너지의 총체적인 평가내용을 보여주고 있다. 〈표 14-7〉은 비재생성에너지와 재생성에너지의 길을 비교하고 있다.

〈표 14-6〉 세계의 대체에너지 평가

에너지 공급원	장점	단점
1. 비재생성 자원		
화석연료		
석유	1. 고정/이동 사용 가능 2. 기술개발 충분 3. 역사적으로 염가 4. 국내/국제 수송용이 5. 높은 순 유용에너지 6. 중간 환경영향	1. 80년 이내 고갈 2. 순 유용에너지 생산성 저하, 가격상승 가능성 3. 연소 시 이산화탄소 발생, 기후변화 영향
천연가스	1. 기술개발 충분 2. 국내/국제 수송용이 3. 역사적으로 염가 4. 높은 순 유용에너지 5. 작은 환경영향	1. 80년 이내 고갈 2. 순 유용에너지 생산성 저하, 가격상승 가능성 3. 수송곤란(LNG) 4. 연소 시 이산화탄소 발생, 기후변화 영향
석탄	1. 기술개발 충분 2. 국내/국제 수송 용이 3. 대량공급(수백 년간) 4. 높은 순 유용에너지 5. 역사적으로 염가 6. 기존기술로 청정연소가 경제적으로 타당 7. 석탄가스로 개발가능	1. 매우 해로운 환경영향 2. 자동차연료로 사용불가 3. 순 유용에너지 생산성 저하, 가격상승 가능성 4. 석탄가공에 많은 물 필요 5. 연소 시 이산화탄소 발생, 기후변화 유발
석유혈암	1. 개발 시 공급량 큼 2. 고정/이동 사용 가능	1. 기술개발 불충분 2. 높은 비용 3. 낮은 수준에서 중간 수준 순유용 에너지 생산 4. 해로운 환경영향 5. 가공에 많은 물 필요 6. 이산화탄소 발생, 기후변화 영향
타르 샌드	1. 많은 공급량 2. 고정/이동 사용가능	1. 기술개발 불충분 2. 높은 비용 3. 중저수준의 순 유용에너지 생산 4. 해로운 환경영향 5. 가공에 많은 물 필요 6. 이산화탄소 발생, 기후변화 영향
핵에너지		
전통적 핵분열 (우라늄/토륨)	1. 기술개발 충분 2. 환경영향 경미	1. 100년 이내 고갈 2. 비용급상승 3. 중저수준의 순 유용에너지 생산

〈표 14-6〉(계속)

에너지 공급원	장점	단점
전통적 핵분열 (우라늄/토륨)		4. 환경영향 심각(사고발생시) 5. 많은 양의 냉각수 필요 6. 미래세대 핵폐기물보관 부담 7. 자동차에 사용불가 8. 핵무기개발지식 및 물질 확산위험
증식로핵분열 (우라늄/토륨)	1. 우라늄공급기간 연장(수천 년간) 2. 환경영향 경미/중간	1. 기술개발 미흡 2. 고비용 3. 순 유용에너지생산 효율(중간?) 4. 사고 시 심각/장기적 환경영향 5. 많은 양의 냉각수 필요 6. 미래세대 핵폐기물보관 부담 7. 자동차에 사용불가
핵융합 (듀테륨, 트리튬)	1. 거의 무한 에너지원 2. 중간 환경영향 3. 증식로보다 덜 위험 4. 무한정한 수소가스 생산가능 5. 즉시 활용가능 연료(물)	1. 기술개발 초기단계 2. 100년 이내 대량에너지 생산 불가 3. 방대한 자본투자 4. 운영비용 클 것 5. 순 유용에너지 생산량 미지수 6. 방사능폐기물 저장문제 7. 많은 양의 냉각수 필요 8. 희귀원소 의존 9. 수소폭탄 제조위험 10. 원자폭탄 제조용 중성자생산 11. 자동차에 사용 불가

지열

지열에너지 (매장지 발견)	1. 기술개발 중간 정도, 단순기술 2. 공급총량 작음 3. 중간정도 비용 순 유용에너지	1. 특정지역에만 사용가능 2. 현장에서 전력으로 전환필요 3. 자동차에 사용불가 4. 원거리지역은 고비용/저효율 5. 많은 양의 물 필요 6. 중간/심각한 환경영향

2. 재생성자원

절약

절약 (에너지효율 개선)	1. 조기이행 가능 2. 기술단순/개발충분 3. 비용절감 4. 에너지낭비 감축 5. 환경영향 감축 6. 비재생성에너지절약 7. 순 유용에너지 생산 8. 기후온난화 방지 9. 생활양식변화 불요	1. 규제적, 경제적 수단 필요 2. 초기비용보다 전체비용 고려 필요 3. 큰 초기비용(절약기기 구입, 설치 등)

〈표 14-6〉(계속)

에너지 공급원		장점	단점
	수력 (수력발전)	1. 에너지원 무료 2. 유지관리비용 저렴 3. 기술개발충분 4. 원격지자동운전가능 5. 환경영향 감축 6. 화석연료 수명연장 7. 높은 순 유용에너지 생산성 8. 대기 중 열 축적 없음 9. 큰 생활양식변화 불필요	1. 특수지역에만 활용가능 2. 인구밀집지역은 이미 댐 건설 3. 댐의 모래퇴적 4. 수몰지 생태계 파괴 5. 중저수준 자본투입 필요 6. 자동차에 사용불가 7. 수중생태계 변경
	조력에너지	1. 에너지원 무료 2. 총 공급량 매우 작음 3. 대기오염 경미 4. 중간 수준의 순 유용에너지 5. 열 축적 없음 6. 상당 수준 기술개발	1. 특수지역에서만 활용가능 2. 큰 자본투자 및 운영비용 3. 해안생태계 해로운 영향 4. 자동차 사용불가
	해양수온층화	1. 에너지공급 무료 2. 지역에 따라 무한대 공급 3. 대기/토양 환경영향 경미 4. 열 축적 없음	1. 기술개발 초기단계 2. 활용가능 지역 제한 3. 중간수준 순 유용에너지 생산 4. 높은 개발비용 5. 해양생태계 교란 및 지역기후 6. 자동차에 사용 불가

태양에너지

	저온가열 (난방, 온수)	1. 에너지공급 무료 2. 단순기술, 즉시 설치 가능 3. 중고수준 순 유용에너지 4. 환경영향 경미 5. 가장 안전한 에너지원 6. 열 축적 없음	1. 유용성은 기후와 건물에너지 효율에 의존 2. 야간 공급 불가 3. 중고수준의 생산/설비비용 4. 자동차에 사용 불가
	고온가열 (난방, 온수, 태양전지)	1. 에너지공급 무료 2. 중간정도 환경영향 3. 가장 안전한 에너지원 4. 열 축적 없음	1. 기술개발 초기단계 2. 햇빛 풍부한 곳 최적지 3. 야간 공급 불가능 4. 중고수준의 자본투자 5. 중저수준의 순 유용에너지 6. 태양전지 제조 소재 고가 7. 사막생태계 교란 8. 자동차 사용 불가 9. 많은 양의 냉각수 필요

〈표 14-6〉(계속)

에너지 공급원	장점	단점
풍력에너지		
가정설치 터빈	1. 에너지공급원 무료 2. 기술개발 상당 수준 3. 환경영향 경미 4. 중간수준 순 유용에너지 5. 열 축적 없음 6. 기존 전력망 연결 가능	1. 장소에 따라 바람 불충분 2. 기존 전력망 필요 3. 중고수준의 자본비용 4. 자동차에 사용불가
대규모 발전소	1. 에너지공급원 무료 2. 환경영향 경미 3. 열 축적 없음	1. 특수 지역에만 적정 풍력수준 2. 기술개발 초기단계 3. 기존 전력망 필요 4. 자본비용 높고 운영비용 중간 5. 낮은 순유용에너지 6. 자동차에 사용 불가
지열에너지 (저온흐름)	1. 중간수준 총 공급량	1. 추가 기술개발 필요 2. 특정지역에서만 활용가능 3. 현장에서 전기로 전환 필요 4. 낮은 순유용에너지 5. 투자 및 운영비용 높음 6. 많은 양의 냉각수 필요 7. 자동차에 사용 불가 8. 중고수준의 환경영향
생체(땔나무, 작물, 식량, 동물폐기물)	1. 기술개발 충분 2. 중간수준 순유용에너시 3. 중고수준 개발비용수준	1. 많은 토지 소요 2. 새생능력 이상 사용 물가 3. 중고수준의 환경영향
3. 유도체연료		
합성천연가스 (석탄SNG)	1. 국내수송 비교적 용이 2. 대기오염 경미 3. 기술개발 상당 수준	1. 석탄공급 감축 가속화 2. 중저수준 순유용에너지 3. 높은 투자 및 운영 비용 4. 토양/수질 환경영향 높음 5. 액화 SNG의 수송곤란 6. 자동차에 사용 곤란 7. 많은 양의 냉각수 필요 8. 발암성 부산물 생산 가능
합성석유 및 알코올(석탄, 유기 폐기물)	1. 고정/이동 에너지체제 사용 가능 2. 국내외 수송 용이	1. 석탄공급 감축 가속화 2. 유기성폐기물 공급제한 3. 유기성폐기물 비료화 방해 4. 추가 기술개발 필요 5. 중저수준의 순유용에너지 6. 토양/수질 환경영향 높음 7. 많은 양의 냉각수 필요

〈표 14-6〉 (계속)

에너지 공급원	장점	단점
생체연료 (알코올과 천연 가스 : 식물과 유기성 폐기물)	1. 기술개발 후기단계 2. 이동/고정 에너지체계사용 3. 알코올 수송용이 4. 중간수준 자본비용	1. 넓은 토지 필요 2. 재생력 한계 내 사용 3. 중고수준 환경영향 4. 중저수준 순유용에너지
도시쓰레기 (소각용)	1. 중대규모 에너지 공급가능 2. 기술개발 충분 3. 최종처리대상 폐기물 감축 4. 토지 환경영향 경미	1. 재활용 강화시 공급부족 2. 높은 자본/운영 비용 3. 중저수준 순유용에너지 4. 중간수준 대기/수질 환경영향 5. 재활용 대신 유용자원 소각
수소가스 (석탄과 물)	1. 환경영향 경미 2. 이산화탄소 발생 없음 3. 수송용이 4. 기술개발 후기단계 5. 좋은 난방대체에너지 및 자동차연료 대체재 6. 기송관으로 국내 수송용이	1. 생산에 무한한 에너지 필요 2. 높은 자본/투자비용 3. 중저수준의 순유용에너지 4. 전기공급원에 따라 환경영향이 달라짐 (저수준에서 고수준까지)

〈표 14-7〉 비재생성에너지와 재생성에너지의 길 비교

비재생성에너지의 길	재생성에너지의 길
• 에너지회사에 대한 정부보조와 조세 감면을 통한 급증하는 에너지수요에 대처	• 낭비를 줄이기 위한 에너지사용의 경제적 효율성 강조 • 최소비용으로 과업 최적 에너지종류와 질의 사용 • 정부보조금 폐지
• 고품질 및 저품질 에너지 모두를 공급하기 위한 전력사용 극대화	• 돈을 절약하기 위해 전기는 고품질 에너지가 필요한 곳에만 사용
• 일차적으로 비재생성자원에 의존	• 재생성자원에 의존
• 석유와 천연가스 사용량 증가세 계속	• 과도기적으로만 효율적 화석연료사용
• 비재생성에너지 대규모 사용	• 재생성에너지원 개발 집중
• 환경오염방지시설 설치로 환경오염 문제 해결 시도	• 에너지절약과 효율 제고로 환경영향 최소화

3가지 결론

우리는 〈표 14-6〉과 〈표 14-7〉로부터 3개의 중요한 결론을 도출할 수 있다.

1. 우리나라에 대한 최선의 단기, 중기 및 장기 대안은 에너지 효율을 개선함으로써 불필요한 에너지 낭비를 줄이는 것이다. 그러면 화석연료의 수명을 크게 연장시키고, 수입석유에 대한 의존도를 크게 줄이며, 신규발전소 건설에 대한 필요성을 크게 줄이거나 없앨 수 있고, 석유에 대한 국제경쟁을 줄임으로써 핵전쟁을 피할 수 있다. 대체에너지 개발의 시간을 벌 수 있으며, 돈을 절약하고 에너지 사용과 낭비를 줄여 환경을 보호할 수 있다. 새로운 발전소를 더 이상 건설하지 아니하고도 에너지효율을 개선하는 것만으로 우리나라는 앞으로 수십 년 이상 견딜 수 있다.

2. 세계와 우리나라에게 앞으로의 에너지 대안의 전체적인 체제는 저수준 내지 중간수준의 순수유용에너지 생산과 중간수준 내지 고수준의 개발비용을 부담하게 될 것이다. 모든 대체에너지 체제를 개발할 만큼 충분한 자본이 없기 때문에 개발 대상 대체에너지를 주의 깊게 선택하여 개발된 대체에너지가 순수유용에너지를 생산하지 못하거나 환경적으로 수용할 수 없는 경우가 발생하지 않도록 해야 한다. 자본이 있는 경우에도 대출기관은 위험한 장기에너지개발계획 투자에 돈을 빌려주지 않으려 할 것이다.

3. 장래에는 지방적 여건과 활용가능성에 바탕을 둔 여러 가지 대체에너지원의 적정한 조합에 의해 에너지가 공급되어야 하며, 현재의 석유와 같이 단일의 공급원에 일차적으로 의존하는 체제가 되어서는 안 된다.

14.5.2 새로운 에너지시대로 가는 비재생성에너지의 길과 재생성에너지의 길
비재생성에너지의 길

〈표 14-7〉에 요약되어 있는 것과 같이 단기, 중기 및 장기 에너지정책이 채택해야 할 길이 '비재생성에너지의 길'이냐 '재생성에너지의 길'이냐를 둘러싸고 격렬한 논쟁이 벌어지고 있다. 전통적인 전략, 즉 비재생성에너지의 길은 거대하고 집중적인 석탄 및 원자력 발전소를 건설하는 것이다. 그리고 재래식 핵분열발전소 대신 핵증식로로 옮아갈 것이다. 기술적, 경제적, 환경적으로 수용가능하다면 2020년 이후에는 중앙집중식 핵융합발전소에 의존하게 될 것이다.

재생성에너지의 길

비재생성에너지의 길과는 정반대로 에너지 전문가 로빈스는 재생성에너지의 길을 제시하고 있다. 이 접근방법은 에너지효율(낭비를 줄이고), 병합발전(산업폐열을 이용한 발전), 어떤 일을 위해 더 싸고 덜 낭비적인 에너지가 있는 한 고품질에너지 사용금지, 그리고 태양광선, 바람, 생체폐기물 등 재생가능하고 환경적으로 이로운 에너지흐름을 증가시키는 것 등이다. 비용효과적인 에너지효율 증진은 에너지낭비를 최소한 반으로 줄이고 석탄 및 핵발전소의 추가 건설 필요성을 줄이며 에너지 사용으로 인한 환경영향을 감축하고 다양하고 유연한 여러 종류의 분산된 재생성에너지기술을 개발사용할 수 있는 귀중한 시간을 벌어준다. 석유와 천연가스는 과도기적 연료로 계속해서 사용될 것이다. 핵융합발전소는 〈표 14-8〉에서와 같은 비가역적 환경영향과 충분한 투자자본의 부족으로 개발되지 못할 것이다.

14.5.3 환경영향의 선택: 여러 가지 나쁜 영향 중 가장 덜 나쁜것 선택하기

에너지제2법칙에 의하면 어떤 형태의 에너지든, 그리고 비재생성 금속이나 광물자원은 환경에 얼마간의 영향을 미치고 에너지사용이나 흐름의 속도가 빠를수록 영향도 커진다. 이것이 에너지가 거의 모든 환경위기 국면에서 주요 요소가 되고 있는 이유이며 대부분의 토지교란, 수질오염, 대기오염 등과 직간접의 원인이 되고 있다. 예를 들어, 우리나라 대기오염물질의 약 80%가 자동차, 보일러, 산업 및 발전소의 연료연소에 의해 발생한다. 석탄사용 화력발전소는 자동차를 제외한 다른 어떤 오염원보다 대기오염의 주범이 되고 있다. 석탄발전소든 원자력발전소든 수질의 가장 큰 열오염원이 된다. 〈표 14-8〉은 대체에너지의 종류에 따른 환경영향에 대한 더 세부적인 사항을 보여주고 있다.

〈표 14-8〉 대체 에너지체제의 실제 및 가능한 환경영향

에너지체제		대기오염	수질오염	토지교란	발생 가능한 대규모 재앙
1. 비재생성 자원					
화석연료					
	석유	1. 아황산가스 2. 이산화질소 3. 탄화수소 4. 기후변화	1. 유전 유류누출 2. 유조선 사고 3. 송유관 파열 4. 과열	1. 지반침하 2. 하구오염	1. 유조선/유전사고로 유류대량누출 2. 송유관 파열로 다량누출 3. 정유공장 화재위험
	천연가스	1. 기후온난화	1. 과열	1. 지반침하	1. 송유관 폭발 2. LNG유조선 폭발
	석탄	1. 아황산가스 2. 미세먼지 3. 질소산화물 4. 발암물질 5. 기후온난화 6. 방사능물질	1. 광산 산성폐수 2. 산성비 3. 용해성 고형물질 4. 과열	1. 지하/노천 채굴 2. 지반침하 3. 슬래그 처리장 4. 침식	1. 광산사고 2. 산사태 3. 도시지반침하 4. 수자원 고갈/오염
	석유혈암	1. 아황산가스 2. 미세먼지 3. 질소산화물 4. 탄화수소 5. 기후변화, 악취	1. 용해성 고형물질 2. 독성미량금속 3. 침전물 4. 지하수 오염	1. 가공 잔재물 처리 2. 지반침하	1. 수자원고갈 및 오염 2. 송유관 파열로 대규모 유류누출
	타르샌드	1. 아황산가스 2. 유화수소 3. 질소산화물 4. 기후온난화	1. 지하수 오염	1. 노천채광 2. 지반침하 3. 서식지 상실	1. 송유관 파열로 대규모 유류누출 2. 지진발생 3. 수자원 고갈 및 오염
핵에너지					
	재래식 핵분열	1. 방사능 방출	1. 방사능광산 폐기물 2. 과열 3. 방사능 유출	1. 노천광과 지하광산 2. 방사성폐기물 저장	1. 방사능물질 누출 2. 수송사고 3. 핵폭탄 제조 위험 4. 핵무기 제조 기술전파
	증식로	(위와 같음)	(위와 같음)	(위와 같음)	(위와 같음)
	핵융합	(위와 같음)	1. 과열	1. 거의 없음	1. 방사능물질 누출 사고 2. 수소폭탄 제조 기술 전파위험

〈표 14-8〉(계속)

에너지체제		대기오염	수질오염	토지교란	발생 가능한 대규모 재앙
	지열에너지	1. 황화수소와 암모니아발생 2. 방사능물질 3. 소음 4. 지방기후변화 5. 악취	1. 용해성 고형물질 2. 보론 유출수 3. 과열	1. 지반침하	1. 건조지역 수자원 고갈 및 오염

2. 재생성자원

	보존	(감소)	(감소)	(감소)	(없음)
	수력	(무시할 정도)	1. 수중생태계 교란	1. 수몰 2. 생태계교란 3. 하구교란	1. 댐 파괴
	조력에너지	(무시할 정도)	1. 하구교란	(거의 없음)	(없음)
	해양 수온층화	1. 지방기후 변화	1. 해양생태계 교란 2. 해양생물 교란	1. 하구교란	(없음)

태양에너지

	저온	(무시할 정도)	(무시할 정도)	(무시할 정도)	(없음)
	고온	1. 집 열기 2. 제조자료 물질	(무시할 정도)	1. 토지수요 2. 사막생태계교란	1. 건조지역 수자원 고갈

풍력에너지

	가정터빈	경관훼손약간	(무시할 정도)	(무시할 정도)	(없음)
	상업시설	지방기후변화	(무시할 정도)	(무시할 정도)	(없음)
	지열에너지	1. 황화수소 2. 암모니아 3. 방사능물질 4. 소음 5. 지방기후변화 6. 악취	1. 용해성 고형 물질 유출 2. 과열	1. 지반침하	1. 수자원 고갈/ 오염
	생체에너지	1. 미세먼지 2. 탄화수소 3. 발암성물질	1. 비료/농약유출 2. 침전물 유출	1. 다량토지소요 2. 토양침식 3. 서식지 상실	(없음)

〈표 14-8〉(계속)

에너지체제		대기오염	수질오염	토지교란	발생 가능한 대규모 재앙
3. 유도체 연료					
	합성 천연가스	(석탄과 유사 약간 덜함)	(석탄과 유사) 1. 독성미량금속 2. 페놀, 탄화수소 오염	(석탄과 유사) 1. 토지교란 2. 고형폐기물	(석탄과 유사) 1. 지진발생 2. 송기관 파열
	합성석유 및 알코올	(석탄과 유사 약간 덜함)	(석탄과 유사) 1. 독성미량금속 2 페놀, 탄화수소오염	(석탄과 유사)	(석탄과 유사) 1. 지진발생 2. 송유관 유출
	생체연료	1. 낮음	1. 비료/농약유출 2. 토양침식침전	1. 대규모 토지사용 2. 토양염화 3. 침수 4. 생태계 단순화 5. 야생서식지 상실	1. 생체연료 공장의 화재/ 폭팔사고
	도시 쓰레기	1. 아황산가스 2. 미세먼지 3. 질소산화물 4. 염화수소 5. 탄화수소 6. 황화수소	1. 용해성 고형물질/ 중금속 침출	1. 고형폐기물 처리량 감소	1. 소각로 화재/ 폭발사고
	수소가스	1. 수소제조에 사용되는 전기나 열의 공급원에 따라 달라짐. 송기관 폭발로 대규모 사고발생 가능			

자료원: Miller Jr. G. T., 1982

14.6 에너지계획

14.6.1 에너지계획의 원칙

우리는 에너지개념과 여러 가지 대체에너지 평가결과를 사용하여 가능한 에너지계획을 수립함으로서 향후 30년에 걸쳐 지속가능지구에너지시대로 옮겨갈 수 있다. 국가에너지정책을 둘러싼 격렬한 다툼은 우리사회의 미래 구조를 둘러싼 실제적인 충돌이라고 할 수 있다. 쟁점은 누가 주요 에너지 관련 결정을 할 것인지, 누가 이익을 보고 누가 손해를 볼 것인지를 결정하는 것이다.

에너지계획의 원칙에는 (1) 단기, 중기 및 장기 통합국가에너지계획의 수립, (2) 순수유용에너지 분석방법을 모든 비재생성자원의 추산과 모든 대체에너지의 평가에 적용하여 국가에너지전략의 바탕 구축, (3) 에너지효율 증대 등 대체에너지자원 개발을 위한 시간을 벌기 사업의 추진 등이 포함된다.

14.6.2 열역학 제1법칙과 제2법칙의 혁명

제1열역학혁명

선진국들은 '제1열역학혁명'이라고 불리는 것을 만들어 냈다. 그것의 주요 내용은 총에너지사용량과 1인당 에너지사용량의 큰 폭 증가에 의해 많은 시민들에게 재화, 정치적 참여, 그리고 교육의 기회를 크게 증진시키는 것 등이다. 그러나 그것을 지탱하는 바탕은 환경비용의 발생과 저비용, 높은 순수유용에너지 생산자원의 고갈이다. 제1에너지법칙과 제2에너지법칙이 요구하는 열역학적 대가를 이제 치러야 할 때가 된 것이다.

환경재앙의 발생

그러나 세계인구의 3분의 2가 아직 이러한 제1열역학혁명에 참여하고 있다. 사람들은 산업화에 대한 미국의 접근방법을 따라 더 발전해야 한다는 말을 하고 있다. 그러나 현재 수준의 미국식 산업화 형태가 전 세계적으로 채택된다면 멀지 않아 지구는 살 수 없는 곳으로 변하고 말 것이다. 대기에는 지금보다 200배나 많은 아황산가스, 750배나 많은 일산화탄소, 그리고 몇 배나 많은 이산화탄소가 축적될 것이다. 세계의 호소와 강, 바다는 지금보다 17배나 많은 화학물질폐기물이 유입될 것이며, 열오염은 수중생태계를 거의 완전하게 교란할 것이다. 세계 산림의 3분의 2는 없어지고 매년 121,000㎢의 주요 농경지가 도시와 고속도로 부지로 변할 것이다. 화석연료와 비연료광물, 그리고 우라늄은 아주 짧은 시간 안에 고갈될 것이다.

제2열역학혁명

모든 나라들에게 남아 있는 진정한 희망은 향후 50년 이내에 제2열역학혁명, 또는 지속가능지구혁명을 일으키는 것이다. 그것은 과도한 인구증가, 자원사용, 그리고 에너지법칙에 의해 부과되는 한계를 심각하게 고려한 생태적 혁명이 될 수도 있다. 그것은 에너지와 물질자원을 절약하거나 세계자원을 더 공평하게 분배하는 생활양식의 변화일 수도 있다.

14.7 에너지절약

14.7.1 가장 중요한 에너지 대안

3개의 주요 에너지 대안

우리는 현재와 미래의 에너지위기에 대처하기 위해 3가지 기본적인 접근방법을 생각해 볼 수 있다. (1) 에너지효율의 개선, (2) 에너지를 적게 쓰는 새로운 생활양식의 채택, 그리고 (3) 새로운 에너지원의 개발이다. 그 중에서도 에너지효율개선이 최선의 가장 값싼 에너지 대안이다.

에너지효율개선을 위한 대규모 계획과 여러 가지 재생성에너지원의 개발 없이 우리나라는 결코 지속가능지구에너지사회로 진입할 수 없다. 이러한 계획들이 지금 당장 적극적으로 시작되지 않으면 사용할 수 있는 에너지의 부족으로 바람직하지 않는 방향의 생활양식의 대폭적인 변화와 평균생활수준의 급격한 하락을 경험하게 될 것이다.

에너지절약과 생활불편

일반적으로 사람들은 에너지절약이 생활에 불편을 가져오는 것으로 생각하여 에너지절약에 소극적인 경우가 있다. 그러나 에너지절약은 동일한 에너지를 가지고 더 많은 일을 한다는 것을 의미한다. 우리나라는 매년 엄청난 양의 에너지를 낭비하고 있는데 우리는 생활양식의 큰 변화나 중요한 서비스의 질을 낮추지 않고도 낭비되는 에너지를 절약할 수 있다. 예를 들어, 에너지절약이란 효율적인 난방체제와 잘 단열된 주택을 말하는 것으로 추운 주택을 말하는 것이 아니다. 자동차 소유자에게 에너지절약이란 연비 8km의 자동차 대신 연비 16km의 자동차를 사용하라는 것이다. 자동차 자체를 포기하라는 것은 아니다. 우리나라는 4개의 기본적인 부문은 수송(34%), 주거(20%), 상업(9%), 그리고 산업(37%) 등이다.

14.7.2 수송부문

10가지 수송용 연료절약방법

우리나라 수송부문의 석유류 사용량은 연간 42,796천 톤이다(2017년). 전체 석유류 사용량 233,901천 톤의 18.3%에 해당하는 양이다. 수송용 연료를 절약하는 방법으로는 다음과

같은 것들이 있다.

1. 소형엔진, 전륜구동, 플라스틱과 알루미늄 및 유리재질을 사용한 소형차를 생산, 사용하면 유류소비가 절반으로 줄어든다.
2. 자동차의 평균연비를 향상시킨다.
3. 높은 연비의 자동차를 사용하는 개인과 기업에게는 자동차 구입 시 세금공제를 해주고, 낮은 연비의 자동차를 사용하는 경우에는 구입 시 중과세한다.
4. 유류세를 올려 과도한 자동차 사용을 억제하고 신규제작차에 대해서는 의무적인 연료기준을 도입한다.
5. 경량자동차의 구입, 속도제한 준수, 부드러운 운전습관, 공회전 금지, 타이어공기압 정상상태 유지, 공기필터 청결유지, 엔진조율, 냉방사용제한, 레이디 알타이어 사용, 전기점화, 연료주입, 오버드라이브장치, 순항장치, 디젤엔진, 더운 지방에서는 가볍고 엷은 색깔의 창유리 사용 등이다.
6. 자동차 한 나들이로 가능한 많은 일을 볼 수 있도록 볼 일을 합치고 가장 가까운 경로를 선택하며, 출퇴근 시간 등 교통 혼잡시간대를 피해 운전한다.
7. 모든 차는 재활용되도록 하고, 모든 차는 평균수명을 늘리고, 차령 10년 이하인 차의 폐차를 금지한다.
8. 자동차합승제를 시행한다. 합승차에 대해서는 통행세면제, 주차무료, 소득세 감면 등의 혜택을 준다.
9. 8km 이하 거리는 도보, 자전거 또는 전기자전거를 사용하고 고속도로 신탁기금(유류세 수입)으로 도시지역의 모든 주요 도로와 고속화도로에 자전거 전용도로를 건설한다.
10. 기존 대중교통수단을 최대한 이용하고 비싸고 고도기술이 필요한 대중교통 수단 대신 버스와 같은 유연성 있는 교통체제를 확장한다.

14.7.3 주택 및 상업부문

주택 및 상업부문 석유류 사용량

2017년 우리나라 주택 및 상업부문의 석유류 사용량은 연간 39,907천 톤으로 전체 석유사용량의 17.1%를 차지하였다. 이 중 절반이 공간난방(1차적으로 주택, 상점, 사무실건물, 그리고 호텔 등)에 사용된다. 나머지 반은 온수, 냉방, 냉동, 그리고 취사에 사용된다.

주택 및 상업부문 석유류 사용량 감소 원인

이러한 개선효과는 대부분 단열재의 사용, 겨울철 난방온도를 낮추고 여름철 냉방온도를 높이며 연소기와 냉방기를 최소한 연 1회 청소하고 조정한 결과다. 이러한 개선에도 불구하고 아직도 갈 길은 멀다. 대부분의 우리나라 주택과 건물들은 아직 단열이 미흡하며 공기누출입이 많이 되고 있다. 우리나라 주택은 잘 설계된 에너지 효율적인 주택보다 50~90%의 에너지를 더 많이 사용하게 되어 있다.

22가지 주택 및 상업부문 에너지절약방법

주택 및 상업부문의 에너지절약을 위한 주요 방법에는 다음과 같은 것들이 있다.

1. (a) 두꺼운 단열지붕, 단열벽, 그리고 단열마루(20~50% 에너지 절약), (b) 2중 또는 3중 유리창을 달고, 2중 공기막이 문 설치(10~30% 에너지 절약), (c) 틈 마게 문이나 창문틈새메우기, 공기통 마게(10~30% 에너지 절약) 등에 의해 내후성 주택 만들기를 한다. 주택 공기누출입이 차단되면 공기열교환기를 설치하여 건물을 환기함으로써 실내 오염물질 축적과 공기정체를 방지하고 추운 날씨의 열손실과 더운 날씨의 찬 공기 손실을 줄인다.

2. 숙련된 기술의 '주택의사' 자격증을 가진 국가기간요원을 양성하여 모든 주택에 대한 완벽한 에너지검사를 실시한다. 주택의사는 (a) 휴대용 적외선 조사기를 사용하여 누출검사(고온지점 붉은색, 저온지점 흙색), (b) 소형선풍기로 틈새 조사, (c) 연필모양의 연기누출검사기의 사용으로 마루, 천정, 전기꽂이 등의 틈새조사 등을 통해 주택난방 에너지를 50% 절약하면 석유수입을 3분의 1로 줄일 수 있다.

3. 2010년 이후부터는 주택의사의 검사를 의무화한다.

4. 현재의 의무적인 단열기준을 상향조정하여, 지붕과 다락은 30cm, 벽은 15cm, 지하층은 25cm로 함으로써 60~80%의 에너지를 절약할 수 있다.

5. 모든 신규 건물과 주택은 자연적인 태양열과 통풍의 이점을 활용할 수 있도록 개폐식 창문을 설치하도록 한다.

6. 신규 주택에 대해서는 단순이용의 태양난방장치를 사용하게 한다.

7. 인기 있는 다른 방법 중 하나는 자연냉난방이 되는 흙속(지하) 주택 또는 상업건물 또는 부분적인 흙속 건물을 짓는 것이다.

8. 햇빛이 하루 몇 시간 밖에 들지 않는 극한지방에서는 초 단열, 극한공기밀폐 주택을 지어야 한다.

9. 인공적인 태양열 장치나 에너지절약 장치 또는 물질을 사용하는 건물주에 대해 세금공제를 크게 확대한다.

10. 건물 건축에 필요한 에너지를 20% 이상 감축한다.

11. 신규 및 기존 건물의 겨울철 난방수요를 감축한다.

12. 신규 및 기존 건물의 여름철 냉방수요를 감축한다.

13. 다음과 같이 하지 않은 상태에서 난방을 위해 보일러를 사용하지 말라.

14. 석유난방이나 전기난방장치가 설치된 기존 건물의 경우 태양열보조열펌프, 천연가스열펌프, 효율성이 높은 전기열펌프, 효율적인 땔나무난로, 또는 천연가스 보일러 설치를 고려하고 모든 난방장치의 통로를 잘 단열하라.

15. 가능한 한 가장 에너지 효율적인 주택과 가전제품을 구매하라.

16. 온수사용과 전체적인 물 사용량을 줄여라.

17. 온수사용량의 감축과 함께 전기온수장치를 태양열 온수장치 또는 천연가스 온수장치로 바꾼다.

18. 잡다한 전기제품을 사지 않는다.

19. 모든 에너지 사용 가전제품을 더 에너지 효율적으로 만들고, 에너지 사용 가전제품의 에너지 효율기준을 더욱 엄격하게 설정한다.

20. 조명수준을 낮추고 조명전등의 수를 줄이며 조명효율을 개선한다.

21. 발전소와 공장에서 천연가스를 사용하는 것을 금지하고, 야외 장식용 천연가스 전등사용을 금지한다.

22. 지방에너지자원(태양, 바람, 지열, 소수력발전댐, 농장과 산림폐기물, 그리고 산업 폐열 등)을 잘 활용할 수 있는 지역난방체제를 개발한다.

14.7.4 산업부문

우리나라 산업부문의 에너지 사용량은 연간 144,260천 톤이다(2017). 전체 에너지 사용량의 61.7%에 해당하는 양이다. 그 중 대부분이 다음 3가지 목적으로 사용된다. (1) 공정용 증기의 생산, (2) 제조공정과 건물에 필요한 열의 제공, (3) 전동기, 조명, 그리고 전기분해용 등이다.

8가지 산업부문 에너지절약방법

산업용 연료를 절약하는 방법으로는 다음과 같은 것들이 있다.

1. 모든 전기제품에 자동타임스위치 부착, 공장건물과 빌딩의 단열, 보일러 관리, 전등끄기, 불필요한 냉난방 및 조명 감축, 냉난방기기 청소주기 단축, 전동기 효율 2배 증진(이것만으로도 모든 수력 및 화력발전소 전기 절약 가능) 등으로 에너지를 10% 감축할 수 있다.

2. 폐열을 모아서 재사용하고, 전산화 감시 및 감독체제를 사용하며, 전력회사로부터 전기를 공급받는 대신 산업폐기열을 이용하여 병합발전하면 에너지의 20~30%를 절약할 수 있다.

3. 더 에너지 효율적인 장비와 공정을 개발하여 전환한다.

4. 물질재활용을 큰 폭으로 증대한다.

5. 모든 제품의 내구연한을 크게 늘리고 특정된 내구연한보다 짧은 제품에 대해서는 처리세 또는 자원회수세를 추가로 부과한다.

6. 대량사용자가 아닌, 소량전기사용자에게 요금혜택을 부여한다.

7. 첨두시간대의 전력요금을 인상함으로써 전력부하량을 다른 시간대로 옮기고 에너지낭비를 줄인다.

8. 에너지 효율적인 제품의 구매, 재활용제품의 구매, 1회용 용기에 포장된 제품의 구매 기피, 내구제품의 구매 등에 의해 산업에너지 절약을 촉진한다.

14.8 비재생성에너지

14.8.1 화석연료

화석연료의 생성과 채취

우리는 소위 화석연료시대의 끝에 가까워지고 있다. 화석연료시대의 산업사회의 주요 에너지원은 천연가스, 석유, 그리고 석탄이다. 화석연료에 저장된 화학적 에너지의 당초 원천은 태양이다. 무한대의 시간을 거치면서 초록식물은 광합성을 이용해 태양에너지를 포도당이나 기타 화학물질 형태로 화학적 에너지로 저장한다. 식물과 동물이 사멸하여 썩으면 수백만 년이 지나면서 천연가스나 석유 또는 석탄 등의 형태로 축적되는 것이다.

천연가스는 50~90%의 메탄가스와 작은 양의 좀 더 복잡한 화합물질인 프로판이나 부탄으로 이루어진다. 천연가스는 청정연료로서 물과 이산화탄소만을 생성한다. 석유 또는 원유는 검은 연갈색의 고약한 냄새가 나는 액체로서 탄화수소화합물과 작은 양의 산소, 유황, 그리고 질소화합물을 함유하고 있다. 저황 석유는 비싼데 그 이유는 가장 위험한 대기오염물질인 아황산가스가 석유 연소 시 발생하기 때문이다.

석유와 천연가스의 매장량 추산

세계의 에너지수요가 계속 증가한다면 비재생성 화석연료가 얼마나 오래갈 수 있을까? 비재생성광물자원처럼 채취 가능한 화석연료 추정량도 지질학자들의 확인 가능한 미발견공급량 결정의 정확성과 사용비율에 달려있다. 그러나 비연료광물과 연료광물 사이에는 한 가지 중요한 차이점이 있으니 바로 연료광물은 재활용될 수 없다는 것이다. 만약 현재의 시추 및 사용 추세가 계속된다면 세계의 석유공급은 2025년 이후에는 공급부족 현상을 보이고 2050년 이후에는 경제적인 석유공급량은 완전히 고갈될 것이다. 세계 최대 산유국인 구 소련지역, 영국의 북해유전, 사우디아라비아의 유전, 미국의 유전 등도 2030년에 가면 80% 이상 고갈될 것이다. 천연가스의 공급능력은 예측하기가 더 어렵다. 그러나 석유보다 수십 년은 더 갈 것이라는 기대가 있기도 하다. 즉 세계 천연가스 공급량의 80% 고갈 시기는 2025년과 2060년 사이가 될 것이라는 것이다.

석탄

알려진 매장량을 근거로 하면 석탄은 세계에서 가장 풍부한 화석연료다. 현재 수준의 소비량과 작게 잡은 추정치에 따르더라도 세계석탄 매장량은 앞으로 200년 정도는 사용할 수 있는 양이다. 지질학자들은 탐사를 계속한다면 세계매장량이 7배 이상 증가할 수 있다고 생각하지만, 너무 깊이 묻혀 있기 때문에 경제적으로 채굴하기가 어려울 것이다. 만약 세계의 석탄사용량이 연간 5%씩 증가한다면 지금의 매장량으로는 81년 정도 밖에 사용하지 못할 것이다.

석탄을 더 효율적으로 사용하고, 물을 적게 사용하며 비싼 세탄장치를 사용하지 않고도 아황산가스 배출량을 감축할 수 있는 2가지 가능한 방법은 '유동상 연소'와 '자기유체역학 발전MHD'이다. 유동상 연소에서는 보일러에서 발생한 뜨거운 공기가 위로 올라가면서 모래와 분말석탄 및 석회석의 혼합물을 띄운다. 이렇게 전달된 열은 석탄을 더 효율적으로 연소시킨다. 더욱이 석회석은 석탄에 함유된 유황성분의 90~98%를 제거하고 그 공정은 질소산화물 배출량을 감소시킴으로서 굴뚝에 비싼 가스세정장치를 설치할 필요를 없앤다. 그러나 그 결과 발생하는 고체형의 칼슘황산화물과 슬러지는 안전하게 최종처리 되어야 하며, 미세먼지와 질소산화물의 배출 역시 방지해야 한다.

자기유체역학발전은 분쇄석탄(또는 어떤 화석연료이든)을 화학물질(탄화칼륨 같은 것)과 혼합한 후 연소실로 유입시켜 고온에서 연소시키는 방법이다. 연소과정에서 생산된, 급팽창하는 뜨거운 가스에 포함된 화학물질은 이온(전하를 띤 화학물질 종류)으로 전환하게 된다. 이온화한 가스(플라스마)의 열류는 탄환과 같은 속도로 자기장이 형성된 관을 통과하면서 전기를 생산하는 것이다. 이것은 재래식의 석탄이나 원자력발전소보다 훨씬 효율적으로 에너지를 생산하는 방법이다. 이 과정에서 95% 이상의 황 불순물이 제거되고 총 입자상물질도 재래식보다는 훨씬 줄어든다. 그러나 미세먼지는 재래식보다 훨씬 많이 발생하며, 고온연소로 인해 질소산화물도 재래식보다 훨씬 많이 발생한다.

합성연료

석탄사용으로 인한 대기오염을 방지하기 위한 2가지 방법은 석탄가스화법 및 석탄액화법이다. 이들 과정에서 고체인 석탄은 합성연료라고 불리는 합성천연가스SNG와 합성석유로 전환된다. 석탄은 석유나 천연가스보다 탄소가 많고 수소가 적다. 이와 같이 가장 간단한 의미에서 석탄을 합성연료로 전환하는 것은 고압과 고온에서 석탄 속의 탄소와 수소가스를 반응시킨다는 것을 의미한다. 그 결과 발생한 가스나 액체에서 황이나 기타 불순물을 정제하는 것이다. 그러면 부피가 크고, 불편하며, 더러운 고체연료가 기존 수송관을 사용하여 수송할 수 있는 청정한 가스나 액체연료로 되는 것이다.

14.8.2 핵분열에너지

청정 핵에너지?

핵폐기물을 제외하면 핵에너지는 청정하고 값싼 에너지원으로 알려져 있으며 2005년에는 26,962억 킬로와트시(kwh)의 전력을 생산하여 전체 세계 발전량의 17%를 차지하였다. 전 세계적으로 436기의 원자로가 있으며, 설비용량은 351,718천 킬로와트시이다. 우리나라의 원자력발전량은 세계 제6위를 차지하고 있으며 설비용량은 17,716천kw이다. 2005년 우리나라 원자력발전량은 국가 전체 전력생산량의 40.3%인 1,468억 킬로와트시이었다.

원자력발전의 원리

원자력발전소에는 핵분열원자로가 화석연료발전소의 화구를 대신한다. [그림 14-5]는 가압수원자로라고 불리는 원자로의 한 형을 보여주고 있다. 원자로 안에서 핵분열 과정을 통해 에너지가 방출된다. [그림 14-6]에서 보는 것과 같이 핵분열 과정은 우라늄 235와 같은 무거

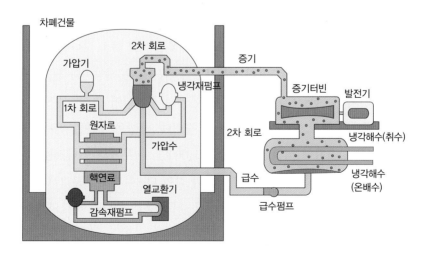

[그림 14-5] 가압수원자력발전소(Miller Jr. G. T., 1982)

출처: http://www.kepco.co.kr

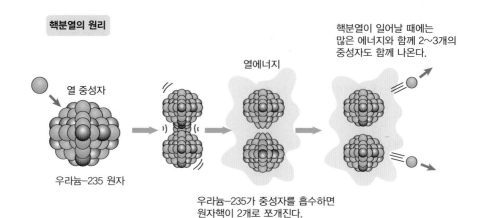

핵분열의 원리

열에너지

핵분열이 일어날 때에는
많은 에너지와 함께 2~3개의
중성자도 함께 나온다.

열 중성자

우라늄-235 원자

우라늄-235가 중성자를 흡수하면
원자핵이 2개로 쪼개진다.

※ 우라늄-235 1그램이 완전 핵분열할 경우에는 8.2×10¹⁰J의 에너지가 방출된다.
이 에너지는 석탄 3톤을 태울 때 내는 열량과 같다.

[그림 14-6] 우라늄-235 원자핵의 핵분열

운 원자가 저속 또는 고속의 중성자에 의해 분열하여 두 개의 좀 더 가벼운 원자로 분열한 다음 2, 3개의 중성자를 추가로 방출한다.

14.8.3 핵융합에너지

핵융합 반응

미국이나 러시아, 일본, 유럽제국 등 선진국들의 실험실에서는 과학자들이 에너지공급원으로서 핵융합에너지를 이용하기 위한 열띤 경쟁을 하고 있다. 원자핵에 잠겨있는 위치에너지는 2개의 과정에 의해 방출될 수 있다. 하나는 '핵분열'이고 다른 하나는 '핵융합'이다. 핵분열에 의한 에너지방출에 대해서는 이미 살펴보았다. 핵융합은 태양이나 별, 수소폭탄 등에서 일어나는 것인데, 가벼운 원자의 두 핵이 초고온에서 결합하여 좀 더 무거운 원자핵(헬륨과 같은)이 되면서 방대한 양의 에너지를 방출하는 것이다. 융합은 핵분열(우라늄)보다 단위무게당 4배의 에너지를 방출하며 석탄연료 연소의 1,000만 배 무게의 에너지를 방출한다. 현재 가장 주목을 끄는 융합반응은 [그림 14-7]에서와 같이 디-디 반응으로 2개의 중수소가 반응하여 하나의 헬륨-3 원자핵을 만드는 것이고 디-티 반응은 중수소 하나와 3중수소 한 개가 융합하여 헬륨-4를 만드는 것이다.

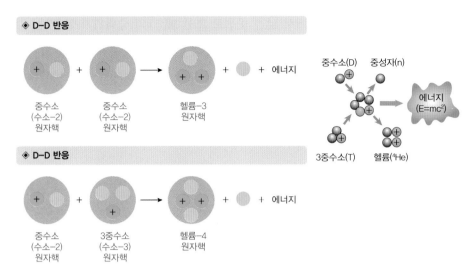

[그림 14-7] 2종류의 가능한 유용한 핵융합로

해결되어야 할 문제

제어된 핵융합은 여러 가지 이점을 가지고 있다. 원자 폭발이나 노심용해와 같은 사고의 위험이 없다. 그러나 그것은 믿을 수 없을 만큼 어렵고 복잡한 문제를 함께 가지고 있다. 지속적 융합원자로를 위해서는 3가지 어려운 선결조건이 있고, 이들 조건이 동시에 이루어져야 한다. (1) 작은 양의 융합연료를 100백만℃까지 가열하여 전리기체plasma를 만들어 내고, (2) 전리기체를 충분한 시간동안 보관, 압축하여 충분히 농축한 상태에서 연료원자의 핵을 양전하로 부하하여 그들의 전기적 척력을 극복한 후 충돌과 융합과정을 거쳐 에너지를 방출하도록 해야 하며, (3) 융합으로 에너지를 얻기 위해서는 충분한 순수유용에너지를 회수하는 것이다. 처음 2개 조건을 각각 만들 수 있었지만, 2개 조건을 동시에 만족하는 실험은 성공하지 못했다.

14.9 재생성에너지

14.9.1 하천과 해양에너지

수력전기에너지

수력은 태양에너지의 간접적인 형태의 하나다. 수 세기 동안 인간은 떨어지는 물을 에너지원으로 사용해왔다. 물이 높은 곳에서 낮은 곳으로 흐를 때 그의 중력위치에너지는 강과 하천의 기계적 에너지로 전환된다. 이 기계에너지는 물레방아를 돌려 유용한 일을 하거나 터빈을 돌려 전기를 생산할 수 있다. 댐은 물을 저수지에 모아두었다가 필요할 때 방출하여 전기를 생산한다. 수력은 이론적으로는 재생성자원이지만 모든 수력전기 발전댐은 한정된 생명을 가지고 있다. 댐의 수명은 보통 50년~300년으로, 시간이 지나면서 결국 모래로 채워지기 때문이다.

조력에너지

바다에서 발생하는 2가지 가능한 에너지원은 조력(또는 월력)과 파도력이다. 조류가 오르락내리락 할 때 물은 만과 하구를 들락날락한다. 만약 만과 하구를 댐으로 막을 수 있다면 조류에 있는 에너지는 하루 4번 추출될 수 있으며, 터빈을 돌려 전기를 생산할 수 있다. 그러나 세계에서 간만의 차가 충분히 커서 발전을 위한 터빈을 돌릴 수 있을 만큼 되는 곳은 20여 곳에 불과하다. 다른 문제점들로는 전력공급이 간헐적으로 끊어진다는 것과 해수로 인한 침식과 폭풍피해, 그리고 하구생태계의 교란 등이 있다.

14.9.2 태양에너지

태양에너지의 형태

증식로, 융합원자로, 그리고 태양에너지 등은 대량에너지 문명을 무한정하게 지속시키고 이산화탄소로 인한 지구온난화의 발생 가능 위험을 최소화할 수 있는 몇 안 되는 대체에너지원이다. 그러나 증식로는 심각한 환경문제와 경제적인 문제 발생가능성을 가지고 있고 핵융합로는 매우 복잡하여 기술적, 경제적으로 타당성이 없을 가능성이 매우 크다. 이에 비해 태양에너지는 풍부하고 상당히 깨끗하며 안전하고 실질적으로 고갈될 수 없는 것이며, 공짜 연료다. 이러한 이유로 에너지 전문가들이 여러 가지 형태의 태양에너지를 조합하여 중요한 대체에너지원으로 보는 것은 놀라운 일이 아니다.

우리는 보통 태양에너지를 단순히 햇빛으로만 생각한다. 그러나 그 용어에는 많은 다른 에너지자원이 포함되어 있다. 광의로 정의하여 태양에너지는 태양으로부터의 직접복사에너지뿐만 아니라 태양열이 지구표면과 대기를 데우고 그중 일부가 나무나 기타 식물에 화학물질로 전환되어 저장된 에너지를 의미한다. 이러한 간접적 형태의 에너지에는 풍력, 수력, 해양력, 그리고 생체력 등이 포함된다.

직접태양에너지

태양에너지가 없으면 우리 지구의 기온은 −268℃로 떨어질 것이다. 3일 간 지구에 복사되는 태양에너지가 모두 농축되어 유용한 형태의 에너지로 전환된다면 그 양은 지금까지 알려진 세계의 모든 화석연료의 에너지와 같고, 세계가 매일 소비하는 에너지의 9,000배에 달한다. 우리들의 주택위로 하루에 떨어지는 태양에너지의 양은 우리들의 주택을 1년 내내 데울 수 있는 양의 10배가 된다. 만약 태양에너지의 단 10%만 유용한 에너지로 전환할 수 있다면, 그리고 우리나라 토지의 4%만 태양에너지를 잡는데 사용한다면 그로 인해 얻는 에너지로 우리나라의 2020년의 모든 에너지를 공급할 수 있다.

저온태양열가열기

태양열을 이용한 가장 간단한 일은 물을 데우는 것이다. 일본에서는 2백만 개 이상의 태양열가열기가 사용되고 있으며, 이스라엘에서는 수천 개가, 북부호주에서는 법률에 의해 모든 신축건물에 태양열가열기 설치가 의무화되어 있다. 에너지가격이 상승함에 따라 전 세계적으로 지붕용 소형 태양열집열판이 보통의 광경이 되고 있다.

직접태양에너지는 자연적일 수도 있고 인공적일 수도 있다. 자연태양열가열장치는 태양열을 직접 사용하는 것으로, 간단하고 싸며 유지관리비가 들지 않고, 환경적으로 가장 덜 해로운 에너지장치다.

고온태양열가열기 및 전력생산

과학자들은 태양에너지를 농축하여 고온가열기를 만들거나(태양열 접근법), 태양에너지를 사용하여 태양전지(태양전기 접근법) 형태로 전기를 생산하기 위한 경제적, 기술적 타당성이 있는 기술을 개발하려고 한다. 현재 집중적인 평가를 하고 있는 태양열 접근법 중 하나로 태양로 또는 전기탑이라고 하는 것이 있다. 10~20층 높이의 탑에 보일러를 설치하고 그것을 들 가운데 설치한 다음 일광반사장치heliostats라고 불리는 수백 개의 컴퓨터로 조정되는 거울에 반사된 태양열을 보일러에 집중시켜 물을 데운 다음 증기로 전기를 생산하는 것이다.

제14장 에너지자원

해양수온층화에너지

태양에너지의 다른 한 형태의 간접에너지는 바다의 깊이에 따른 온도차를 이용한 것이다. 광대한 저장탱크처럼 세계의 바다는 태양에너지의 약 75%를 모아서 저장하고 있다. 이러한 에너지를 개발하는 한 가지 방법은 따뜻한 수면과 차가운 해저 사이에 온도차이가 많이 나는 깊은 열대해역의 수상에 해양열에너지전환공장을 건설하는 것이다. 해양열에너지전환공장은 바다 위에 거대한 수상구조물(플랫폼)을 만들고 수면아래 905m까지 이르는 대형 관을 설치하는 것이다. 관의 크기는 5층짜리 워싱턴동상이 들어갈 만큼 크게 한다.

14.9.3 바람과 지열에너지

풍력에너지

바람은 태양에너지의 간접적 형태의 하나로 전기를 생산하는데 사용될 수 있고, 기계적인 일(곡물 방아 찧기)을 할 수 있으며, 열이나 물을 압출하고 공기를 압축할 수 있다. 풍력에너지는 지구표면과 대기가 태양에 의해 불균등하게 가열될 때 발생한다. 표면가열이 불균등해지면 지구의 자전에 의해 특정한 공기흐름이 생긴다. 1900년대 미국 농촌에서는 600만 개의 풍차가 물을 잡아올리고 전기를 생산했다. 1940년대에 들어오면서 대부분의 풍차가 값싼 수력발전, 화석연료, 그리고 농촌전화사업에 의해 대체되었다.

바람은 거의 무제한의, 비용이 들지 않는 재생성이고 깨끗하며 안전한 에너지원으로 중간 정도의 순수유용에너지를 생산하며 비교적 충분히 발전된 기술을 바탕으로 하고 있다. 바람이 많은 곳에서는 하루 24시간 내내 풍력에너지를 얻을 수 있다. 세계기상기구는 전 세계적으로 바람이 가장 많은 곳의 풍력에너지를 개발하면 매년 세계전체 전기생산량의 13배에 달하는 에너지를 생산할 수 있을 것으로 추산하고 있다. 우리나라의 총 풍력에너지의 양은 우리나라 연간 에너지사용량의 약 10배에 달한다. 에너지 전문가들의 추산에 의하면 우리나라가 풍력에너지 개발 사업에 적극적인 노력을 기울인다면 2020년에는 우리나라 연간 에너지 소비량의 30%를 공급할 수 있을 것이라고 한다.

지열에너지

지열에너지는 지표 밑 깊은 곳에 있는 바위가 땅속과 용암(땅속에 있는 용해된 바위)에 의해 고온으로 가열될 때 생산된다. 용암이 지표를 뚫고 분출하면 그것이 화산폭발이다. 그러나 그것이 지표에까지 도달하지 못하면 갇힌 용암이 지표 가까이에 있는 바위를 가열하게 되어 지열저장소를 만들게 된다. 마치 지하저장소에 광상의 형태로 광물이 축적되거나 축적된 석유와 비슷하다. 그로 인해 발생한 에너지는 뜨거운 바위에 갇혀있거나 지하수로 옮겨가서 뜨거운 물 또는 증기를 형성하게 된다. 온천이나 간헐천과 같은 자연적 틈새나 지열우물을 파서 이러한 증기와 뜨거운 물을 지표로 끌어낼 수 있다. 지열자원은 직접 가정용 공간난방에도 사용할 수 있고, 온실, 곡물과 목재 건조, 중·저온의 열이 필요한 식량이나 여러 가지 공업물질을 건조하는데 사용될 수 있다. 지열에너지는 현재 약 25개국이 개발, 사용하고 있다.

지열자원으로는 다음과 같은 3가지 주요 형태가 있다. (1) 지각의 불투수층 아래 바위조각에 갇혀있는 건조증기와 열수의 2개의 혼합으로 구성된 '열수저장소' (2) 용암이 지표를 뚫고 나와 근처 바위를 가열한 '열건조바위지대', 그리고 (3) 보통 해저에서 불투수성의 혈암이나 진흙층 밑에 갇힌 고온, 고압의 물 저장고(종종 고압으로 인해 천연가스로 포화상태가 되기도 한다)인 '지질압력지대' 등이다.

14.9.4 생체, 생체연료, 도시쓰레기 및 수소가스

생체

태양에너지의 또 다른 간접공급원은 광합성에 의해 생산된 지구의 식물생명체인 식물생체다. 생체란 나무나 목재폐기물, 농작물, 폐기물, 조류나 말과 같은 수중생물 등 모든 범주를 포괄하는 개념이다. 거기에는 동물폐기물, 도시하수와 폐기물 등도 포함된다. 세계에서 연간 생산되는 생체량은 세계의 연간 에너지소비량의 6배 정도 된다.

생체에너지는 몇 가지 매우 매력적인 장점을 가지고 있다. 다른 형태의 태양에너지와 같이 그것은 재생성이고 직접태양에너지와는 달리 저장이라는 문제가 없다. 태양에너지는 식물과 나무의 잎이나 가지, 그리고 줄기에 자연적으로 저장된다. 그리고 직접 사용할 수도 있고, 가스나 합성천연가스(메탄), 알코올과 같은 액체 생체연료로 전환될 수도 있다. 발생원 가까이에서 수집해서 사용하면 생체는 중·고수준의 순수유용에너지 생산력을 가지지만, 공급원으로부터 떨어진 곳에서 사용할 때는 순수유용에너지 생산력은 낮아진다. 이러한 효율은 재래식원자력발전소와 비슷하고 석탄화력발전소보다는 떨어진다.

생체와 생체연료는 유황성분이 낮기 때문에 석탄이나 석유보다는 아황산가스 발생량이 적다. 총먼지와 질소산화물 발생량은 다른 연료에 비해 적지만 생체에 따라서는 미세먼지의 발생량은 다른 연료보다 많다. 우리가 재생되는 것보다 작은 비율로 생체에너지를 사용하면 대기 중의 순 이산화탄소 축적량을 줄일 수 있다.

생체연료

생물체를 석유화학물질을 대체할 수 있는 생체가스나 메탄(천연가스의 주요 성분), 메탄올(메틸알코올 또는 목재알코올), 그리고 에탄올(에틸알코올 또는 곡물알코올)과 같은 생체연료로 전환하는데 대한 관심이 높아지고 있다. 이와 같은 생체전환에 대한 공정은 수백 년간 알려지면서 사용되어 왔지만 그 비용이 화석연료에 비해 너무 비쌌다. 그러나 가솔린과 천연가스, 그리고 석탄가격이 계속 상승하고 있기 때문에 이러한 그림은 변할 수 있다.

생체가스

목재물질을 제외한 모든 생체는 산소결핍상태에서 미생물에 의한 분해작용인 혐기성 소화에 의해 메탄과 이산화탄소의 혼합물인 생체가스로 전환될 수 있다. 생체가스가 제거되면 식량작물이나 나무와 같은 비 식량작물에 사용될 수 있는 개량 비료가 남게 된다. 대부분의 후진국과 몇몇 선진국들은 이러한 고전적 기술로 회귀하고 있다. 혐기성 또는 생체가스 소화조는 대단히 효율적이기는 하지만 속도가 느리고 예측하기 곤란하며 저온, 산성도, 중금속, 합성세제, 그리고 산업폐수에 상당히 취약하다.

두 번째로 유망한 생체연료공급원은 생체를 알코올, 주로 메탄올(나무알코올) 또는 에탄올(곡류알코올)로 전환하는 것이다. 오늘날 세계가 당면하고 있는 가장 중요하고 시급한 에너지 문제는 많은 양의 전기를 생산하는 것이 아니고 가솔린과 디젤 등 액체연료 대체품을 발견하는 것이다. 사람들 중에는 에탄올과 메탄올을 이 문제에 대한 해답으로 생각하고 있는데, 그것은 이 두 개의 알코올이 액체연료로서 단독으로 또는 가솔린과 혼합된, 부피로 10~20% 정도의 메탄올이나 에탄올을 혼합한 '가소올'로 사용될 수 있기 때문이다. 15~20% 부피비율의 에탄올이나 메탄올과 디젤을 혼합한 '디소올' 역시 시험단계를 지났으며, 그 연료는 보통 디젤연료의 결점인 질소산화물과 같은 대기오염물질의 배출을 낮출 수 있을 것이다.

다른 가능성은 디젤유를 30%정도의 콩기름과 혼합한 연료를 만드는 것이다. 목재와 목재폐기물, 기타 목재성 농작물잔재물, 하수처리슬러지, 음식물쓰레기, 그리고 석탄 등을 가스화하여 경주차를 달리게 할 수 있을 정도의 액체연료인 메탄올로 전환시킬 수 있다. 전분이나 섬유질을 함유한 거의 모든 형태의 생체는 도시쓰레기에서부터 옥수숫대에 이르기까지 발효와 증류와 같은 공정을 거쳐 에탄올 또는 곡물알코올로 전환될 수 있다.

장기적으로는 석유공급이 고갈되었을 때 메탄올이나 에탄올과 같은 연료를 직접 자동차에 사용할 날이 올 것이다. 두 개 연료 모두 옥탄가를 높이기 위한 납 화합물이나 기타 첨가제 없이 사용될 있고, 현재의 자동차 엔진을 크게 고치지 않고도 사용될 수 있을 것이다.

수소가스에너지

석유가 고갈되거나 너무 비싸질 때 자동차나 기타 수송수단의 동력으로 무엇을 사용해야 할까? 태양에너지, 핵분열에너지, 그리고 알코올을 제외한 대부분의 다른 대체에너지도 발전소에서 전기를 생산하는 방식으로 되어 있다. 그들은 자동차나 기타 일상의 수송용으로는 사용될 수 없게 되어 있다. 전기자동차는 극히 에너지 낭비적이고, 충분한 내구시간과 농축된 힘을 가진 축전지 개발이라는, 어려운 기술적인 문제가 해결되어야 한다.

수소가스가 미래의 수송용 연료로서 제시되고 있다. [그림 14-8]에서 보는 것과 같이 수소가스는 가볍고, 수송이 용이하며, 무색, 무취로서 물 순환에서 빠르게 재생되는 것으로 연료전지(화학적 연료에 있는 에너지를 저전압의 직류 전기로 전환할 수 있는 장치), 발전소, 또는 자동차에서 깨끗하게 연소되어 물로 변한다. 수소가스 연료는 물이나 안개를 배출함으로써 가솔린내연기관으로 인한 대기오염 문제를 대부분 없앨 수 있다. 그러나 연소에 필요한 산소를 공기 중에서 공급하면 질소산화물이 배출될 수 있고, 전기 물분해조에서 작은 발암성 석면입자가 공기 중으로 배출될 수 있다.

수소의 기본적 공급원으로 바닷물을 사용하기 때문에 화석연료와는 극히 대조적으로 우리

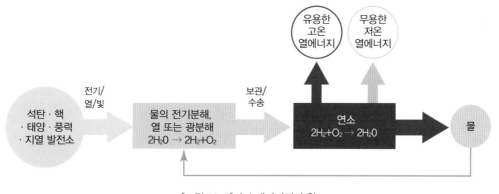

[그림 14-8] 수소에너지의 순환

는 적절한 노력으로 즉시 활용 가능하고 거의 무한대의 에너지를 공급받을 수 있다. 수소는 용기에 담아 가정이나 공장에 배나 수송관에 의해 운반될 수 있다. 수소는 마그네슘이나 니켈과 같은 금속과 반응하여 금속 수산화물 형태로 저장, 수송되어 자동차에 사용될 수 있다. 수소가 고도의 폭발성과 위험성을 가지고 있기는 하다. 가솔린도 위험하기는 마찬가지다. 그러나 수소는 고압가스 형태로 저장될 수 있고 불꽃에 노출되면 더 쉽게 폭발할 수도 있다. 그러나 우리는 수소를 안전하게 다루는 방법을 알고 있다. 자동차연료로 사용되는 것 외에 수소는 다른 에너지원으로부터 얻은 에너지를 저장하는 데 사용될 수 있다. 예를 들어, 풍력터빈이나 태양, 수력, 핵에너지, 그리고 지열발전소에서 발생한 전기를 사용하여 물을 전기분해하거나 고온 분해하여 수소를 생산하거나 수소함유 고체화합물을 고온 분해하여 저장할 수 있다.

그러나 이러한 가슴 벅찬 에너지 미래에도 몇 가지 큰 함정이 있다. 근본적인 문제는 자연에서는 순수한 수소가 발견되지 않는다는 것이다. 수소는 물이나 기타 수소함유 고형화합물을 전기분해, 고온분해, 또는 광분해에 의해 생산되는 2차연료라는 것이다. 이와 같이 수소 제조에는 많은 에너지가 필요하기 때문에 과학자들이 효율적인 물 분해 방법과 충분한 속도의 광분해 방법을 개발하지 않는 한 순수유용에너지 생산은 부(負)가 된다. 이러한 방법은 아직 초기실험단계를 벗어나지 못하고 있다.

문제는 빛이나 태양에너지가 물 분자를 수소와 산소원자로 쪼갤 수 있는 화학반응을 촉진시킬 수 있는 화학촉매를 발견하는 일이다. 과학자들은 가능성이 있는 촉매(대부분 금속, 또는 금속화합물)를 적극적으로 평가하고는 있지만 가장 좋은 촉매가 될 금속은 충분한 양을 확보할 수 없을 수도 있다. 만약 값싸고 상당히 효율적인 태양광전지가 개발된다면 물 분자를 분해하여 수소가스를 생산하는데 필요한 전기를 생산하는데 사용될 수도 있다. 이와 같이 실현 가능한 대규모 수소연료체제는 핵분열, 핵융합, 태양에너지, 지열에너지, 풍력에너지 등과 같은 고품질에너지를 무제한으로 공급하여 수소연료를 생산할 수 있을 때만 타당성이 있다.

인류역사의 대부분을 통해, 사람들은 재생성에너지에 의존해 왔다. 태양, 바람, 물 그리고 토지이다. 그들은 그렇게 하면서 잘 살아왔고, 우리도 그렇게 할 수 있을 것이다.
_ Warren Johnson

CHAPTER

15

지구온난화

"기후변화를 막는 것은 공동의 노력이다.
그것은 공동의 의무라는 것, 그리고 너무 늦지는 않았다는 것을 의미한다."

Christin Legarde, IMF Managing Director

기후변화란 지구온난화로 인해 지구의 평균기온이 상승하는 현상을 말한다. 평균기온의 상승은 지역적인 한발과 홍수 등 수리·수문의 변화, 혹한과 폭염 등 기온의 변화로 인해 우리가 생존을 의존하는 지구 생태계를 파괴할 수 있다. 이러한 지구의 평균기온의 상승 원인을 자연적인 것과 인위적인 것으로 구분하여 생각할 수 있다. 자연적인 원인은 빙하기와 간빙기로 설명될 수 있다. 빙하기는 지구의 평균기온보다는 5~7℃정도 낮은 기간을 말한다. 케임브리지대학의 루크 스키너luke Skinner 교수는 태양을 중심으로 지구의 궤도와 역사자료를 토대로 다음 빙하기는 1,500년 안에 도래할 것으로 예측했다. 그러나 현재의 지구온난화 추세가 계속된다면 다음 빙하기는 15,000년 후에나 도래할 것으로 예측했다. 과거 100만 년 동안 빙하의 확대와 축소가 10만 년을 주기로 반복돼 왔다. 이를 빙기와 간빙기로 구분하는데, 현재는 간빙기에 해당하는 후빙기이다. 빙하기 시작을 위해 적정한 이산화탄소의 농도는 240ppm 정도이지만 현재 대기 중의 이산화탄소의 농도는 390ppm이다.

현재 온실가스로 인한 평균기온의 상승이 문제가 되는 것은 평균기온의 상승이 계속되고 있다는 것과 간빙기에 이산화탄소의 농도가 높아지는 것과 빙하기에 이산화탄소의 농도가 높아지는 것은 매우 다른 문제라는 것이다. 많은 과학자들이 지금과 같은 이산화탄소의 농도 변화는 전례가 없는 것으로서 인류에게 파멸적 영향을 가져올 수도 있다는 우려를 나타내고 있다.

기후변화의 추이 및 전망

15.1.1 온실가스 농도의 변화 및 전망

산업혁명 전인 1750년의 온실가스 농도는 280ppm이었고, 그 후 50년이 지난 1800년의 온실가스 농도는 290ppm이었다. 그러나 [그림 15-1]에서와 같이 1850년의 온실가스 농도는 305ppm으로 증가하였고, 산업혁명 이후 250년이 지난 2000년에는 온실가스 농도가 355ppm으로 증가하였다. 온실가스 배출량이 2040년에 정점에 도달하고 그 이후 감소한다고 가정할 경우 2050년 및 2100년의 지구 대기 중 이산화탄소 기준 온실가스 농도는 각각 440ppm 및 500ppm으로 증가할 것으로 전망된다. 현재의 추세로 온실가스의 배출량이 지속될 경우 2100년의 지구 대기 중의 온실가스 농도는 1,200ppm을 초과할 것으로 예측된다.

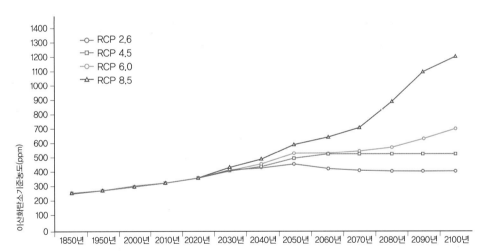

(주): RCP 2.6 – 온실가스 농도가 2020년에 정점에 도달한 후 그 이후 감소할 경우,
RCP 4.5 – 온실가스 농도가 2040년에 정점에 도달한 후 그 이후 감소할 경우,
RCP 6.0 – 온실가스 농도가 2080년에 정점에 도달할 후 그 이후 감소할 경우,
RCP 8.5 – 금세기 동안 온실가스 농도가 현재 추세대로 증가할 경우
* RCP : Representative Concentration Path (대표적 온실가스 농도 증가 경로)

자료원: IPCC, AR5.

[그림 15-1] 지구 대기 중 이산화탄소 기준 온실가스 농도 변화 추이 및 전망

15.1.2 지구표면의 평균기온 변화 및 전망

세계기상기구와 유엔환경계획이 공동으로 설립한 '기후변화에 관한 정부간협의체'IPCC가

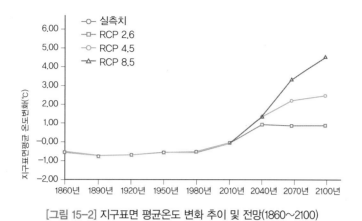

[그림 15-2] 지구표면 평균온도 변화 추이 및 전망(1860~2100)

2013년 9월에 발표한 제5차 평가보고서에 의하면 [그림 15-2]에서와 같이 지구온난화로 인해 지구 평균기온이 1986~2005년 평균기온 11.3℃보다 지난 133년간(1880~2012년) 0.85℃ 상승했으며, 만약 현재와 같은 추세로 온실가스를 배출한다면 21세기 말(2081~2100년)의 지구평균 기온은 1986~2005년 평균기온에 비해 4.6℃ 상승할 것으로 전망된다. 반면 온실가스 감축이 상당히 실현될 경우에는 평균기온은 1.2℃ 상승할 것으로 예측된다.

15.2 기후변화의 영향, 취약성 및 적응성

15.2.1 기후변화의 영향 및 취약성
자연계와 인간계에 대한 영향

기후변화 영향의 증거는 자연계에 대해 가장 강력하고 종합적인 것으로 나타나고 있다. 인간계에 대한 기후변화의 영향도 다른 영향과는 뚜렷이 구별될 정도로 크게 나타나고 있다.

수문의 변화

많은 지역에서 강수량의 변화가 수문체제를 변화시킴으로서 수자원의 질과 양에 영향을 미치고 있다. 빙하는 전 세계적으로 줄어들고 있어 유출수와 수자원의 흐름에 영향을 주고 있다. 기후변화는 고위도 지역과 고지대의 동토대를 따뜻하게 하여 녹이고 있다.

생태계에 대한 영향

많은 육지, 담수 및 해양 생물종이 현재 진행 중인 기후변화에 대응하기 위해 그들의 지리적인 서식 범위, 계절적인 활동, 이주형태, 풍부성과 생물종 간 상호작용 등을 바꾸고 있다. 그러나 아직까지는 기후변화로 인한 생물종의 멸종은 불과 몇몇 종에 불과한 반면, 현재의 인위적인 기후변화 속도보다는 느리지만 과거 수백만 년에 걸친 자연적인 기후변화로 인해 생태계가 크게 바뀌고 많은 생물종이 멸종한 것은 사실이다.

농작물에 대한 영향

넓은 지역의 많은 농작물에 대한 많은 연구결과에 의하면 농작물에 대한 기후변화의 영향은 긍정적인 것보다는 부정적이라는 것이 일반적이다. 기후변화가 농작물에 긍정적이라는 것은 고위도 지역에 대한 몇몇의 연구결과가 보여주는 것이기는 하지만 그 손익의 경계가 분명하지 않다. 많은 지역에서 기후변화는 밀과 옥수수의 생산량에 부정적인 영향을 미치며 세계 전체로도 생산량에 부정적인 영향을 미친다.

인간건강에 대한 영향

현재까지 기후변화가 인간건강에 미치는 영향을 세계 전체로 볼 때 인간건강에 대한 다른 압박요인의 영향보다는 상대적으로 작으며, 잘 정량화되어 있지 않다. 그러나 기후온난화의 결과 지역에 따라서는 열 관련 사망률이 증가하고 추위 관련 사망률이 감소하고 있다. 기온과 강수의 지방적인 변화는 수인성 질병의 발생과 질병 매개체의 분포를 변화시키고 있다.

적응능력과 노출에 대한 기후변화의 영향

기후변화의 영향에 대한 취약성과 노출 정도는 불균등한 성장과정에서 발생하는 비 기후적 요소와 다원적인 불평등에서 발생한다. 이러한 차이가 기후변화로부터 발생하는 위해에 대한 차이를 가져온다. 사회적, 경제적, 문화적, 정치적, 제도적, 또는 기타의 면에서 열등한 사람들은 기후변화 및 그에 대한 적응과 저감 능력이 취약하다.

혹한과 혹서, 한발과 홍수, 태풍과 산불

기후변화에 의한 이와 같은 극단적인 현상의 영향에는 생태계의 변화, 식량생산과 수자원

의 교란, 사회기반시설과 주거의 파괴, 질병이환율과 사망률의 증가, 정신건강과 복지의 감소 등이 포함된다.

15.2.2 기후변화에 대한 적응

역사적으로 사람들은 기후, 기후변동, 그리고 극단기후에 대해 성공의 정도는 각각 다르지만 적응하고 대응해왔다. 여기서는 관찰, 예측된 기후변화의 영향에 대한 인간의 적응적 대응에 초점을 두고 좀 더 광범위한 위해성감축과 개발 목표에 대해 논의한다.

기존 계획과정에 내재한 적응대책과 제한적인 대응

적응적 대응은 보통 재해위해성관리나 수자원관리와 같은 기존의 계획의 일부로서 공학기술적인 방법을 사용한다. 사회적, 제도적, 생태계 근거 수단들의 가치와 적응에 대한 제한요소의 범위에 대한 인식이 높아지고 있다. 현재까지 채택된 적응수단은 점진적인 적응과 상호이익을 강조하고 있으며 융통성과 좀 더 많은 연구를 강조한다. 적응대책에 대한 대부분의 평가가 적응행동의 결과나 이행과정에 대한 평가가 거의 없이 영향, 취약성 및 적응계획에 국한되어 있다.

적응경험의 축적

적응경험은 많은 공동체 내부와 지역에 걸쳐 공공부문과 민간부문에서 축적되고 있다. 중앙정부와 지방정부 등 여러 계층의 정부들은 적응계획과 적응정책을 개발하기 시작했으며 기후변화에 대한 고려사항을 광역개발계획에 통합시키고 있다. 이러한 지역적 적응노력을 아프리카, 유럽, 아시아, 오스트레일리아, 북아메리카, 라틴아메리카, 남아메리카, 극지방 등에서 찾아볼 수 있다.

15.3 기후변화 적응 관련 위험과 기회

15.3.1 여러 부문과 지역에 걸친 주요 위험들

주요 위험의 판단

주요 위험들은 유엔기후변화협약 제2조와 관련된 매우 심각한 영향들이다. 이러한 영향은 기후체제에 대한 인간의 위험한 간섭을 말한다. 위험성은 위험의 크기, 위험 발생 확률, 영향의 비가역성, 영향의 발생 시기, 노출기간, 민감도, 적응과 대응을 통한 위험성 감소 능력의 한계 등 전문적인 기준을 사용한 전문가의 판단에 근거한다. 모든 부문과 지역에 공통된 주요 위험들을 요약한 기본 틀은 (1) 독특하고 위협받는 체제, (2) 극한기후 사건, (3) 영향의 분포, (4) 지구 전체 총합 영향, (5) 대규모 단일 사건의 5개 통합기준이 제공하고 있다.

독특하고 위협받는 체제

기후변화에 의해 이미 위험에 노출된 생태계나 문화계 같은 것들을 말한다. 이러한 심각한 위험에 처한 체제의 수는 평균기온이 추가로 1℃ 상승하면 더욱 증가한다. 제한된 적응능력을 가진 많은 생물종과 체제는 평균기온이 2℃ 상승하면 아주 높은 위험에 처하게 된다. 특히 극지역의 바다−얼음생태계와 산호초 생태계에 대한 영향이 심각하다.

극한기후 사건

혹서나 대홍수, 연안범람과 같은 극한의 기후로부터 발생하는 기후변화 관련 위험은 이미 발생하고 있으며 평균기온이 추가로 1℃ 상승하면 그 발생확률은 더욱 높아질 것이다.

영향의 분포

기후변화의 영향은 불균등하게 분포된다. 여러 가지 개발단계에 있는 국가들 중에서도 가난한 사람들과 지역사회가 일반적으로 더 큰 영향을 받는다. 농작물에 대한 지역적으로 서로 다른 기후변화의 영향 때문에 기후변화의 영향은 이미 심각한 상황에 이르기 직전의 상태이다. 지역적인 농작물과 수자원의 감소 추정을 근거로 할 때 평균기온이 추가로 2℃ 상승하면 불균등하게 분포된 영향의 위험은 더욱 높아진다.

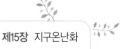

지구전체의 총합영향

평균기온이 1~2℃ 상승하면 지구생태계와 전체 세계경제에 대한 기후변화의 지구전체의 총합영향의 위험성은 중간정도가 된다. 기후변화로 인한 기온이 추가로 3℃ 상승하면 광범위한 생물다양성의 상실로 생태계로부터의 재화와 용역을 잃게 되는 높은 위험을 초래하게 된다. 평균기온의 상승으로 인한 세계경제에 대한 피해는 가속적이지만 아직 평균기온의 추가적인 3℃ 이상 상승의 경우에 대해서는 정량적인 추정치가 없다.

대규모 단일사건

지구온난화가 계속되면 지구의 물리계와 생태계는 급격하고도 돌이킬 수 없는 변화의 위험에 처할 수 있다. 이러한 한계점과 관련된 위험은 0~1℃에서는 중간정도이다. 온수대의 산호생태계와 극지방의 생태계는 이미 돌이킬 수 없는 체제의 변화를 겪고 있다. 평균기온이 1~2℃ 추가로 상승하면 위험은 비례적으로 증가한다.

15.3.2 부문별 주요 위험과 적응대책

기후변화는 자연계와 인간계에 대한 기존의 기후관련 위험을 증폭시키고 새로운 위험을 만들어 낼 것으로 전망된다. 이들 위험 중 일부는 특정 부문이나 지역에 국한될 것이지만 다른 위험들은 연쇄하강효과를 가질 것이다. 범위가 좁기는 하지만 기후변화는 얼마간의 실질적인 편익을 가져오기도 할 것이다.

담수자원

기후변화에 의한 담수자원 관련 위험은 온실가스 농도의 증가와 더불어 현저하게 증가하고 있다. 21세기에는 홍수와 한발의 피해를 입는 세계인구의 수가 증가할 것이다. 21세기 들어 기후변화는 대부분의 아열대 건조지역의 지표수와 지하수 자원을 현저하게 감소시켜 부문 간의 물 경쟁을 강화시킬 것이다.

육지 및 담수생태계

21세기 및 그 이후의 기간 중 기후변화 전망에 의하면 상당부분의 육지 및 담수생물종이 증가하는 멸종위기에 당면하게 될 것이다. 특히 기후변화가 서식지교란, 과도한 남용, 오염,

침입생물종 등 다른 압박요인과 상호작용하게 되면 이러한 멸종위기는 가중될 것이다.

해안생태계 및 저지대

기후변화로 인한 해수면의 상승으로 해안생태계와 저지대는 침수, 해안범람, 해안침식 등이 증가하게 될 것이다. 이러한 해안생태계에 대한 위험에 노출될 인구와 재산은 인구증가, 경제성장 및 도시화 등으로 크게 증가할 것이다. 이러한 해안생태계의 위험에 대한 적응 비용은 지역과 나라에 따라 크게 달라질 것이다. 저지대의 개발도상국과 군소 도서 국가들은 기후변화의 영향이 매우 커서 그 적응을 위해 국내총생산의 몇 퍼센트를 사용해야 할 것이다.

해양생태계

21세기 중반 이후의 기후변화 전망에 의하면 민감 지역의 해양생물종의 재 분포와 해양생물다양성의 감소로 어업생산성과 기타 해양생태계가 주는 지속적인 용역의 공급이 도전을 받을 것이다. 기후온난화로 인한 해양생물종의 공간적 이동은 고위도 지역의 침입과 열대지역과 준 폐쇄해역에서는 높은 지방적인 멸종 비율을 보일 것이다. 종풍부성과 어획잠재력은 중고위도에서는 평균적으로 증가하겠지만 열대지역에서는 감소할 것이다. 산소결핍지대와 무산소지대의 점진적인 팽창은 물고기 서식지를 한 층 더 제한할 것으로 전망된다.

중간수준에서 높은 수준의 온실가스 배출시나리오에 의하면, 해양의 산성화로 인해 해양생태계, 특히 극지생태계 및 산호초생태계에 심각한 위험을 가져올 수 있다. 이러한 위험성은 플랑크톤으로부터 동물에 이르기까지 그들의 생리기능, 행동양태, 개별생물종의 인구 동태성 등에 대한 영향 때문이다. 고도로 석회화한 연체동물, 극피동물, 암초를 만드는 산호는 갑각류나 물고기보다 더 민감하여 어업과 생계에 심각한 나쁜 결과를 가져올 수 있다.

식량안보 및 식량생산체제

열대 및 온대지역의 밀, 쌀, 옥수수와 같은 주요 농작물은 기후변화에 대한 적응대책이 없이 20세기 후반의 평균기온보다 2℃ 이상 상승하면 그 생산에 부정적인 영향을 미칠 것으로 전망된다. 그러나 그 영향은 농작물의 종류, 지역, 그리고 적응각본에 따라 달라질 것으로 전망된다.

식량생산, 식량사용, 식량가격의 안정 등 식량안보의 모든 면이 기후변화에 의해 영향을 받을 가능성이 있다. 고위도에 대한 해양어획량의 재분배는 열대지역 국가들에게 공급축소, 소득감소, 고용감소 등과 함께 식량안보문제의 발생 가능성을 의미한다. 기후변화에 의해 기온이 20세기 후반의 평균기온보다 4℃ 상승하고 이것이 식량수요의 증가와 결합되면 세계적, 지역적 식량안보에 큰 위험을 가져올 것이다. 식량안보에 대한 위험은 저위도지역에서 더 크게 나타난다.

도시지역

많은 기후변화의 지구적인 위험들이 도시지역에 집중되어 있다. 이러한 위험에 대한 탄력성의 배양과 지속가능개발을 가능하게 하는 단계적인 노력이 전 지구적으로 성공적인 기후변화 적응력을 가속화할 수 있다.

혹서, 폭우, 내륙과 해안의 범람, 산사태, 대기오염, 그리고 물 부족은 도시민, 재산, 경제와 생태계에 위험을 가져온다. 이러한 위험은 기본적인 기반시설과 서비스가 결여된 사람들에게는 더욱 증폭된다. 기본적인 서비스의 확충, 주거시설의 개선, 견고한 기반시설의 건설로 도시지역의 취약성과 위험에 대한 노출을 현저히 감소시킬 수 있다. 도시의 적응대책은 효과적인 다단계 도시위험 관리체제, 정책과 유인체제의 정비, 지방정부와 지역공동체의 강화된 적응능력, 민간부문과의 상승효과, 적정한 재정지원과 제도개발을 주요 내용으로 한다. 저소득층과 취약한 지역공동체 능력, 목소리, 그리고 영향이 증가하고 지방정부와의 동반자 관계가 형성되면 좋은 적응결과를 가져올 수 있다.

농촌지역

기후변화에 의한 미래의 주요 농촌영향은 가용 수자원의 양과 실제 공급가능량, 식량안보, 그리고 농업소득, 식량작물과 비 식량작물 생산 지역의 이동에 대한 영향에 의해 나타날 것이다. 이들 영향은 여성가장세대, 소작농, 무교육층 등 농촌지역의 빈곤층에 대해 더 큰 영향을 미칠 것으로 예상된다. 농업, 수자원, 산림, 그리고 생물다양성을 지키기 위한 진일보한 적응대책은 농촌지역 적응을 위한 의사결정의 중요성을 고려할 때 수립, 추진될 수 있다. 무역체제의 개혁과 투자는 소규모 농업자의 시장접근을 개선할 수 있다.

주요 경제부문 및 서비스부문

대부분의 경제부문에 대해 인구, 연령구조, 소득, 기술, 상대가격, 생활양식, 규제, 그리고 관리체제의 변화 등의 동인이 기후변화의 영향보다 상대적으로 더 큰 영향을 미칠 것으로 예상된다. 기후변화는 난방용 에너지의 수요를 줄이고 냉방용 에너지의 수요를 증가시킬 것으로 예상된다.

기후변화로부터 발생하는 전 지구적 경제영향은 추산하기가 어렵다. 과거 20년에 대한 경제적 영향의 추정치들은 대상이 된 경제부문의 분류와 범위가 서로 다르고 많은 가정들을 근거로 하고 있다. 이러한 가정에 대해서는 논쟁의 여지가 많고 추정치들도 재앙적인 변화나 한계점이나 그 밖의 다른 요소들을 계산하지 않고 있다. 불완전하기는 하지만 지구의 평균기온이 2℃ 상승하면 소득은 0.2~2% 범위로 감소하는 것으로 추정하고 있다. 이산화탄소 배출로 인한 경제영향의 증분의 추정치는 탄소 1톤당 수 달러에서 수백 달러의 범위인 것으로 알려져 있다.

인간건강

금세기 중반까지는 기후변화가 인간건강에 미치는 영향은 기존의 건강문제를 더 악화시키는 것이 주된 영향이 될 것이다. 21세기 전반을 통해 많은 지역과 특히 소득이 낮은 개발도상국에서 기후변화가 없는 기본수준에 비해 건강에 대한 악영향이 증가할 것이다.

한 층 더 맹렬한 혹서로 인한 부상, 질병 및 사망, 빈곤지역의 감소된 식량자원으로 인한 영양실조의 증가, 취약계층의 노동력의 상실과 생산성의 감소, 음식과 수인성 질병과 전염성 질병 위험의 증가 등이 인간건강 영향의 예에 포함될 수 있다. 긍정적인 효과로는 추위 관련 사망률과 이환율의 감소, 식량 생산지의 지리적인 이동, 그리고 전염병매개체의 전염병 전파 능력의 감소 등을 예로 들 수 있다.

21세기에는 지구전체적으로 기후변화의 부정적인 영향이 긍정적인 영향을 넘어설 것이다. 단기간에 있어서 가장 효과적인 인간건강의 취약성을 감소하는 방법은 깨끗한 물의 공급, 공중보건위생시설의 확충, 예방접종과 어린이 건강서비스, 재해방지 및 대응책 마련, 빈곤의 퇴치 등이다. 만약 온실가스 배출을 현 상태로 유지할 경우 2100년에는 높은 평균기온과 습도로 인해 일부 지역에서는 농작물의 재배나 바깥작업 등 정상적인 인간 활동이 불가능해질 것이다.

인간안보

21세기의 기후변화는 사람들의 이동을 증가시킬 것이다. 인구이동의 위험은 특히 소득이 낮은 개발도상국의 농촌과 도시에서 극한의 날씨조건에 노출될 경우 증가할 것이다. 인구이동의 기회가 확장된다면 이동 인구에 대한 취약성은 감소될 수 있다. 이주양태의 변화는 극한의 날씨조건과 좀 더 긴 기후의 변동과 변화에 대응할 수 있다. 이주도 효과적인 기후변화 적응전략일 수 있다. 기후변화는 간접적으로 가난이나 경제적 충격과 같은 충돌의 동인을 증폭시킴으로서 시민전쟁과 집단 내의 폭력의 형태를 가진 폭력적 충돌의 위험을 증가시킬 수 있다.

많은 국가의 중요한 기반시설과 영토통합에 대한 기후변화의 영향은 국가안보정책에 영향을 미칠 수 있다. 예를 들어 해수면의 상승으로 육지가 침수되면 군소도서국과 긴 해안선을 가진 국가들의 영토 통합에 위험이 발생할 수 있다. 해빙의 변화, 공유 수자원, 원양의 어족자원의 변화와 같은 기후변화의 국제적인 영향은 국가들 간 경쟁을 증가시킬 가능성이 있다.

생계 및 빈곤

21세기 전반에 걸쳐 기후변화는 경제성장을 둔화시킬 것으로 전망된다. 빈곤층의 감소를 어렵게 하고, 식량안보를 더욱 침식하며, 기존의 빈곤을 연장시키고 새로운 빈곤의 함정을 만들어 낼 것으로 전망된다. 후자는 특히 도시지역과 새롭게 부상하는 기아의 위험지역이다.

15.4 미래위험의 관리 및 저항력 배양

기후변화의 위험 관리는 미래 세대와 경제, 그리고 환경에 대한 고려를 바탕으로 적응과 저감대책의 결정에 관련된 것이다. 기후변화의 영향에 대한 저항력의 배양 및 조절의 수단으로서의 적응력에 대한 평가에 대해 논한다. 적응력의 한계, 기후변화 저항 경로, 그리고 변형의 역할 등이 고려의 대상이다.

15.4.1 효과적 적응의 원칙

장소적, 상황적 적응원칙

적응이란 장소 및 상황에 따라 달라진다. 따라서 모든 상황에 적용되는 단일의 적응접근방법은 없다. 효과적인 위험 감소 및 적응전략은 취약성의 동태성과 노출, 그리고 그들의 사회경제적 과정, 지속가능개발, 그리고 기후변화와 연관성을 고려하는 것이다.

모든 주체 참여의 원칙

적응계획의 수립과 이행은 개인에서 정부에 이르는 모든 주체의 상호보완적인 행위에 의해 향상되고, 성공할 수 있다.

현재 기후변동에 대한 취약성 및 노출 감축원칙

미래의 기후변화에 적응하는 첫걸음은 현재 기후변동에 대한 취약성 및 노출을 감소시키는 것이다. 적응전략에는 다른 목적에도 유익한 행동이 포함된다. 다른 목적이란 인간건강의 증진, 생활수준의 향상, 사회적 경제적 복지의 향상, 환경 질의 향상 등을 말한다. 계획과 의사결정 및 적응대책의 통합은 개발과 재해위험감소와 함께 상승효과를 촉진할 수 있다.

전통적 지식과 관행의 원칙

모든 계층의 참여에 의한 적응계획의 수립과 이행은 사회적 가치, 목적, 그리고 위험 인식 정도에 달려있다. 다양한 이해관계, 주위여건, 사회문화적 배경, 그리고 기대수준에 대한 인식이 의사결정 과정에 도움이 될 수 있다. 지역공동체와 환경에 대한 토착민들의 전체론적인 관점을 포함한 토착적, 지방적, 그리고 전통적인 지식과 관행은 기후변화 적응의 주요 자원이 될 수 있다.

의사결정 지원의 원칙

상황, 의사결정 형태의 다양성, 의사결정 과정, 그리고 구성원에 대한 민감도가 높을 때 가장 효과적인 의사결정 지원이 가능하다.

경제적 도구 유인 원칙

기존 및 새로운 경제적 도구는 기후변화 영향을 예견하고 감축하기 위한 유인을 제공함으로써 적응능력을 배양할 수 있다. 경제적 도구란 공공-민간 재정협력, 대출, 환경서비스에 대한 지출, 자원가격체계의 개선, 부담금과 보조금, 규범과 규칙, 위험의 공유와 이전체제 등을 말한다.

제약의 원칙

적응계획과 그 이행을 방해하는 제약조건들은 상호 상승작용을 할 수 있다. 제약조건들이란 제한된 재정 및 인력자원, 관리체제의 제한적인 통합 및 조정 가능성, 영향 전망의 불확실성, 위험에 관한 서로 다른 인식, 가치관의 상이, 주요 적응 지도자 및 창도자의 부재, 그리고 적응의 효과를 측정할 수 있는 도구의 불충분 등이다.

잘못된 적응 회피 원칙

잘못된 계획, 과장된 단기영향, 결과예측의 불충분 등은 잘못된 적응결과를 가져올 수 있다. 잘못된 적응은 미래 표적집단의 취약성이나 노출을 증가시킬 수 있다. 기후변화 관련 증대되는 위험에 대한 단기대응 역시 장래의 선택의 여지를 제한할 수 있다. 예를 들어, 노출 재산에 대해 보호를 강화하면 더 강화된 보호수단에 의존할 수밖에 없게 된다.

제한된 증거의 원칙

제한된 증거는 지구적 적응 필요성과 적응 가용 기금 간의 간극을 가리킨다. 지구적 적응에 필요한 비용, 자금조달, 그리고 투자에 대한 진일보한 평가가 필요하다. 지구의 적용 비용 추산에 관한 연구의 특징은 자료 및 방법의 부족, 대상범위 모호성이다.

저감과 적응효과 극대환 원칙

저감과 적응 간, 그리고 상이한 적응적 대응 사이에는 뚜렷한 상호이익, 상승효과, 그리고 손익거래가 존재한다. 기후변화 영향의 저감과 적응 노력이 증가한다는 것은 상호작용의 복잡성의 증가를 의미한다.

15.4.2 기후변화 저항적 과정 및 변혁

기후변화 저항적 과정은 기후변화와 그 영향을 감축시키려는 적응과 저감대책을 결합한 지속가능개발의 경로를 말한다.

기후변화 저항적 전이

지속가능개발을 위한 기후변화 저항적 과정에 대한 전망은 기본적으로 세계가 기후변화 영향 감축을 위해 성취한 것이 무엇인지와 관련이 있다.

기후변화의 크기와 적응의 한계

기후변화의 비율과 규모가 커질수록 적응의 한계를 넘어설 가능성이 증가한다. 적응의 한계는 행위자의 목적이나 체제의 필요성을 위한 내성 한계를 넘어선 위험을 피하고자 하는 적응 행동이 가능하지 않거나 그 당시에는 활용할 수 없는 경우에 발생한다. 감내할 수 없는 위험이 무엇이냐에 대한 가치 판단은 서로 다르다.

적응의 한계는 기후변화와 생물 물리적, 사회경제적 제약들 간의 상호작용으로부터 발생한다. 적응과 저감 사이의 긍정적인 상승효과의 이점을 취할 수 있는 기회는 시간의 경과에 따라 감소한다. 특히 적응의 한계를 넘어섰을 때는 더욱 감소한다. 세계의 일부지역에서는 이미 새롭게 나타나는 영향에 대한 불충분한 대응 때문에 지속가능개발의 기반이 침식되고 있다.

경제적, 사회적, 기술적, 정치적 결정 및 행동의 변혁

경제적, 사회적, 기술적, 정치적 결정 및 행동의 변혁은 기후변화 저항적 전이를 가능하게 할 수 있다. 지속가능개발을 위한 기후변화 저항적 전이의 방향으로 나아갈 전략과 행동을 지금 당장 추구할 수 있다. 그와 동시에 생활수준과 사회 경제적 복지의 개선, 책임 있는 환경관리 등에 도움이 될 수 있다. 지속가능개발을 위한 변혁은 반복적인 학습, 신중한 과정, 그리고 혁신으로부터 도움을 받을 수 있을 것으로 생각된다.

우리나라의 기후변화 및 주요 위험

15.5.1 우리나라의 기후변화

우리나라 온실가스 농도 변화 추이 및 전망

[그림 15-3]에서와 같이 우리나라 온실가스 농도는 1850년 280ppm에서 2000년 360ppm 으로 상승하였으며, 2013년에는 400ppm을 넘어섰다. 우리나라의 2100년 온실가스 농도는 RCP 2.6의 경우 420ppm, RCP 4.5의 경우 540ppm, RCP 6.0의 경우 670ppm, 그리고 RCP 8.5의 경우 940ppm으로 각각 전망된다.

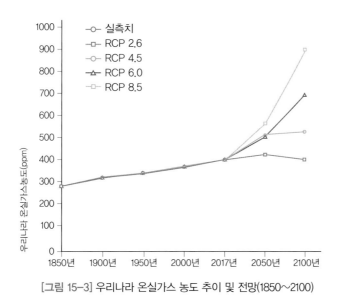

[그림 15-3] 우리나라 온실가스 농도 추이 및 전망(1850~2100)

우리나라 평균기온 상승 전망

우리나라의 기후는 〈표 15-1〉에서와 같이 온실가스 배출추세를 현재대로 유지한다면RCP 8.5 21세기 후반기(2071~2100년) 우리나라의 기온은 현재(1981~2010년) 기준 3.8℃ 상승할 것 으로 전망된다.

폭염과 열대야 등 극한기상 현상도 21세기 후반에 현재보다 4배~14배 정도 증가할 것으로 예상된다. 반면, 온실가스 감축이 상당히 실현될 경우RCP 4.5 21세기 후반기 기온상승은 2.4℃ 수준에 머무르고 폭염, 열대야 등 극한 기상 현상 또한 1.8배~4.5배 상승에 그쳐 온실가스 감축효과가 크게 나타날 것으로 예상된다.

〈표 15-1〉 1981-2010년 기준 21세기 말 한반도 기후전망

구분	현재 기후 값 (1981~2010)	21세기 후반(2071~2100)			
		RCP 2.6	RCP 4.5	RCP 6.0	RCP 8.5
평균기온(℃)	11.0	+1.2	+2.4	+2.5	+3.8
일 최고기온(℃)	16.6	+2.9	+2.9	+5.7	+5.7
일 최저기온(℃)	6.2	+3.2	+3.2	+6.1	+6.1
강수량(mm)	1162.2	+20%	+20%	+18%	+18%
폭염일수(일)	7.5	+6.1	+6.1	+24.4	+24.4
열대야일수(일)	2.6	+11.8	+11.8	+37.2	+37.2
호우일수(일)	2.2	+1.0	+1.0	+0.8	+0.8

15.5.2 우리나라의 기후변화 주요 위험

강수량 증가

21세기 후반기 우리나라 강수량은 현재 평균 강수량 1,145㎜ 대비 20%가 증가한 1,374㎜로 증가할 것으로 전망된다. 그러니 강수량 증가의 시간적, 공간적 차이가 커 가뭄과 호우 강도도 동시에 증가될 전망이다.

해수면

지난 43년간(1964~2006년) 한반도 평균 해수면은 약 8cm 상승하였으며 같은 기간 제주지역은 무려 22cm 상승하였다. RCP 8.5에서 21세기 후반기 한반도 해수면은 평균 76cm 정도 상승할 것으로 전망되고 있다.

생태계

기온이 2℃ 상승할 경우 한반도 생태계는 아열대성으로 변화하게 된다. 소나무 식생지역은 경기북부, 강원 지역에만 분포하여 식생대가 축소되고 육상생태계는 생물다양성이 감소하며, 꽃매미 등 남방계 외래 곤충이 증가하는 등 생태계에 다양한 변화가 예상된다. 기후변화는 해양생태계에도 영향을 미쳐 백화현상 등으로 산호 군락지가 감소하고 꽃게어장은 연평도 부근

에서 북한 영해로 이동할 것으로 예상된다.

물 환경

생활. 농업. 공업용수 수요는 지속적으로 증가하는 반면 하천유량은 2050년까지 감소할 전망이어서 물 부족 현상이 심화될 것이다. 특히, 기온이 상승하면 현재 물이용량의 48%를 차지하는 농업용수 수요가 급격히 증가하여 심각한 물 부족 현상이 야기될 것이다. IPCC 보고서('07)에서는 아시아지역 관개농업 물수요가 기온 1℃ 상승 시 최소 10% 증가할 것이라고 전망하였다.

건강

기온 1℃ 상승 시 폭염사망률은 약 3% 증가하고, 특히 65세 이상 노인은 일반인에 비해 4배 더 취약할 것이라는 최근 연구결과(우리나라 기후변화의 경제학적 분석, 2011)가 있다. 기후변화로 고온 다습한 환경이 조성되면 말라리아와 같은 아열대성 질병도 증가한다.

농업

기후변화에 따른 기온상승과 병해충 증가로 쌀 생산량 감소, 과수 등 품질 저하, 고랭지채소 재배면적 축소 등의 피해가 발생할 것이다. 과수 등 재배적지가 북상하는 현상은 지금도 확연히 관찰되고 있다. 1980년대 제주에서만 재배되던 한라봉은 전북 김제까지 재배 가능지역이 북상했고, 경북 청도의 복숭아는 경기 파주까지, 경북 경산의 포도는 강원 영월까지 올라온 상태이며 멜론도 전남 곡성 인근에서 강원 양구까지 재배 지역이 확대됐다.

이렇듯 기온상승으로 우리나라 작물지도가 완전히 달라지고 있으며 이러한 현상은 기후변화와 함께 더욱 심화될 전망이다.

피해비용

2011년 한국 환경정책·평가연구원 발표 자료에 의하면 전 세계가 온실가스 감축을 위해 아무런 노력을 하지 않는다면 2100년까지 기후변화로 인한 우리나라의 누적피해비용은 약 2,800조 원에 이를 것이라고 전망한 바 있다.

15.6 우리나라의 기후변화 적응대책

15.6.1 국가기후변화적응대책 분야

국가 기후변화 적응대책 비전은 "기후변화 적응을 통한 안전사회 구축 및 녹색성장 지원"이다. 적응대책은 〈표 15-2〉에서와 같이 부문별 적응대책과 적응기반대책으로 나누어진다. 적응대책 대상 부문은 건강, 재난과 재해, 농업, 산림, 해양수산업, 물 관리 및 생태계이며, 적응기반대책의 대상은 기후변화 감시 및 예측, 적용산업 및 에너지, 교육홍보 및 국제협력 등이다.

〈표 15-2〉 국가 기후변화 적응대책 및 적응기반대책 주요 내용

적응대책 및 적응기반대책		주요 내용
적응대책	건강	폭염, 대기오염 등으로부터 국민 생명 보호
	재난/재해	방재, 사회기반 강화로 피해 최소화
	농업	기후 친화형 농업생산체제로 전환
	산림	산림 건강성 향상 및 산림재해 저감
	해양/수산	안정적 수산식량자원 확보 및 피해 최소화
	물 관리	기후변화로부터 안전한 물 관리체제 구축
	생태계	보호, 복원을 통한 생물다양성 확보
적응기반대책	기후변화 감시/예측	적응 기초자료 제공 및 불확실성 최소화
	적응산업/에너지	기후변화 적응 신산업, 유망산업 발굴
	교육/홍보/국제협력	대내외 적응소통 강화

15.6.2 국가기후변화적응 부문별 대책

국가기후변화대응종합대책

기후변화는 사회 모든 영역에 영향을 미침과 동시에 점진적으로 진행된다. 따라서 사회 전 부문을 아우를 수 있는 통합적이고 체계적인 기후변화 적응대책이 필요하다. 그동안 국가 기후변화 대책의 근간인 '기후변화 대응 종합대책'이 4차례에 걸쳐 수립되었으나 제1차(1999～2001년) 및 제2차(2002～2007년) 대책은 기후변화 완화 내용만 반영하였으며, 제3차(2005～2007년)에 와서 처음으로 기후변화 적응과 관련된 내용이 포함되었다.

국가기후변화적응종합계획

2008년 12월 24일 13개 부처가 합동으로 수립한 국가기후변화적응종합계획(2009~2030년)은 기후변화 적응을 통한 안전사회 구축 및 녹색성장 지원을 국가 비전으로 제시하였으며, 국가차원에서 통합된 기후변화적응 계획을 수립하였다는데 의미가 있다.

녹색성장국가전략 및 5개년계획

2009년 7월에 대통령 직속 녹색성장위원회에서 발표한 녹색성장국가전략 및 5개년 계획에 "기후변화 적응역량 강화"가 10대 정책과제에 포함되는 등 기후변화 적응대책의 필요성과 시급성에 대한 인식이 점차 확대되었다.

국가기후변화적응대책

2010년 4월 시행된 저탄소 「녹색성장기본법」에서는 국가 적응대책의 수립을 의무화하였고, 이에 따라 적응대책 총괄부처인 환경부를 비롯하여 보건복지부, 국토해양부, 농림수산식품부 등 13개 중앙부처와 70여 명의 해당 분야 전문가가 참여하여 국가기후변화적응대책(2011~2015년)을 수립(2010.10)하였다. 동 대책은 2008년 수립한 국가기후변화적응종합계획을 보완, 발전시킨 것으로, 건강, 재해, 재난, 물 관리 등 10개 분야 87개 과제를 담고 있다.

수정 국가기후변화적응대책

2012년에는 IPCC 제5차 평가보고서에서 사용하는 기후변화 신 시나리오RCP를 활용하여 국가기후변화적응대책을 수정, 보완(2012.12)하였다. 보다 정밀한 기후변화 관측과 정교해진 분석기술을 적용하여 생산된 기상청 신 시나리오에 따르면, 우리나라의 기후변화는 더 빠르고, 강하게 진행될 것으로 전망되었다.

20세기 말 대비 2050년 한반도 평균기온은 기존 시나리오예측보다 1.4℃ 높아진 3.2℃가 상승하고, 평균 강수량 역시 4.1% 증가한 15.6%가 증가할 것으로 예측되어 기후변화에 취약한 부문들을 중심으로 우선적으로 추진해야할 대책을 선별, 강화하였다. 또한 2013년에는 수정, 보완 작업의 후속조치로서 적응대책 세부과제를 9개 부문, 67개 과제로 재정비하고 이에 대한 세부시행계획(2013~2015년)을 수립하였다.

취약계측 맞춤형 적응대책

적응대책에 따라 노인, 장애인, 만성질환자 등 기후변화에 가장 직접적인 피해를 받는 취약계층의 건강피해 방지를 위해 취약계층 맞춤형 대책을 마련하였다.

15.6.3 국가기후변화적응기반 구축

기후변화 정보 활용 지원 및 연구개발 투자

통합적인 정책 수립 및 민간기업의 기후변화 정보 활용 지원을 위해 기후변화 적응 정보 통합시스템 구축을 추진하고 있다. 이를 토대로 부처 간, 기관 간 전문성을 상호 보완하고, 실효성 높은 적응대책 수립 지원을 위한 장기적 기후변화 적응 R&D를 추진할 계획이다.

국가기후변화적응센터

공공부문의 적응역량 강화와 함께, 산업계 등 민간의 적응능력 제고를 위해 기후변화 리스크 평가체계 개발 및 공공기관(공기업) 적응보고제도 도입방안 마련 등 민간으로의 적응확산 대책도 추진해 나가고 있다. 또한 환경부는 심화되는 기후변화에 대하여 체계적이고 심도 있는 영향 분석 및 취약성 평가, 기후변화로 인한 피해규모 분석 등을 실시하여 정책결정자들에게 필요한 기후변화 정보를 제공하기 위한 싱크탱크 기관으로서 2009년 7월 국가기후변화적응센터Korean Adaptation Center for Climate Change를 한국 환경정책·평가연구원에 설립하였다.

국가기후변화적응센터는 국가 적응능력 강화를 위해 단기적(2009~2010년)으로 기후변화 적응기반을 구축하고, 중기적(2011~2012년)으로는 기후변화 적응 프로그램을 주도하며, 장기적 (2012~2018년)으로는 기후변화 적응 글로벌 리더십을 발휘하는 것을 비전으로 설정하여 정부의 적응대책 수립을 지원하고 있다.

기후변화적응관계부처협의회

기후변화 적응을 위해 여러 부처에서 다양한 분야의 사업을 추진하고 있어 관련 대책의 수립, 이행, 관리에 있어 부처 간 의견을 수렴하고 서로 연계할 수 있는 파트너십 구축이 중요하다. 이러한 측면을 감안하여 2010년부터 적응대책 관련 부처 합동 의사결정 기구인 '기후변화 적응 관계부처 협의회'(위원장 : 환경부 차관, 위원 : 관계부처 국장)를 운영하고 있다.

기후변화적응산업포럼

2011년과 2012년에는 기후변화가 산업에 미치는 기회요인을 분석하고 전략적 대응방안을 모색하기 위한 '기후변화 적응산업 포럼'을 운영하였다. 2013년에는 국가 기후변화적응센터 중심으로 연구기관 전문가 협의체를 구성, 운영하는 한편, 관계부처 협의를 통해 수정, 보완된 적응대책에 대한 2013~2015년 세부시행계획을 수립하였다.

기후변화적응국제심포지엄

국내 협력 네트워크뿐만 아니라 국제 기후변화 적응 네트워크 구축 및 교류 활성화를 위하여 '기후변화 적응 국제심포지엄' 등을 개최하여 선진국의 우수 적응정책 및 도구를 벤치마킹하고 한국의 적응정책을 알리는 한편 국제적 명성을 얻고 있는 외국 기관과 협력을 강화하고 있다.

기후변화적응교육

또한, 아세안 개발도상국 국가를 대상으로 유엔 환경계획UNEP과 함께 기후변화 적응 교육을 실시하는 등 기후변화 적응기술 지원 활성화에도 노력하고 있다.

기후변화감시예측기능강화

또한, 환경부는 기후변화 감시예측 기능 강화를 위해 동아시아지역의 기후변화 및 대기오염 물질(질소산화물, 황산화물, 오존, 알데히드, 에어로졸 등)의 배출, 이동 상시 감시를 위해 2018년 발사를 목표로 환경위성탑재체를 개발하고 있다. 이를 위해 2009년 6월부터 국립환경과학원 내에 지구환경위성사업단을 구성, 운영하고 있으며, 2010년에 '정지궤도 복합위성'에 대한 예비타당성 조사에서 사업 추진의 타당성을 인정받은 바 있다. 2013년에는 허블망원경을 개발했던 미국의 BATCBall Aerospace & Technology Corporation와 공동개발 계약을 체결하여 환경위성 탑재체 예비설계(안)를 마련하였다.

홍보전략 수립추진

기후변화 적응에는 장기간에 걸친 공감대 형성과 참여가 필요하다는 인식하에 전문가, NGO, 대학생 등 다양한 계층의 눈높이를 맞춘 홍보전략을 수립하여 추진하고 있다. 또한,

기후변화 적응분야의 전문가와 국민의 정보 수요에 대응하기 위해 국내 정부부처, 연구기관 및 국제기구(UNDP, OECD, UNEP 등) 등에 분산되어 있는 기후변화 적응 정보에 대하여 메타데이터를 작성하고, 국민 및 전문가 그룹에게 관련 정보를 제공하는 시스템을 구축, 운영하는 등 '기후변화 적응정보 전달 허브'를 구축해 가고 있다.

15.6.4 지방자치단체 기후변화적응대책

지자체 기후변화 적응대책 세부시행계획 수립

저탄소 녹색성장 기본법 시행령 제38조에 지자체는 기후변화 적응대책 세부시행계획을 수립·시행하여야 하며, 환경부장관은 매년 그 실적을 점검하도록 규정하고 있다. 2010년 서울시와 인천시를 대표모델로 선정하여 적응대책 세부시행계획 수립 시범사업을 실시하고, 이를 확대하여 2012년에는 모든 광역지자체에서 적응대책 세부시행계획 수립을 완료하였다. 2015년부터는 기초지자체까지 기후변화적응 세부시행계획수립이 의무화됨에 따라 2012~2013년에 걸쳐 35개 기초지자체를 선정하여 세부시행계획 수립 시범사업을 지원하였다. 지자체 적응대책 세부시행계획은 현재와 미래의 기후변화 영향을 평가하고, 각 지역별 적응능력을 분석하여 중점 취약분야를 도출함으로써 기후변화 피해를 줄이기 위한 연차별 추진전략을 수립하는 내용을 담고 있다.

지자체 적응대책 분야

적응대책은 건강, 농업, 생태계 등 여러 분야에 대한 기후변화 영향을 전망하고 대책을 마련해야 하는 것으로 많은 인력과 경험을 필요로 한다.

지자체 적응대책 수립 지원

이러한 점을 감안하여 환경부에서는 적응대책 수립 매뉴얼 보급, 전문가 자문단 운영, 적응정책 인벤토리 구축, 지역별 취약성지도 작성, 취약성 분석 도구Tool 개발·고도화 등 다양한 지원 프로그램을 운영하여 지자체 적응대책 수립을 지원하고 있다.

15.7 우리나라의 온실가스저감대책

15.7.1 온실가스배출량 및 의무감축량

우리나라 온실가스 배출량 추이

[그림 15-4]에서와 같이 1990년 우리나라의 연료연소에 따른 온실가스 배출량은 2억9,219만 톤이었으나, 지속적인 경제성장과 에너지 다소비 산업구조로 인해 2018년에는 7억914억 톤으로 28년 기간 중 143%가 증가하였다.

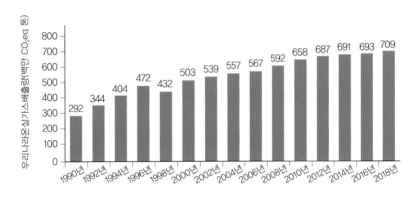

[그림 15-4] 우리나라 온실가스 배출량 추이(1990~2018)

온실가스별로 보면, 산림흡수량을 고려하지 않은 이산화탄소 배출량 비중이 1990년 85.3%에서 2018년 89.4%로 증가한 반면, 메탄은 농경지 감소 및 폐기물 감축대책 추진 등으로 1990년 10.7%에서 2010년 4.2%로 크게 감소하였다. 분야별로 보면, 에너지, 산업 공정, 폐기물 분야 배출량은 전년 대비 증가한 반면, 농업 분야 배출량은 감소하였다.

온실가스 의무감축량

급격한 지구온난화와 그에 따른 이상기후 및 기상이변이 세계적인 관심사로 부각되면서, 기후변화에 대한 전략적 대응 여부가 개별 국가의 경쟁력에 지대한 영향을 미칠 전망이다. 이에 따라 온실가스 의무감축에 따른 국가부담 증가에 대비하고, 기후변화의 위기를 기후변화 대응 관련 환경산업 육성 등의 기회로 활용하여야 한다. 2020년 이후부터는 기후변화협약의 모든 당사국에게 온실가스 감축 의무를 부여하는 것을 골자로 하는 국제적 합의2011.12 Durban Outcome에 따라, 산업, 수송 부문은 물론 비 산업 부문에 이르기까지 부문별 온실가스 감축정책의 본격적인 추진이 요구되고 있다.

15.7.2 온실가스감축목표
우리나라 온실가스감축목표 및 추진계획

우리나라는 국무조정실 주관으로 범 부처 "기후변화대응 TF" 및 "공동작업반"을 구성하여 2014년 4월부터 2020년 이후의 온실가스 감축목표 설정작업을 추진하였다. 실무작업결과를 토대로 감축시나리오 4개를 정부안으로 마련하여 민관합동검토반(2015.6.11), 공청회(2015.6.12), 국회토론회(2015.6.18) 등을 통해 다양한 의견을 수렴하였다. 이 과정에서 산업계는 감축부담을 더 완화할 것을 주장한 반면, 시민사회와 UN 등 국제사회는 GCF 유치국으로서의 한국의 위상에 걸맞게 현재보다 진일보한 감축목표를 요구하였다. [그림 15-5]에서와 같이 정부는 이러한 요구들을 수렴, 조정하여 "2030년 온실가스 감축목표를 BAU(851백만 톤) 대비 37%로 확정"하고 국제사회에 제출(2015.6)하였다. 2015년 12월 파리 기후변화당사국총회COP21에서 국제적으로 확정된 이후, 녹색성장위원회 심의를 거쳐 제1차기후변화대응기본계획과 2030 국가온실가스감축 기본로드맵을 확정(2016.12)하여 시행 중이다.

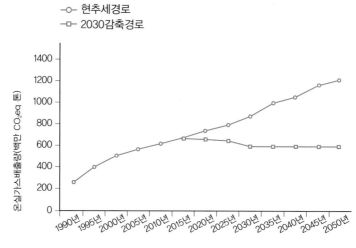

[그림 15-5] 우리나라 온실가스 감축목표 및 추진일정계획(2017-2050)

국가온실가스감축로드맵

정부는 국정과제로 '온실가스감축국제공약이행'을 설정하였으며, 국가 온실가스 감축목표의 실질적 이행을 위해 산업, 건물, 수송 등 각 부문별 감축정책과 수단을 체계화하고 과학기술을 활용한 감축방안과 취약부문의 감축 지원방안을 제시하는 '국가 온실가스 감축 로드맵'을 마련(2015.1)하였다. 국가 온실가스 감축 로드맵은 국제사회와의 약속에 대한 정책적 의지를 표명함과 함께 정부의 감축의지에 대해 산업계 등에 명확한 신호를 보내고 있다. 또한, 다양한 시장 친화적 감축수단을 동원하여 산업계 등이 신규 감축수단 도입, 에너지 효율화 및 저감 설비 등에 안정적인 투자계획을 유지하고 이들의 정책수용성을 뒷받침할 수 있도록 구성되었다.

15.7.3 온실가스 감축대책 추진

온실가스배출권거래제

환경부는 온실가스 감축의 선도 부처로서 산업부문의 비용, 효과적인 온실가스 감축을 도모하고 사업장의 감축의무 이행에 있어 유연성을 부여하는 배출권거래제를 시행(2015년)하기 위한 제도적 기반을 마련 중이다. 온실가스 배출권의 할당 및 거래에 관한 법률 제정(2012.5) 이후, 제도 운영의 객관성, 신뢰성 및 행정 효율성을 고려하여 환경부 단일 주무관청 체계를 구축하였으며, 무엇보다 산업계와 함께 하는 시행체계를 마련하는 것에 주안점을 두고 기틀을 다져가고 있다.

배출권거래제란 정부가 온실가스를 대량으로 배출하는 사업장을 대상으로 배출권permit을 할당allocation하여 할당된 배출권 범위 내에서 배출행위를 할 수 있도록 하고, 감축 후 여분 또는 부족 배출권에 대해 다른 사업장과의 거래를 허용하는 제도이다. 감축여력이 높은 기업(한계감축비용이 낮은 기업)은 할당된 배출권 보다 많이 감축하여 배출권을 배출권시장에 판매할 수 있고, 감축여력이 낮은 기업(한계감축비용이 높은 기업)은 직접감축 보다는 배출권을 구매함으로써 감축비용 절감이 가능한 구조이다. 배출권거래제 할당대상은 온실가스 배출 연평균 총량이 125,000톤 CO_2eq 이상인 업체 또는 25,000톤 CO_2eq 이상인 단위사업장을 보유한 업체이며, 정부는 세부적인 배출량 기준을 마련하여 2014년 7월에 할당대상 업체를 지정, 고시하였다.

온실가스배출권할당

배출권 할당은 무상할당과 유상할당으로 구분 되는데, 1차 계획기간(2015~2017년)에는 100% 무상으로 할당이 이루어진다. 2차 계획기간(2018~2020년)에는 유상할당 비율이 3%, 3차 계획기간(2021~2025년)에는 10% 이상 유상할당 하도록 하여 시행 초기 산업계의 비용부담 완화와 제도의 연착륙을 도모하였다. 한편, 2차 계획기간 이후에도 우리나라 산업의 대외 경쟁력을 고려하여, 수출비중이 높은 업종 또는 에너지 집약 업종에 대해서는 100% 무상할당이 가능하도록 하였다. 사업장은 배출권을 할당받고 배출 및 감축활동을 한 후에는 배출량을 산정하고 외부전문기관의 검증을 거친 후 정부에 보고해야 하며, 정부는 이에 대한 적합성 여부를 평가한 후 배출량을 인증해주고 있다. 배출권의 제출 방법은 할당받은 배출권을 제출하거나, 부족할 경우 다른 사업장으로부터 배출권을 구매하여 제출할 수도 있고, 다음 연도의 배출권을 차입하여 제출할 수도 있다. 또한, 해당 사업장 외부에서 사업을 통해 인증 받은 온실가스감축량(상쇄배출권)이 있을 경우 이를 제출할 수도 있다. 할당받은 배출권 외에 다른 방법으로 배출권을 제출하는 경우 그 규모에 제한을 두고 있는데, 차입은 제출해야 하는 배출권 총수량의 10% 이내로, 상쇄배출권도 10% 이내로 제한하고 있다. 외부감축사업을 통해 획득한 상쇄배출권의 경우 해외 상쇄도 있을 수 있는데, 해외 상쇄의 경우 전체 상쇄배출권제출한도의 50% 이내로 제한을 두고 있으며, 이것도 2차 계획기간까지는 제한하고 있다. 배출권을 제출하고도 남는 경우에는 이를 다음 년도로 이월하여 미래의 배출권 수요에 대비할 수 있다. 배출권의 거래는 등록부registry에 거래 계정을 등록함으로써 가능하다. 2차 계획기간까지 할당 대상 업체가 아닌 제3자의 거래 계정 등록에 제한을 두고 있다. 배출권거래는 거래당사자 간에 할 수도 있지만, 금융상품과 같이 배출권거래소를 통해 쉽고 안전하게 할 수도 있다. 아울러, 정부는 배출권 거래시장의 안정화를 위해 취할 수 있는 여러 가지 장치를 마련해놓았다. 배출권가격이 폭등하는 등 긴급한 사유가 발생하면 가격 안정화를 위해 예비 분을 추가 공급하여 시장안정화 조치를 취할 수 있으며, 이외에도 배출권의 최소 및 최대보유한도를 설정하거나, 차입 또는 상쇄배출권의 제출한도를 제한할 수도 있고, 배출권의 최고 또는 최소 가격을 설정할 수도 있다.

온실가스에너지목표관리제

2010년부터 국가 온실가스 감축목표를 달성을 위한 수단으로 '온실가스, 에너지 목표관리제'를 도입하였다. 목표관리제는 온실가스를 다량으로 배출하거나 에너지를 많이 소비하는 사업장 또는 업체를 관리업체로 지정하고, 관리업체별로 온실가스 감축목표와 에너지 절약목표를 설정하여 그 이행을 정부가 관리하는 제도이다. 사업장 이행실적에 대한 이행점검 및 현장조사, 온실가스 배출량에 대한 산정, 보고, 검증MRV5 체계 개선으로 산업, 공공부문의 온실가스 감축에 대한 기존의 '온실가스, 에너지 목표관리제'의 실효성을 한층 강화하고 있다.

온실가스·에너지목표관리제 운영

목표관리제는 총괄, 관장기관 체계로 운영되는데, 총괄기관인 환경부는 제도 운영에 필요한 종합적인 기준, 절차와 지침을 마련하고 부문별 관장기관 사무에 대한 점검, 평가를 담당한다. 관장기관인 농림축산식품부(농업, 임업, 축산 분야), 산업통상자원 부(산업, 발전 분야), 환경부(폐기물 분야), 국토교통부(건물, 교통 분야)는 소관 부분별로 관리업체를 지정하고 업체별 감축목표를 설정하며, 그 이행사항을 직접 관리한다.

2012년 관리업체별로 설정된 감축목표의 이행결과가 2013년에 최초로 보고되었다. 관리업체(434개소)의 온실가스 감축총량은 2012년 온실가스 예상 배출량 5억6천만 톤 CO_2eq의 3.78%인 2,130만 톤이며, 이는 당초 감축목표인 약 800만 톤의 2.7배에 해당되는 양이다. 당해 관리업체 총 435개소 중 90.3%인 392개소의 사업장이 감축목표를 달성했으며, 이중 372개 업체는 배출권 거래제 참여시 배출권으로 활용이 가능한 초과감축량으로 3,005만 톤을 인정받았다.

저탄소협력금제도, 그린스타트 운동, 탄소포인트제, 그린카드

민간 소비 부문의 기후변화대응과 관련하여 승용차의 CO_2 배출량에 따라 보조금과 부담금을 부과하는 '저탄소차협력금제도' 등을 도입하여 자발적인 저탄소차 확산을 유도하고, 그린스타트 운동, 탄소포인트제, 그린카드 사용 등 저탄소형 생활혁신 운동을 지속 전개하고 있다.

온실가스종합정보센터

정부는 국제적 수준의 온실가스 관리체계 구축을 위해 2010년에 저탄소 녹색성장 기본법을 제정하고 같은 해 6월에 온실가스 관리 전문기관인 온실가스종합정보센터(이하 센터)를 설립하였다. 센터 설립의 주요 목적은 온실가스 배출에 관한 총괄적이고 체계적인 관리이며, 주요기능은 국가의 저탄소 정책 추진을 위한 부문별, 업종별 온실가스 감축목표 설정, 관리 및 기후변화 관련 국제협력 업무 지원이다. 이에 센터는 국가 온실가스 통계 및 그 구성 요소의 개발, 검증, 확정에 관한 일련의 과정을 체계적으로 관리하고자 통계 총괄관리에 필요한 세부 사항을 규정한 국가 온실가스통계 총괄관리 규정(환경부 훈령 제935호, 2010.12)에 따라 '국가 온실가스 통계의 산정, 보고, 검증 지침' 등을 작성하여 유관기관에 제공하고 있다.

국가 온실가스종합정보관리시스템

온실가스 통계와 관련된 다양한 자료를 수집, 관리하기 위해 2011년부터 '국가 온실가스 종합정보관리시스템NGMS'을 운영하고 있다. 이는 국가 및 사업장 인벤토리(배출원 정보) 보고, 검증, 관리의 핵심적 수단으로, 온실가스, 에너지 목표관리제 적용 대상인 관리업체와 부문별 관장기관(산업부, 국토부 등) 및 총괄기관(환경부) 등이 온실가스 배출량 및 에너지 소비량 등의 관련 자료를 보고, 확정하는 전산 기발시설로서, 운영개시 이후 지속적 고도화를 통해 성능과 안전성이 지속적으로 향상되고 있다. 향후, 2015년 시행 예정인 배출권 거래제의 운영과 관련, 배출권 등록부 및 상쇄 등록부의 관리 기능이 시스템에 부가되어 온실가스 관리의 통합시스템으로 위치를 점하고 있다.

온실가스 통계관리 지침 및 배출량과 배출계수

온실가스 통계관리에 필요한 각종 지침과 국가 온실가스 배출량 및 배출계수는 센터와 외부전문가 검토를 통한 검증과 국가 온실가스 실무협의회의 협의를 거쳐 국가 온실가스 통계관리위원회의 승인을 받아 확정된다. 일련의 과정을 진행하며 국가 배출량이 확정되면, 센터는 이를 바탕으로 국가 온실가스 인벤토리 보고서NIR ; National Inventory Report를 작성하여 대외적으로 공표하고 있다. 2013년에는 1990년부터 2011년까지의 국가 온실가스 배출량이 산정되었으며, 2014년에는 2012년까지의 국가 온실가스 배출량이 확정되었다. 또한 국가 온실가스배출량 통계의 신뢰도향상을 위해 에너지, 폐기물 및 토지이용, 토지이용 변화 및 산림LU-LUCF; Land·Use, Land·Use Change and Forestry 부문 배출계수를 추가 검증하여 적용하였으며, 2006 IPCC 지침의 적용과 불소계 온실가스 배출량 통계 개선 작업도 진행하였다.

온실가스 감축목표 설정 및 감축잠재량 평가

온실가스 관련 정보관리 기능 이외에 국가 및 부문별, 업종별 온실가스 감축목표설정과 감축잠재량 평가도 센터의 주요 기능 가운데 하나이다. 2011년 국가 부문별, 업종별, 연도별 온실가스 감축목표 설정 과정에서 이미 다양한 온실가스 감축모형(MESSAGE, LEAP, AIM, CGE 등)을 활용, 최적의 감축경로를 분석, 제시한 바 있으며 관련부처 전문가로 구성된 '공동 작업반'을 운영하면서 각 관장기관들의 의견을 반영하여 정부 차원의 단일안을 마련하였다.

센터는 글로벌 온실가스 정보 허브 구축을 목표로 세계 각국과 다자간 또는 양자간 협력사업도 활발히 추진하고 있다. 개도국을 대상으로 하는 다자간 협력 사업으로 '개도국 협력 포럼C2GMF ; Cooperative Green Growth Modeling Forum'이 있으며, 참가국 수가 20여 개에 이른다. 포럼은 온실가스 배출량 통계체제 구축과 감축모형 운용에 대한 우리의 경험을 개도국에 전파하고, 개도국의 온실가스 감축목표 설정 및 감축수단 마련을 지원하고자 구성되었다.

온실가스 배출량 통계체제

2010년부터 발전, 수송 부문의 온실가스 인벤토리 구축을 위한 사전조사에 관한 연도별 보고서를 발간해 왔다. 아울러, 2011년부터 인벤토리와 감축모형에 관한 '개도국 교육 프로그램GHG Inventory and Modeling Training Program'을 진행하고 있으며, 감축모형에 특화된 다자간 협력을 이끌어내기 위해, 선진적 지식과 정보 교류의 장으로 '국제모형회의IMC ; International Modeling Conference'도 매년 개최하고 있다.

양자간 협력 사업으로는 아랍에미리트연합UAE과의 '국가 온실가스 인벤토리 시스템구축을 위한 협력 사업', 오스트리아 국제 응용 시스템 분석 연구소IIASA와의 '2050년 장기온실가스 배출 전망 연구' 등이 있으며, 2013년에는 미국 캘리포니아에 위치한 로렌스버클리연구소LBNL ; Lawrence Berkeley National Laboratory와 에너지, 온실가스 모형 분석을 위한 양해각서MOU를 체결하였다.

사업장별 배출허용량 설정

환경부는 2012년 업체별 이행실적에 대해 산업부 등 관장기관과 함께 철저한 점검을 실시하여 목표관리제의 이행관리를 강화하는 한편, 2014년도 관리업체별 감축목표설정을 위한 작업을 추진하였다. 총괄—관장기관과 전문가가 함께 참여하는 공동 작업반을 구성해 업종별 배출허용량cap을 결정하고, 사업장별 배출허용량을 확정하였다. 2014년도 관리업체 560개소의 온실가스 배출허용량은 총 5억9,951만 톤이며, 이는 당초 예상배출량인 6억607만 톤 대비 1,700만 톤을 감축하는 것으로 감축률은 2.80%이다.

측정보고검증체계 구축

환경부는 현행 목표관리제는 물론 향후 배출권거래제 시행과 관련하여 국제적 수준의 측정, 보고, 검증MRV 체계 구축을 위한 관련 제도 고도화와 국제 교류 활성화에 힘쓰고 있다. 제도 고도화와 관련하여 검증기관 및 검증심사원 사후관리 방안으로 이들에 대한 점검, 평가, 검증포럼, 워크숍 등을 추진하였으며, 국제교류의 일환으로 2013년 호주와 측정, 보고, 검증 MRV 토론과 상호교류를 실시하였다.

공공부문의 온실가스 · 에너지목표관리제

저탄소녹색성장기본법에서는 목표관리 대상으로 관리업체 뿐만 아니라 중앙행정기관, 지방자치단체, 공공기관 등과 같은 공공부문도 규정하고 있다. 공공부문 목표관리제의 시행 목적은 온실가스 감축에 대한 공공부문의 솔선수범을 통해 선도적 역할을 담당하고 민간부문의 동참을 확산시키고자 함이다. 대상기관으로는 중앙행정기관, 지방자치단체, 공공기관, 지방공사 · 공단, 국 · 공립대학, 국립대학 병원 · 치과병원 등으로서 2013년 기준 778개 기관이다. 다만, 공공부문이라도 국방, 치안 및 학습권 보호 등을 위해 일부 시설은 적용에서 제외할 수 있도록 하였는데, 군부대, 경찰, 소방차량, 초 · 중등학교, 노인, 아동, 장애인 등 복지시설, 연면적 100㎡ 미만 소규모 건물 등이 이에 해당된다. 목표관리제 대상 공공부문은 2015년까지 기준배출량(2007~2009년 연평균배출량) 대비 20% 이상 저감하도록 2011~2015년 연차별 감축목표를 설정하고 이를 이행해야한다. 다만, 2016년 이후의 목표는 부문별 BAU 및 감축목표량 등을 검토해 추후 적정수준의 감축목표를 재설정할 예정이다.

공공부문 온실가스 감축이행

공공부문 온실가스 감축이행을 위한 공동 협력체계 마련을 위해 산업자원부, 안전행정부, 국토부 등 관계부처가 참여하는 '공공부문 녹색협의회'를 구성, 운영(2012년~)하여 지자체 감축시설 지원, 에너지합리화 등 타 부처 유사 제도 간 시너지 효과 유도를 도모하였다. 더불

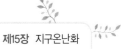

어, 지자체의 온실가스 감축활동을 지원하기 위해 옥상녹화사업 등 감축활동에 대한 국고 지원을 하고 있으며, 공공기관의 온실가스 감축 이행실적을 정부권장정책평가(기획재정부 주관)에 반영토록 하여 제도운영의 실효성 제고 및 공공기관의 자율감축활동 활성화를 유도 하였다.

공공부문 온실가스 감축이행 교육 및 공공기관 온실가스 감축 지원 기술단 구성운영

한편, 공공부문 목표관리제도의 조기 정착 유도 및 효율적 운영 도모를 위해 대상기관담당 자 목표관리제도 설명 및 시스템 사용자 교육을 실시하였으며, 대상기관 중 온실가스감축 취 약기관에 대한 감축관리 및 지원 강화를 위해 '공공 온실가스감축 기술지원단'을 구성, 운영 (2012년~)하여 현장 감축기술 진단 및 기관 여건에 맞는 맞춤형 컨설팅 등을 제공하였다.

공공부분 온실가스 목표관리 운영성과 보고대회 개최

또한, '공공부문 온실가스 목표관리 운영성과 보고대회'를 개최하여 감축활동 우수기관에 대한 포상, 표창 및 우수사례 발표, 건의사항 수렴 등 공공부문의 감축활동 활성화 및 제도운 영 추진기반을 다져나가고 있다.

한국거래소

2015년 1월 주무관청인 환경부는 배출권거래소로 한국거래소를 지정하였고, 제도의 종합 적인 운영방안을 담은 '국가 배출권 할당계획', 배출권 할당, 인증, 상쇄, 거래 등과 관련한 세 부 고시 또는 지침을 제정하는 등 2015년 시행을 위한 제도적 기반을 마련하였다. 아울러 참 여업체의 편의성 제공을 위하여 할당신청서, 배출권·상쇄 등록부, 거래시스템이 하나로 연 계된 통합시스템을 구축해 나가려 한다. 또한, 중소기업 등 산업계의 제도 적응력을 높이기 위해 기술지원을 위한 일괄 지원체계를 구축할 계획이며 할당신청서 작성 사전 교육, 모의거 래 실시, 맞춤형 컨설팅 등을 제공할 예정이다.

자동차 온실가스 감축대책

기후변화 대응을 위해 2020년까지 수송부문에서 감축해야 할 온실가스 목표량은 3,420만 톤으로 전체의 34.3%를 차지한다. 이러한 목표치의 달성을 위해 2012년부터 시행된 자동차

평균 온실가스 연비 기준을 2016년부터 강화해서 추진할 계획이다. 동 제도는 10인 이하 승용차와 승합차 중 총 중량이 3.5톤 미만인 자동차를 대상으로 자동차 온실가스 배출허용기준과 연비 기준 중 하나를 선택하여 준수하는 선택형 단일규제이다. 온실가스와 연비기준을 각각 환경부와 산업부가 정하고, 제도 총괄관리는 환경부가 담당하고 있다. 자동차 제작사는 2015년까지 온실가스 140g/km, 연비 17km/L를 의무적으로 준수해야하며, 기준 미달성 시 과징금을 부과 받는다. 현재 환경부는 2016~2020년에 적용할 차기 자동차 평균 온실가스 연비 기준을 자동차 업계와 함께 마련하였으며, 수송 분야 온실가스 감축 목표 달성을 위하여 유럽이나 일본 수준의 강화된 기준을 설정할 계획이다. 이와 더불어, 오염물질과 온실가스가 배출되지 않는 무공해자동차ZEV12 보급, 화석연료 기반의 운송수단 패러다임의 획기적 전환을 통해 환경개선과 신기술 개발촉진을 유도하고 있다.

가정·상업 등 비 산업부문 기후변화 대응 추진

우리나라 전체 온실가스의 40% 이상은 가정, 상업, 수송 등 비 산업부문에서 배출되고 있으며, 비 산업부문의 온실가스 감축은 산업부문에 비해 소요비용이 적으면서 효과는 즉시 발생하는 특성이 있다. 이에 환경부는 가정 및 상업건물의 온실가스 감축량(전기, 상수도, 도시가스)을 포인트로 환산하여 지자체별로 현금 또는 상품권, 쓰레기 종량제 봉투, 그린카드 포인트 적립 등 다양한 방법으로 인센티브를 제공하는 '탄소 포인트Carbon Point 제도'를 도입하였다. 2008년 11월부터 2009년 6월까지 시범 운영을 거쳐, 2009년 7월부터 전국 지자체로 확대하였다. 2013년 12월말 현재 전국 17개 시·도내 전체 230개 기초지자체에서 개별가구 기준으로 290만여 세대가 참여중이며, 2013년 한 해만 온실가스 약 70만 톤 CO_2를 감축하였다.

기후변화 교육·연구기반 확충 및 전문 인력 양성

아울러, 환경부는 2006년부터 기후변화 교육, 연구기반 확충과 전문 인력 양성을 위한 기후변화 특성화대학원을 지정, 운영하고 있다. 현재 20개 대학원을 지정, 운영하여 관련 전문 분야의 석·박사 316명(박사 64명, 석사 252명)을 양성하였다.

기후변화 대응 기술적 재정적 지원

환경부는 지자체의 기후변화 대응활동을 촉진하기 위해 '지자체 온실가스 감축 이행 및 평가 시스템' 개발, 보급 등 기술적, 재정적 지원을 실시하고 있으며, 외국 우수사례집 발간, 가이드라인 개발, 보급, 순회교육 등 지자체의 기후변화 대응역량을 제고하기 위한 노력을 지속적으로 추진하고 있다. 2008년부터는 지역특성에 맞는 기후변화 대응모델 개발 및 우수 사례의 보급, 전파를 위해 지자체별로 테마 및 협력 사업을 선정하여 행정적, 기술적, 재정적 지원을 병행하고 있으며, 2008~2016년 기간 중 16개 시도에 총 789억 원의 기후변화대책 예산을 지원하였다.

"우리 모두가 함께 수영할 수 없다면 우리는 가라앉을 것입니다. 제2의 계획은 없습니다. 왜냐하면 제2의 지구는 없으니까요."
_ Ban, Ki-moon

"저는 여기 위가 아니라, 바다 반대편 학교에 있어야 합니다. 당신들은 빈말로 내 어린 시절과 내 꿈을 앗아갔어요."
_ Greta Tintin Eleonora Ernman Thunberg

찾아보기

ㅁ

ㅂ

ㅅ

○

ㅊ

기타

참고문헌

강만옥 외(2002), "방치폐기물 이행보증제도 개선방안에 관한 연구", 한국 환경정책평가연구원.

강영희, 신영오(1997), "토양식물영양비료학", 집현사, 서울.

곽승준(1996), "국제환경규제동향과 한국경제의 선택", 대한경제연구소, "전환기의 환경정책의 쟁점과
　　대안: 환경문제는 경제문제다", 대한경제연구소 창립기념세미나.

관계부처합동(2004), "물 관리종합대책 추진강화를 위한 4대강 비점오염원관리종합대책", 국무조정실,
　　행정자치부, 농림부, 산업자원부, 건설교통부, 환경부, 산림청.

국립환경연구원(2002), "차세대 핵심환경기술개발사업 10개년 종합계획", 환경기술수요설문조사.

――――――(1999), "21세기 토양환경관리를 위한 발전 방향"

――――――(1997), "21세기 환경기술개발 장기종합계획"

――――――(1997), "21세기 환경기술개발 장기종합계획"

김광임 외(2002), "2001 전국폐기물통계조사", 한국 환경정책평가연구원.

김동욱(2004), "환경영향평가", 도서출판 그루.

――――――, 류재근, 박제철, 임재명, 정혁진(2005), "환경정책론", 도서출판그루.

――――――, 류재근, 서효원, 석승우, 정혁진 공역(2006), "환경경제학개론"(Nick Hanley et. al.,
　　"Introduction to Environmental Economics", 2001, Oxford University Press).

김병완(1994), "한국의 환경정책과 녹색운동", 나남신서.

김수진(1996), "광물과학", 도서출판 우성, 서울.

김인환, 전병성(2003), "환경법강의", 홍문관.

김좌관(2003), "수질오염개론", 동화기술.

김지홍 역(1999), "생태학의 배경: 개념과 이론"(McIntosh, R. P., 1999), 아르케, 서울.

김진현, 홍승용(1998), "해양21세기", 나남출판.

김창수(2003), "해양수산행정 통합효과의 시차적 해석", 지방정부연구 7(2).

김태식, 김종호, 김신도 공역(1992), "에어로졸"(Aerosol Science and Technology: Parker C. Reist, McGraw-Hill Inc., 2nd ed. New York).

대한상공회의소(1995), "환경기술 실태와 경쟁력 확보방안"

류재근, 정명숙, 박혜경, 황순진 공역(2002), "환경생태공학"(須藤隆一 編).

문태훈(1997), "환경정책론", 형설출판사.

박용하, 이승희(1995), "토양환경보전을 위한 오염방지기준 및 관리대책", 한국환경기술개발원, 서울.

박종길 외(1998), "알기쉬운 대기오염학" 동화기술.

배현미 외 역(1999), "경관계획의 기초와 실재"(시노하라 오사무 저).

산업폐기물처리공제조합(2001), "외국의 폐기물 관련 법령"

서울시정개발연구원(1995), "건축물폐재류의 적정처리 및 재활용방안"

서정민, 박출재(1999), "대기오염개론", 21세기사, 서울.

손민호 외 역(2004), "조간대생태학"(라파엘리 저), 아카데미서적.

송흥규, 오계현, 최성찬(1999), "환경생태학", 동화기술.

아태환경경영연구원(1995), "건설폐기물 재활용 가이드라인 설정 및 재활용 촉진 방안", 한국자원재생공사.

에너지경제연구원(2018), "에너지연별통계: 최종에너지소비".

연안보전네트워크(2003), "연안한국2000".

윤순창, 이용근, 김윤신(1992), "대기환경기준 설정 및 대기환경지표 개발에 관한 연구", 환경과학연구협의회, p.113.

이달곤(1992), "환경보전과 경제성장의 관계에 관한 연구", 행정논총, 서울대학교행정대학원.

이상규(1998), "환경법론", 법문사.

이두호 외(1993), "인간환경론", 나남출판, 서울.

이상돈(1995), "국제협약을 통한 환경보호", 국제법평론, 통권제4호.

이영준(1995), "국제환경법론", 법문사.

이우신(2001), "경관생태학을 이용한 야생동물의 보호 및 관리", 한국경관생태 연구회(편), 경관생태학, 동화기술.

이정전(1994), "녹색경제학", 한길사, pp.109, 156.

이홍근 외(2005), "수질오염관리", 신광출판사.

이희선 외(1999), "폐기물자원화기술 고급화방안", 한국환경정책평가연구원.

임상규(2002), "토양자원조사", 농업과학기술원 농업환경부.

임선욱(1996), "최신 토양학통론", 문운당, 서울.

자연보호중앙협의회(사)(1996), "국내생물종문헌조사연구"

장기복 외(1999), "폐기물예치금 대상품목의 적정요율 산정기준설정에 관한 연구", 한국환경정책평가
　　연구원.

전국건설폐기물처리공제조합(사)(2001), "2001년도 건설폐기물공제조합 건설 폐기물발생백서"

정문식, 김종오, 박경열, 서정민, 오의경, 정용택, 조영채, 최성부(1996), "대기오염개론", 신광문화사.

정선양(1999), "환경정책론", 박영사.

정필수 외(2003), "지속가능개발을 위한 동북아 해양정책 비교연구", 한국해양수산개발원.

조영욱, 박종범, 김성준, 전병일, 이상현(2001), "알기 쉬운 자연과학사".

조은래(2000), "환경법", 세종출판사, pp.358-363.

조재현, 연제철(1998), "GIS를 이용한 동해안 하천유역의 토양유실량과 오염 부하량 평가 -사천천을
　　중심으로 - ", 대한환경공학회지, vol.22, pp.1331-1343.

최도영(1993), "지구촌 환경정보"

최민수(1998), "건설폐기물 적정처리 및 재활용 정책방안", 한국건설산업연구원.

최병순, 김진환, 이동훈(1997), "토양오염개론", 동화기술, 서울, p.287.

최지용, 신창민(2002), "비점오염원유출저감을 위한 유출수 관리방안", 한국 환경정책평가연구원.

통계청, KOSIS국가통계포털(2018), http://kosis.kr/index/index.do.

――――――(2018), "한국통계연감2018"

한국에너지공단(2018), "에너지통계핸드북 2018"

한국자연보존협회(1989), "한국의 희귀 및 위기동식물 도감"

한국정책학회환경자연정책분과학회(1996), "환경자원정책론", 박영사.

한화진(1999), "지구온난화가스 저감대책 동향분석 및 국내대응방안 연구", 한국 환경정책평가연구원.

――――――, 오소영(1998), "대기오염 건강피해에 관한 연구", KEI/1998, 기본연구 과제보고서, 한국
　　환경정책평가연구원.

해양수산부(2018), "폐기물해양배출량통계"

――――――(2000a), "해양개발기본계획" -해양한국21-

――――――(2000b), "연안통합관리계획"

――――――(1998), "우리나라의 갯벌"

환경부(2018), "환경통계연감2018"

-----(2018), "환경백서2018"

-----(2004), "생물자원확보관리를 위한 기본계획수립 연구보고서"

-----(2004), "실내공기 질 관리기본 계획(안)"

-----(2004), "환경통계연감2004"

-----(2004), "환경백서2004"

-----(2004), "토양측정망 설치계획", 환경부고시 제2004-14호.

-----(2003), "제3차 자원재활용기본계획", 환경부자원재활용과

-----(2002), "제2차 국가폐기물관리종합계획", 환경부자원순환정책과

-----(2002), "2001특정토양오염유발시설설치신고·검사실적"

-----(2002), "공장폐수의 발생과 처리"(산업폐수과).

-----(2002), "차세대 핵심환경기술개발사업 10개년 종합계획"

환경연구회(편저)(1994), "환경논의의 쟁점들", 도서출판 나라사랑.

ADB(1995), "ACID RAIN AND EMISSIONS REDUCTION IN ASIA", REGIONAL, Volume VI, VII

Anderson, F. R. et al.(1978), "Environmental Improvements Through Economic Incentives", John Hopkins University Press, Baltimore, MD.

Anderson, R. C. and Lohof, A. Q.(1997), "The United States Experience with Economic Incentives in Environmental Pollution Control Policy, Washington, D.C; Environmental Law Institute.

Anderson, T. L. and Hill, P. J.(1975), "The Evolution of Property Rights: A Study of the American West", The Journal of Law and Economics 18.

Ayres, R. U. and Kneese, A. V.(1989), "Externalities: economies and Thermodynamics", in Archibugi, F. and Nijkamp, P.(eds), "Economy and Ecology: Towards Sustainable Development," Kluwer, Dordrecht.

-----(1969), "Production, consumption and externalities", American Economic Review 59, pp.282-297.

Ayres, R. U., Kneese, A. V., and d'Arge, R.(1970), "A Materials Balance Approach, Resources for the Future, Washington DC.

Barbera, Anthony J. and McConnell Virginia D.(1990), "The Impact of Environmental Regulations on Industry Productivity: Direct and Indirect Effects", Journal of Environmental Economics and

Management 18, pp.50−65.

Barret, S.(1991), "Global warming: Economics of Carbon Tax", in D. W. Pearce(ed.), Blueprint 2: Greening the World Economy, Earthcan, London.

Bent, H. A.(1971), "Haste Makes Waste: Pollution and Entropy", Chemistry, vol. 44, 6−15.

Bohm, E.(1995), "Entwicklungstendezen in der Umwelttechnologie", in Zahn, E.(eds), Handbuch Technologiemangement, Stuttgart: Schaffer−Poeschel Verlag, pp.151−168.

Bohm, P.(1981), "Deposit−Refund System", John Hopkins University Press, Baltimore.

Bowen, H. J. M(1993), "Environmental Chemistry of the Elements", Academic Press, London.

Bromley, D.and Hodge, I.(1990), "Private Property Rights and Presumptive Policy Entitlements: Reconsidering the Premises of Rural Policy", European Review of Agricultural Economics 17, pp.179−214.

Boulding, Kenneth E.(1966), "The economics of coming Spaceship Earth", in H. Jarrett(ed.), Environmental Quality in a Growing Economy, John Hopkins University Press, Baltimore.

−−−−−(1964), "The Meaning of the Twentieth Century", New York: Harper and Row.

Brady, G. L.(1983), "Emission Trading in the United States: An Overview and Technical Requirements", Journal of Environmental Management, 17(1).

Brady, N. C. and Weil, R. R.(1996), "The Nature and Properties of Soils", 11th eds. Prentice Hall, New Jersey, p.740.

Breyer, Stephen(1982), "Regulation and its Reform", p.96.

Bronowski, J. Jr.(1974), "The Ascent of Man", Boston: Little Brown.

Brown, G. M. Jr. and Johnson, R.(1984), "Pollution Control by Effluent Charges: It Works in the Federal Republic of Germany, Why not in the U.S.?", Natural Resources Journal, 24(4), pp.929−966.

Bullard, Robert(2000), "Environmental Justice: grassroots activism and its impact on public policy decision making", Journal of Social Issue.

Caldwell, L. K., et al.(1976), "Citizens and Environment: Case Studies in Popular Action. Bloomington: Indiana University Press.

Chichilnisky, G.(1994), "North−South Trade and the Global Environment", The American Economic Review 84, pp.851−874.

Coase, R.(1960), "The problem of Social costs", Journal of Law and Economics 3, pp.1−44.

Coggins, J. S. and Swinton, J. R.(1996), "The price of Pollution: A Dual Approach to Valuing SO2 Allowances", Journal of Environmental Economics and Management 30, 1996.

Commoner, B.(1971), "The Closing Circle: Nature, Man and Technology", New York: Knoff.

Conrad, Klaus and Catherine Morrison(1989), "The Impact of Pollution Abatement Investment on Productivity Change: An Empirical Comparison of the U.S., Germany, and Canada", Southern Economic Journal 55, pp.684−98.

Crosson, P. R. and Rosenberg, N. J.(1989), "Strategies for Agriculture", Scientific American 261.

Daly, Herman E.(1991), "Steady−State Economics"(Washington: Island Press)

Daly, H. E., and Cobb, J.(1990), "For the Common Good, Greenprint Press, London.

Dasgupta, P. S. and Heal, G. M.(1979), "Economic Theory and Exhaustible Resources"(Cambridge: Cambridge University Press).

Dean, Judith M.(1992), "Trade and Environment: A Survey of Literature", in International Trade and the Environment, Patrick Low, ed.(Washington, DC: World Bank).

Dorfman, N. S.(1975), "Who Will Pay for Pollution Control? The Distribution by Income of the Burden of the National Environmental Protection Program, 1972−1978", National Tax Journal 28, pp.101−115.

Dubos, R.(1971), "Man Adapting", New Haven, Conn.: Yale University Press.

Dzurik, A. A.(1990), "Water Resources Planning", Rowman and Littlefield Publishers, Savage, Md., pp.83−92.

Esfandiary, F. M.(1970), "Optimism One: The Emerging Raicalism", New York: Norton.

El Serafy, Salah.(1981), "Absorptive Capacity, the Demand for Revenue, and the Supply of Petroleum", The Journal of Energy and Development 7, Appendix.

Field, B. C.(1997), "Environmental Economics", pp.41−173.

Evans, David B.(1986), "The Differential Effect of Regulation Across Plant Size: Comment on Pashigian", The Journal of Law and Economics 29, pp.187−200.

Fisher, D. E.(1980), "Environmental Law in Australia", p.5.

FitzPatrick, E. A.(1986), "Soils: their formation, classifican and distribution", Longman Science & Technical, London, p.353.

Freeman, A. M.(1990), "Technology-Based Effluent Standards: The U.S. Case", Water Resources Reseach, 16(1), pp.21-27.

-----.(1980), "Technology-Based Effluent Standards: The U.S. Case", Water Resources Research, 16(1), pp.21-27.

-----(1977), "The Incidence of the Cost of Controlling Automotive Air Pollution", in The Distribution of Economic Well-being, F. T. Juster, ed., Cambridge, MA: Ballinger.

Frosch, Robert A. and Nicholas E. Gallopoulos.(1989), "Strategy for Manufacturing", Scientific American 261.

Grey, P. E.(1989), "The Paradox of Technological Development", in Ausubel, J. H. and Sladovich, H.(eds), Technology and Environment, Washington D.C.: National Academy Press, p.192.

Grey, J. S. et al.(1991), "Scientifically based strategies fo marine environmental protection and management", Marine Pollution Bulletin 22, pp.432-440.

Hahn, R. W. and Hester, G.(1989), "Marketable Permits: Lessons for theory and practice", Ecology Law Quarterly 16, pp.361-401.

-----, and Hester, G. L.(1989), "Where did All the Markets go? An Analysis of EPA's Emission Trading Program", Yale Journal of Regulation 6.

-----, and Roger, G. N.(1982), "Designing a Market for Tradeable Emission Permits", in Wesley Magat(ed.), Reform of Environmental Regulation, Ballinger Publishing Company, Cambridge, MA, pp.119-146. "Where did All the Markets go? An Analysis of EPA's Emission Trading Program", Yale Journal of Regulation 6.

Hardeveld, W. V., Moet, D., Smits, A., Vroomen, and Timmermans(1995), "Soil and Sustainability : Dutch Policy", Proceeding of the 5th International FZK/TNO Conference on contaminated soil, Maastrich.

Hardin, G.(1968), "The Tragedy of the Commons", Science, vol. 162, pp.1243-1248.

Harrington, W., Alan J. K. and Henry M. P.(1985), "Policies for Nonpoint-Source Water Pollution Control", Journal of Soil and Water Conservation, 40(1), pp.27-32.

Harrison, David Jr.(1975), "Who Pays for Clean Air?", The Cost and Benefit Distribution of Automobile Emissoin Standards, Cambridge, MA: Ballinger.

-----, and Portney, Paul R.(1982), "Who Loses from Reform of Environmental Regulation?" in

Wesley A. Magat(ed.), Reform of Environmental Regulation, Ballinger, Cambridge, Mass, pp.147-179.

Hartwick, J. M.(1977), "International Equity and the Investing of Rents from Exhaustible Resources", American Economic Review 67, pp.972-974.

Holdren, J. P. and Ehrlich, P. R.(1974), "Human Population and the Global Environment". American Scientist, vol. 62.

Hyams, E.(1976), "Soils and Civilization", New York: Harper & Row.

IEA(2005), "International Energy Outlook 2005"

IUCN(1989), International Union for Conservation of Nature and Natural Resources, "A Directory of Asian Wetlands".

Jaffe, Adam B., Steven R. Peterson, Paul R. Portney and Stavins Robert N.(1995), "Environmental Regulation and the Comprehensiveness of U.S. Manufacturing: What does the evidence Tell Us?", Journal of Economic Literature 33, pp.132-163.

Jenny, H.(1941), "Factors of Soil Formation", MaGraw-Hill, New York, p.281.

Joffe, J. S.(1949), "Pedology", 2nd ed., Rutgers University Press, New Jersey.

Kemp, R. and Soete, L.(1992), "The Greening of Technological Progress", Futures, June, pp.437-457.

Kneese, A. V. and Bower, B. T.(1968), "Managing Water Quality: Economics, Technology, Institutions", Baltimore: Johns Hopkins University Press for Resources for the Future.

Lake, E., William M. H., and Sharon M. O.(1979), "Who Pays for Clean Water?", The Distribution of Water Pollution Control Costs, Boulder, CO: Westview.

Lee, D. R., Grave, P. E. and Sexton, R. L.(1988), "On Mandatory Deposits, Fines, and the Control of Litter", Natural Resources Journal 28.

Leston, David(1992), "Point/Non-Point Source Pollution Reduction Trading: An Interpretative Survey", Natural Resources Journal, 32(2), pp.219-232.

Lifkin, J.(1980), "Entropy: A New World View", New Yor: Viking.

Linsley, R. K. and Franzini, J. B.(1979), "Water-resources Engineering", 3rd ed., McGraw-Hill Book Company, New York.

Luken, R. A. and Clark, L.(1991), "How efficient are national environmental standards? A benefit-cost analysis of the United States experience", Environmental and Resource Economics 1, pp.385-414.

Majer, L.(1993), "Umwelttokonomie: Eine praxisorientierte Einfuhrung, 4. Auflage, Munchen: Verlag Franz Vahlen, p.589.

McHarg, I. L.(1969), "Design with Nature". Garden City, N.Y.: Natural History Press.

Meadow, D. H. et al.(1972), "The Limit to Growth", Earth Island, New York.

Mesarovic, M., and Pestel, E.(1974), "Mankind at the Turning Point". New York, Dutton.

Metcalf and Eddy(1991), "Wastewater Engineering-Treatment, Disposal and Reuse, 3rd ed., McGraw-Hill Book Company, New York.

Meyer, Stephen M.(1993), "Environmentalism and Economic Prosperity: Testing the Environmental Impact Hypothesis", MIT Working Paper, Cambridge.

Miller, Jr. G. T(1982), "Living in the Environment", Third Edition, Wadsworth Publishing Company, Belmont, California.

-----(1989), "Resource Conservation and Management", Wardworth Publishing Co., California.

Mumford, L.(1962), "The Transformation of Man", New York: Collier.

National Research Council(1992), "Restoration of Aquatic Ecosystems. Science, Technology, and Public Policy", National Academy Press, p.552

Netherlands(1987), "Spatial Planning and the Environment, Soil Protection Act", Ministry of Housing.

-----(1993), "Spatial Planning and the Environment, Cleaning Up Soil in the Netherlands, Ministry of Housing, p.4.

-----(1995), "Spatial Planning and the Environment, Cleaning Up Soil in the Netherlands, Ministry of Housing, Hague.

Norton, G. A.(1984), "Resource Economics", Edward Arnold, London.

Organization for Economic Cooperation and Development(1999), "Energy Balances of OECD Countries", 1999 Edition (IEA/OECD).

Novotny, V. and Chesters, G(1981), "Handbook of Nonpoint Pollution", Van Nostrand Reinhold Company, New York.

OECD(1991), "Environmental Policy: How to Apply Economic Instruments", OECD, Paris.

OECD(1995), "Environmental Principles and Concepts", Joint Session of Trade and Environment

Experts, COM/ENV/T7(93)117/REW3.

O'Neill, G. K.(1978), "The High Frontier: Human Colonies in Space." 2nd ed. New York, Bantam.

O'Riordan, T.(1992), "The precaution principle in environmental Management", GEC 92-03, CSERGE

Working Paper, University of East Angelia and University College London.

O'Riordan, T.(1983), "Environmentalism(2nd Ed.), London: Pion.

Opschoor, B. and Vos, J.(1989), "Economic Instruments for Environmental Protection", OECD, Paris.

Pearce, D. W.(ed.)(1991), "Blueprint 2: Greening the World Economy, Earthcan, London,

Introduction.

Pearce, D. W., Barbier, E. B. and Markandya, A.(1990), "Sustainable Development: Economics and

Environment in the Third World, Earthscan, London.

Pearce, D. W. and Turner, R. K.(1990), "Economics of Natural Resources and the Environment,

Harvester Wheatsheaf, Hemel Hampstead.

Pepper, I. L., Gerba, C. P. and Brusseau, M. L.(1996), "Pollution Science", Academic Press,

California, p.397.

Peter S.(1992), "Introductory Ecology". Prentice Hall Intl. Inc. p.597.

Petts, G. and Calow, P.(1996), "River Restoration", Blackwell Sci., p.231.

Pezzey, John(1992), "Sustainable Development Concepts: An Economic Analysis(Washington, D.C:

World Bank Environmental Department).

Pezzey, J.(1988), "Market mechanism of pollution control" Polluter pays, economics and practical

aspects", in R. K. Turner(ed.), Sustainable Environmental Management: Principles and Practices,

Belhaven Press, London.

Pigou, A. C.(1920), "The Economics of Welfare", Macmillan, London.

Porter, Michael E.(1991), "America's Green Strategy", Scientific American, p.168.

Radetzki, Marian(1991), "Economic Growth and Environment", World Bank Symposium on

International Trade and Environment Papers, p.189.

Rodgers(1977), "Environmental Law", p.1.

Roumasset, J. A. and Smith, K. R.(1990), "Exposure Trading: An Approach to More Efficient Air

Pollution Control", Journal of Environmental Economics and Mangement 18, pp.276-291.

Schumacher, E. F.(1973), "Small Is Beautiful: Economics as if People Mattered. New York: Harper &

Raw.

Shacklette, H. T. and Boerngen, J. G.(1984), "Element concentrations in soils and other surficial materials of the conterminous United States", USGS Prof. Paper, 1270, US Government Printing Office, Washington.

Simonis, U. E.(eds)(1988), Praventive Umweltpolitik, Frankfurt/New York.

Simonis, U. E.(1985), "Okologische Orientierung der Okonomie", in M. Janike, U. E. Simonis and G. Weigmann(Eds.)(1985), Wissen fur die Umwelt, Berlin/New York: Walter de Gruyter, pp.218-221.

Sparks, D. L.(1995), "Environmental Soil Chemistry", Academic Press, San Diego.

Starfield, A. M. and Bleloch, A. L.(1986), "Buliding Models for Conservation and Wildlife Management", Mcmillan Publishing Company, New York.

Stokes, R. L.(1982), "The Economics of Salmon Ranching", Land Economics 58, pp.464-477.

Tansley, A. G.(1920), "The classification of vegetation and the concept of development". The Journal of Ecology 8(2): pp.118-149.

-----(1935), "The use and abuse of vegetational concepts and terms", Ecology 16: pp.284-307.

Theeuwes, J.(1991), "Regulation or taxation", in D. J. Kraan and R. J. in't Veld(eds.), Environmental Protection: Public or Private Choice, Kluwer Acadecmic Publishers, Dordrecht.

Tietenberg, T.(2000), "Environmental and Natural Resource Economics", 5th ed. Addison Wesley Longman, Inc., p.548.

Tietenberg, T. H.(1985), "Emission Trading" An Exercise in Reforming Pollution Policy, Resources for the Future, Washington D.C.

Tischler, K.(1994), "Umweltokonomie, Munchen/Wien: Oldenburg, pp.1, 4-5.

Tivy, J. and O'hare, G.(1981), "Human Impact on the Ecosystem, Oliver and Voyd, Edinburgh, p.16.

Toman, M. A.(1992), "The Difficulty of Defining Sustainability", Resourcs 106, pp.3-6.

Turner, R. K.(1991), "Municipal solid waste management: An economic perspective", in A. D. Bradshaw, Southwood, R. and Warner, F.(eds.) (1991), "The Treatment and Handling of Wastes, Chapman and Hall, London, pp.85-104.

Turner, R. K. and Powell, J. C.(1991), "Towards an integrated waste management strategy", Environmental Management and Health 2, pp.6-12.

United Nations Environmental Programme(UNEP)(1989), "Report of the Governing Council", 44UN

GAOR Supp.(No.25) at 115, UN Document A/CONF. 151. p.26.

US Census Bureau(2006), "Summary Demographic Data", International Data Base.

USDA, NRCS(2002), "Natural Resources Inventory", 2002 Annual National Resources Inventory.

U.S. Department of Agriculture(USDA)(2001), "National Soil Survey Handbook"

U.S. Energy Information Administration(EIA)(2019), "World Energy Projection System Plus(2019) and Annual Energy Outlook 2019"

U.S. Environmental Protection Agency(U.S.EPA)(2000), "Environmental Justice 2000 Biennial Report: continuing to move towards collaborative and constructive problem-solving".

U.S. Environmental Protection Agency(1993), "Guidance Specifying Management Measures for Sources of Nonpoint Pollution in Coastal Waters", EPA840-B-92-002

U.S. Environmental Protection Agency(U.S.EPA)(1991), "Guidance for Water Quality-based Decisions: The TMDLL Process, U.S.EPAA, Office of Water, Washington, D.C. EPAA-440/4-91-001.

Wallace, R. and Norton, B.(1992), "Policy Implication of Gaian Theory", Ecological Ecnomics 6, pp.103-118.

Wicke, L.(1993), "Umweltokonomie: Eine praxisorientierte Einfuhrung, 4. Auflage, Munchen: Velag Franz Vahlen, pp.5, 7, 541, 575, 578, 581.

Wilma J. F. Visser(1993), "Contaminated Land Policies in Some Industrialized Countries, Technical Soil Protection Committee, Hague, pp45-54.

World Commission on Environment and Development(1987), "Our Common Future", London Oxford University Press, p.43.

World Economic Forum(WEF)(2002), "2002 Environmental Sustainability Index"

Young, M.D.(1992), "Sustainable Investment and Resource Use", UNESCO, Parthenon, Carnfoth.

최신 환경과학

2020년 7월 31일 1판 1쇄 펴냄
지은이 김동욱 · 류재근 · 박찬혁
펴낸이 류원식 | 펴낸곳 교문사

편집팀장 모은영 | 책임편집 김경수 | 표지디자인 신나리 | 본문편집 유선영

주소 (10881) 경기도 파주시 문발로 116(문발동 536-2)
전화 1644-0965(대표) | 팩스 070-8650-0965
등록 1968. 10. 28. 제406-2006-000035호
홈페이지 www.gyomoon.com | E-mail genie@gyomoon.com
ISBN 978-89-363-2077-5 (93530)
값 29,000원